Entwicklung von δ- und ε-Lactam-Analoga des Penicillins sowic von 4,5-Dihydrothiazolen als neue potentielle Inhibitoren der bakteriellen Zellwandbiosynthese

Dissertation
zur
Erlangung des Doktorgrades
der Naturwissenschaften
(Dr. rer. nat.)

dem
Fachbereich Pharmazie und Lebensmittelchemie
der Philipps-Universität Marburg
vorgelegt

von
Bernhard Klar
aus Memmingen

Marburg/Lahn 1998

Vom Fachbereich Pharmazie und Lebensmittelchemie
der Philipps-Universität Marburg/Lahn als Dissertation
angenommen am: 24.06.1998

Erstgutachter: Priv.-Doz. Dr. P. Imming

Zweitgutachter: Prof. Dr. G. Seitz

Tag der mündlichen Prüfung: 24.06.1998

Bernhard Klar

ENTWICKLUNG VON δ- UND ε-LACTAM-ANALOGA DES PENICILLINS SOWIE VON 4,5-DIHYDROTHIAZOLEN ALS NEUE POTENTIELLE INHIBITOREN DER BAKTERIELLEN ZELLWANDBIOSYNTHESE

ibidem-**Verlag**
Stuttgart

Die Deutsche Bibliothek - CIP-Einheitsaufnahme:

Klar, Bernhard:
Entwicklung von δ- und ε-Lactam-Analoga [Delta- und Epsilon-Lactam-Analoga] des Penicillins sowie von 4,5-Dihydrothiazolen als neue potentielle Inhibitoren der bakteriellen Zellwandbiosynthese / Bernhard Klar. - Stuttgart : Ibidem-Verl., 1998
Zugl.: Marburg, Univ., Diss., 1998
ISBN 3-932602-18-8

∞

Gedruckt auf alterungsbeständigem, säurefreien Papier
Printed on acid-free paper

ISBN: 3-932602-18-8

Printed in Germany

Die vorliegende Arbeit entstand am
Institut für Pharmazeutische Chemie
der Philipps-Universität Marburg/Lahn
auf Anregung und unter Leitung von

Herrn Priv.-Doz. Dr. P. Imming

und

Herrn Prof. Dr. G. Seitz

Für die mir stets erwiesene großzügige Unterstützung und seinen
in allen Fällen wertvollen und geschätzten Rat danke ich
Herrn Priv.-Doz. Dr. P. Imming sehr herzlich.

Ebenso danke ich Herrn Prof. Dr. G. Seitz
sehr herzlich für seine von Beginn an stets
wohlwollende Förderung.

Mein Dank gilt ferner allen Mitarbeitern des Instituts für Pharmazeutische Chemie für die gute Zusammenarbeit und die stete Hilfsbereitschaft.

Allen Mitgliedern des Arbeitskreises und Laborkollegen danke ich im besonderen für die angenehme und freundschaftliche Arbeitsatmosphäre.

Herrn Mario Dauber und Herrn Ingo Imhof danke ich für die Unterstützung bei den präparativen und analytischen Arbeiten.

Für das schnelle und sorgfältige Korrekturlesen des Manuskripts danke ich Herrn Peter von Hagel und Herrn Dr. Stefan Heckhoff sehr herzlich.

Für die Mitarbeit im Rahmen ihrer Literaturarbeit danke ich folgenden Studentinnen und Studenten: Frau Monika Adams, Herrn Stefan Buller, Frau Claudia Cappel, Frau Anja Dammshäuser, Herrn Dietmar Fischer, Frau Kyung-Hee Kim, Frau Kirstin Laqua, Frau Anke Mandler, Frau Andrea Mann, Frau Rita Nagel, Frau Ricarda Riehm, Frau Karin Rose, Frau Nadja Schöler, Frau Barbara Schumann und Frau Sonja Titschack.

Herrn Dr. Uwe Petersen und seinen Mitarbeitern von der Firma Bayer AG, Leverkusen, danke ich für das Ermöglichen und die zügige Durchführung der biologischen Tests.

Ferner danke ich den Firmen Degussa AG, Frankfurt/Main, Heyl Chemie GmbH & Co. KG, Berlin, sowie Lonza Limited, Basel, für finanzielle und Sachmittelunterstützung.

Inhaltsverzeichnis

Theoretischer Teil

1 Einführung und Zielsetzung 1

1.1 Leitlinie für die Synthese von δ- und ε-Lactam-Analoga der Penicilline: Struktur-Wirkungsbeziehungen bei β-Lactam-Antibiotika 1

1.1.1 Perhydro-1,4-thiazepine als ε-Lactam-Analoga der β-Lactam-Antbiotika 5

1.1.2 2-Piperidone als neue potentiell antibiotische Wirkstoffe mit nicht-anelliertem δ-Lactam-Grundgerüst 5

1.1.3 Anellierte δ-Lactam-Analoga der Penicilline 5

1.1.4 4,5-Dihydrothiazole als potentielle Inhibitoren der bakteriellen Lipid-A-Biosynthese 6

2 Synthese und Strukturaufklärung der Perhydro-1,4-thiazepine 7

2.1 Perhydro-1,4-thiazepine 7

2.2 Synthesestrategie 8

2.3 Darstellung der Säureamide 16

2.3.1 2-Phenylacetamid und 2-Phenoxyacetamid als wichtige Edukte für die Synthese von Perhydro-1,4-thiazepin-Analoga von Benzyl- und Phenoxymethylpenicillin 16

2.3.2 Benzylcarbamat als Edukt zur Synthese Cbz-geschützter Perhydro-1,4-thiazepine 18

2.3.3 2-(2-Amino-4-thiazolyl)-2-methoxyiminoacetamid als Edukt für Perhydro-1,4-thiazepin-Analoga des Cefotaxims 19

2.3.4 Acyl-Gruppen der β-Lactam-analogen Perhydro-1,4-thiazepine 21

2.4 Diastereoselektive Synthese der Perhydro-1,4-thiazepin-3-carbonsäureester 21

2.4.1 Darstellung der 2-(Acylamino)acrylsäuren 21

2.4.2 Diastereoselektive Synthese der Perhydro-1,4-thiazepin-3-carbonsäureester durch Umsetzung von 2-(Acylamino)acrylsäuren mit Penicillamin- und Cysteinestern unter Einsatz von DCC 24

2.5 Nicht-diastereoselektive Synthese und selektive Isolierung der Perhydro-1,4-thiazepin-3-carbonsäuren 35

2.6 Synthese der (3S,6R)- und (3R,6S)-Perhydro-1,4-thiazepin-3-carbonsäure-methylester aus den Säuren 46

2.7 Synthese der sich vom Cysteamin ableitenden und daher in Position 3 unsubstituierten Perhydro-1,4-thiazepine 49

2.7.1 Synthese durch Knüpfen der Amidbindung mittels Kupplungsreagens 50

2.7.2 Synthese mit Bildung des Lactamrings durch Aminolyse eines Methylesters 51

2.7.3 Synthese durch nucleophile Substitution eines Tosylats anstelle einer Hetero-Michael-Addition 52

2.7.4 Synthetisierte Verbindungen 55

2.8 Strukturaufklärung der Perhydro-1,4-thiazepine mit Hilfe spektroskopischer und chiroptischer Verfahren sowie der Röntgendiffraktometrie 56

2.8.1 ^{1}H-NMR-spektroskopische Struktur- und Konformationsanalyse 56

2.8.1.1 Aufklärung der syntaktischen Struktur 57

2.8.1.2 Abschätzung der geometrischen Struktur (Konformationsanalyse) 68

2.8.2 NMR-spektroskopische Besonderheiten der Perhydro-1,4-thiazepine 74

2.8.3 Kristallstrukturanalyse mittels Röntgendiffraktometrie 76

2.8.4 Untersuchungen zur absoluten Konfiguration durch Messung des Circulardichroismus 77

2.8.4.1 Allgemeine Grundlagen 77

2.8.4.2 Spektrensammlung und -vergleiche 80

2.8.5 Tieftemperatur-CD-Messungen 97

2.9 Tests zur biologischen Aktivität der Perhydro-1,4-thiazepine 102

3 2-Piperidone als neue potentielle Antiinfektiva mit 6-Ring-Lactam-Grundstruktur **103**

3.1 Zusammenhang zwischen hydrolytischer Stabilität des 6-Ring-Lactams und zu erwartender antibakterieller Wirksamkeit 103

3.2 Zielverbindungen vom Typ des 2-Piperidons 105

3.2.1 Ethyl(5-amino-6-oxopiperidin-2-carboxylat) als Amin-Komponente 105

3.2.2 Neue Zielverbindungen mit Acyl-Seitenketten klassischer Penicilline 106

3.3 Präparative Umsetzung 108

3.3.1 Synthese der Vorstufe meso-Diethyl(2,5-dibromadipat) 108

3.3.1.1 Besonderheiten des ^{1}H-NMR-Spektrums von meso-Diethyl(2,5-dibromadipat) 111

3.3.2 Aufbau des δ-Lactam-Rings 113

3.3.3 Synthese der Zielverbindungen 116

3.3.4 Tests der 2-Piperidone auf biologische Aktivität 117

4 Entwicklung potentieller Inhibitoren der bakteriellen Zellmembran-Biosynthese vom Typ der 4,5-Dihydrothiazole 118

4.1 Synthese von 4,5-Dihydrothiazol-4-carbonsäuren 119

4.2 Synthese der 4,5-Dihydrothiazol-4-carbonsäuremethylester 121

4.3 Synthetisierte 4,5-Dihydrothiazol-4-carbonsäuren und -methylester 123

4.4 Erste Schritte zur Synthese von 4,5-Dihydrothiazol-4-carbohydroxamsäuren 124

4.5 Ergebnisse der Tests auf biologische Aktivität 127

5 Erste Schritte zur Synthese von Penicillin Analoga mit δ-Lactam-Ring 128

5.1 Derivate der 3-Benzyloxycarbonylamino-2-oxo-7-thia-1-azabicyclo-[4.3.0]-nonan-9-carbonsäure 128

5.2 5-Benzyloxycarbonylamino-2-oxo-7-thia-1-azabicyclo[4.3.0]nonan-9-carbonsäurederivate 134

5.3 4-Benzyloxycarbonylamino-2-oxo-7-thia-1-azabicyclo[4.3.0]nonan-9-carbonsäurederivate 136

6 Bausteine zur Darstellung von mittleren und größeren Lactamringen 137

6.1 Edukte für mittlere Ringe 138

6.2 Komponenten für größere Ringsysteme 139

6.3 Syntheseschritte zum unsubstituierten 15-gliedrigen schwefelhaltigen Lactam 141

7 ^{1}H-NMR-kontrollierte Untersuchungen zur Kinetik der baseninduzierten Hydrolyse von Lactamen in Abhängigkeit von der Ringgröße **144**

7.1 Hydrolyse der 4- bis 9-gliedrigen Lactame 145

7.2 Hydrolyse von β-Propiolactam (34) bei verschiedenen Temperaturen 153

7.3 Untersuchungen zur Hydrolysegeschwindigkeit in Puffern 156

7.4 Schlußbemerkung zu den Hydrolysestudien 160

8 Zusammenfassung **162**

8.1 Synthese und Strukturaufklärung der Perhydro-1,4-thiazepine 162

8.1.1 Zielsetzung 162

8.1.2 Diastereoselektive Synthese der Perhydro-1,4-thiazepin- 3-carbonsäureester 162

8.1.3 Nicht-diastereoselektive Synthese und selektive Isolierung der Perhydro-1,4-thiazepin-3-carbonsäuren 164

8.1.4 Synthese der (3S,6R)- und (3R,6S)-Perhydro-1,4-thiazepin-3-carbonsäuremethylester aus den Säuren 165

8.1.5 Synthese der sich vom Cysteamin ableitenden und daher in Position 3 unsubstituierten Perhydro-1,4-thiazepine 166

8.1.6 Strukturaufklärung der Perhydro-1,4-thiazepine und spektroskopische Besonderheiten 167

8.2 2-Piperidone als potentielle Antiinfektiva mit 6-Ring-Lactam-Grundstruktur 169

8.2.1 Ziele 169

8.2.2 Präparative Umsetzung 170

8.3 Entwicklung potentieller Inhibitoren der bakteriellen Zellmembran-Biosynthese vom Typ der 4,5-Dihydrothiazole 171

8.4 Erste Schritte zur Synthese von Penicillin-Analoga mit δ-Lactam-Ring 172

8.5 Edukte zur Synthese mittlerer und größerer Ringe 173

8.6 ^{1}H-NMR-Kontrollierte Untersuchungen zur Kinetik der baseninduzierten Hydrolyse von Lactamen in Abhängigkeit von der Ringgröße 173

Experimenteller Teil

9 Allgemeine Vorbemerkungen **176**

10 Allgemeine Arbeitsvorschriften **179**

AV 1 Synthese der 2-(Acylamino)acrylsäuren (**3a** - **3f**) 179

AV 2 Synthese der 2-(Acylamino)acrylsäuremethylester (**6a** - **6d**) 179

AV 3 Synthese der Penicillamin- und Cysteinmethylester (4a, 4b, 54) -hydrochloride 180

AV 4 Diastereoselektive Synthese der *(3S,6S)*- und *(3R,6R)*-Perhydro-1,4-thiazepin-3-carbonsäureester (**5a** - **5e**) 181

AV 5 Nicht-diastereoselektive Synthese und selektive Isolierung der *(3S,6R)*- und *(3S,6S)*- bzw. der *(3R,6S)*- und *(3R,6R)*-Perhydro-1,4-thiazepin-3-carbonsäuren (**8a** - **8p**) 182

AV 6 Synthese der *(3S,6R)*- und *(3R,6S)*-Perhydro-1,4-thiazepin-3-carbonsäure ester (**9a** - **9d**) 185

AV 7 Synthese der 4,5-Dihydrothiazol-4-carbonsäuren (**46a** - **46d**) 186

11 Einzelverbindungen **188**

2-Phenylacetamid (**1a**) 188

2-Phenoxyacetamid (**1b**) 190

Benzylcarbamat (**1d**) 192

2-(2-Amino-4-thiazolyl)-2-methoxyiminoacetamid (**1g**) 194

2-(2-Phenylacetylamino)acrylsäure (**3a**) 196

2-(2-Phenoxyacetylamino)acrylsäure (**3b**) 198

2-(Acetylamino)acrylsäure (**3c**) 200

2-(Benzyloxycarbonylamino)acrylsäure (**3d**) 202

2-(2-Chloracetylamino)acrylsäure (**3e**) 204

2-(2-Iodacetylamino)acrylsäure (**3f**) 205

D-Penicillaminmethylester (**4a**) -hydrochlorid 207

L-Penicillaminmethylester (**4b**) -hydrochlorid 209

Methyl[*(3S,6S)*-2,2-dimethyl-5-oxo-6-(2-phenylacetylamino)-perhydro-1,4-thiazepin-3-carboxylat] (**5a**) 210

Methyl[*(3R,6R)*-2,2-dimethyl-5-oxo-6-(2-phenylacetylamino)-perhydro-1,4-thiazepin-3-carboxylat] (**5b**) 214
Methyl[*(3R,6R)*-5-oxo-6-(2-phenylacetylamino)perhydro-1,4-thiazepin-3-carboxylat] (**5c**) 216
Ethyl[*(3R,6R)*-5-oxo-6-(2-phenylacetylamino)perhydro-1,4-thiazepin-3-carboxylat] (**5d**) 219
Methyl[*(3S,6S)*-6-acetylamino-2,2-dimethyl-5-oxoperhydro-1,4-thiazepin-3-carboxylat] (**5e**) 222
Methyl[2-(2-phenylacetylamino)acrylat] (**6a**) 225
Methyl[2-(2-phenoxyacetylamino)acrylat] (**6b**) 227
Methyl[2-(acetylamino)acrylat] (**6c**) 229
Methyl[2-(benzyloxycarbonylamino)acrylat] (**6d**) 230
(3S,6R)-2,2-Dimethyl-5-oxo-6-(2-phenylacetylamino)-perhydro-1,4-thiazepin-3-carbonsäure (**8a**) 232
(3S,6S)-2,2-Dimethyl-5-oxo-6-(2-phenylacetylamino)perhydro-1,4-thiazepin-3-carbonsäure (**8b**) 235
(3R,6S)-2,2-Dimethyl-5-oxo-6-(2-phenylacetylamino)perhydro-1,4-thiazepin-3-carbonsäure (**8c**) 237
(3R,6R)-2,2-Dimethyl-5-oxo-6-(2-phenylacetylamino)perhydro-1,4-thiazepin-3-carbonsäure (**8d**) 241
(3R,6S)-5-Oxo-6-(2-phenylacetylamino)perhydro-1,4-thiazepin-3-carbonsäure (**8e**) 243
(3R,6R)-5-Oxo-6-(2-phenylacetylamino)perhydro-1,4-thiazepin-3-carbonsäure (**8f**) 246
(3S,6R)-2,2-Dimethyl-5-oxo-6-(2-phenoxyacetylamino)perhydro-1,4-thiazepin-3-carbonsäure (**8g**) 248
(3S,6S)-2,2-Dimethyl-5-oxo-6-(2-phenoxyacetylamino)perhydro-1,4-thiazepin-3-carbonsäure (**8h**) 251
(3R,6S)-2,2-Dimethyl-5-oxo-6-(2-phenoxyacetylamino)perhydro-1,4-thiazepin-3-carbonsäure (**8i**) 254
(3R,6R)-2,2-Dimethyl-5-oxo-6-(2-phenoxyacetylamino)perhydro-1,4-thiazepin-3-carbonsäure (**8k**) 257

(3S,6R)-5-Oxo-6-(2-phenoxyacetylamino)perhydro-1,4-thiazepin-3-carbonsäure (**8m**) 260

(3S,6S)-5-Oxo-6-(2-phenoxyacetylamino)perhydro-1,4-thiazepin-3-carbonsäure (**8n**) 263

(3R,6S)-5-Oxo-6-(2-phenoxyacetylamino)perhydro-1,4-thiazepin-3-carbonsäure (**8o**) 266

(3R,6R)-5-Oxo-6-(2-phenoxyacetylamino)perhydro-1,4-thiazepin-3-carbonsäure (**8p**) 269

Triethylammonium[*(3S,6R)*-6-acetylamino-2,2-dimethyl-5-oxoperhydro-1,4-thiazepin-3-carboxylat] (**8q**)
und
Triethylammonium[*(3S,6S)*-6-acetylamino-2,2-dimethyl-5-oxoperhydro-1,4-thiazepin-3-carboxylat] (**8r**) 271

Methyl[*(3S,6R)*-2,2-dimethyl-5-oxo-6-(2-phenylacetylamino)-perhydro-1,4-thiazepin-3-carboxylat] (**9a**) 275

Methyl[*(3R,6S)*-2,2-dimethyl-5-oxo-6-(2-phenylacetylamino)perhydro-1,4-thiazepin-3-carboxylat] (**9b**) 277

Methyl[*(3S,6R)*-2,2-dimethyl-5-oxo-6-(phenoxyacetylamino)perhydro-1,4-thiazepin-3-carboxylat] (**9c**) 280

Methyl[*(3R,6S)*-2,2-dimethyl-5-oxo-6-(phenoxyacetylamino)perhydro-1,4-thiazepin-3-carboxylat] (**9d**) 291

(RS)-6-Acetylamino-5-oxoperhydro-1,4-thiazepin (**11**) 293

(RS)-5-Oxo-6-(2-phenoxyacetylamino)perhydro-1,4-thiazepin (**12**) 296

N-(*tert.*-Butoxycarbonyl)-L-serin (**14a**) 298

N-(*tert.*-Butoxycarbonyl)-D-serin (**14b**) 300

N-(*tert.*-Butoxycarbonyl)-L-serinmethylester (**15a**) 302

N-(*tert.*-Butoxycarbonyl)-D-serinmethylester (**15b**) 303

N-(*tert.*-Butoxycarbonyl)-O-tosyl-L-serinmethylester (**16a**) 305

N-(*tert.*-Butoxycarbonyl)-O-tosyl-D-serinmethylester (**16b**) 307

(RS)-6-(*tert.*-Butoxycarbonylamino)-5-oxoperhydro-1,4-thiazepin (**17**) 309

meso-Diethyl(2,5-dibromadipat) (**37**) 312

Diethyl(2,5-diazidoadipat) (**39**) 315

Diethyl(2,5-diaminoadipat)dihydrochlorid (**40**) 317

Ethyl(5-amino-6-oxopiperidin-2-carboxylat) (**41**) 322

Ethyl[6-oxo-5-(2-phenylacetylamino)piperidin-2-carboxylat] (**43**) 324

Ethyl[6-oxo-5-(2-phenoxyacetylamino)piperidin-2-carboxylat] (**44**) 327

(S)-2-Phenyl-4,5-dihydrothiazol-4-carbonsäure (**46a**) 329
(S)-5,5-Dimethyl-2-phenyl-4,5-dihydrothiazol-4-carbonsäure (**46b**) 331
(R)-2-Phenyl-4,5-dihydrothiazol-4-carbonsäure (**46c**) 333
(R)-5,5-Dimethyl-2-phenyl-4,5-dihydrothiazol-4-carbonsäure (**46d**) 335
Methyl[*(S)*-5,5-dimethyl-2-phenyl-4,5-dihydrothiazol-4-carboxylat] (**47a**) 337
Methyl[*(R)*-5,5-dimethyl-2-phenyl-4,5-dihydrothiazol-4-carboxylat] (**47b**) 340
[*(S)*-3-Benzyloxycarbonyl-5-oxo-1,3-oxazolidin-4-yl]-propansäure (**51**) 342
Benzyl[*(S)*-4-(2-formylethyl)-5-oxo-1,3-oxazolidin-3-carboxylat] (**53**) 344
D-Cysteinmethylester (**54**) -hydrochlorid 347
(S)-2,2,5,5-Tetramethylthiazolidin-4-carbonsäurehydrochlorid (**58**) 349
Methyl[*(S)*-2,2,5,5-tetramethylthiazolidin-4-carboxylat]hydrochlorid (**59**) 351
N-Benzyloxycarbonyl-L-glutaminsäure-5-methylester (**64**) 353
D-Homocystein (**75**) 355
D-Homocystin (**76**) 357
D-Homocysteinmethylesterhydrochlorid (**77**) 358
D-Homocysteinthiolactonhydrochlorid (**78**) 360
Diethyl[2-acetylamino-2-(8-bromoctyl)malonat] (**82**) 362
Diethyl[2-acetylamino-2-(6-bromhexyl)malonat] (**84**) 364
2-Amino-10-(benzylsulfanyl)decansäure (**86**) 365
2-Amino-8-(benzylsulfanyl)octansäure (**87**) 368
2-Acetylamino-10-(benzylsulfanyl)decansäure (**88**) 370
11-(2-Aminoethylsulfanyl)undecansäure (**91**) 371
8-(2-Aminoethylsulfanyl)octansäure (**92**) 373
1-Thia-4-azacyclopentadecan-5-on (**93**) 375
11-[2-(*tert.*-Butoxycarbonylamino)ethylsulfanyl]undecansäure (**94**) 376

12 Auswertung der Lactam-Hydrolysestudien **378**

13 Literaturverzeichnis **408**

Theoretischer Teil

1 Einführung und Zielsetzung

1.1 Leitlinie für die Synthese von δ- und ε-Lactam-Analoga der Penicilline: Struktur-Wirkungsbeziehungen bei β-Lactam-Antibiotika

Gerade in jüngster Zeit mehren sich Berichte über das Fortschreiten von Resistenzentwicklungen bei Antibiotika.[1] Somit hat auch das Ziel der vorliegenden Arbeit, Strukturen zu finden, die auf biomimetischem Wege eine potentielle antibiotische Wirkung entfalten könnten, seine Berechtigung.

In der Tat werden vielerorts wieder Anstrengungen zur Entwicklung neuer Substanzklassen gegen bakterielle Enzyme und Resistenzfaktoren unternommen.[2] Die gegen grampositive und gramnegative Keime unterschiedlich selektive, bakterizide Wirkungsweise der β-Lactam-Antibiotika, an welcher sich die Zielsetzung orientiert, beruht auf einer Hemmung des Aufbaus der bakteriellen Zellwand, deren Grundgerüst aus dem dreidimensional vernetzten Peptidoglykan *Murein* besteht. An der Mureinbiosynthese sind als diverse Enzymproteine *(Penicillin-bindende Proteine, PBP)* Transpeptidasen und Carboxypeptidasen beteiligt, die ihre Funktion durch Bindung an β-Lactam-Antibiotika einbüßen.

Als besonders effizient erweist sich hierbei die irreversible Hemmung der *D-Alanin-Transpeptidase* durch eine Acylierungsreaktion, bei welcher der Lactamring geöffnet wird und die β-Lactame eine kovalente Bindung mit der Hydroxylfunktion eines Serinmoleküls im aktiven Zentrum des Enzyms eingehen (Abb. 1.1).

---

1 Böttger, E. C. u.a., nach Vorträgen *Dtsch. Apoth. Ztg.* **1996**, *136*, 2480 - 2482

2 Marchand-Brynaert, J.; Mougenot, P.; Combret, Y.; Belotti, D.; Guillot, N.; Ghosez, L. *Farmaco* **1995**, *50*, 455 - 469

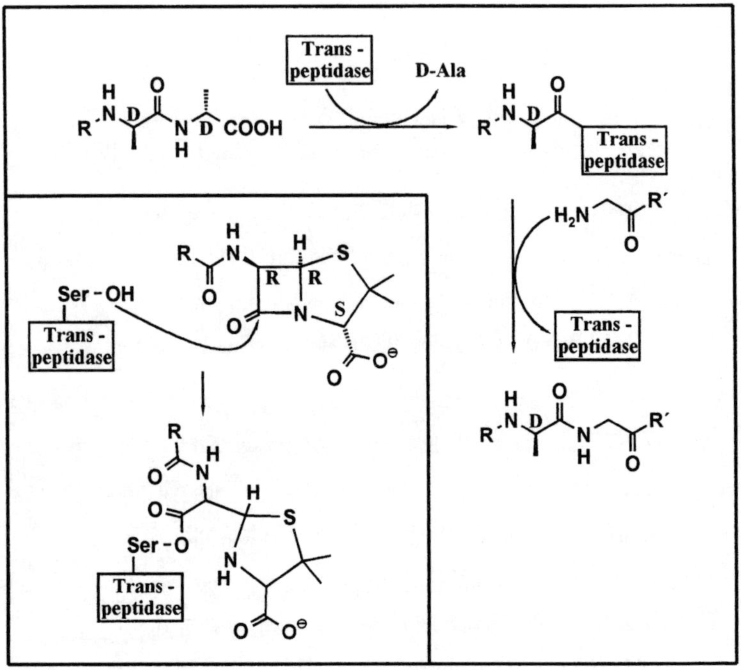

Abb. 1.1 *Quervernetzung der Peptidoglykanstränge des Mureins durch die D-Alanin-Transpeptidase und Hemmung des Enzyms durch ein Penicillin.*[3]

Dies gelingt ihnen peptidomimetisch durch ihre strukturelle Ähnlichkeit zu *D-Alanyl-D-Alanin*, dem endständigen Dipeptid der zum Aufbau des *Murein-Sacculus* benötigten Peptidoglykanstränge. Deren *vorletztes D-Alanin*-Molekül wird durch die Transpeptidase unter Abspaltung des *terminalen D-Alanins* mit der endständigen Aminosäure (z.B. Glycin) der Oligopeptidbrücke eines anderen Stranges verknüpft. Auf diese Weise kommt die Quervernetzung der Einzelstränge zustande. Es schien nun die Frage interessant, ob auch größere

[3] Mutschler, E. *Arzneimittelwirkungen, Lehrbuch der Pharmakologie und Toxikologie*, 6. Aufl., Stuttgart **1991**, 578

Lactamringe in der Lage sein würden, wie die β-Lactame bakterielle Transpeptidasen biomimetisch zu blockieren. Allgemein gesehen ist die Entwicklung von Peptidomimetika für verschiedene biologische und physiologische Substanzen zweifelsfrei von aktueller Bedeutung.[4]

Abb. 1.2 zeigt den Grundkörper der Penicilline im Vergleich mit dem der Zielstrukturen mit größerem Lactamring.

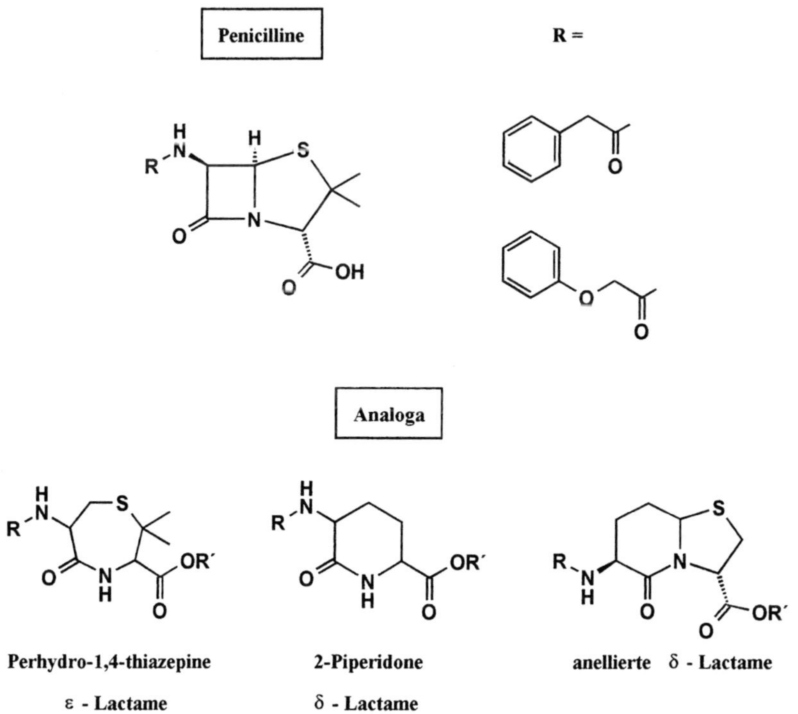

Abb. 1.2 Grundkörper des Penicillins und der Zielstrukturen

[4] Shao, H.; Lee, C-W.; Zhu, Q.; Gantzel, P.; Goodman, M. *Angew. Chem.* **1996**, *108*, 88 - 90

1.1.1 Perhydro-1,4-thiazepine als ε-Lactam-Analoga der β-Lactam-Antbiotika

Unter anderem war aufgrund der obigen Überlegungen diese Arbeit auf die Bereitstellung von Perhydro-1,4-thiazepinen als 7-gliedrige Lactame mit den gleichen funktionellen Gruppen, wie sie bekannte Penicilline oder auch Cephalosporine enthalten, ausgerichtet. Die Kombination von neuem Grundkörper mit bewährten Acylseitenketten dieser wichtigen Gruppe der β-Lactam-Antibiotika sollte deren Vorteile mit der Hoffnung verbinden, daß der größere nichtanellierte ε-Lactam-Ring im Molekül der fortschreitenden Resistenzentwicklung gegen β-Lactam-Antibiotika Einhalt gebieten könnte.

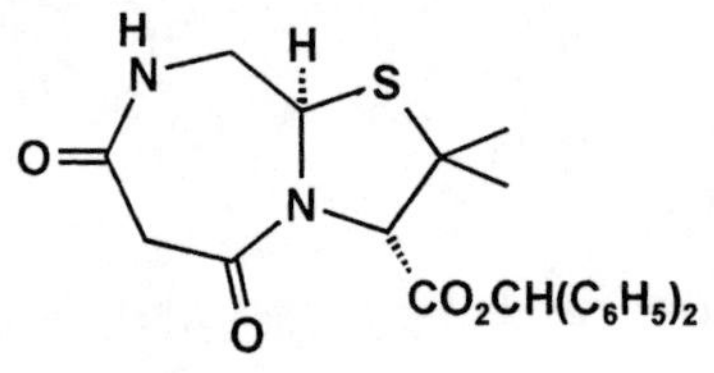

Abb. 1.3 Erstes ε-Lactam-Analogon der Penicilline nach [5]

So beruht das Konzept dieser Arbeit auf den von *Imming* gewonnenen Erkenntnissen bei der Synthese des ersten Vertreters eines ε-lactam-analogen Penicillins (s. Abb. 1.3) und greift damit den Vorschlag auf, daß in der gezeigten, zu Oligomerisierungen neigenden Verbindung »der Ersatz der sekundären Amid- durch eine sekundäre Amin-Funktion weiterführen« dürfte.[5]

Damit wird bereits deutlich, daß sowohl die *Stabilität* des Lactams für die Synthese und spätere mögliche Applizierbarkeit einerseits wie auch die *Labilität* für eine potentielle Wirksamkeit infolge der beschriebenen Acylierungsreaktion andererseits gegeben sein müssen. Bestimmt ist gerade diese »Gratwanderung«

5 Imming, P. *Habilitationsschrift,* Marburg 1994, 23

einer der Gründe, weshalb sich die Forschungsarbeit auf dem Themensektor der Entwicklung von Zielstrukturen für neue potentielle Antibiotika so interessant gestaltet.

1.1.2 2-Piperidone als neue potentiell antibiotische Wirkstoffe mit nicht-anelliertem δ-Lactam-Grundgerüst

Wie erste Ergebnisse aus Hydrolysestudien im Arbeitskreis[6] zeigen, weist die Reaktionsgeschwindigkeit des unsubstituierten δ-Lactams bei der Hydrolyse in wäßriger Alkalihydroxidlösung im Vergleich zu den anderen Ringgrößen ein Maximum auf. In der vorliegenden Arbeit sollten daher δ-Lactam-Derivate entwickelt werden, die dem oben genannten Kriterium der Labilität genügen. Dieser Parameter wird also auch hier wie bei den Perhydro-1,4-thiazepinen als essentiell für eine potentielle Wirkung betrachtet.

1.1.3 Anellierte δ-Lactam-Analoga der Penicilline

Auch die Entwicklung von neuen potentiellen δ-Lactam-Antibiotika mit anelliertem Grundkörper stand im Interesse der vorliegenden Arbeit. Nachdem bereits mehrfach über γ-Lactam-Analoga von Penicillinen berichtet wurde[7], für die sich zum Teil eine antibiotische Wirksamkeit nachweisen ließ, sollte nun auch mit der formalen Verknüpfung des δ-Lactamrings mit dem Thiazolidin-Ring der Penicilline begonnen werden.

6 Dix, D. *Dissertation,* Marburg **1996**, 59

7 Baldwin, J. E.; Lynch, G. P.; Pitlik, J. *J. Antibiot.* **1991**, *44,* 1 - 24, 1

1.1.4 4,5-Dihydrothiazole als potentielle Inhibitoren der bakteriellen Lipid-A-Biosynthese

Schließlich sollten auch Strukturen entwickelt werden, die ähnlich den jüngst bekannt gewordenen 4,5-Dihydrooxazol-4-carbohydroxamsäuren[8] (s. Abb. 1.4) in den bakteriellen Biosynthesemechanismus zum Aufbau der Lipopolysaccharid (LPS) -Schicht in der Zellmembran gramnegativer Keime eingreifen. In diesem Zusammenhang stellt die Hemmung eines Enzyms, das für die Synthese von Lipid A, einer der Domänen der LPS-Schicht essentiell ist, einen neuen Angriffspunkt für die Entwicklung von Antibiotika mit modifiziertem Wirkmechanismus dar.[9]

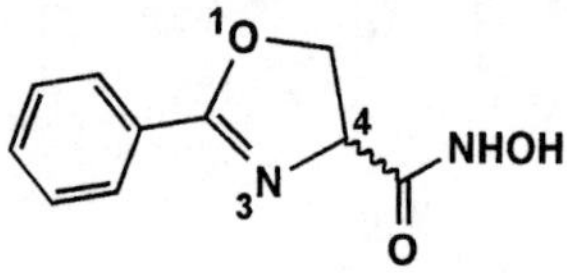

antibiotisch wirksame
4,5-Dihydrooxazol-4-carbohydroxamsäure

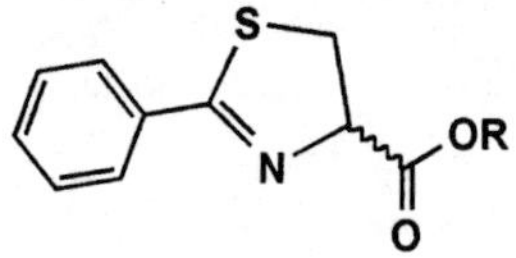

Zielstruktur

Abb. 1.4 Vorlage und Zielstruktur bei der Entwicklung von Inhibitoren der LPS-Biosynthese gramnegativer Bakterien

Eine spezielle Einführung zum jeweiligen hier umrissenen Themenbereich findet sich in den entprechenden Kapiteln.

Der größte Anteil der in dieser Arbeit vorgestellten Ergebnisse fällt zweifellos den Perhydro-1,4-thiazepinen als ε-Analoga der Penicilline zu, weshalb die thematische Behandlung dieser Substanzklasse auch gleich den Auftakt bilden soll.

---

8 Onishi, H. R.; Pelak B. A.; Gerckens, L. S.; Silver, L. L.; Kahan, F. M.; Chen, M.-H.; Patchett, A. A.; Galloway, S. M.; Hyland, S. A.; Anderson, M. S.; Raetz, C. R. H. *Science* **1996**, *274*, 980 - 982

9 Vaara, M. *Science* **1996**, *274*, 939 - 940

2 Synthese und Strukturaufklärung der Perhydro-1,4-thiazepine

2.1 Perhydro-1,4-thiazepine

Wie schon eingangs dargelegt, sollten im Rahmen dieser Arbeit Perhydro-1,4-thiazepine als 7-gliedrige Analoga von β-Lactamen mit denselben funktionellen Gruppen synthetisiert werden, wie sie von Penicillinen und Cephalosporinen her bekannt sind.

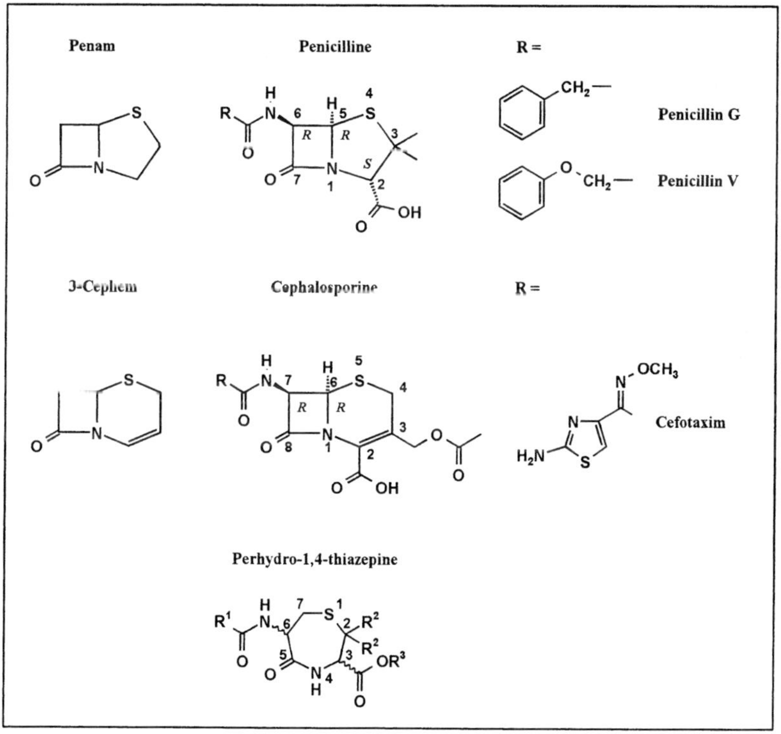

Abb. 2.1 Strukturvergleich von Perhydro-1,4-thiazepinen mit bekannten Penicillinen und Cephalosporinen

Das Perhydro-1,4-thiazepin-Grundgerüst findet dabei seine Entsprechung in der Penam- bzw. 3-Cephem-Leitstruktur, wobei das anellierte System aus 1,4-Thiazolidin- bzw. Dihydro-1,5-thiazin-Ring und 2-Azetidinon (β-Lactam)-Ring durch ein 7-gliedriges, schwefelhaltiges, monocyclisches Lactam ersetzt wird (Abb. 2.1).

Eine entscheidende Rolle für die potentiell antibiotische Wirkung und ggf. für die Applizierbarkeit einer derartigen Verbindung sollten sowohl die *Labilität* und mit ihr einhergehend die Reaktivität des Lactamrings als auch ihre *Stabilität* gegenüber physiologischen Medien spielen. Beide hängen u.a. wesentlich von der transannularen Spannung ab, die ihrerseits durch Art und Anzahl der sp^2-Zentren bzw. der Heteroatome sowie vom Substitutionsmuster des Ringsystems beeinflußt wird.

2.2 Synthesestrategie

Der allgemeine Plan für das präparative Vorgehen bei der Synthese der Perhydro-1,4-thiazepine gestaltete sich wie in Abb. 2.2 (mit Tab. 2.1) gezeigt.

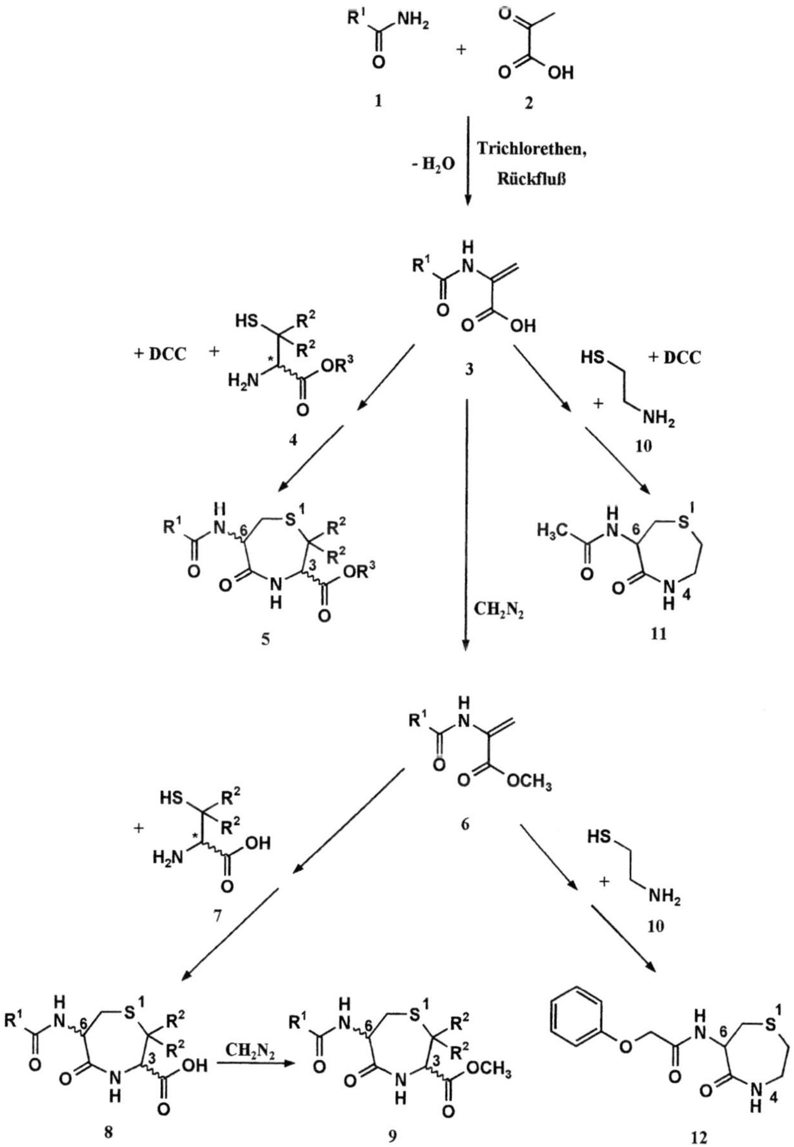

Abb. 2.2 Syntheseplan für verschiedene Perhydro-1,4-thiazepine

	R^1	R^2	R^3	CIP	C *
1a	$PhCH_2$				
1b	$PhOCH_2$				
1c	CH_3				
1d	$PhCH_2O$				
1e	$ClCH_2$				
1f	ICH_2				
1g	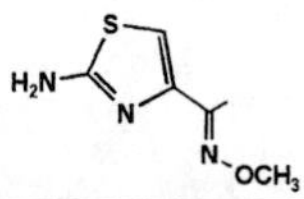				
3a	$PhCH_2$				
3b	$PhOCH_2$				
3c	CH_3				
3d	$PhCH_2O$				
3e	$ClCH_2$				
3f	ICH_2				
4a		CH_3	CH_3		*D*
4b		CH_3	CH_3		*L*
4c		H	CH_3		*L*
4d		H	C_2H_5		*L*
5a	$PhCH_2$	CH_3	CH_3	*(3S,6S)*	
5b	$PhCH_2$	CH_3	CH_3	*(3R,6R)*	
5c	$PhCH_2$	H	CH_3	*(3R,6R)*	
5d	$PhCH_2$	H	C_2H_5	*(3R,6R)*	

	R^1	R^2	R^3	CIP	C *
5e	$PhCH_2$	CH_3	CH_3	*(3S,6S)*	
6a	$PhCH_2$				
6b	$PhOCH_2$				
6c	CH_3				
6d	$PhCH_2O$				
7a		CH_3			*D*
7b		CH_3			*L*
7c		H			*D*
7d		H			*L*
8a	$PhCH_2$	CH_3		*(3S,6R)*	
8b	$PhCH_2$	CH_3		*(3S,6S)*	
8c	$PhCH_2$	CH_3		*(3R,6S)*	
8d	$PhCH_2$	CH_3		*(3R,6R)*	
8e	$PhCH_2$	H		*(3R,6S)*	
8f	$PhCH_2$	H		*(3R,6R)*	
8g	$PhOCH_2$	CH_3		*(3S,6R)*	
8h	$PhOCH_2$	CH_3		*(3S,6S)*	
8i	$PhOCH_2$	CH_3		*(3R,6S)*	
8k	$PhOCH_2$	CH_3		*(3R,6R)*	
8m	$PhOCH_2$	H		*(3S,6R)*	
8n	$PhOCH_2$	H		*(3S,6S)*	
8o	$PhOCH_2$	H		*(3R,6S)*	
8p	$PhOCH_2$	H		*(3R,6R)*	

	R^1	R^2	R^3	CIP C *
8q und **8r**	CH_3	CH_3		*(3S,6R)* bzw. *(3S,6S)*
9a	$PhCH_2$	CH_3		*(3S,6R)*
9b	$PhCH_2$	CH_3		*(3R,6S)*
9c	$PhOCH_2$	CH_3		*(3S,6R)*
9d	$PhOCH_2$	CH_3		*(3R,6S)*
11				*R/S*
12				*R/S*

Tab. 2.1 Erläuterungen zum Syntheseplan

Demnach sollten zunächst ausgewählte Säureamide (**1a** - **1g**) als gemeinsame Edukte eingesetzt werden, von denen nur ein Teil problemlos auf kommerziellem Wege zugänglich ist. Diese Amide sollten dann in Trichlorethen mit Brenztraubensäure (**2**) kondensiert werden, um die für die Synthese sämtlicher Perhydro-1,4-thiazepine wichtigen 2-(Acylamino)acrylsäuren (**3a** - **3f**) zu liefern. Zu den gewünschten Zielprodukten sollte man auf verschiedenen Wegen gelangen:

1. Durch eine *diastereoselektive Synthese* infolge direkter, durch N,N'-Dicyclohexylcarbodiimid (DCC) vermittelter Umsetzung der 2-(Acylamino)-acrylsäuren mit Penicillamin- und Cysteinestern (**4a** und **4b** bzw. **4c** und **4d**) hin zu den Perhydro-1,4-thiazepin-3-carbonsäureestern (**5a** - **5e**); auf diese Weise erhält man, wie an späterer Stelle in dieser Arbeit gezeigt wird, ausschließlich *(3S,6S)*- und *(3R,6R)*- konfigurierte Verbindungen.

2. Durch eine *nicht-diastereoselektive Synthese*, bei der die mittels Diazomethan-Reaktion aus den betreffenden 2-(Acylamino)acrylsäuren gewonnenen 2-(Acylamino)acrylsäuremethylester (**6a** - **6d**) mit D- oder L-Penicillamin (**7a**, **7b**) bzw. D- oder L-Cystein (**7c**, **7d**) zu den Perhydro-1,4-thiazepin-3-carbonsäuren (**8a** - **8p**) umgesetzt werden sollten. Zur Synthese der genannten Carbonsäuren ist diese Methode universell einsetzbar. Die anschließende, auf den unterschiedlichen Löslichkeiten der Isomere in Wasser und Chloroform basierende Trennung der Stereoisomerenpaare aus *(3S,6R)*- und *(3S,6S)*-Diastereomer bzw. aus *(3R,6S)*- und *(3R,6R)*-Diastereomer ist, wie sich zeigte, einwandfrei möglich; das gut wasserlösliche Diastereomerengemisch aus **8q** und **8r** bildet hierbei die alleinige Ausnahme.

3. Um auch zu *(3S,6R)*- und *(3R,6S)*-konfigurierten Perhydro-1,4-thiazepin-3-carbonsäureestern zu gelangen, die durch die DCC-vermittelte *diastereoselektive Synthese* (s. Ziffer 1) nicht zugänglich sind, sollten die entsprechenden vorher isolierten Carbonsäuren mit Diazomethan in die Methylester (**9a** - **9d**) umgewandelt werden.

4. Der Weg zu den an C-3 unsubstituierten Perhydro-1,4-thiazepinen nimmt seinen Ausgang entweder

   a) bei den o.g. 2-(Acylamino)acrylsäuren und verläuft über die DCC-vermittelte Synthese (Ziffer 1), welche wegen des Fehlens eines Substituenten an C-3 hier nicht diastereoselektiv verlaufen kann; im Falle der Darstellung von Verbindung **11** reagiert also 2-(Acetylamino)-acrylsäure (**3c**) mit Cysteamin (**10**);

   oder

   b) bei den genannten 2-(Acylamino)acrylsäuremethylestern, welche sich analog Weg 2 umsetzen; im Falle der Synthese von Verbindung **12** reagiert demnach Methyl[2-(2-phenoxyacetylamino)acrylat] (**6b**) mit Cysteamin;

oder,

c) wie in Abb. 2.3 veranschaulicht, bei L- (**13a**) oder D-Serin (**13b**). Dieses sollte zunächst durch eine *tert.*-Butoxycarbonyl (BOC)-Gruppe geschützt werden, woraus sich die Verbindungen **14a** und **14b** ergeben. Die Diazomethan-Reaktion würde die Methylester **15a** und **15b** liefern. Die aus diesen wiederum gewonnenen Tosylate **16a** und **16b** lassen sich dann nucleophil von der Thiolat-Funktion des Cysteamins angreifen, was im Falle der Synthese der gewünschten Verbindung **17** zu einem Racemat führte, gleichgültig, ob man den gesamten Ablauf mit L- oder mit D-Serin begonnen hat.

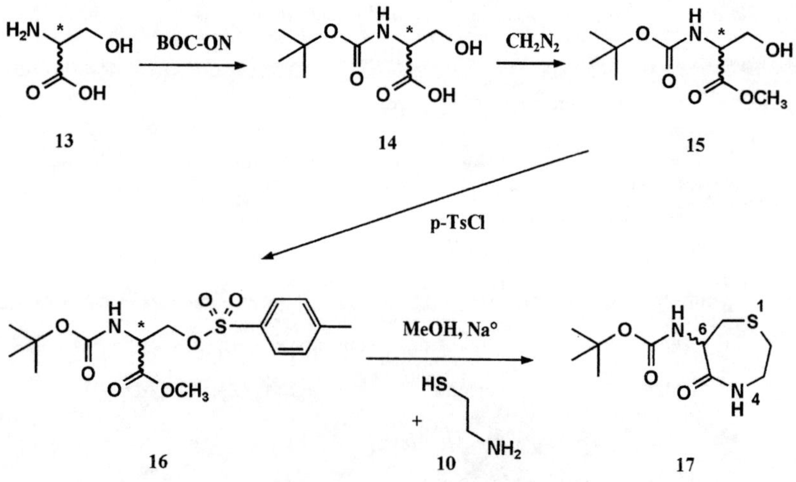

*Abb. 2.3 Syntheseplan für das in Position 3 des Rings unsubstituierte Perhydro-1,4-thiazepin **17***

	C *	CIP
13a	*L*	
13b	*D*	
14a	*L*	
14b	*D*	
15a	*L*	
15b	*D*	
16a	*L*	
16b	*D*	
17		*R/S*

Den Methoden 1, 2, 4a und 4b ist gemeinsam, daß sich dabei die Thiolat-Funktion der Mercaptoaminosäure bzw. des Mercaptoamins in einem Teil der Fälle diastereoselektiv, im anderen hingegen nicht-diastereoselektiv an die olefinische Doppelbindung der α,β-ungesättigten Carbonylverbindung, namentlich der betreffenden 2-(Acylamino)acrylsäure, addiert.

Bei dem unter 4c beschriebenen Syntheseweg kommt es im Verlaufe der erwähnten nucleophilen Substitution unter den angewandten stark basischen Reaktionsbedingungen zu einer Racemisierung.

Anzumerken bleibt, daß sich sämtliche im Syntheseplan vorgestellten Strategien erfolgreich verwirklichen ließen.

2.3 Darstellung der Säureamide

2.3.1 2-Phenylacetamid und 2-Phenoxyacetamid als wichtige Edukte für die Synthese von Perhydro-1,4-thiazepin-Analoga von Benzyl- und Phenoxymethylpenicillin

2-Phenylacetamid (**1a**), welches zu den nicht handelsüblichen Amiden gehört, war nach einer Vorschrift von *Wenner*[10] zugänglich. Danach wurde Benzylcyanid (**18**) mit 37% HCl unter leichtem Erwärmen verseift. Eine Konzentration der Salzsäure von 32% reicht nach eigenen Erfahrungen nicht aus, da in diesem Falle keine Reaktion zu beobachten ist und die Verseifung des Säurenitrils erst nach Einleiten von Chlorwasserstoff einsetzt. Zu achten ist bei der Synthese außerdem auf die Temperatur, da bei zu hoher Temperatur die Verseifung nach Zufuhr der Aktivierungsenergie bis zur Stufe der Phenylessigsäure weiterginge.

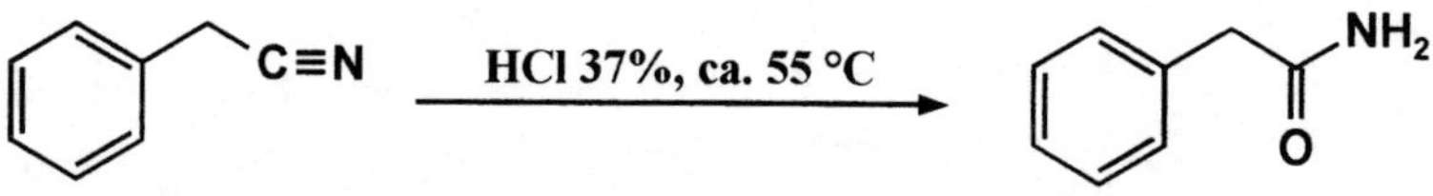

18 **1a**

*Abb. 2.4 Synthese des 2-Phenylacetamids (**1a**)*

Das wertvolle 2-Phenoxyacetamid (**1b**) konnte in beinahe 100%iger Ausbeute aus 2-Phenoxyessigsäure (**19**) synthetisiert werden, indem in eine auf 160 °C erhitzte Schmelze der Substanz Ammoniak eingeleitet wurde (Abb. 2.5). Das dabei gebildete Reaktionswasser gab Aufschluß über den Verlauf der Reaktion. Das Produkt wurde in großen Mengen dargestellt, so daß es auch teils an die Firma

[10] Wenner, W. *Org. Synth. Coll. Vol. IV* **1963**, 760 - 763

Merck-Schuchardt (Darmstadt) abgegeben werden konnte. Die Methode selbst wurde bereits von *Pfeiffer* und *Epler*[11] erwähnt.

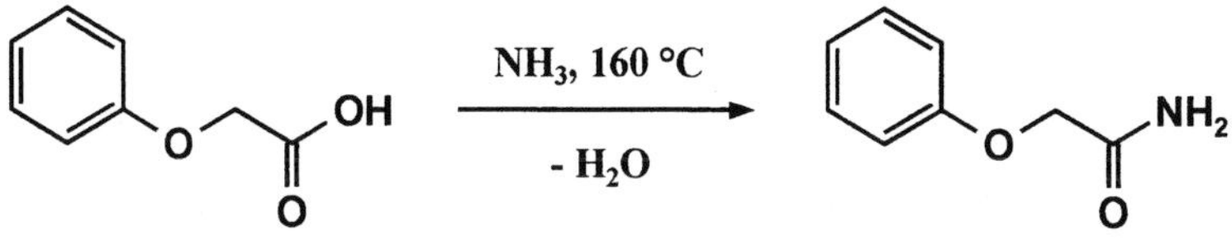

19 **1b**

*Abb. 2.5 Synthese von 2-Phenoxyacetamid (**1b**)*

2-Phenylacetamid und 2-Phenoxyacetamid stellen insofern wichtige Bausteine bei der Synthese der Perhydro-1,4-thiazepine dar, als sie in der Acyl-Seitenkette des Benzylpenicillins (Penicillin G, **20**) bzw. des Phenoxymethylpenicillins (Penicillin V, **21**) wiederzufinden sind (Abb. 2.6).

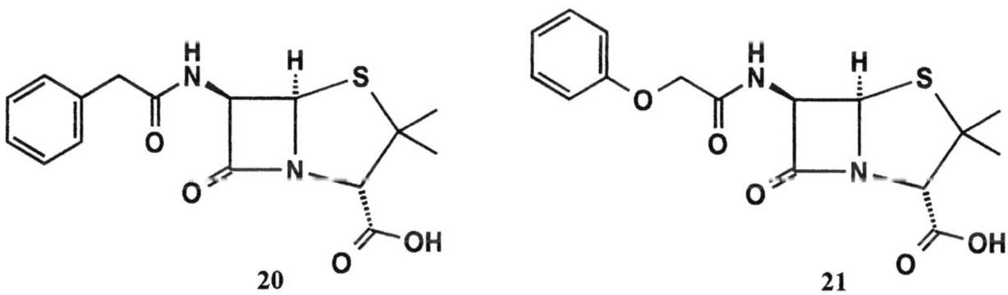

20 **21**

*Abb. 2.6 Benzylpenicillin (**20**) und Phenoxymethylpenicillin (**21**)*

[11] Pfeiffer, P.; Epler, H. *Liebigs Ann. Chem.* **1940**, *545*, 263 - 286

2.3.2 Benzylcarbamat als Edukt zur Synthese Cbz-geschützter Perhydro-1,4-thiazepine

Die Einführung der Benzyloxycarbonyl- (Carbobenzoxy-, Cbz- oder Z-) Gruppe zum Schützen der Aminogruppe in Position 6 des Perhydro-1,4-thiazepinrings bietet gemeinhin den Vorteil, daß aus einer solchen Verbindung durch einfaches Abspalten der Schutzgruppe mittels HBr in Eisessig[12] schnell das Hydrobromid des freien Amins gewonnen werden kann. Dieses stünde dann für die Einführung beliebiger Acyl-Seitenketten, wie sie bei den gängigen Penicillinen oder aber bei den Cephalosporinen auftreten, zur Verfügung und müßte demnach lediglich mit einer Säurekomponente verknüpft werden, beispielsweise durch DCC-Kupplung.

Benzylcarbamat (**1d**) wurde durch Ammonolyse von Benzylchlorformiat (**22**) synthetisiert (Abb. 2.7), um es anschließend entsprechend den Ausführungen im vorhergehenden Abschnitt mit Brenztraubensäure zur Cbz-geschützten 2-Aminoacrylsäure zu kondensieren.

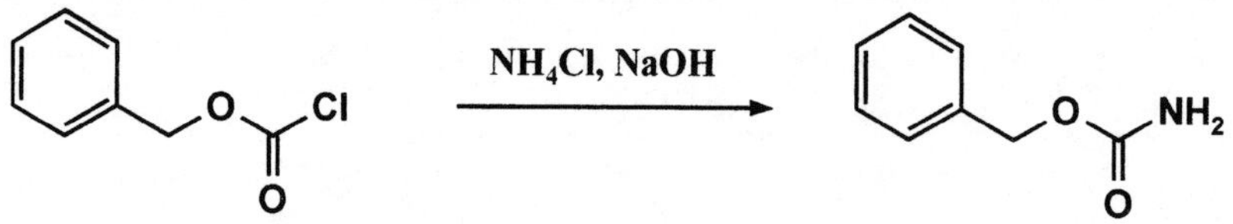

22 **1d**

*Abb. 2.7 Synthese von Benzylcarbamat (**1d**) durch Ammonolyse des Säurechlorids*

Es darf vorweggenommen werden, daß jene, aufgrund möglicher Nebenprodukt-bildungen nicht einfach zu steuernde Kondensationsreaktion erfolgreich zum Abschluß gebracht werden konnte. Mit dem Produkt lag wiederum ein wichtiges

[12] (a) Ben-Ishai, D.; Berger, A. *J. Org. Chem.* **1952**, *17*, 1564 - 1570
(b) Arnstein, H. R. V.; Clubb, M. E. *Biochem. J.* **1958**, *68*, 528 - 535

Edukt vor, um auch die am Amino-Stickstoff geschützten und somit leicht derivatisierbaren Perhydro-1,4-thiazepine zu erhalten. Zwar ließ sich die Umsetzung der Cbz-geschützten 2-Aminoacrylsäure mit D-Penicillamin-methylester zum 7-gliedrigen Lactam nicht bewerkstelligen, doch waren die meisten der gewünschten Zielverbindungen durch die übrigen, mit den endgültig in das Perhydro-1,4-thiazepin-Molekül einzuführenden funktionellen Gruppen acylierten 2-Aminoacrylsäuren zugänglich.

2.3.3 2-(2-Amino-4-thiazolyl)-2-methoxyiminoacetamid als Edukt für Perhydro-1,4-thiazepin-Analoga des Cefotaxims

Perhydro-1,4-thiazepine sind nicht nur als Analoga der Penicilline, sondern auch der Cephalosporine aufzufassen, wenn man sich das bei letzteren vorhandene anellierte System aus β-Lactam- und Dihydrothiazin-Ring durch den ε-Lactam-Ring ersetzt denkt. So lag die Absicht nahe, auch die Seitenkette eines Cephalosporins, namentlich des Cefotaxims (s. Abb. 2.8), an die Aminogruppe in Position 6 des Perhydro-1,4-thiazepin-Rings heranzuführen.

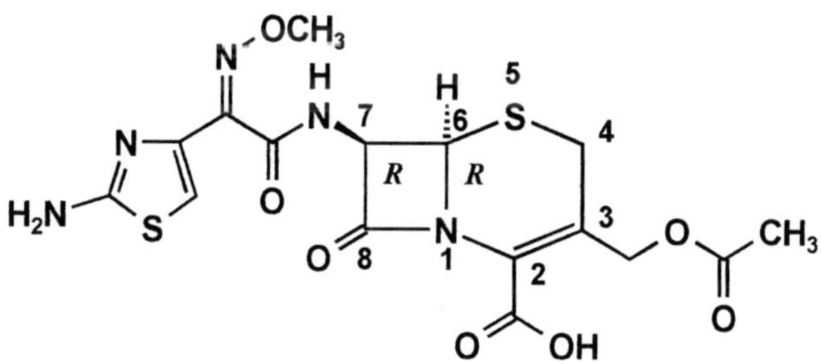

Abb. 2.8 Cefotaxim

Versucht wurde dies über die Synthese einer entsprechend substituierten Acrylsäure aus 2-(2-Amino-4-thiazolyl)-2-methoxyiminoacetamid (**1g**), welches sich durch Ester-Ammonolyse von Ethyl[(Z)-(2-Amino-4-thiazolyl)-methoxyiminoacetat] (**23**) gewinnen ließ (Abb. 2.9), und Brenztraubensäure. Das gut zugängliche Amid bildete jedoch bei der beabsichtigten Kondensationsreaktion lediglich Zersetzungsprodukte. Angesichts der Vielzahl von synthetisierten penicillin-analogen Perhydro-1,4-thiazepinen wurden in dieser Richtung keine weiteren Schritte unternommen.

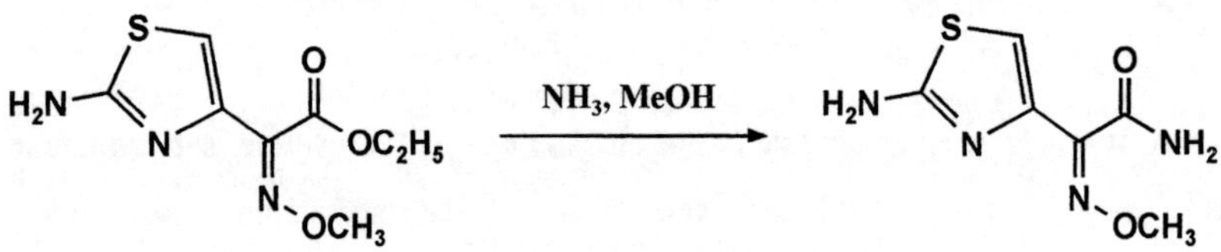

23 **1g**

*Abb. 2.9 Synthese von **1g** durch Ester-Ammonolyse*

2.3.4 Acyl-Gruppen der β-Lactam-analogen Perhydro-1,4-thiazepine

Amid	Ausbeute	Amid	Ausbeute
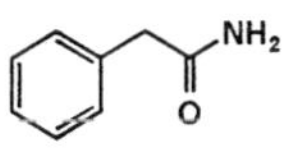 **1a**	71%	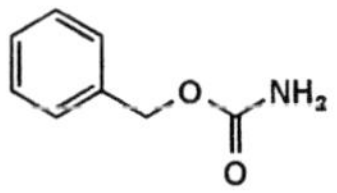 **1d**	99%
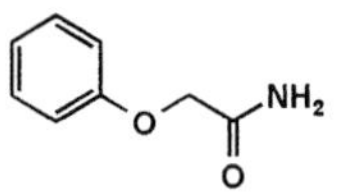 **1b**	98%	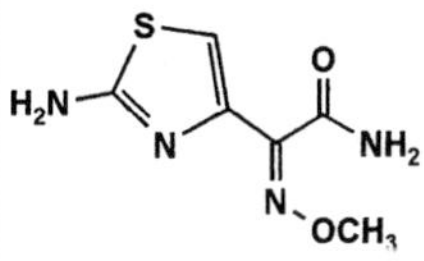 **1g**	61%

Tab. 2.2 Dargestellte Säureamide

2.4 Diastereoselektive Synthese der Perhydro-1,4-thiazepin-3-carbonsäureester

2.4.1 Darstellung der 2-(Acylamino)acrylsäuren

Grundlage für die Synthese der Perhydro-1,4-thiazepin-3-carbonsäureester ist die Verfügbarkeit der 2-(Acylamino)acrylsäuren (**3**), welche durch Kondensation der im vorigen Abschnitt thematisch behandelten Säureamide (**1**) mit Brenztraubensäure (**2**) zugänglich waren (Abb. 2.10).

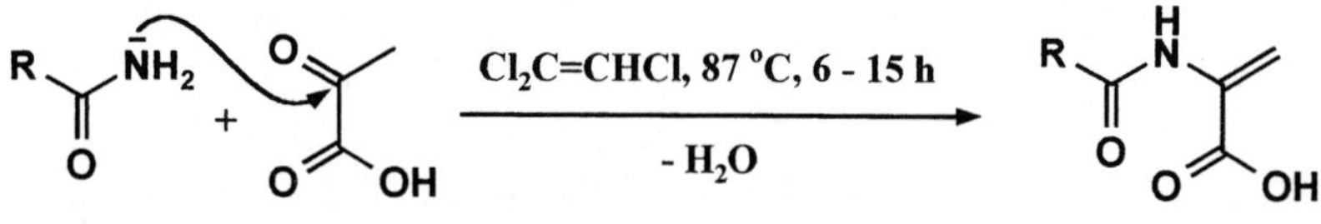

1 2 3

*Abb. 2.10 Gewinnung der 2-(Acylamino)acrylsäuren (**3**) durch Kondensation von Amiden (**1**) mit Brenztraubensäure (**2**)*

Amid und Brenztraubensäure wurden in einem definierten Stoffmengenverhältnis miteinander zur Reaktion gebracht; dieses hängt von der Art des gewählten Säureamids ab und mußte für jede Reaktion eigens empirisch ermittelt werden. Zusätzlich spielt auch die relative Menge des Lösungsmittels Trichlorethen eine wesentliche Rolle für den Erfolg und die Ausbeute der Kondensation. Diesbezüglich sei jedoch auf die Arbeitsvorschriften im Experimentellen Teil verwiesen.

Die Ergebnisse der Versuchsreihen zur Optimierung der Reaktionsparameter sind, abgesehen von den Lösungsmittelmengen, zusammen mit den 2-(Acylamino)acrylsäure-Produkten aus Tab. 2.3 ersichtlich. Bei der Synthese der meisten der im folgenden beschriebenen 2-(Acylamino)acrylsäuren ist es unbedingt erforderlich, das entstehende Reaktionswasser abzutrennen, was mit Hilfe der azeotropen Destillation von Wasser und dem Schleppmittel Trichlorethen kein Problem darstellte. Dazu wurde eine Methode von *Wieland et al.*[13] modifiziert und zur Anwendung gebracht. Neu war die einfache Handhabung dieses Reaktionsablaufs: Das überdestillierende Gemisch aus Wasser und Trichlorethen wurde während der Reaktion kontinuierlich in einem aufgesetzten *Soxhlet*-Extraktor mittels Molekularsieb getrocknet, um anschließend wieder ins

13 Wieland, T.; Ohnacker, G.; Ziegler, W. *Chem. Ber.* **1957**, *90*, 194 - 201

Reaktionsgefäß geleitet zu werden. Auf diese Weise konnten sowohl einige bereits bekannte und für die Synthese der Perhydro-1,4-thiazepine benötigte wie auch einige neue 2-(Acylamino)acrylsäuren dargestellt werden. Selbstverständlich kann von einer 2-Aminoacrylsäure aufgrund ihrer Enaminstruktur nur im formalen Sinne gesprochen werden, es sei denn, es handelt sich um den stabilen N-acylierten Vertreter der hypothetischen Verbindung, wie es hier der Fall ist.

Amid	n (Amid): n (Brenz.)	Ausbeute	Reaktions-zeit	2-(Acylamino)-acrylsäure
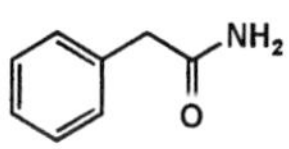 **1a**	1 : 3	51%	8 h	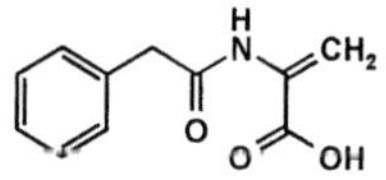 **3a**
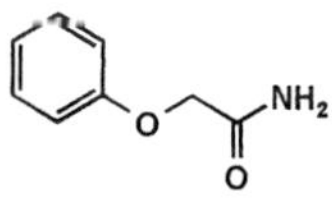 **1b**	1 : 4	73%	15 h	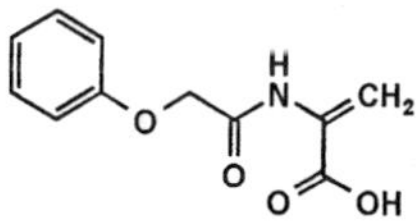 **3b**
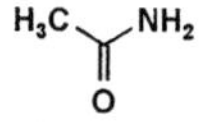 **1c**	1 : 3.6	66%	6 h	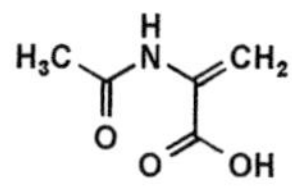 **3c**
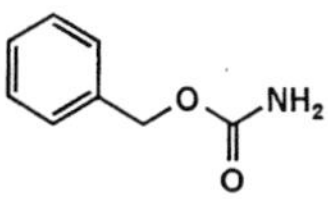 **1d**	1 : 3	28%	7 h	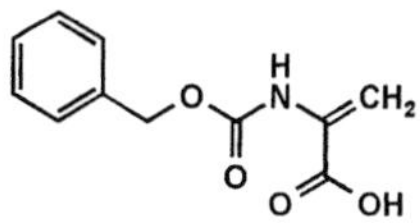 **3d**

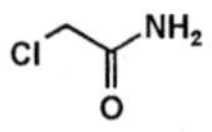 **1e**	1 : 3.6	22%	10 h	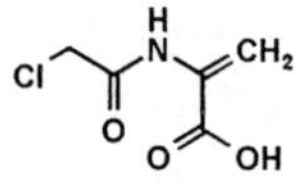 **3e**
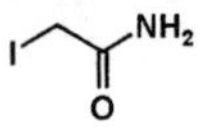 **1f**	1 : 4	22%	6 h	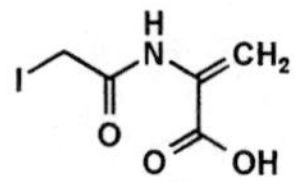 **3f**

*Tab. 2.3 Aus den Amiden (**1**) dargestellte 2-(Acylamino)acrylsäuren (**3**). »n (Amid) : n (Brenz.)« gibt das Stoffmengenverhältnis von Amid und Brenztraubensäure an*

2.4.2 Diastereoselektive Synthese der Perhydro-1,4-thiazepin-3-carbonsäureester durch Umsetzung von 2-(Acylamino)acrylsäuren mit Penicillamin- und Cysteinestern unter Einsatz von DCC

Abb. 2.11 gibt einen allgemeinen Überblick über den Syntheseablauf bei den diastereoselektiv dargestellten *(3S,6S)-* bzw. *(3R,6R)*-konfigurierten Verbindungen.

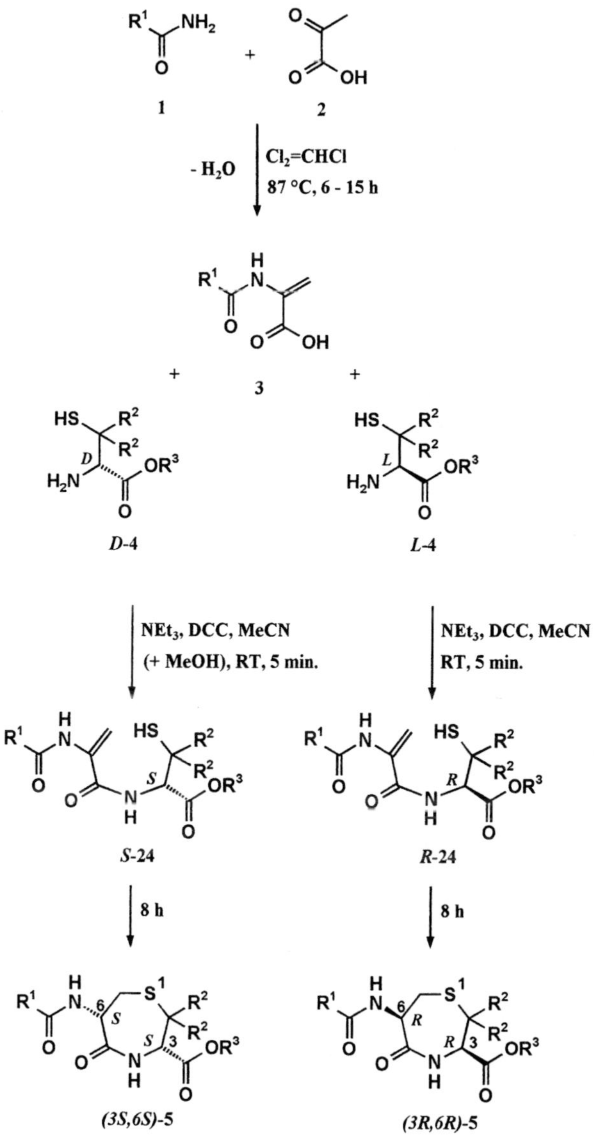

Abb. 2.11 Diastereoselektive Synthese (3S,6S)- und (3R,6R)- konfigurierter Perhydro-1,4-thiazepin-3-carbonsäureester

	R^1	R^2	R^3	CIP	C *
1a/3a	$PhCH_2$				
1c/3c	CH_3				
4a		CH_3	CH_3		*D*
4b		CH_3	CH_3		*L*
4c		H	CH_3		*L*
4d		H	C_2H_5		*L*
5a	$PhCH_2$	CH_3	CH_3	*(3S,6S)*	
5b	$PhCH_2$	CH_3	CH_3	*(3R,6R)*	
5c	$PhCH_2$	H	CH_3	*(3R,6R)*	
5d	$PhCH_2$	H	C_2H_5	*(3R,6R)*	
5e	CH_3	CH_3	CH_3	*(3S,6S)*	

Tab. 2.4 Erläuternde Angaben zu Abb. 2.11

Sowohl die *D*- als auch die *L*-konfigurierten Penicillamin- und Cysteinester (**4**), welche durch Veresterung der entsprechenden Mercaptoaminosäuren in methanolischer Salzsäure zugänglich waren, reagierten als Hydrochloride in Acetonitril, ggf. mit Methanolzusatz und nach Zugabe von Triethylamin, mit zwei der im vorangegangenen Abschnitt behandelten 2-(Acylamino)acrylsäuren (**3**).
Unter Vermittlung des Kupplungsreagens N,N'-Dicyclohexylcarbodiimid (DCC) wurde zunächst eine Amidbindung geknüpft. Dies läßt sich zum einen aus der sofortigen Fällung von N,N′-Dicyclohexylharnstoff (DCU) schließen und zum anderen aus der Tatsache, daß die Addition der Thiolat-Funktion an die Doppelbindung mehr Zeit beansprucht, d.h. nach eigenen experimentellen Befunden ca. 8 h.

Charakteristischerweise läßt sich die 2-(2-Phenoxyacetylamino)acrylsäure (**3b**) wohl aufgrund des Vorliegens einer intramolekularen Wasserstoffbrücke, die den Zugriff von DCC verhindert, weder in Acetonitril noch in Methanol umsetzen.

Der Ringschluß erfolgte dann im zweiten Schritt: Der SH-acide Molekülteil des dipeptidartigen Intermediärprodukts (**24**) addierte sich über das Thiolat an die olefinische Doppelbindung der α,β-ungesättigten Carbonylstruktur. Es konnte gezeigt werden, daß es sich hierbei um eine streng *diastereoselektiv verlaufende* Addition nach Art einer *Hetero-Michael*-Reaktion handelt, wie sie auch in anderem Zusammenhang bereits beschrieben wurde.[14]

Zur Verdeutlichung sei der Schritt dieser Additionsreaktion noch einmal herausgegriffen und die sterischen Verhältnisse während ihres Verlaufs in Abb. 2.12 eingehender dargestellt

[14] (a) Little, R. D.; Masjedizadeh, M. R.; Wallquist, O.; McLoughlin, J. I. *J. Org. Rcts.* **1995**, *47*, 315 - 552, 316
(b) Leonard, N. J.; Wilson, G. E. *J. Am. Chem. Soc.* **1964**, *86*, 5307 - 5316

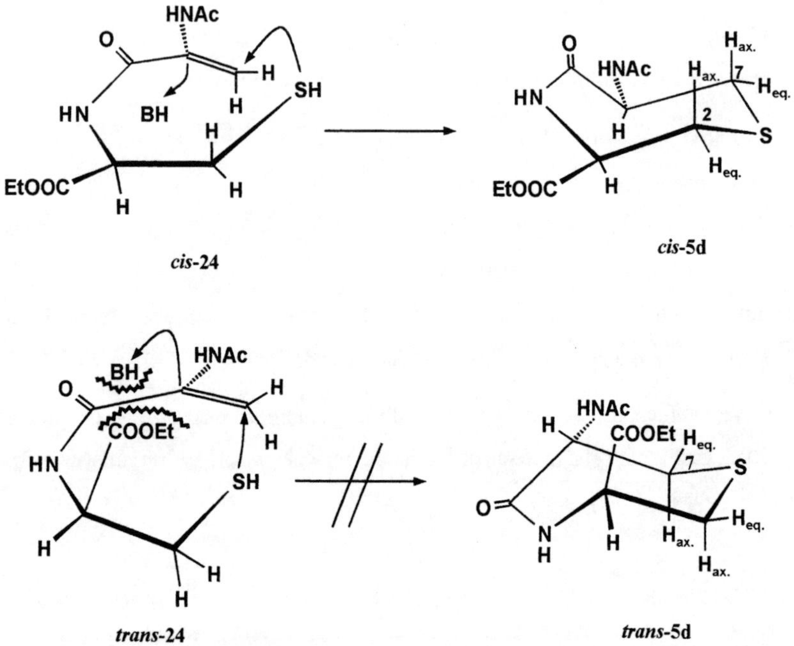

*Abb. 2.12 Diastereoselektive Hetero-Michael-Addition der Thiolat-Funktion an die olefinische Doppelbindung im Intermediärprodukt **24** beim Schließen des Perhydro-1,4-thiazepin-Rings. »BH« bezeichnet die protonierende Säure*

Wie im oberen Teil der Darstellung zu sehen ist, führt der nucleophile Angriff des Schwefels von der *si*-Seite der Doppelbindung her zu einer geringeren sterischen Interferenz der beteiligten Gruppen bzw. Reaktanten als von der *re*-Seite. Die Reaktion führt also ausschließlich zum *cis*-Isomer mit stabiler Sesselkonformation und *quasi-äquatorialer* Anordnung der Substituenten an den Chiralitätszentren, wie eine Konformationsanalyse auf Basis der Kopplungskonstanten in den NMR-Spektren belegte (s. hierzu Abschnitt 2.8.1.2). Dies entspricht jeweils einer *(3S,6S)*- bzw. einer *(3R,6R)*-Konfiguration.

Der im unteren Teil von Abb. 2.12 gezeigte hypothetische Angriff von der *re*-Seite der Doppelbindung her würde eine abstoßende Wechselwirkung zwischen der dann axial stehenden Ester-Gruppe und der endständigen Methylengruppe des Olefin-Teils im Intermediärprodukt nach sich ziehen. Außerdem könnte es dabei zu einer räumlichen Behinderung der bei der Addition gleichzeitig oder auch zeitlich versetzt mit dem Angriff des Schwefels einhergehenden Protonenübertragung durch die Säure BH (z.B. eines Triethylammonium-Ions) kommen, indem letztere durch die Elektronenhülle des Esters verdrängt bzw. ihr Zugriff verhindert würde.

Um nun zu den Perhydro-1,4-thiazepinen, namentlich zu den an beiden Chiralitätszentren gleich konfigurierten Estern dieser Reihe zu kommen, wurden die Befunde von *Leonard* und *Wilson*[15] genutzt, wonach sich das Thiolat unter bestimmten Bedingungen diastereoselektiv an die olefinische Doppelbindung der α-,β-ungesättigten Carbonylverbindung addierte. So konnte in den Reaktionsansätzen das reaktionskinetisch und/oder thermodynamisch benachteiligte *(3R,6S)*- bzw. *(3S,6R)*-Diastereomer chromatographisch und spektroskopisch nie detektiert werden, auch nicht in den Rohprodukten.

Solche Bedingungen liegen offenbar bei der Verwendung von wasserentziehenden Kupplungsreagenzien vor. Im vorliegenden Fall handelte es sich dabei um N,N'-Dicyclohexylcarbodiimid (DCC), aber auch der Einsatz von Woodward Reagens K[16] änderte prinzipiell nichts an dem Befund, selbst wenn damit in hochverdünnter Lösung gearbeitet wurde [15]. Es war stets lediglich das thermodynamisch stabilere *(3S,6S)*-Diastereomer mit quasi-äquatorialer Anordnung der Substituenten in Position 3 und 6 des Perhydro-1,4-thiazepin-Rings im Reaktionsgemisch zu finden, wenngleich sich seine Ausbeute zugunsten von Nebenprodukten reduzierte.

---

15 Leonard, N. J.; Wilson, G. E. *J. Am. Chem. Soc.* **1964**, *86*, 5307 - 5316

16 Woodward, R. B.; Olofson, R. A.; Mayer, H. *J. Am. Chem. Soc.* **1961**, *83*, 1010 - 1012

Diese Aussage gilt natürlich auch für die ebenfalls synthetisierten enantiomeren *(3R,6R)*-Verbindungen. Somit ist festzuhalten, daß aus der Kondensation von 2-(Acylamino)acrylsäure und Mercaptoaminosäure unter Einsatz von Kupplungsreagenzien mit nachfolgender *Hetero-Michael*-Addition der Thiolat-Funktion an die olefinische Doppelbindung stets die thermodynamisch stabileren *(3S,6S)*- oder *(3R,6R)*-Diastereomere der Perhydro-1,4-thiazepin-3-carbonsäureester mit quasi-äquatorialer (ergo *cis*-) Anordnung der Substituenten an C-3 und C-6 resultieren.

Weitergehende eigene Untersuchungen zeigten zudem, daß die Aussage dieser Ergebnisse unberührt blieb, selbst wenn die *Hetero-Michael*-Addition bereits vor der Bildung des Lactams stattfinden konnte, weil DCC erst zu einem späteren Zeitpunkt zugesetzt wurde. Die Wahl anderer Lösungsmittel und z.T. chiraler Hilfsbasen ließ den Befund ebenso unverändert (Abb. 2.13).

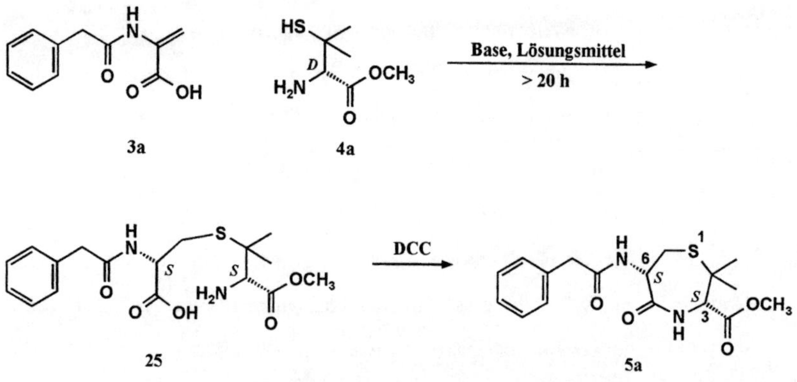

Abb. 2.13 Studie zur Diastereoselektivität bei Stattfinden der Hetero-Michael-Addition vor Zugabe des Kupplungsreagens DCC

Getestet wurden im Verlauf dieser Studie zur Diastereoselektivität der unter variierenden Bedingungen, jedoch stets vor der Zugabe des wasserentziehenden Kupplungsreagens, stattfindenden *Hetero-Michael*-Addition alle 24 möglichen Kombinationen der chiralen Alkaloidbasen (–)-Chinin (**26a**), (–)-Cinchonidin (**26b**), (+)-Chinidin (**27a**), (+)-Cinchonin (**27b**) und (–)-Brucin (**28**) sowie der achiralen Base N-Methylpyrrolidin (**29**) mit den Lösungsmitteln Acetonitril, Methanol, 1,4-Dioxan und Benzol (s. auch Abb. 2.14). Am Beispiel der Umsetzung von 2-(2-Phenylacetylamino)acrylsäure (**3a**) mit D-Penicillamin-methylester (**4a**) -hydrochlorid konnte gezeigt werden, daß stets das *(3S,6S)*-konfigurierte Perhydro-1,4-thiazepin (**5a**) entstand. Da sich in diesem Falle die Zwischenstufe **24** (Abb. 2.12) ohne den Zusatz von DCC nicht gebildet haben konnte, mußte die *Hetero-Michael*-Addition diastereoselektiv zu dem in Abb. 2.13 gezeigten *(S,S)*-konfigurierten Intermediärprodukt **25** geführt haben.

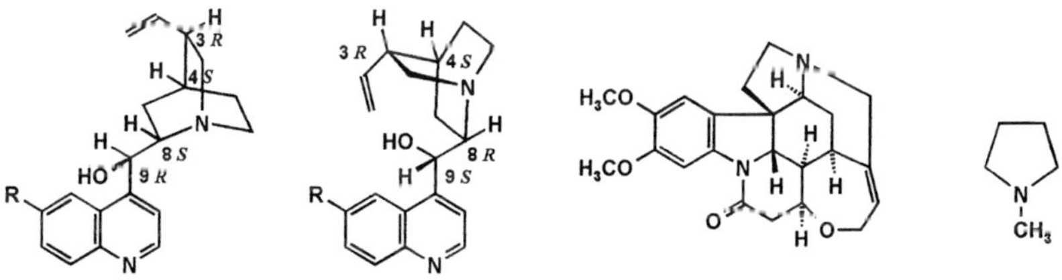

26 27 28 29

Abb. 2.14 Für die Diastereoselektivitätsstudie zur Hetero-Michael-Addition verwendete (Alkaloid-) Basen (s. Tab. 2.5)

		R
26a	(−)-Chinin	OCH_3
26b	(−)-Cinchonidin	H
27a	(+)-Chinidin	OCH_3
27b	(+)-Cinchonin	H
28	(−)-Brucin	
29	N-Methylpyrrolidin	

Tab. 2.5 Erläuterungen zu den abgebildeten Basen

Die Ursache liegt auf der Hand: Ähnlich wie bei der DCC-Kupplung wird durch eine H-Brückenbindung zwischen Carbonsäure- und Aminofunktion der Übergangszustand sterisch so weit eingeschränkt, daß durch die *Hetero-Michael*-Addition des Thiolats an die Doppelbindung und die mit ihr einhergehende Übertragung eines Protons bei der Bildung des neuen Chiralitätszentrums (C-6) nur noch eine einzige Konfiguration, d.h. dieselbe wie am anderen asymmetrischen Kohlenstoff (C-3), resultieren kann.

Das Auftreten des thermodynamisch benachteiligten *(3S,6S)*-Diastereomers in den ^{1}H-NMR-Rohproduktspektren wäre zweifelsohne einfach anhand der beiden geminalen Methylsignale festgestellt worden, da diese bei den beiden Diastereomeren analog den Perhydro-1,4-thiazepin-3-carbonsäuren (s. Abschnitt 2.5) unterschiedliche Differenzbeträge der Verschiebungswerte (Δδ-Werte) zwischen den Einzelsignalen erwarten lassen.

Anlaß für die Diastereoselektivitätsuntersuchung und die Vorstellung, die gewählten Bedingungen könnten die *Hetero-Michael*-Addition dahingehend beeinflussen, daß auch das thermodynamisch instabilere *(3S,6R)*-Diastereomer im Reaktionsgemisch auftaucht, gaben die von *Hiemstra* und *Wynberg*[17] bei der Addition von Thiolen an die Doppelbindung elektronenarmer Olefine gemachten

[17] Hiemstra, H.; Wynberg, H. *J. Am. Chem. Soc.* **1981**, *103*, 417 - 430

Beobachtungen. Diese wurden auch in einem Übersichtsartikel über die asymmetrische Katalyse durch Alkaloide zusammengefaßt.[18] Über den Mechanismus dieser *Hetero-Michael*-Addition gibt es eine Reihe von Studien, z.B. von *Dmuchovsky et al.*[19] Diese sind sich in der Kernaussage einig, daß der geschwindigkeitsbestimmende Schritt der Reaktion die Bildung der kovalenten Bindung zwischen dem Schwefel des Thiols (**30**) und dem β-ständigen elektronenarmen Kohlenstoff des aktivierten Olefins (**31**) zu sein scheint (Abb. 2.15).

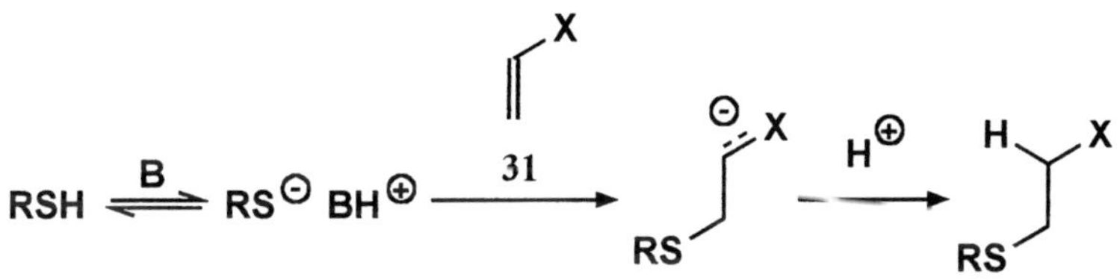

30

Abb. 2.15 Mechanismus der Thiol-Addition an aktivierte Olefine nach [17]. »X« steht für eine elektronenziehende Gruppe

All die vorgestellten Ergebnisse stehen in völligem Einklang mit, ja werden sogar in ihrer Aussagekraft unterstützt durch die Beobachtung, daß bei Austausch der Mercaptoaminosäureester (**4**, s. Abb. 2.11) durch Cysteamin (**10**, s. Abb. 2.2) ein racemisches Produkt erhalten wird. Aufgrund des Fehlens eines Asymmetriezentrums kann Cysteamin keine asymmetrische Induktion veranlassen (s. Synthese von **11**, Abschnitt 2.7.1).

Durch Nutzung dieser Befunde für die Synthese gelang es, einige diastereomerenreine Perhydro-1,4-thiazepin-3-carbonsäureester (**5**) mit jeweils gleicher Konfiguration an beiden Asymmetriezentren, abhängig von der

---

18 Wynberg, H. *Top. Stereochem.* **1986**, *16*, 87 - 129

19 Dmuchovsky, B.; Vineyard, B. D.; Zienty, F. B. *J. Am. Chem. Soc.* **1964**, *86*, 2874 - 2877

eingesetzten Mercaptoaminosäure (**4**, *D* oder *L*), darzustellen (Tab. 2.6) und hinsichtlich ihres sterischen Aufbaus zu beschreiben (s. Abschnitt 2.8).

(3S,6S)-Perhydro-1,4-thiazepin-3-carbonsäureester		*(3R,6R)*-Perhydro-1,4-thiazepin-3-carbonsäureester	
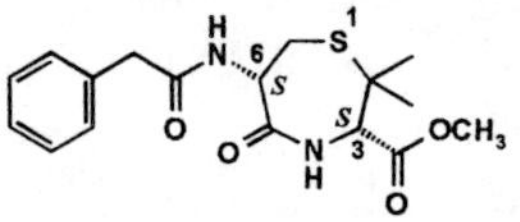 **5a**	49%	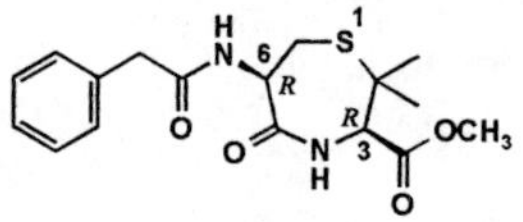 **5b**	49%
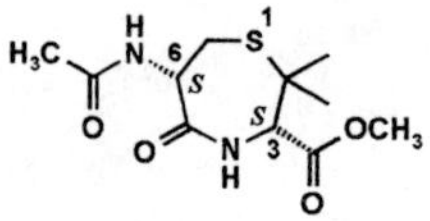 **5e**	67%	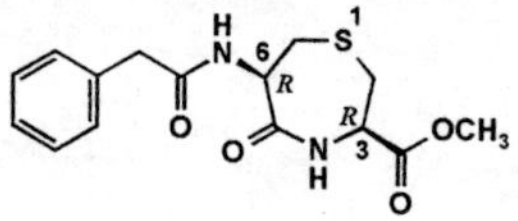 **5c**	24%
		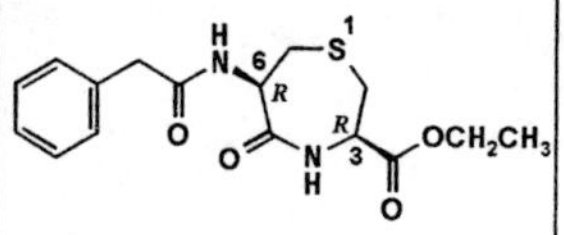 **5d**	34%

Tab. 2.6 Synthetisierte Perhydro-1,4-thiazepin-3-carbonsäureester mit Ausbeuteangaben

Zur Darstellung von Perhydro-1,4-thiazepinen mit unterschiedlicher Konfiguration an den beiden Chiralitätszentren mußte ein anderer Weg beschritten werden, der im nächsten Abschnitt beschrieben wird.

2.5 Nicht-diastereoselektive Synthese und selektive Isolierung der Perhydro-1,4-thiazepin-3-carbonsäuren

Die Synthese von Perhydro-1,4-thiazepin-3-carbonsäuren mit jeweils unterschiedlicher Konfiguration an den chiralen Kohlenstoffen zusammen mit ihren gleichkonfigurierten Diastereomeren gelang auf folgendem Wege.

Durch Diazomethan-Veresterung in Diethylether wurden die 2-(Acylamino)acrylsäuremethylester (**6**) aus den entsprechenden Acrylsäurederivaten (**3**) gewonnen (Abb. 2.16).

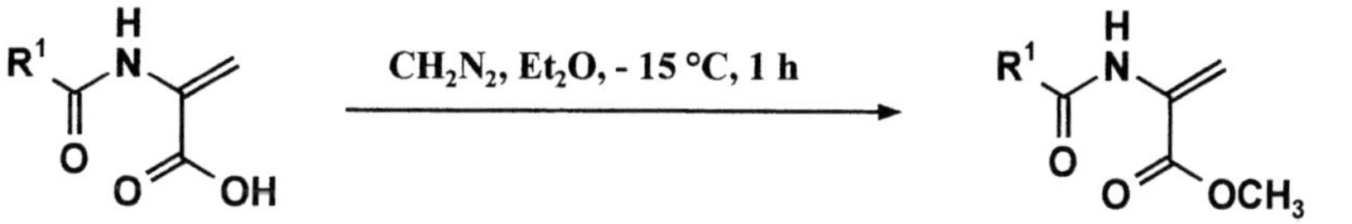

3 **6**

*Abb. 2.16 Darstellung der 2-(Acylamino)acrylsäuremethylester (**6**)*

Diese wurden sodann mit dem unveresterten D- oder L-konfigurierten Penicillamin oder Cystein (**7**) in methanolischer Lösung während eines Zeitraumes von 5 Tagen unter Inertgas gerührt (Abb. 2.17).

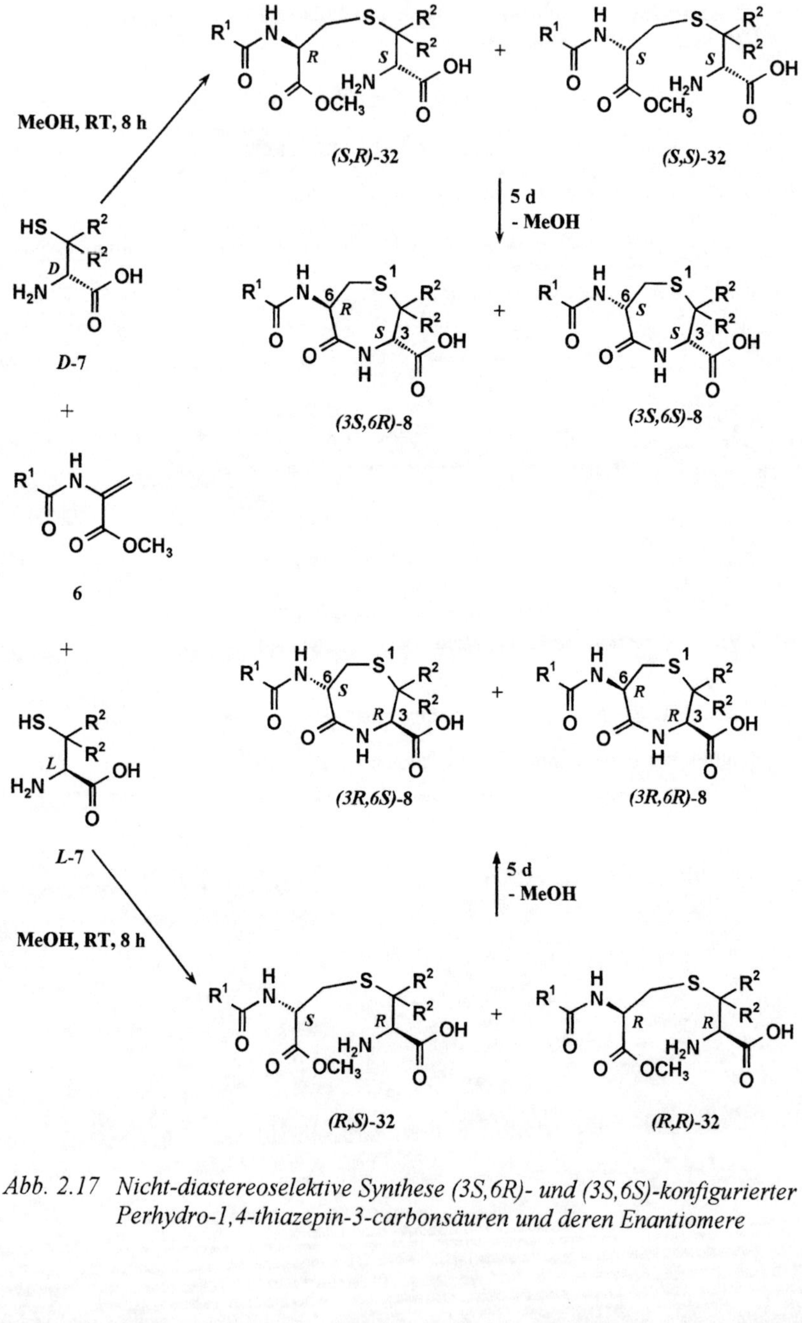

Abb. 2.17 Nicht-diastereoselektive Synthese (3S,6R)- und (3S,6S)-konfigurierter Perhydro-1,4-thiazepin-3-carbonsäuren und deren Enantiomere

	R^1	R^2	CIP	C *
6a	$PhCH_2$			
6b	$PhOCH_2$			
6c	CH_3			
7a		CH_3		*D*
7b		CH_3		*L*
7c		H		*D*
7d		H		*L*
8a	$PhCH_2$	CH_3	*(3S,6R)*	
8b	$PhCH_2$	CH_3	*(3S,6S)*	
8c	$PhCH_2$	CH_3	*(3R,6S)*	
8d	$PhCH_2$	CH_3	*(3R,6R)*	
8e	$PhCH_2$	H	*(3R,6S)*	
8f	$PhCH_2$	H	*(3R,6R)*	
8g	$PhOCH_2$	CH_3	*(3S,6R)*	
8h	$PhOCH_2$	CH_3	*(3S,6S)*	
8i	$PhOCH_2$	CH_3	*(3R,6S)*	
8k	$PhOCH_2$	CH_3	*(3R,6R)*	
8m	$PhOCH_2$	H	*(3S,6R)*	
8n	$PhOCH_2$	H	*(3S,6S)*	

8o	$PhOCH_2$	H	*(3R,6S)*
8p	$PhOCH_2$	H	*(3R,6R)*
8q und **8r**	CH_3	CH_3	*(3S,6R)* bzw. *(3S,6S)*

Tab. 2.7 Erläuternde Angaben zu Abb. 2.17

In diesem Falle muß die reaktionskinetisch begünstigte *Hetero-Michael*-Reaktion, entsprechend dem im vorangegangenen Abschnitt bei der diastereoselektiven Synthese geschilderten Befund, vor der Lactambildung durch intramolekulare Aminolyse des Methylesters im Zwischenprodukt **32** stattfinden. So unterliegt sie nun keiner sterischen Restriktion, weil zum einen noch kein Intermediärprodukt mit einer für den nucleophilen Angriff des Thiolats an die olefinische Doppelbindung sterisch hinderlichen Amidbindung existiert und zum anderen aufgrund des Fehlens einer Carbonsäurefunktion die Bildung eines Übergangszustandes mit Wasserstoffbrückenbindung in ihrem Verlauf nicht möglich ist.

Das Ergebnis dieser *nicht-diastereoselektiven Synthese* waren somit jeweils zwei zueinander diastereomere Perhydro-1,4-thiazepin-3-carbonsäuren (**8**), wobei stets auch ein Isomer mit unterschiedlicher Konfiguration an C-3 und C-6 neben einem an diesen beiden Chiralitätszentren gleich konfigurierten Isomer isoliert werden konnte, d.h. neben einem *(3S,6S)*-Diastereomer auch ein *(3S,6R)*- und neben einem *(3R,6R)*-Isomer auch ein *(3R,6S)*-konfiguriertes. Die Wahl der Mercaptoaminosäure (**7**) für die Synthese bestimmte die spätere Konfiguration an C-3 der Perhydro-1,4-thiazepin-3-carbonsäure.

Die meisten Diastereomerenpaare ließen sich nach einem in Anlehnung an eine Publikation von *Leonard* und *Ning*[20] ausgearbeiteten Verfahren trennen, welches auf dem unterschiedlichen Löslichkeitsverhalten der Perhydro-1,4-thiazepin-3-carbonsäuresalze beruht (Abb. 2.18). Danach wird die vom Lösungsmittel befreite Reaktionsmischung aus erhaltenem *(3S,6R)*- und *(3S,6S)*- bzw. aus *(3R,6S)*- und *(3R,6R)*-Diastereomer, die meist zu einem Xerogel aufschäumt, jeweils in Form des Triethylammoniumsalzes in Wasser gelöst und mit Chloroform extrahiert. Dabei geht nur das Salz des Diastereomers mit gleicher Konfiguration an C-3 und C-6 in die organische Phase über. Über mehrere Reinigungsschritte erhält man hieraus die freie *(3S,6S)*- bzw. *(3R,6R)*-Carbonsäure. Das *(3S,6R)*- bzw. *(3R,6S)*-Isomer läßt sich durch Fällung und Extraktion aus der wäßrigen Phase gewinnen.

20 Leonard, N. J.; Ning, R. Y. *J. Org. Chem.* **1966**, *31*, 3928 - 3935

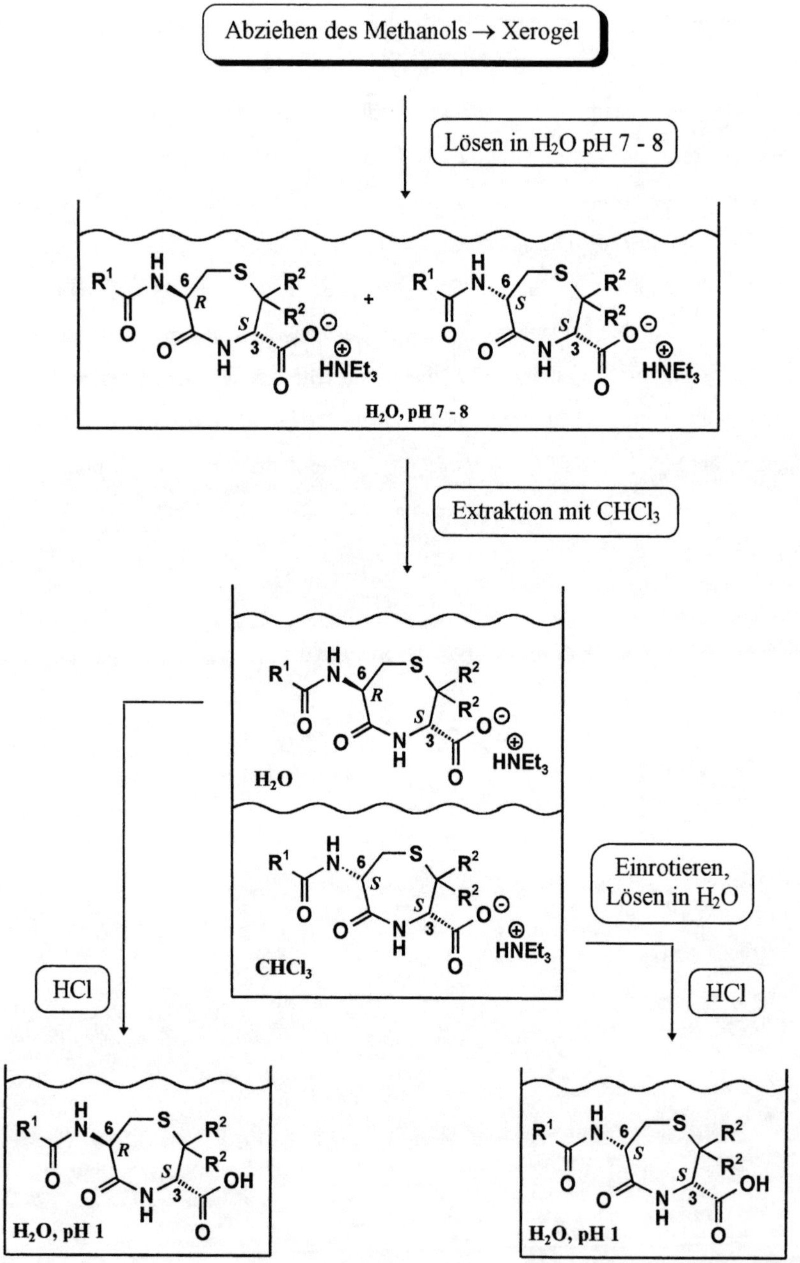
Abziehen des Methanols → Xerogel
Lösen in H2O pH 7 - 8
H2O, pH 7 - 8
Extraktion mit CHCl3
H2O
CHCl3
Einrotieren, Lösen in H2O
HCl
HCl
H2O, pH 1
H2O, pH 1

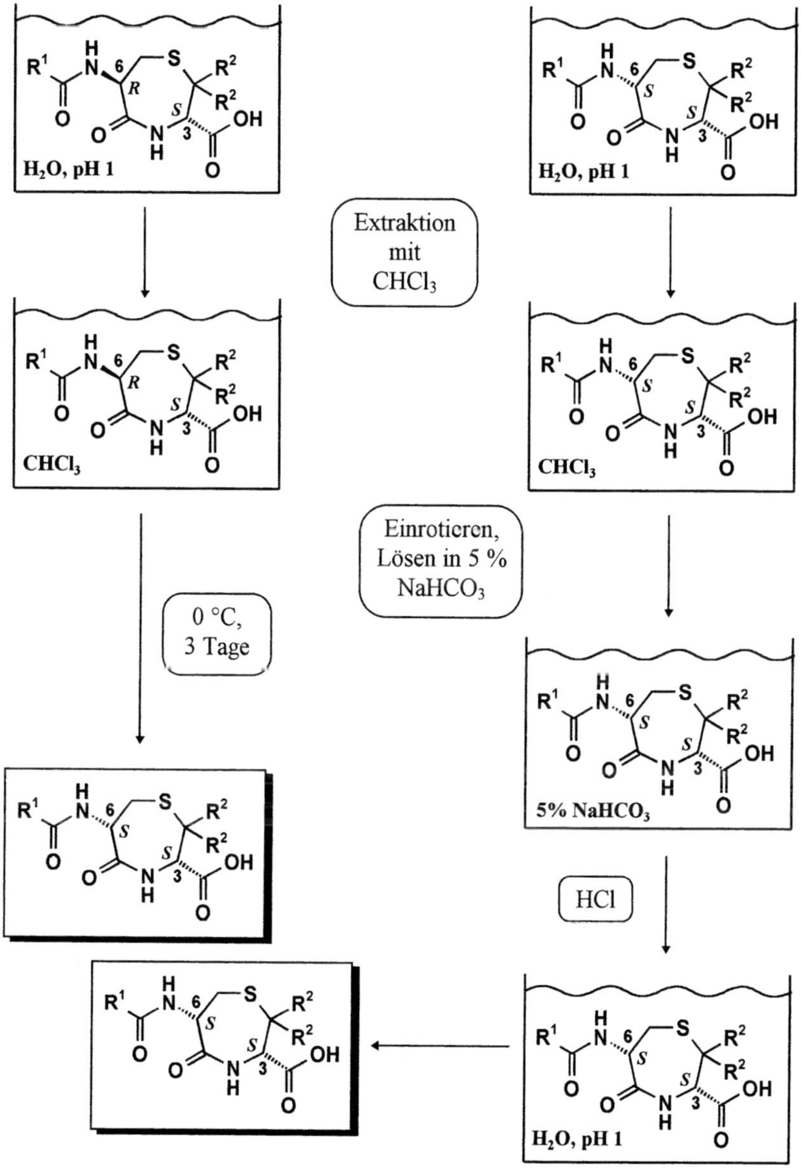

Abb. 2.18 Trennung der Diastereomeren; hier für ein Gemisch aus (3S,6S)- und (3S,6R)-Perhydro-1,4-thiazepin-3-carbonsäure veranschaulicht

Die Untersuchung der Isomerenreinheit erfolgte mittels ^{1}H-NMR-Spektroskopie. Während sich die Diastereomere bei den aus Penicillamin synthetisierten Substanzen leicht voneinander trennen ließen, bereiteten die Cysteinderivate bei diesem Unterfangen mehr Schwierigkeiten. Verunreinigungen des jeweiligen Hauptisomers durch das Minderisomer waren bei den Penicillaminderivaten in den ^{1}H-NMR-Spektren besonders einfach auszumachen, da die Singuletts der beiden geminalen Methylgruppen beim *(3S,6S)*- bzw. *(3R,6R)*-Diastereomer in jedem Falle hinsichtlich der chemischen Verschiebungswerte wesentlich weiter auseinanderliegen, der $\Delta\delta$-Wert also größer ist (ca. 0.3 ppm) als dies beim *(3R,6S)- bzw. (3S,6R)*-Diastereomer der Fall ist, wo die besagten Methylsignale fast isochron sind (Abb. 2.19).

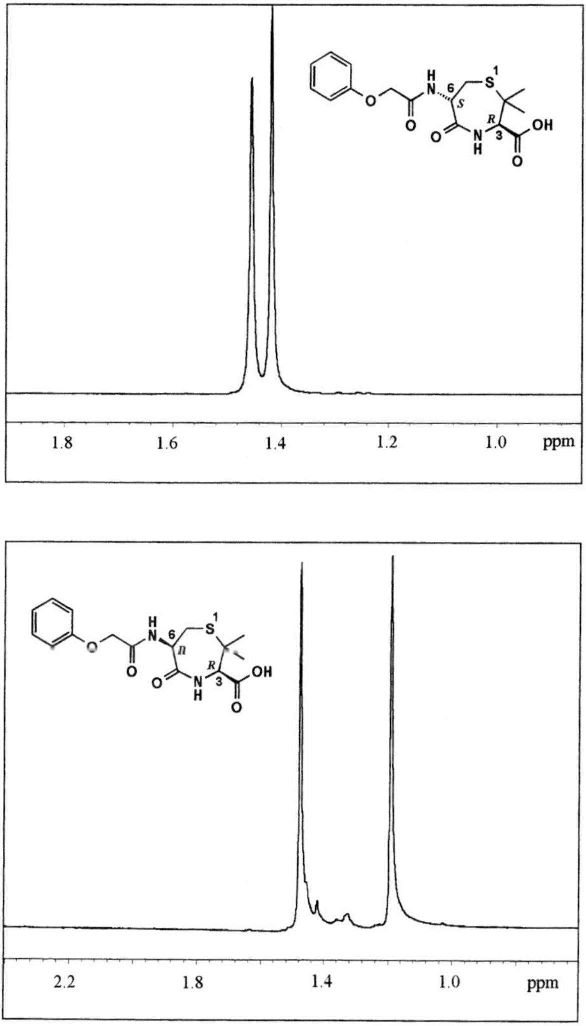

Abb. 2.19 Ausschnitt aus dem ^{1}*H-NMR-Spektrum einer reinen (3R,6S)-Perhydro-1,4-thiazepin-3-carbonsäure (oben) und ihres (3R,6R)-Diastereomers (unten). Deutlich zu sehen ist der unterschiedlich hohe Differenzbetrag* $\Delta\delta$ *in den Verschiebungswerten der Methylsignale; Lösungsmittel: [*D_6*]DMSO*

Eine Ausnahme bildet das bei der in Abb. 2.20 veranschaulichten Synthese anfallende Gemisch der Diastereomere **8q** und **8r**. Als ursächlich für die mangelnde Trennbarkeit der beiden Isomere ist die gute Wasserlöslichkeit beider diastereomeren Triethylammoniumsalze anzusehen. Während bei den Salzen der übrigen genannten gleichkonfigurierten Verbindungen die Wasser- zugunsten der Chloroform-Löslichkeit im Vergleich mit dem Salz des gemischtkonfigurierten Diastereomers deutlich herabgesetzt ist, weisen **8q** und **8r** praktisch gleich gute Wasserlöslichkeit auf.

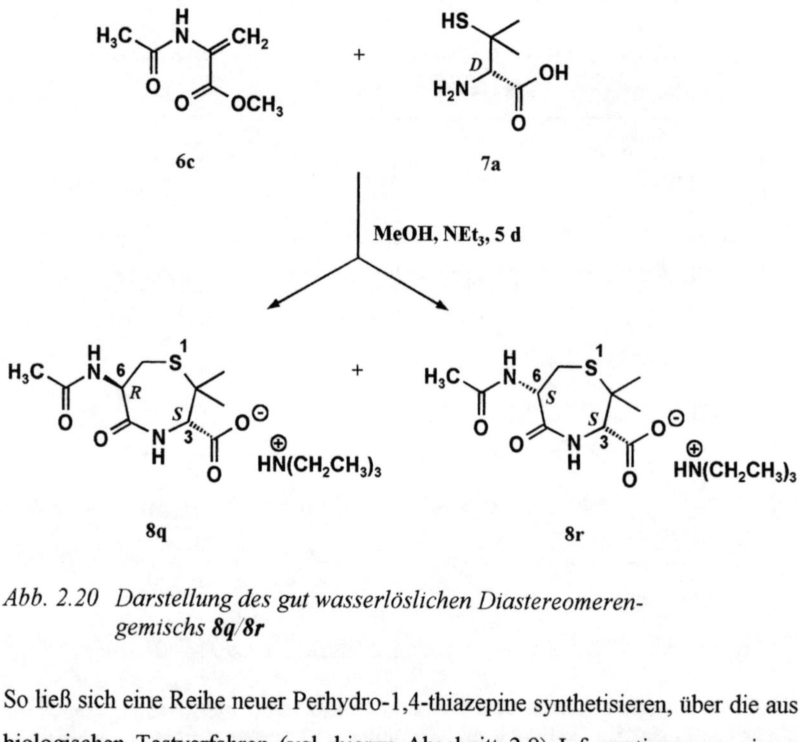

Abb. 2.20 Darstellung des gut wasserlöslichen Diastereomeren-gemischs ***8q/8r***

So ließ sich eine Reihe neuer Perhydro-1,4-thiazepine synthetisieren, über die aus biologischen Testverfahren (vgl. hierzu Abschnitt 2.9) Informationen zu einem eventuell antibiotischen Wirkpotential oder möglicherweise zu anderen Wirkungen gewonnen werden sollten (Tab. 2.8).

(3S,6R)- bzw. *(3R,6S)*- Perhydro-1,4-thiazepin-3-carbonsäuren		*(3S,6S)*- bzw. *(3R,6R)*- Perhydro-1,4-thiazepin-3-carbonsäuren	
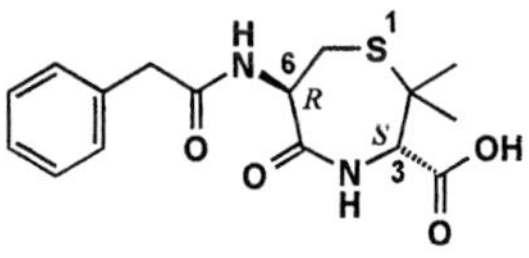 **8a**	16%	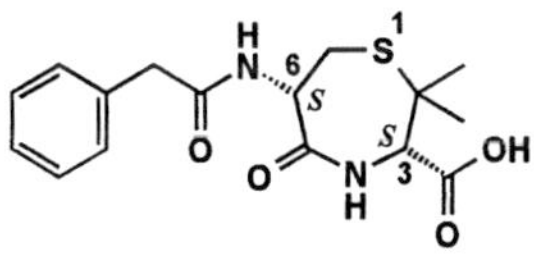 **8b**	19%
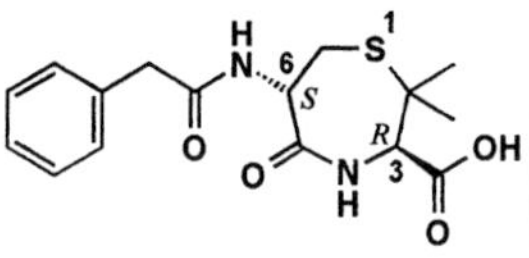 **8c**	13%	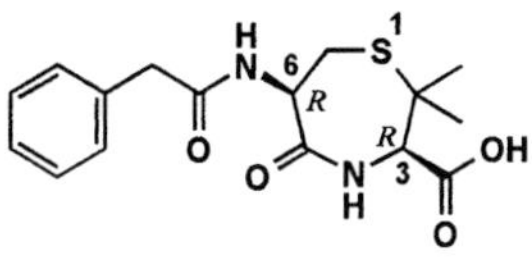 **8d**	15%
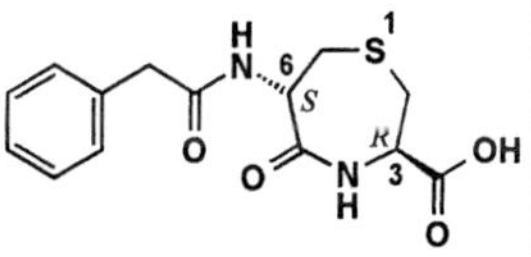 **8e**	12%	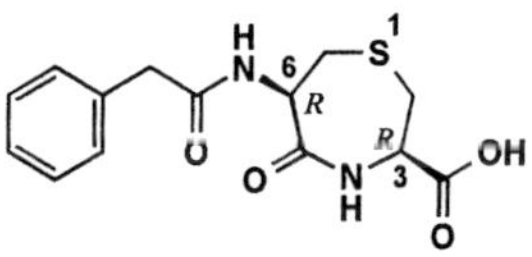 **8f**	27%
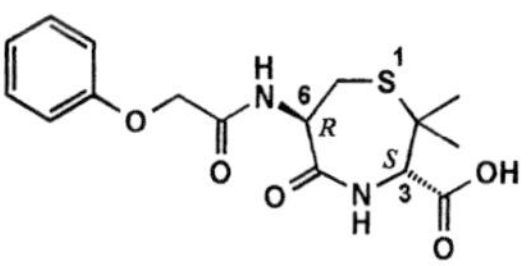 **8g**	37%	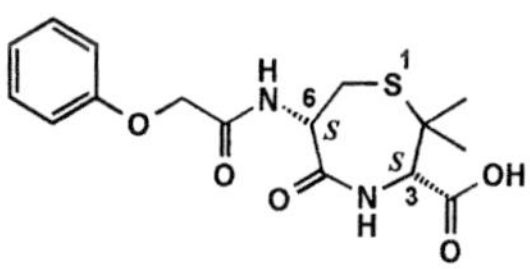 **8h**	31%
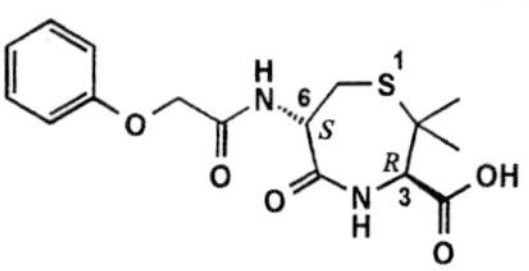 **8i**	40%	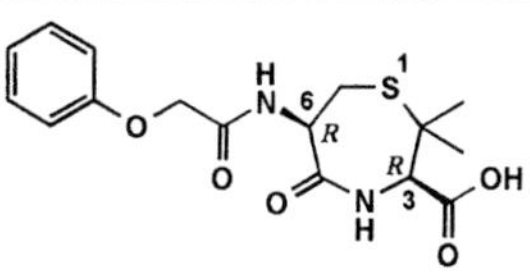 **8k**	40%

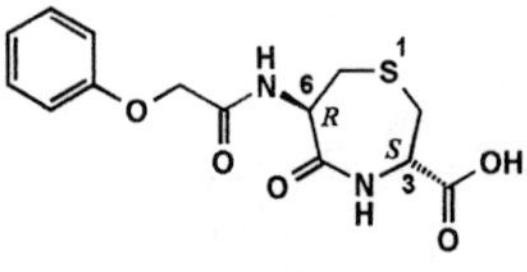 **8m**	19%	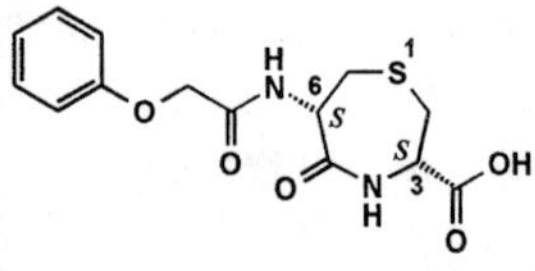 **8n**	32%
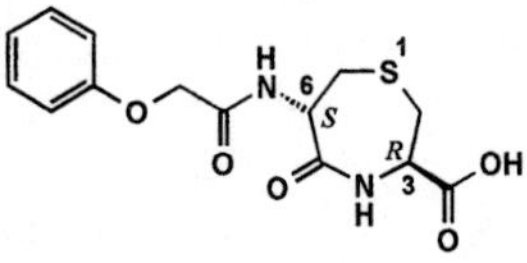 **8o**	21%	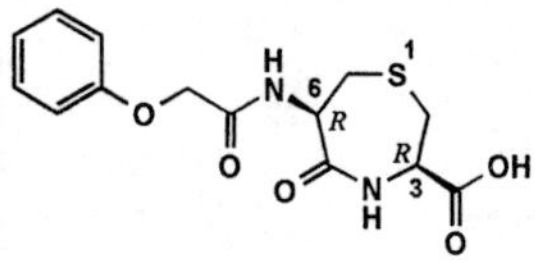 **8p**	35%
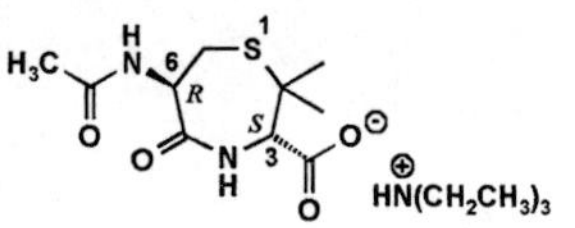 **8q**	und	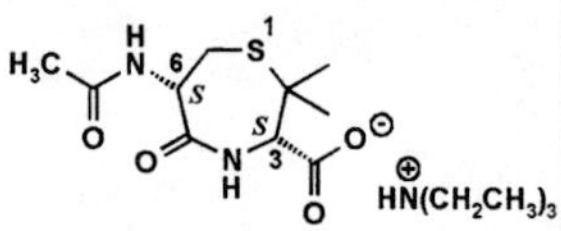 **8r**	69%

Tab. 2.8 Synthetisierte Perhydro-1,4-thiazepin-3-carbonsäuren mit Angaben zur Ausbeute. Für jedes der beiden aus einem Ansatz entstandenen und getrennt isolierten Isomere sind max. 50% der Gesamtausbeute anzusetzen.

2.6 Synthese der *(3S,6R)*- und *(3R,6S)*-Perhydro-1,4-thiazepin-3-carbonsäuremethylester aus den Säuren

Die bei der diastereoselektiven Synthese (s. Abschnitt 2.4.2) thermodynamisch gegenüber den gleichkonfigurierten Isomeren benachteiligten *(3S,6R)*- und *(3R,6S)*- Perhydro-1,4-thiazepin-3-carbonsäuremethylester (**9a** - **9d**) konnten nun aus den entsprechenden, im vorherigen Abschnitt beschriebenen Carbonsäuren (**8**) durch Diazomethan-Reaktion erhalten werden (Abb. 2.21).

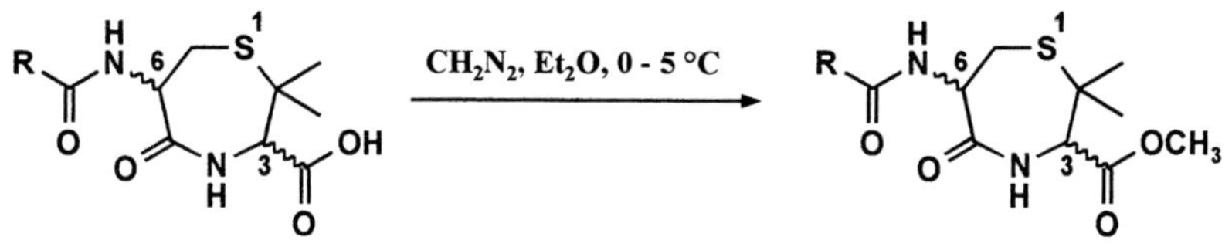

8 **9**

*Abb. 2.21 Synthese der (3S,6R)- und (3R,6S)- Perhydro-1,4-thiazepin-3-carbonsäuremethylester (**9**)*

	R[1]	CIP
8a/9a	PhCH$_2$	*(3S,6R)*
8c/9b	PhCH$_2$	*(3R,6S)*
8g/9c	PhOCH$_2$	*(3S,6R)*
8i/9d	PhOCH$_2$	*(3R,6S)*

Tab. 2.9 Erläuterungen zu Abb. 2.21

Über diesen kurzen Umweg ließ sich die Schwierigkeit umgehen, daß diese Verbindungen infolge eines für ihre Bildung ungünstigen Übergangszustandes nicht aus den 2-(Acylamino)acrylsäuren entstehen können, gleichgültig, ob das wasserentziehende Mittel vor oder nach der stattfindenden und für die Entstehung des neuen Asymmetriezentrums ursächlichen *Hetero-Michael*-Addition zugesetzt wird. Natürlich lag nun auf der Hand zu prüfen, ob die Tatsache der geringeren Bildungswahrscheinlichkeit der gemischtkonfigurierten Perhydro-1,4-thiazepin-3-carbonsäuren allein in dem besagten sterisch ungünstigen Übergangszustand oder aber auch in einer verglichen mit den *(3S,6S)*- und *(3R,6R)*-Diastereomeren evtl. geringeren konfigurativen Stabilität zu suchen ist.

Dazu wurde eine Lösung von Methyl[*(3R,6S)*-2,2-dimethyl-5-oxo-6-(2-phenylacetylamino)perhydro-1,4-thiazepin-3-carboxylat] (**9b**) in deuteriertem Chloroform mit 2 Äquivalenten N-Methylpyrrolidin (**29**) versetzt. Selbst nach einer Zeitspanne von 18 ½ Tagen war weder eine Zersetzung noch eine Epimerisierung der *(3R,6S)*-Carbonsäure zum *(3S,6S)*-Diastereomer hin zu beobachten, wie aus Aufnahmen des ^{1}H- und ^{13}C-NMR-Spektrums erkennbar ist. Somit kann, zumindest für ein Milieu, welches dem bei der diastereoselektiven Synthese der Perhydro-1,4-thiazepin-3-carbonsäureester herrschenden annähernd vergleichbar ist, konstatiert werden, daß nicht eine etwaige Instabilität der *(3S,6R)*- bzw. *(3R,6S)*-Perhydro-1,4-thiazepin-3-carbonsäureester und eine sich aus dieser ergebende und an ihre theoretisch zunächst erfolgte Bildung anschließende Epimerisierung oder Zersetzung für ihre mangelnde Isolierbarkeit verantwortlich ist. De facto kann in diesem Zusammenhang von in organischer Lösung stabilen Verbindungen gesprochen werden. Die Tatsache, daß sie sich nicht durch direkte Umsetzung der 2-(Acylamino)acrylsäuren mit Cystein- bzw. Penicillaminestern gewinnen lassen, ist wohl einzig dem durch die kovalente Amidbindung infolge der Einwirkung eines Kupplungsreagens erzeugten Intermediärprodukt (**24**, s. Abb. 2.12) oder dem durch Wasserstoffbrücken zwischen Säure- und Aminofunktion fixierten Übergangszustand bei einstweiligem Verzicht auf das kuppelnde Reagens zuzuschreiben.

Die röntgendiffraktometrische Untersuchung der Verbindung **9c** zeigte, daß die Substituenten bei den gemischtkonfigurierten Perhydro-1,4-thiazepin-3-carbonsäuremethylestern im Kristall zueinander in *trans*-Stellung angeordnet sind (s. Abschnitt 2.8.3 und Abb. 2.38). Dennoch sind natürlich in Lösung Konformationsänderungen mit einer Vertauschung der axialen und der äquatorialen Position bei »Umklappen des Sessels« möglich, wie auch aus Tieftemperatur-CD-Experimenten (s. Abschnitt 2.8.5) klar wird. Es sei an dieser

Stelle nochmals an die *cis*-Anordnung der beiden funktionellen Gruppen bei den an C-3 und C-6 gleichkonfigurierten Verbindungen erinnert.

Eine Zusammenstellung der vier synthetisierten Ester gibt nachfolgende Tabelle.

(3S,6R)-Perhydro-1,4-thiazepin-3-carbonsäuremethylester		*(3R,6S)*-Perhydro-1,4-thiazepin-3-carbonsäuremethylester	
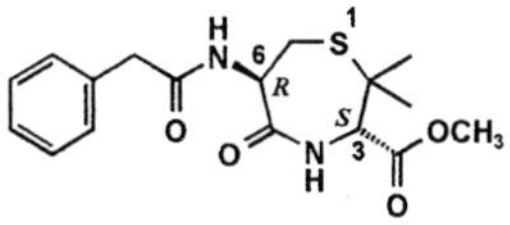 **9a**	94%	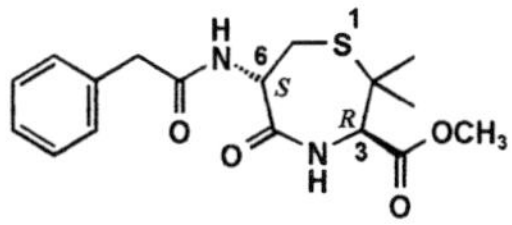 **9b**	88%
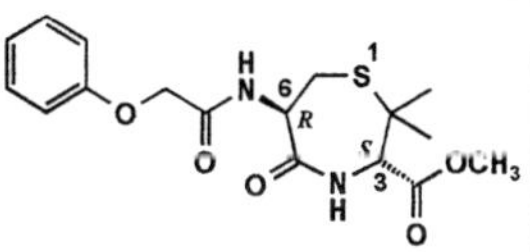 **9c**	85%	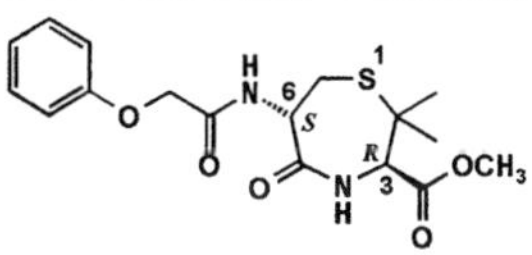 **9d**	86%

Tab. 2.10 Synthetisierte (3S,6R)- und (3R,6S)-Perhydro-1,4-thiazepin-3-carbonsäuremethylester mit Ausbeuteangaben

2.7 Synthese der sich vom Cysteamin ableitenden und daher in Position 3 unsubstituierten Perhydro-1,4-thiazepine

Die eingangs zu Kapitel 1 vorgestellten Synthesepläne (s. Abb. 2.2 und Abb. 2.3) weisen weitere drei noch nicht besprochene Perhydro-1,4-thiazepin-Strukturen auf, welche der bei allen bisher angeführten Verbindungen vorhandenen Carbonsäure-, Carbomethoxy- oder Carboethoxy-Gruppe entbehren (Abb. 2.22).

Im folgenden sollen die unterschiedlichen Synthesewege zu diesen Substanzen erläutert werden.

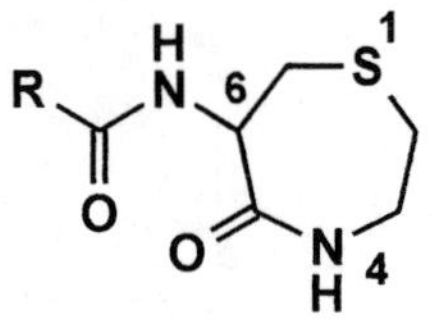

Abb. 2.22 In Position 3 des Rings unsubstituierte Perhydro-1,4-thiazepine

2.7.1 Synthese durch Knüpfen der Amidbindung mittels Kupplungsreagens

Die Synthese des Cysteaminderivats **11** gestaltete sich analog der diastereoselektiven Synthese der Perhydro-1,4-thiazepin-3-carbonsäureester mit dem Unterschied, daß anstelle des Penicillamin- bzw. Cysteinesters (**4**, s. Abb. 2.11) Cysteamin (**10**) Verwendung fand (Abb. 2.23).

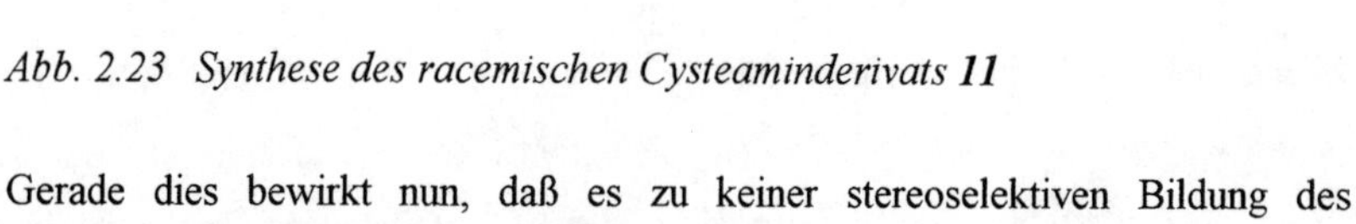

3c **10** **11**

*Abb. 2.23 Synthese des racemischen Cysteaminderivats **11***

Gerade dies bewirkt nun, daß es zu keiner stereoselektiven Bildung des Asymmetriezentrums in Position 6 kommen kann. Infolgedessen wurde das Racemat von **11** isoliert.

2.7.2 Synthese mit Bildung des Lactamrings durch Aminolyse eines Methylesters

Selbstverständlich kann auch Cysteamin nach Art der in Abschnitt 2.5 dargelegten nicht-diastereoselektiven Reaktion mit 2-(Acylamino)acrylsäure-methylestern (**6**) umgesetzt werden. Hingegen kann die Synthese nicht wie im vorangegangenen Abschnitt für Substanz **11** geschildert, erreicht werden, da die 2-(2-Phenoxyacetylamino)acrylsäure (**3b**) offensichtlich eine intramolekulare Wasserstoffbrücke bildet (vgl. Abschnitt 2.4.2), an der die Säurefunktion beteiligt ist; dadurch ist diese blockiert und die Umsetzung mit DCC ist nicht möglich.

So führt der einzige Weg zu Verbindung **12** über die nicht-diastereoselektive *Hetero-Michael*-Addition (s. Abschnitt 2.5) von Methyl[2-(2-phenoxyacetyl-amino)acrylat] (**6b**) durch Cysteamin (**10**) mit nachfolgender Aminolyse des Methylesters, wodurch der Ringschluß zum ε-Lactam erfolgt (Abb. 2.24). Man erhält damit das Racemat.

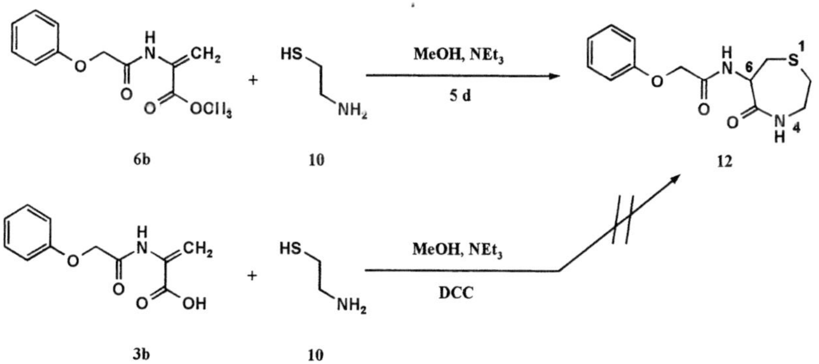

*Abb. 2.24 Nicht-diastereoselektive Synthese des Cysteaminderivats **12***

2.7.3 Synthese durch nucleophile Substitution eines Tosylats anstelle einer *Hetero-Michael*-Addition

Bei Verwendung von Cysteamin (**10**) anstelle von Penicillamin oder Cystein kann auf die *Hetero-Michael*-Reaktion und somit auf den Einsatz einer 2-(Acylamino)-acrylsäure bzw. eines 2-(Acylamino)acrylsäuremethylesters verzichtet werden, indem ein Tosylat als Reaktionspartner dient. Während aus der Reaktion von Cystein und Penicillamin bzw. deren Estern mit dem Tosylat keine definierten Produkte erhalten wurden, konnte der von Cysteamin ausgehende Syntheseablauf für Verbindung **17** mit Erfolg eingesetzt werden (Abb. 2.25).

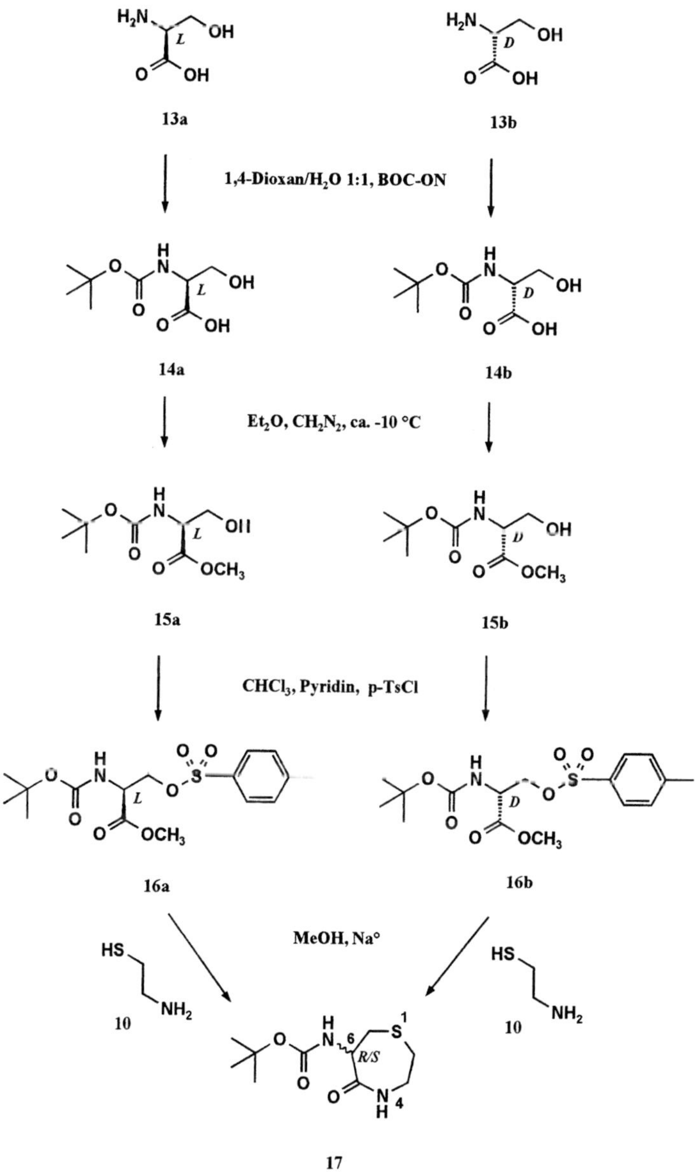

Abb. 2.25 Synthese des Cysteaminderivats ***17***

L- (**13a**) oder D-Serin (**13b**) wurden demzufolge durch eine *tert.*-Butoxycarbonyl (BOC)-Gruppe geschützt. So gelangte man über die Stufen der BOC-geschützten Substanzen (**14a**, **14b**) und die mit Diazomethan dargestellten Methylester (**15a**, **15b**) zu den O-Tosylaten (**16a**, **16b**). Das Racemat **17** entstand durch die Umsetzung äquimolarer Mengen des Tosylats und Cysteamin (**10**) -hydrochlorid in methanolischer Lösung mit 2 Äquivalenten Natriummethanolat. Sowohl aus dem *L*- als auch aus dem *D*-konfigurierten Tosylat wurde ein Produkt mit einem $[\alpha]_D^{20}$-Wert von ± 0 erhalten. Auch bei der Messung der CD-Spektren stellte sich die optische Inaktivität heraus. Dabei ist ungeklärt, an welcher Stelle es zur Racemisierung kam. Andernfalls hätte die vorgestellte Methode den Vorteil geboten, daß die Konfiguration (*D* oder *L*, je nach Edukt) des an der Reaktion an sich nicht beteiligten Chiralitätszentrums von vornherein für die Position 6 des sich neu bildenden Lactamrings festlegbar gewesen wäre. Anzunehmen ist jedoch, daß die stark basischen Bedingungen im letzten und vorletzten Schritt durch Abstraktion des Protons am asymmetrischen Kohlenstoffatom diesen Vorteil zunichte machten.

2.7.4 Synthetisierte Verbindungen

Die drei an C-3 unsubstituierten Perhydro-1,4-thiazepine fielen sämtlich als Racemate an. Auf die theoretischen Begründungen für deren Bildung in den Abschnitten 2.7.1 und 2.7.3 sei hier verwiesen. Tab. 2.11 zeigt die neuen, an C-3 unsubstituierten, sich vom Cysteamin ableitenden Perhydro-1,4-thiazepine.

(R,S)-Perhydro-1,4-thiazepine			
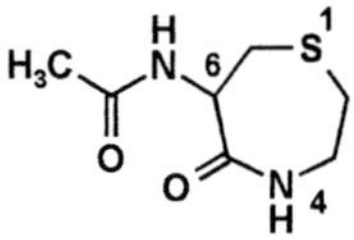 **11**	35%	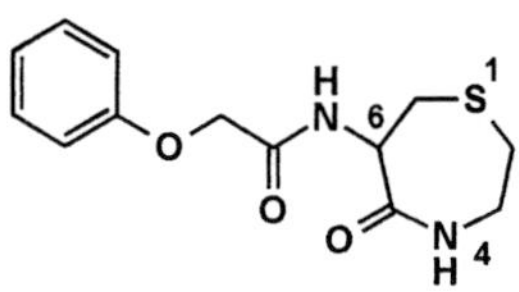 **12**	26%
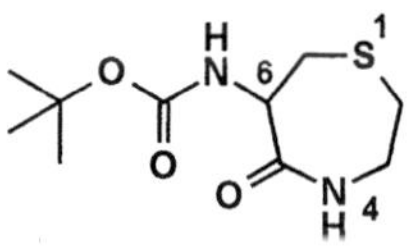 **17**	28%		

Tab. 2.11 Vom Cysteamin abgeleitete neue Perhydro-1,4-thiazepine mit Ausbeuteangaben

2.8 Strukturaufklärung der Perhydro-1,4-thiazepine mit Hilfe spektroskopischer und chiroptischer Verfahren sowie der Röntgendiffraktometrie

2.8.1 ^{1}H-NMR-spektroskopische Struktur- und Konformationsanalyse

Aufgrund der von den Perhydro-1,4-thiazepinen erhaltenen sauberen und eindeutig interpretierbaren NMR-Spektren können einige interessante Aussagen zu deren Struktur und ihrer Konformation in Lösung getroffen werden.

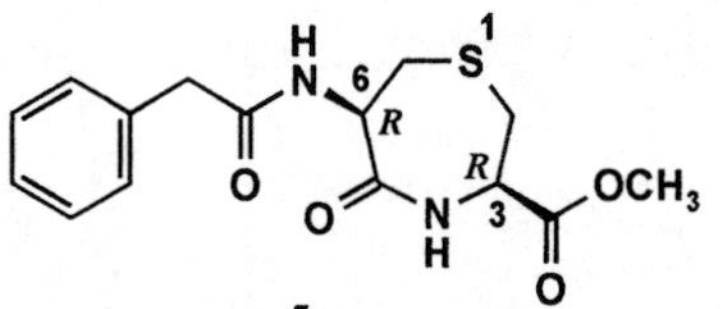

5c

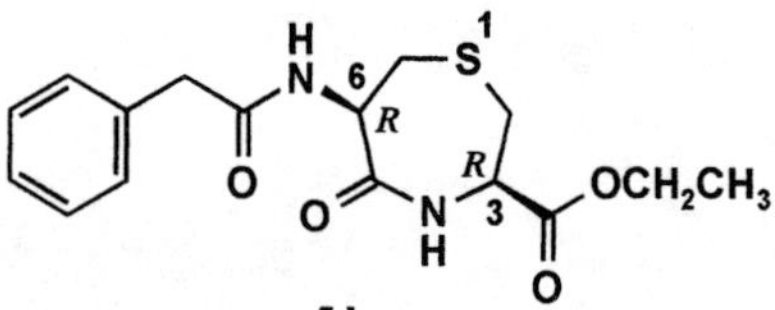

5d

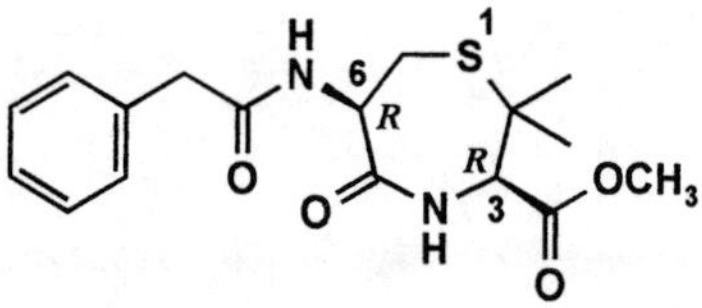

5b

*Abb. 2.26 Methyl- (**5c**) und Ethylester (**5d**) der (3R,6R)-5-oxo-6-(2-phenylacetylamino)perhydro-1,4-thiazepin-3-carbonsäure als Modellverbindungen für die Strukturanalyse sowie das 2,2-Dimethylderivat **5b***

Am Beispiel des Methyl- und des Ethylesters (**5c** und **5d**) der *(3R,6R)*-5-oxo-6-(2-phenylacetylamino)perhydro-1,4-thiazepin-3-carbonsäure soll das auf praktisch alle Perhydro-1,4-thiazepine anwendbare Vorgehen bei der Struktur- und Konformationsanalyse für den gelösten Zustand kurz vorgestellt werden. Wegen folgender Charakteristika fiel die Auswahl der Substanzen auf diese beiden Vertreter, deren Daten durch die des 2,2-Dimethylderivats (**5b**) von Verbindung **5c** ergänzt werden (s. hierzu Abb. 2.26):

1. Im Gegensatz zu den 2,2-Dimethylderivaten leiten sich **5c** und **5d** nicht vom Penicillamin, sondern vom Cystein ab und besitzen daher an C-7 *und* C-2 axiale ($H_{ax.}$) und äquatoriale ($H_{eq.}$) Protonen, die durch ihre Kopplung mit den einzelnen Protonen in Position 6 bzw. 3 des Perhydro-1,4-thiazepinrings Rückschlüsse auf die Konformation an C-6 und C-3 zulassen.

2. Die Ester lieferten in [D_6]DMSO bzw. in $CDCl_3$ gemessene ^{1}H-Spektren, die gegenüber den in [D_6]DMSO aufgenommenen mancher 3-Carbonsäuren den Vorteil mit sich bringen, daß sie gut aufgelöste Dubletts für die beiden Stickstoffprotonen aufweisen. Deren Kopplungskonstanten aus der Kopplung mit den Protonen an C-3 und C-6 geben wertvolle Hilfestellung bei der Analyse der in Form von Dubletts von Dubletts von Dubletts (ddd) auftretenden Muster letztgenannter Protonen.

3. Aufgrund des zur Synthese eingeschlagenen Weges fielen die Produkte **5c** und **5d** stereoselektiv als reine *(3R,6R)*-Isomere an, so daß keine Überlagerung der Signale durch etwaige von Minderisomeren herrührende zweite Signalsätze die Spektrenauswertung beeinträchtigt. Allerdings war mit mehr Aufwand auch die Isolierung diastereomerenreiner 3-Carbonsäuren gelungen.

4. Die beiden Ester ergänzen einander im Hinblick auf die aus ihren ^{1}H-NMR-Spektren gewonnenen Informationen insbesondere über die sterische Anordnung und die chemischen Verschiebungswerte der axialen und äquatorialen Protonen an C-2 und C-7.

2.8.1.1 Aufklärung der syntaktischen Struktur

Betrachtet man die in Abb. 2.27 und Abb. 2.28 gezeigten Protonenspektren der beiden Ester sowie die zugehörigen Verschiebungswerte (Tab. 2.12), so fällt zunächst auf, daß sich die äquatorialen Protonen an C-7 (7-$H_{eq.}$) der beiden Verbindungen in ihrer chemischen Verschiebung unterscheiden. Während das

Doppeldublett (dd) des äquatorialen Protons an C-2 (2-$H_{eq.}$) in beiden Fällen zwischen 2.95 und 3.05 ppm liegt, erscheint 7-$H_{eq.}$ des Methylesters anders als 7-$H_{eq.}$ des Ethylesters ebenfalls als Doppeldublett nicht bei 2.80 - 2.84 ppm, sondern um ca. 0.1 ppm zu hohem Feld hin verschoben, so daß das Signal in das von den beiden axialen Protonen an C-2 und C-7 (2-$H_{ax.}$ und 7-$H_{ax.}$) verursachte Multiplett fällt. Die Kopplungsmuster der einzelnen Signale können jedoch aufgrund der daraus ablesbaren Kopplungskonstanten entschlüsselt werden.

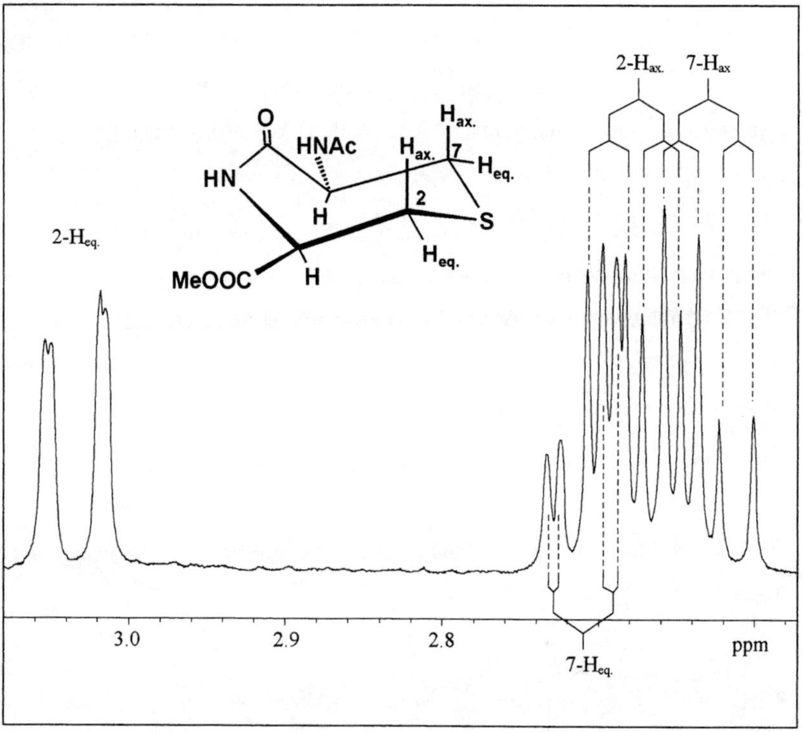

Abb. 2.27 Ausschnitt aus dem ^{1}H-NMR-Spektrum des Methylesters ***5c*** *in [D6]DMSO; äquatoriale und axiale Protonen an C-2 und C-7*

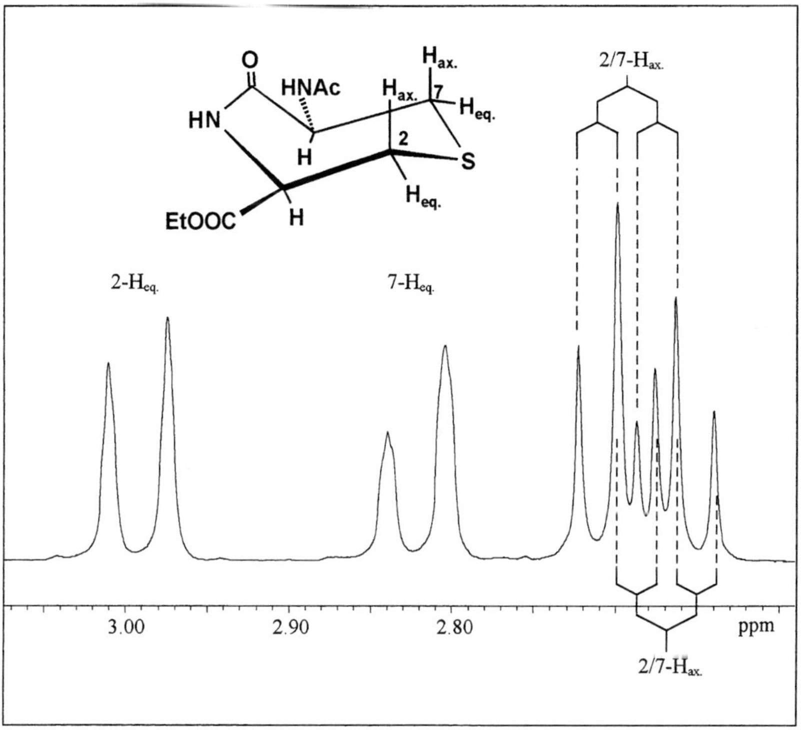

Abb. 2.28 Ausschnitt aus dem [1]*H-NMR-Spektrum des Ethylesters* ***5d*** *in* $CDCl_3$*; äquatoriale und axiale Protonen an C-2 und C-7*

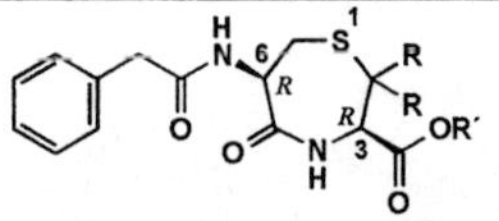

	5d R = H R′ = C_2H_5	**5c** R = H R′ = CH_3	**5b** R = CH_3 R′ = CH_3
7-$H_{ax.}$	2.64 - 2.72	2.60 - 2.66	2.71 - 2.77
2-$H_{ax.}$	dto.	2.65 - 2.71	--
7-$H_{eq.}$	2.80 - 2.84	2.69 - 2.73	2.89 - 2.94
2-$H_{eq.}$	2.97 - 3.01	3.01 - 3.05	--
3-$H_{ax.}$	4.49 - 4.53	4.71 - 4.75	4.58
6-$H_{ax.}$	4.79 - 4.83	4.82 - 4.87	4.84 - 4.88
4-NH	6.70	7.46	6.39
HNAc	7.04	8.17	7.05

Tab. 2.12 Werte der chemischen Verschiebung in ppm für die drei zur Strukturaufklärung herangezogenen Substanzen

Daß die Signale der beiden axialen Protonen an C-2 und an C-7 (2-$H_{ax.}$ und 7-$H_{ax.}$) in beiden Spektren bei höherem Feld anzusiedeln sind als die äquatorialen (2-$H_{eq.}$ und 7-$H_{eq.}$), kann zum einen aus dem Vergleich mit den Penicillinen gefolgert werden und zum anderen aus dem Vergleich mit dem 2,2-Dimethylderivat (**5b**) von **5c.** Dabei findet man das zu 2-$H_{ax.}$ gehörende Doppeldublett (dd) jeweils bei tieferem Feld als das von 7-$H_{ax.}$ stammende. Belegen läßt sich dies durch die Betrachtung der Kopplungskonstanten (Tab. 2.13 bis Tab. 2.15):

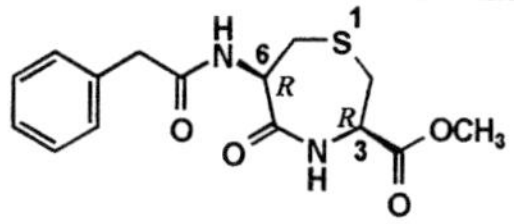

	7-H$_{ax.}$	2-H$_{ax.}$	7-H$_{eq.}$	2-H$_{eq.}$	3-H$_{ax.}$	6-H$_{ax.}$	4-NH	HNAc
7-H$_{ax.}$			14.3			8.7		
2-H$_{ax.}$				14.0	9.5			
7-H$_{eq.}$	14.4					3.4		
2-H$_{eq.}$		14.1			2.1			
3-H$_{ax.}$		9.6		1.4			7.0	
6-H$_{ax.}$	8.8		3.6					6.8
4-NH					7.2			
HNAc						7.0		

*Tab. 2.13 Werte der Kopplungskonstanten ^2J bzw. ^3J in Hz für den Methylester **5c***

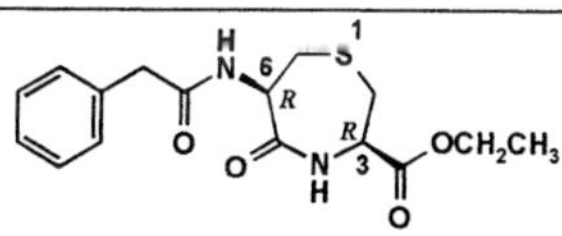

	7-H$_{ax.}$	2-H$_{ax.}$	7-H$_{eq.}$	2-H$_{eq.}$	3-H$_{ax.}$	6-H$_{ax.}$	4-NH	HNAc
7-H$_{ax.}$			14.2			9.6		
2-H$_{ax.}$				14.4	9.5			
7-H$_{eq.}$	14.3					1.9		
2-H$_{eq.}$		14.3			1.1			
3-H$_{ax.}$		9.4		< 1			5.4	
6-H$_{ax.}$	9.4		< 1					5.5
4-NH					5.5			
HNAc						5.8		

*Tab. 2.14 Werte der Kopplungskonstanten ^2J bzw. ^3J in Hz für den Ethylester **5d***

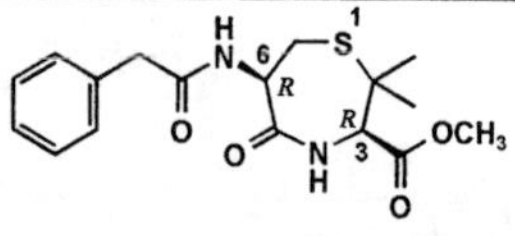

	7-$H_{ax.}$	7-$H_{eq.}$	3-H	6-$H_{ax.}$	4-NH	HNAc
7-$H_{ax.}$		14.9		8.9		
7-$H_{eq.}$	14.9			3.5		
3-H					7.6	
6-$H_{ax.}$	8.8	3.6				5.6
4-NH			7.6			
HNAc				5.7		

*Tab. 2.15 Werte der Kopplungskonstanten ^2J bzw. ^3J in Hz für das 2,2-Dimethylderivat **5b** des Methylesters **5c***

Das Spektrum des Ethylesters ist hierbei allerdings nicht hilfreich, da die Werte der vicinalen Kopplungen von 2-$H_{ax.}$ mit 3-$H_{ax.}$ und von 7-$H_{ax.}$ mit 6-$H_{ax.}$ gleich groß sind (^3J = 9.4 - 9.6 Hz). Deutlich unterscheiden sich dagegen die entsprechenden Werte beim Methylester ($^3J_{2\text{-Hax.}, 3\text{-Hax.}}$ = 9.5 - 9.6 Hz und $^3J_{7\text{-Hax.}, 6\text{-Hax.}}$ = 8.7 - 8.8 Hz).

Unter der Prämisse der Richtigkeit der Zuordnung von 3-$H_{ax.}$ und 6-$H_{ax.}$ (s. dazu weiter unten) steht damit fest, daß das Signal bei 2.65 - 2.71 ppm mit einer vicinalen Kopplung von 9.6 Hz neben der geminalen von 14.1 Hz dem Proton 2-$H_{ax.}$ zuzuschreiben ist, das verbleibende bei 2.60 - 2.66 ppm folglich dem Proton 7-$H_{ax.}$. Dies wiederum bedeutet, daß das Doppeldublett bei 3.01 - 3.05 ppm zu 2-$H_{eq.}$ gehören muß, weil nur dieses Proton über eine geminale Kopplung mit 2-$H_{ax.}$ verbunden ist, deren ^2J-Wert dem bei 2-$H_{ax.}$ abgelesenen mit 14.0 Hz nahekommt. Die Werte für $^2J_{7\text{-Hax.}, 7\text{-Heq.}}$ betragen dagegen 14.3 - 14.4 Hz. Das letzte verbleibende Doppeldublett bei 2.69 - 2.73 Hz stammt also von 7-$H_{eq.}$.

Außerdem findet man in diesem Signal eine ^3J-Kopplung von 3.6 Hz, der im Signal von 6-$H_{ax.}$ eine Kopplung von 3.4 Hz gegenübersteht. Die entsprechenden Werte in den Signalen von 2-$H_{eq.}$ und 3-$H_{ax.}$ liegen deutlich darunter und passen somit ebenfalls zueinander.

Die Verhältnisse im Methylester lassen sich auf den Ethylester übertragen, obwohl dort die kleinen vicinalen Kopplungen der axialen Protonen des einen mit den äquatorialen des anderen Kohlenstoffatoms nicht mehr aufgelöst sind. Bei beiden Estern darf bezüglich der chemischen Verschiebung der axialen und äquatorialen Protonen an C-2 und C-7 von der gleichen Reihenfolge ausgegangen werden.

Kommen wir nun zu den beiden einzelnen Protonen an C-3 und C-6, deren Signale in den Verbindungen **5d** und **5c** jeweils Dubletts von Dubletts von Dubletts ergeben. Um eine unzweifelhafte Aussage über die relative Lage der beiden Signale zueinander im jeweiligen Spektrum machen zu können, hilft der Blick zu dem hier nicht durch sein Spektrum, sondern durch die Verschiebungswerte und Kopplungskonstanten in Tab. 2.12 und Tab. 2.15 wiedergegebenen 2,2-Dimethylderivat **5b**. In diesem ergibt das Signal von 3-H in Ermangelung von Protonen an C-2 für die Kopplung nur ein simples Dublett infolge der Aufspaltung durch das Proton am Lactam-Stickstoff (4-NH). Nimmt man wiederum für die drei Verbindungen die gleiche Reihenfolge bezüglich der chemischen Verschiebung an, so liegt jeweils 6-$H_{ax.}$ tieffeldiger als 3-$H_{ax.}$ (Abb. 2.29 bis Abb. 2.31). Damit ist auch die oben auf der Grundlage der Verschiebungswerte dieser beiden Protonen getroffene Zuordnung der axialen und äquatorialen Protonen an C-2 und C-7 gesichert.

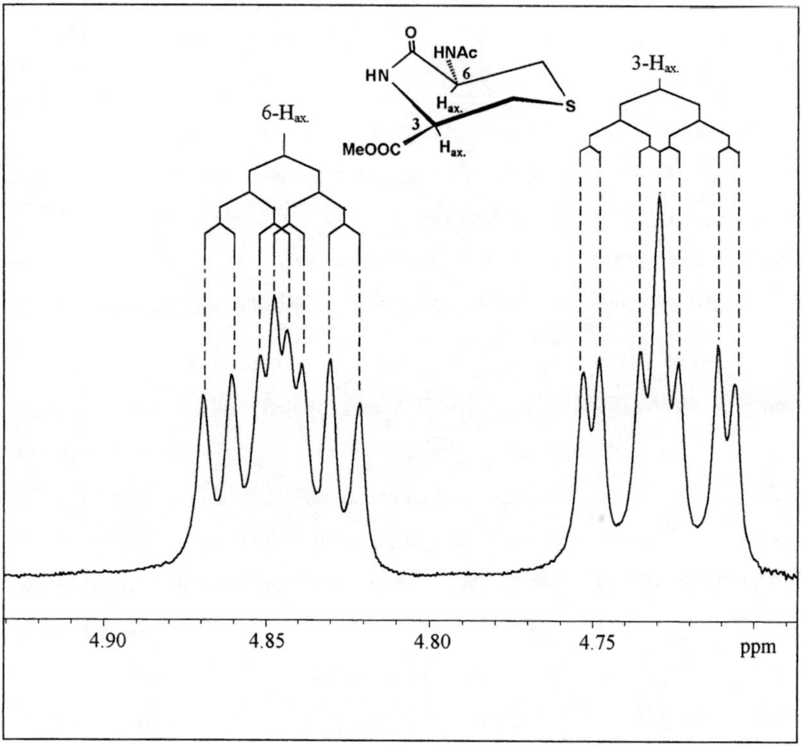

Abb. 2.29 Ausschnitt aus dem ^{1}*H-NMR-Spektrum des Methylesters* ***5c*** *in [D$_6$]DMSO; axiale Protonen an C-3 und C-6*

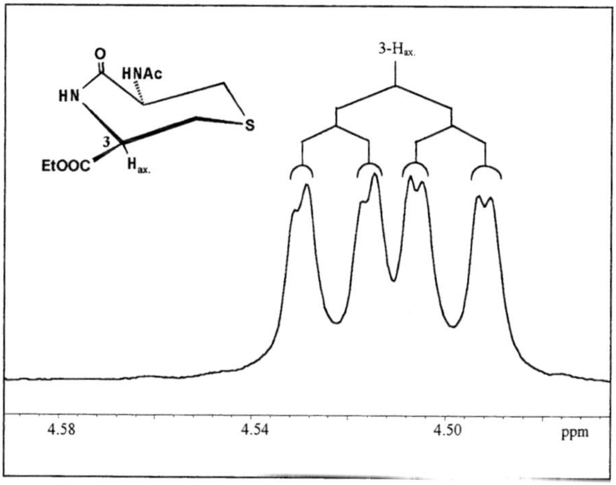

*Abb. 2.30 Ausschnitt aus dem ^{1}H-NMR-Spektrum des Ethylesters **5d** in $CDCl_3$; axiales Proton an C-3*

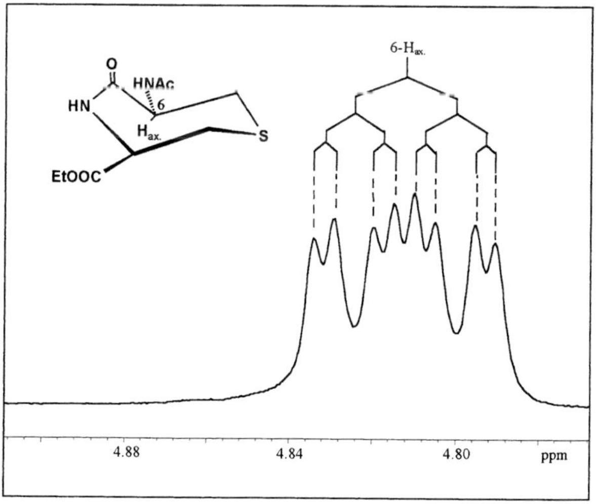

*Abb. 2.31 Ausschnitt aus dem ^{1}H-NMR-Spektrum des Ethylesters **5d** in $CDCl_3$; axiales Proton an C-6*

Zuletzt verbleiben noch die Stickstoffprotonen, die im Falle von **5b** ebenfalls eindeutig zu identifizieren sind: Das Proton am Lactam-Stickstoff (4-NH) muß mit 3-$H_{ax.}$ koppeln; der ^3J-Wert hierfür kann sowohl aus dem Dublett von 3-$H_{ax.}$ als auch aus dem Dublett bei 6.39 ppm mit 7.6 Hz abgelesen werden. Letzteres ist daher dem Proton 4-NH zuzuordnen. Dagegen beträgt ^3J für die Kopplung des Protons HNAc am die Acyl-Seitenkette tragenden Stickstoff mit 6-$H_{ax.}$ nur 5.6 - 5.7 Hz. Auch wenn die entsprechenden Kopplungskonstanten der beiden Stickstoffprotonen in den Verbindungen **5d** und **5c** jeweils in etwa gleich groß sind, kann daher im Analogieschluß die in Abb. 2.32 und Abb. 2.33 gezeigte Zuordnung getroffen werden.

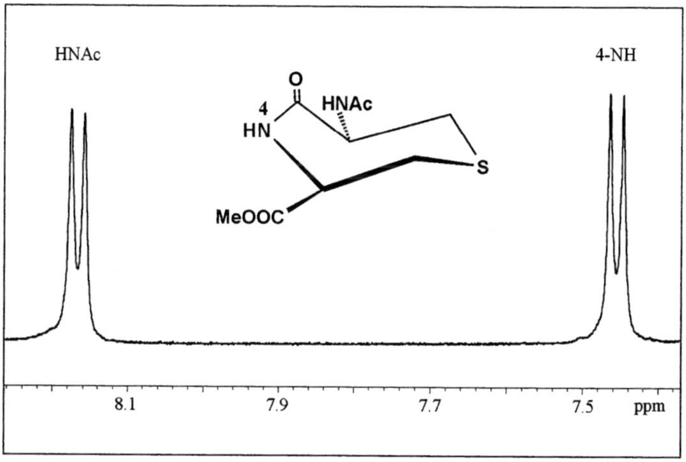

*Abb. 2.32 Ausschnitt aus dem ^{1}H-NMR-Spektrum des Methylesters **5c** in [D$_6$]DMSO; Stickstoffprotonen*

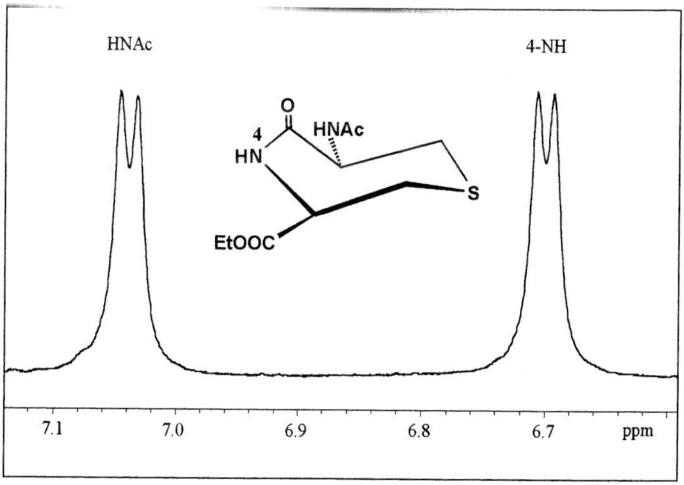

*Abb. 2.33 Ausschnitt aus dem ^{1}H-NMR-Spektrum des Ethylesters **5d** in CDCl$_3$; Stickstoffprotonen*

2.8.1.2 Abschätzung der geometrischen Struktur (Konformationsanalyse)

Mit Hilfe der *Karplus*-Gleichungen (Gl. 2.1 und Gl. 2.2) und der dazugehörigen Kurve (Abb. 2.34) können aus den zuvor ermittelten Werten der vicinalen Kopplungskonstanten ^3J in den Molekülen näherungsweise die in Lösung vorliegenden dihedralen Winkel φ zwischen den miteinander koppelnden Protonen H_a und H_b abgeleitet werden. Diese wiederum geben Aufschluß über die räumliche Anordnung der großen Substituenten in den Positionen 3 und 6 des Perhydro-1,4-thiazepinrings.

Gl. 2.1 $$^3J_{Ha,\,Hb} = J_0 \cdot \cos^2\varphi - 0.28 \qquad (0 \leq \varphi \leq 90°)$$

Gl. 2.2 $$^3J_{Ha,\,Hb} = J_{180} \cdot \cos^2\varphi - 0.28 \qquad (90° \leq \varphi \leq 180°)$$

Die Karplus-Kurve erhält man, indem für die vicinalen Kopplungskonstanten der Protonen H_a und H_b bei φ = 0 und φ = 180° (J_0 bzw. J_{180}) die Standard-Näherungswerte J_0 = 8.5 Hz bzw. J_{180} = 9.5 Hz eingesetzt werden, wobei diese bei J_0 bis ca. 14 Hz und bei J_{180} bis ca. 15 Hz reichen können.

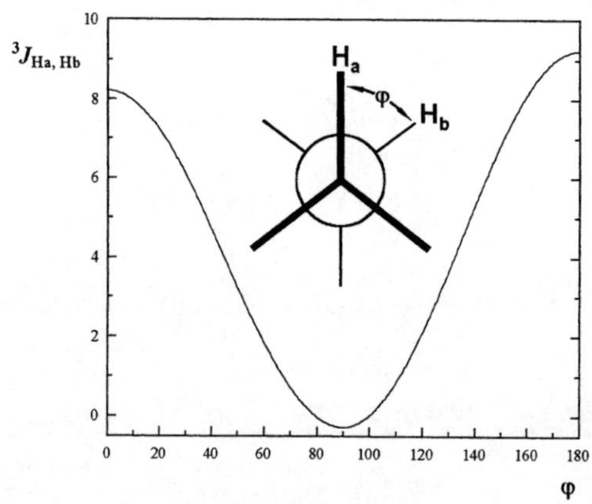

Abb. 2.34 Die Karplus-Kurve zur Abschätzung des Diederwinkels

Es ergeben sich durch Einsetzen der vicinalen Kopplungskonstanten bzw. durch Ablesen aus der Kurve folgende gerundete Näherungswerte für die Diederwinkel in den beiden Modell-Molekülen:

	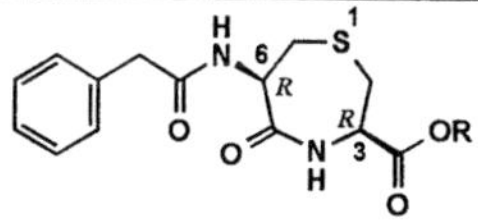			
	R = CH_3 **5c**		R = C_2H_5 **5d**	
	^3J (Hz)	φ °	^3J (Hz)	φ °
$^3J_{2\text{-Hax., }3\text{-Hax.}}$	9.6	180	9.4	180
$^3J_{3\text{-Hax., }2\text{-Hax.}}$	9.5	180	9.5	180
$^3J_{2\text{-Heq., }3\text{-Hax.}}$	1.4	115	< 1	90
$^3J_{3\text{-Hax., }2\text{-Heq.}}$	2.1	120	1.1	110
$^3J_{6\text{-Hax., }7\text{-Hax.}}$	8.7	165	9.6	180
$^3J_{7\text{-Hax., }6\text{-Hax.}}$	8.8	170	9.4	180
$^3J_{6\text{-Hax., }7\text{-Heq.}}$	3.4	130	1.9	120
$^3J_{7\text{-Heq., }6\text{-Hax.}}$	3.6	130	< 1	90

Tab. 2.16 Werte der vicinalen Kopplungskonstanten ^3J und aus dem Verlauf der Karplus-Kurve ermittelte Diederwinkel φ für die beiden (3R,6R)-konfigurierten Ester

Abschließend seien auch die Kopplungskonstanten und die dazugehörigen Diederwinkel φ einiger vom Cystein abgeleiteter Perhydro-1,4-thiazepin-3-carbonsäuren angeführt, unter denen sich in Ergänzung zu den oben behandelten Modellverbindungen mit *(3R,6R)*-Konfiguration auch ein Vertreter mit *(3S,6S)*-Konfiguration sowie zwei weitere zueinander enantiomere mit *(3R,6S)*- bzw. *(3S,6R)*-Konfiguration befinden (Tab. 2.17 und Tab. 2.18).

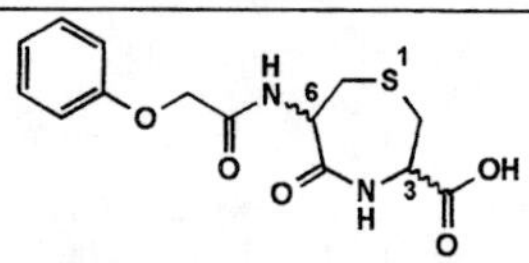

	(3R,6S) **8o**		*(3S,6R)* **8m**	
	^3J (Hz)	φ °	^3J (Hz)	φ °
$^3J_{2\text{-Hax.}, 3\text{-Hax.}}$	5.4	140	5.2	140
$^3J_{3\text{-Hax.}, 2\text{-Hax.}}$	5.4	140	5.3	140
$^3J_{2\text{-Heq.}, 3\text{-Hax.}}$	2.4	120	2.6	125
$^3J_{3\text{-Hax.}, 2\text{-Heq.}}$	2.8	125	2.7	125
$^3J_{6\text{-Heq.}, 7\text{-Heq.}}$	10.2	180	10.0	180
$^3J_{7\text{-Heq.}, 6\text{-Heq.}}$	10.2	180	10.2	180
$^3J_{6\text{-Heq.}, 7\text{-Hax.}}$	2.0	120	2.1	120

Tab. 2.17 ^3J-Kopplungen und zugehörige Diederwinkel φ für zwei enantiomere gemischt-konfigurierte Carbonsäuren

	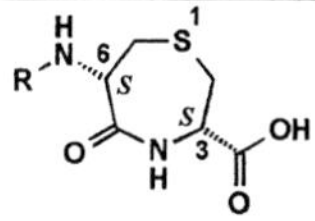			
	R =$PhCH_2CO$ **8f**		R = $PhOCH_2CO$ **8n**	
	^3J (Hz)	φ °	^3J (Hz)	φ °
$^3J_{2\text{-Heq.}, 3\text{-Hax.}}$	1.7	115	< 1	90
$^3J_{3\text{-Hax.}, 2\text{-Heq.}}$	1.6	115	1.6	115
$^3J_{3\text{-Hax.}, 2\text{-Hax.}}$	9.6	180	9.6	180
$^3J_{6\text{-Hax.}, 7\text{-Hax.}}$	6.6	150	8.5	165
$^3J_{6\text{-Hax.}, 7\text{-Heq.}}$	5.3	140	3.3	130

Tab. 2.18 *^3J-Kopplungen und zugehörige Diederwinkel φ für zwei gleichkonfigurierte Carbonsäuren*

Wie sich aus den gefundenen Werten ergibt, können als Ergebnis der Konformationsanalyse die sterischen Verhältnisse in den Molekülen für den Zustand in Lösung wie folgt angegeben werden:

Eine *(3R,6R)*- oder eine *(3S,6S)*-Konfiguration bewirkt die pseudoäquatoriale und damit *cis*-Anordnung der Substituenten an den Asymmetriezentren, eine gemischte *(3R,6S)*- oder *(3S,6R)*-Konfiguration hingegen die *trans*-Anordnung mit einem axialen und einem äquatorialen Substituenten, wobei sich die für den Lösungszustand thermodynamisch stabilere Form der Sesselkonformation des Perhydro-1,4-thiazepinrings einstellen wird. Bei einigen hier nicht behandelten Substanzen ist jedoch nur anhand der Kopplungskonstanten bezüglich der räumlichen Anordnung ihrer Substituenten nicht eindeutig zwischen *cis* und *trans* zu unterscheiden, was evtl. in einer größeren Flexibilität des Rings begründet liegt.

Dies gilt sowohl für an C-2 unsubstituierte, vom Cystein abgeleitete Perhydro-1,4-thiazepine als auch, wie schon teils aus Tab. 2.15 gesehen werden konnte, für die aus Penicillamin hergestellten 2,2-Dimethyl-Verbindungen. Allerdings ist in letzterem Falle die Konformation nur in Position 6 der Moleküle auf die beschriebene Art und Weise bestimmbar, weil hier für die fundierte Aussage über die konformative Anordnung in Position 3 die Protonen an C-2 und damit die Informationen aus deren Kopplungsverhalten fehlen. Zweifelsfrei nehmen im kristallinen Zustand die Substituenten an C-3 und C-6 zueinander auch bei diesen Verbindungen eine *trans*-Stellung ein, wie die bei einer weiteren, *(3S,6R)*-konfigurierten Verbindung der Perhydro-1,4-thiazepinreihe gefundene Röntgenstruktur beweist (s. Abschnitt 2.8.3).

Über das konformative Grundgerüst der Perhydro-1,4-thiazepine konnten damit mittels ^{1}H-NMR-Spektroskopie interessante Hinweise gewonnen werden. Faßt man die oben beispielhaft für zwei sich vom L-Cystein ableitende Perhydro-1,4-thiazepine vorgestellten Ergebnisse in graphischen Darstellungen der räumlichen Struktur und der Kopplungen in den Molekülen beider Verbindungen zusammen, so erhält man die in Abb. 2.35 und Abb. 2.36 gezeigten Bilder:

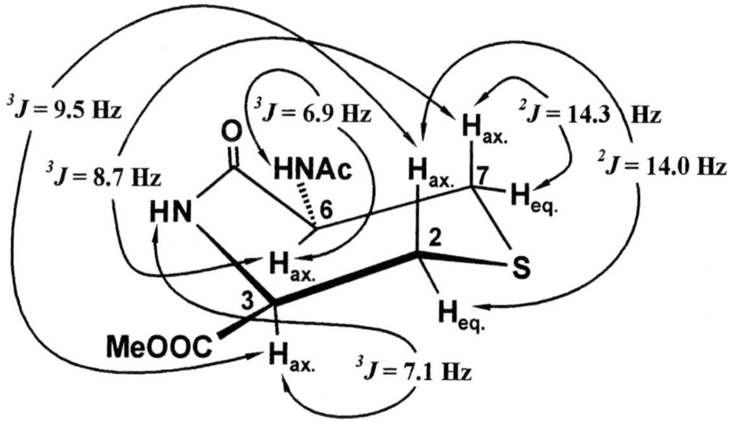

*Abb. 2.35 Graphische Darstellung der sterischen Verhältnisse im Methylester **5c** unter Angabe der ^2J- und ^3J-Werte*

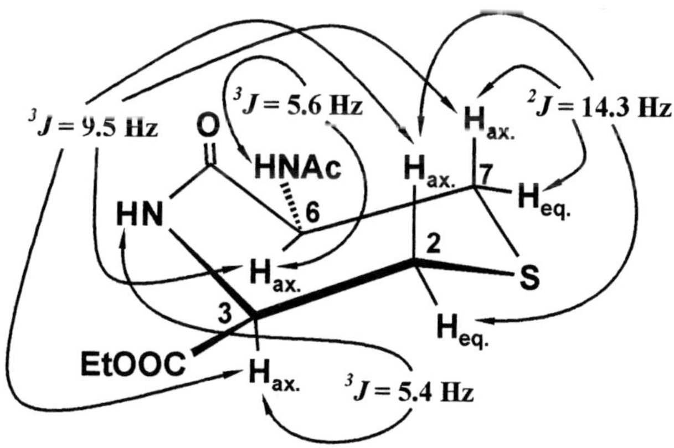

*Abb. 2.36 Graphische Darstellung der sterischen Verhältnisse im Ethylester **5d**, ebenfalls unter Angabe der ^2J- und ^3J-Werte*

2.8.2 NMR-spektroskopische Besonderheiten der Perhydro-1,4-thiazepine

In Bezug auf die von den synthetisierten Perhydro-1,4-thiazepinen erhaltenen ^{13}C-NMR-Spektren bleibt anzumerken, daß bei allen Verbindungen mit *(3R,6S)*- oder *(3S,6R)*-Konfiguration die Intensitäten dreier Kohlenstoffatome im Spektrum verglichen mit denen der anderen deutlich verringert und dafür verbreitert sind.

Diese Tatsache soll anhand eines Ausschnitts aus dem Spektrum von Methyl[*(3S,6R)*-2,2-dimethyl-5-oxo-6-(phenoxyacetylamino)perhydro-1,4-thiazepin-3-carboxylat] (**9c**) veranschaulicht werden (Abb. 2.37).

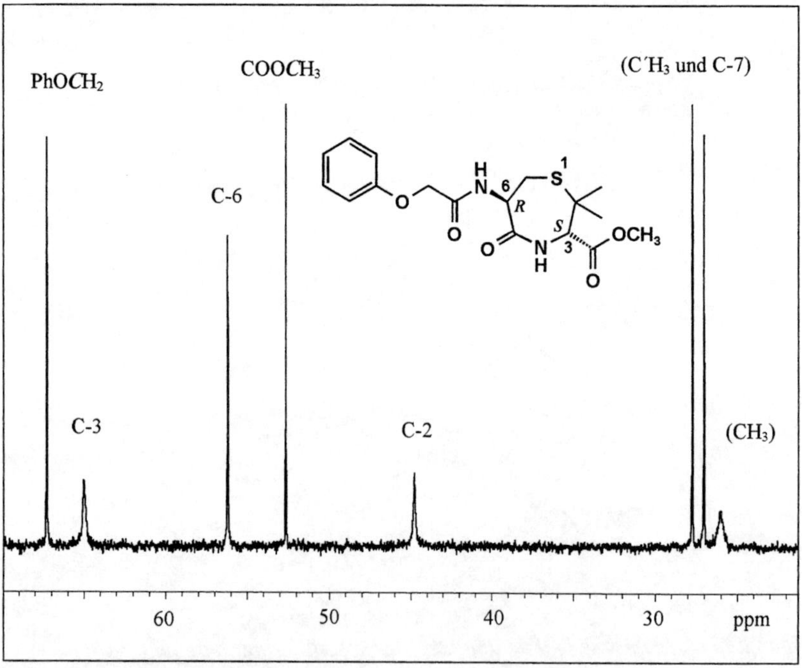

Abb. 2.37 Ausschnitt aus dem in $CDCl_3$ gemessenen ^{13}C-NMR-Spektrum der (3S,6R)-konfigurierten Verbindung ***9c***

Es handelt sich hierbei um die Kohlenstoffatome C-2 und C-3 sowie das Kohlenstoffatom von einer der beiden Methylgruppen in Position 2 des Perhydro-1,4-thiazepinrings. Auf den ersten Blick macht es vielleicht den Anschein, als hätten die beiden Methylgruppen gleich hohe Intensitäten und das weniger intensive und verbreiterte Signal müßte C-7 zugeordnet werden. Daß dies nicht den Tatsachen entspricht und daß die Zuordnung wie im Bild gezeigt erfolgen muß, konnte mittels eines DEPT-Experiments an einer ähnlichen Verbindung (**8a**) gezeigt werden. Demzufolge werden das erste und dritte Signal von rechts durch Kohlenstoffatome hervorgerufen, die mit einer ungeraden Anzahl an Protonen substituiert sind, das übrige zweite dagegen von einer Methylengruppe. In dem dargestellten Bereich kommt für diese nur C-7 in Betracht.

Die geschilderte Besonderheit tritt bei allen gemischt-konfigurierten Perhydro-1,4-thiazepinen auf, gleich welcher Art der Acylrest am Amino-Stickstoff des Grundkörpers ist und gleichgültig, ob es sich um Ester oder Carbonsäuren handelt. Einzige Voraussetzung ist die genannte relative Konfiguration der beiden Asymmetriezentren zueinander. Sie tritt also nicht bei den Verbindungen mit *(3R,6R)*- oder *(3S,6S)*-Konfiguration auf, bei denen der oben dargestellte Bereich des Spektrums Signale mit völlig einheitlichen Intensitäten aufweist.

Eine mögliche Erklärung für dieses Phänomen könnte eine höhere Flexibilität der gemischtkonfigurierten Moleküle im Vergleich zu den gleichkonfigurierten sein, so daß die Schwingung der die verbreiterten Signale hervorrufenden Atome größer ist.

2.8.3 Kristallstrukturanalyse mittels Röntgendiffraktometrie

Mit Methyl[*(3S,6R)*-2,2-dimethyl-5-oxo-6-(phenoxyacetylamino)perhydro-1,4-thiazepin-3-carboxylat] (**9c**) wurde eine Röntgenstrukturanalyse durchgeführt. Die trans-Anordnung der Substituenten an C-3 und C-6 des Perhydro-1,4-thiazepin-Rings ist deutlich an der in Abb. 2.38 gezeigten Kristallstruktur zu erkennen.

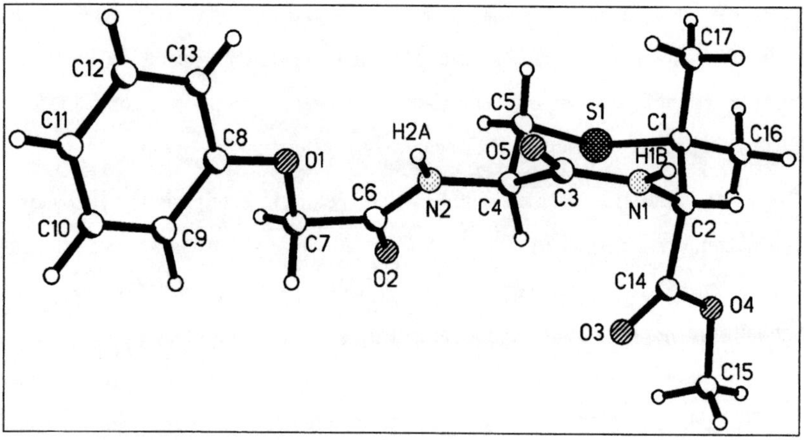

Abb. 2.38 Struktur von ***9c*** *im Kristall*

2.8.4 Untersuchungen zur absoluten Konfiguration durch Messung des Circulardichroismus

2.8.4.1 Allgemeine Grundlagen

Die Anwendung von CD-Messungen auf stereochemische Untersuchungen wurde von *Snatzke*[22] in einem Übersichtsartikel zusammengefaßt. Danach liegt ein Circulardichroismus (CD) vor, wenn ein optisch aktiver Stoff bei der Messung der Abhängigkeit des Drehwinkels α von der Wellenlänge λ (optische Rotationsdispersion, ORD) rechts- und linkscircular polarisiertes Licht im Bereich einer Absorptionsbande unterschiedlich stark absorbiert. Ausgedrückt wird dieser durch die Differenz der molaren dekadischen Absorptionskoeffizienten: $\Delta\varepsilon = \varepsilon_{links} - \varepsilon_{rechts}$. Tritt er auf, so wird die normale ORD-Kurve von einem S-förmigen Anteil überlagert, was zu einer sog. »anomalen« ORD führt. CD und »anomale« ORD werden unter dem Begriff *Cotton*-Effekt zusammengefaßt.

Grundlage für das Auftreten eines *Cotton*-Effekts ist das Vorliegen eines Chromophors im Molekül. *Moscowitz*[23] unterscheidet zwei Arten von Chromophoren: »Inhärent (oder intrinsisch) dissymmetrische« und »lokal symmetrische«. Ein starker Cotton-Effekt ist insbesondere dann zu erwarten, wenn bei der Absorption von circularpolarisiertem Licht Elektronen aus besetzten in unbesetzte Orbitale übergehen, die infolge ihrer räumlichen Umgebung chiral sind [22].

Nach der Regel von *Natanson* und *Bruhat* [22] spricht man von einem positiven CD, wenn die im Bereich der Absorptionsbande aufgrund des Auftretens eines CD durch einen S-förmigen Anteil überlagerte ORD-Kurve zu kurzen Wellenlängen hin zuerst einen Gipfel und anschließend ein Tal durchläuft, von

---

[22] Snatzke, G. *Angew. Chem.* **1968**, *1*, 15 - 26

[23] Moscowitz, A. *Tetrahedron* **1961**, *13*, 48 - 56

einem negativen CD bei umgekehrter Reihenfolge. Bei den unten vorgestellten Messungen traten sowohl positive als auch negative Vorzeichen für den CD auf.

Bei den CD-Messungen wurde jeweils der CD in Millidegree (mdeg) abhängig von der Wellenlänge ermittelt. Die Werte wurden für die Auswertung nach Gl. 2.3 in die $\Delta\varepsilon$-Werte umgerechnet (Θ = CD in mdeg; c = Konzentration in $mol \cdot l^{-1}$; d = Schichtdicke in cm).

Gl. 2.3

$$\Delta\varepsilon = \frac{\Theta \cdot 3.0319 \cdot 10^{-5}}{c \cdot d}$$

In Abb. 2.39 sind die Hochspannungslinien der für die CD-Messungen verwendeten Lösungsmittel gezeigt. Daraus wird ersichtlich, daß die Durchlässigkeit von Methanol für UV-Strahlung unter ca. 200 nm drastisch abnimmt, während 2,2,2-Trifluorethanol (im weiteren Trifluorethanol genannt) sich auch noch unterhalb dieser Wellenlänge als Lösungsmittel eignet.

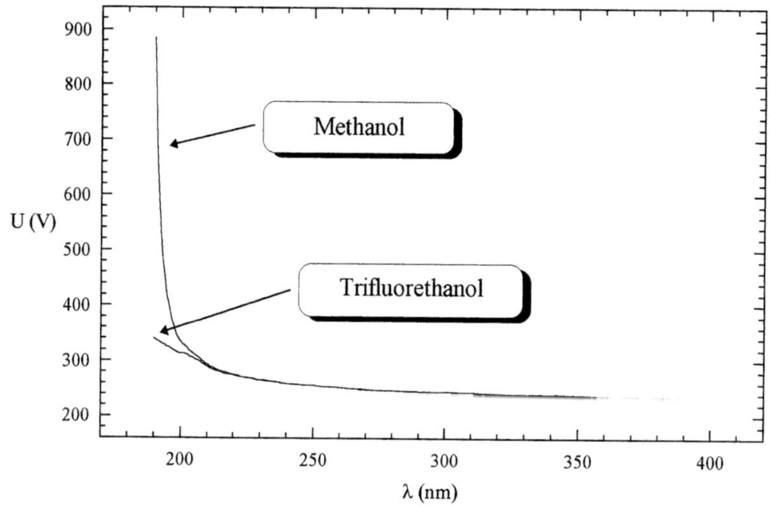

Abb. 2.39 Hochspannungslinien der reinen Lösungsmittel

Da die Perhydro-1,4-thiazepine im UV-VIS-Spektrum (Abb. 2.40) nur eine starke Bande um ca. 200 nm aufweisen, sollte man erwarten, daß lediglich Trifluorethanol für CD-Messungen dieser Substanzgruppe in Frage kommt. Die in Methanol aufgenommenen Spektren weisen jedoch ebenso wie die in Trifluorethanol vermessenen einen im UV verbotenen ($n \rightarrow \pi^*$)-Übergang auf, durch den die CD-Experimente in beiden Lösungsmitteln möglich werden.

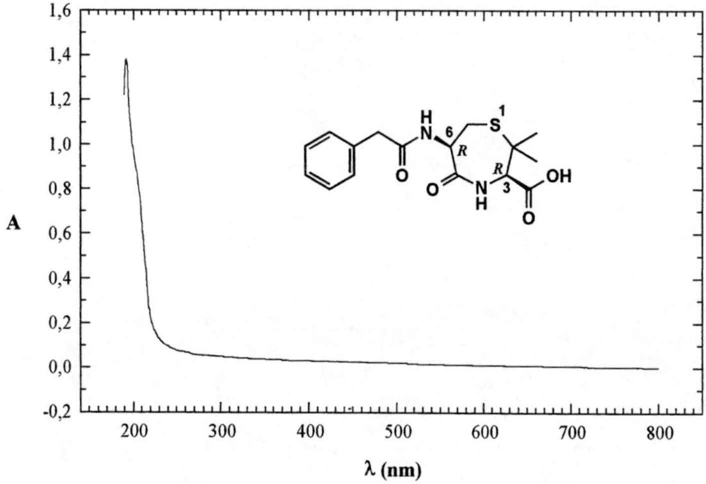

*Abb. 2.40 UV-VIS-Spektrum von (3R,6R)-2,2-Dimethyl-5-oxo-6-(2-phenylacetylamino)perhydro-1,4-thiazepin-3-carbonsäure **(8d)** in Trifluorethanol*

2.8.4.2 Spektrensammlung und -vergleiche

Ziel der CD-Messungen war es, Aussagen über die absolute Konfiguration der Perhydro-1,4-thiazepine zu erhalten. Wie aus Abb. 2.41 ersichtlich, sind sich Benzyl- und Phenoxymethylpenicillin in ihren CD-Spektren sehr ähnlich, was nicht anders zu erwarten ist, bedenkt man, daß beide den gleichen Grundkörper mit den gleichen drei Chiralitätszentren besitzen. Diese allgemeine, auf beide zutreffende Grundstruktur ist in Abb. 2.42 wiedergegeben. Für den weiteren Vergleich mit den Penicillinen soll daher nur das Spektrum von Benzylpenicillin-Kalium (in Trifluorethanol, s. Abb. 2.43) dienen.

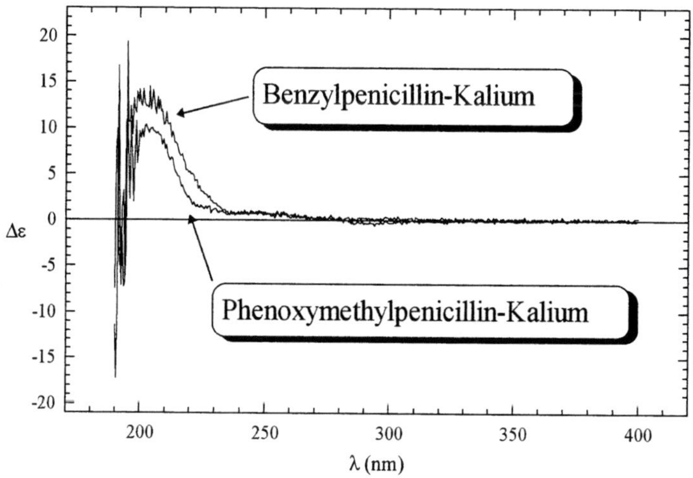

*Abb. 2.41 CD-Spektren von Benzylpenicillin (**20**) -Kalium und Phenoxymethylpenicillin (**21**) -Kalium in Methanol*

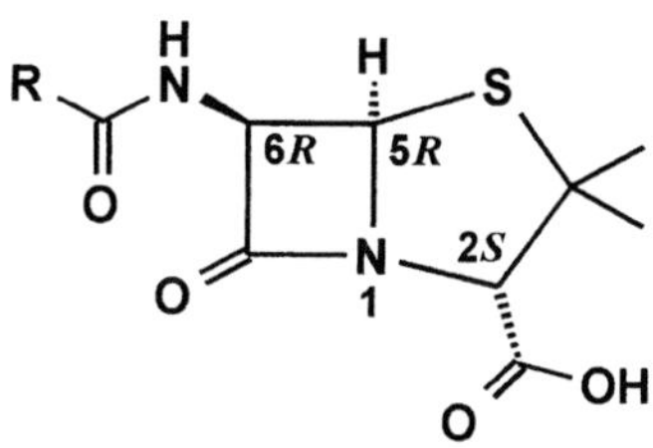

Abb. 2.42 Allgemeiner Grundkörper von Penicillin G und V

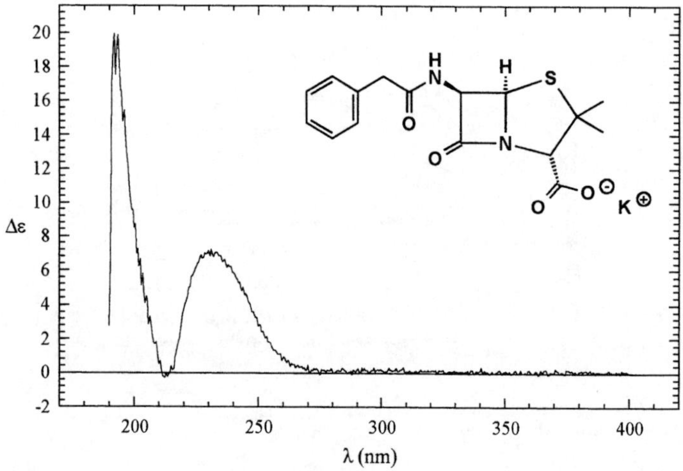

*Abb. 2.43 CD-Spektrum von Benzylpenicillin (**20**) -Kalium in Trifluorethanol*

Im Gegensatz zu den Penicillinen weisen die Perhydro-1,4-thiazepine lediglich zwei asymmetrische Kohlenstoffatome auf. Aus der im Anhang zu diesem Kapitel abgebildeten CD-Spektrensammlung ausgewählter Verbindungen können folgende Schlußfolgerungen gezogen werden:

1. Alle untersuchten Perhydro-1,4-thiazepine weisen einen ausgeprägten *Cotton*-Effekt im Wellenlängenbereich zwischen 200 - 250 nm auf.
2. Das Vorzeichen des auftretenden CD-Effekts hängt allein von der Konfiguration an C-3 ab und nicht von der an C-6. Eine *R*-Konfiguration an C-3 bewirkt einen positiven, eine *S*-Konfiguration dagegen einen negativen CD.

3. Zueinander enantiomere Verbindungen zeigen – wie erwartet – einen spiegelbildlichen Kurvenverlauf (s. z.B. Abb. 2.44), was die jeweils postulierte Konfiguration aus der Synthese bestätigt.

4. Diastereomere weisen einen CD mit gleichem Vorzeichen nur dann auf, wenn die Konfiguration am Asymmetriezentrum an C-3 bei ihnen übereinstimmt. Unterschiedliche Vorzeichen für den CD beobachtet man bei Diastereomeren mit *unterschiedlicher* Konfiguration an C-3 und *gleicher* Konfiguration an C-6 (z.B. Abb. 2.46).

5. Die Form der Kurven wird vom Lösungsmittel beeinflußt und zählt neben λ_{max}, $\Delta\varepsilon_{max}$ und dem Vorzeichen zu den vier charakteristischen Größen des CD einer jeden Verbindung.[24]

6. Der Vergleich mit den Penicillin-Spektren läßt keinen Rückschluß auf die absolute Konfiguration der Perhydro-1,4-thiazepine zu. Die Penicilline zeigen einen positiven CD und besitzen *S*-Konfiguration an C-2; das diesem bei den Perhydro-1,4-thiazepinen entsprechende Asymmetriezentrum C-3 ist jedoch *R*-konfiguriert, wenn bei dieser Verbindungsklasse ein positiver CD auftritt.

[24] Snatzke, G. *Angew. Chem.* **1968**, *1*, 15 - 26, 18

Anhang: Sammlung ausgewählter CD-Spektren

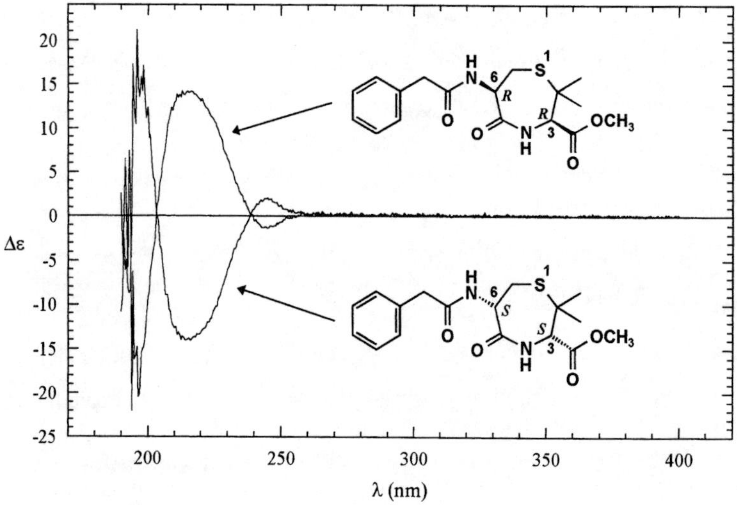

*Abb. 2.44 CD-Spektren von (3R,6R)- und (3S,6S)- Methyl[2,2-dimethyl-5-oxo-6-(2-phenylacetylamino)-perhydro-1,4-thiazepin-3-carboxylat] (**5b**, oben und **5a**, unten) in Methanol*

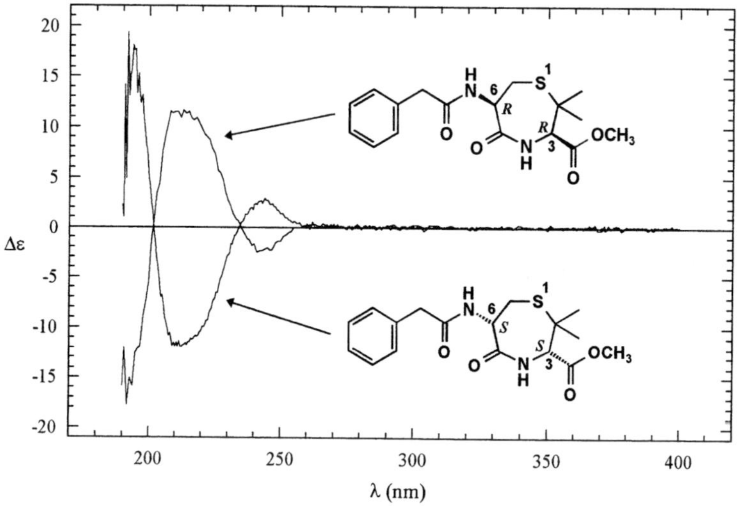

*Abb. 2.45 CD-Spektren von (3R,6R)- und (3S,6S)- Methyl[2,2-dimethyl-5-oxo-6-(2-phenylacetylamino)-perhydro-1,4-thiazepin-3-carboxylat] (**5b**, oben und **5a**, unten) in Trifluorethanol*

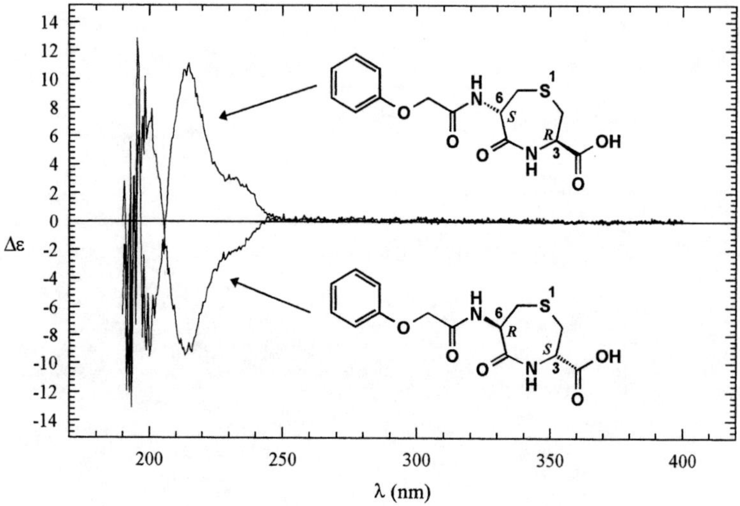

*Abb. 2.46 CD-Spektren von (3R,6S)- und (3S,6R)-5-Oxo-6-(2-phenoxyacetyl-amino)perhydro-1,4-thiazepin-3-carbonsäure (**8o**, oben und **8m**, unten) in Methanol*

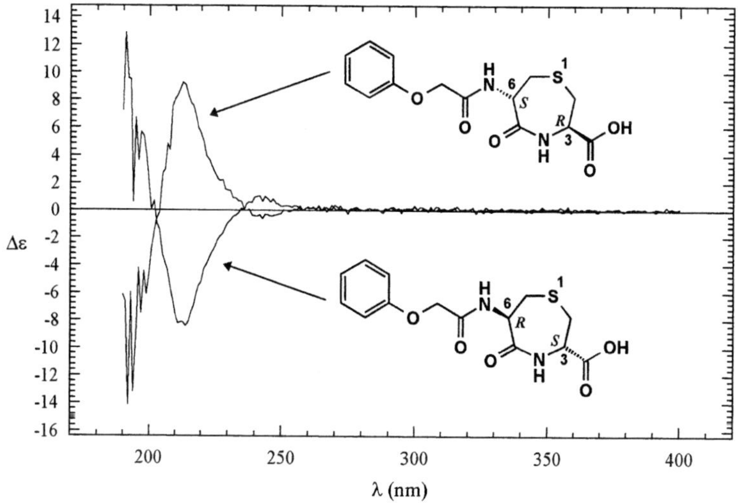

*Abb. 2.47 CD-Spektren von (3R,6S)- und (3S,6R)-5-Oxo-6-(2-phenoxyacetyl-amino)perhydro-1,4-thiazepin-3-carbonsäure (**8o**, oben und **8m**, unten) in Trifluorethanol*

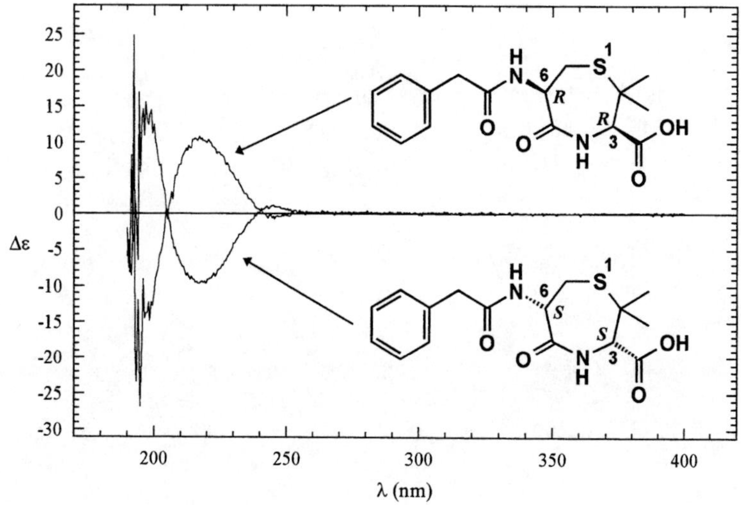

*Abb. 2.48 CD-Spektren von (3R,6R)- und (3S,6S)-2,2-Dimethyl-5-oxo-6-(2-phenylacetylamino)-perhydro-1,4-thiazepin-3-carbonsäure (**8d**, oben und **8b**, unten) in Methanol*

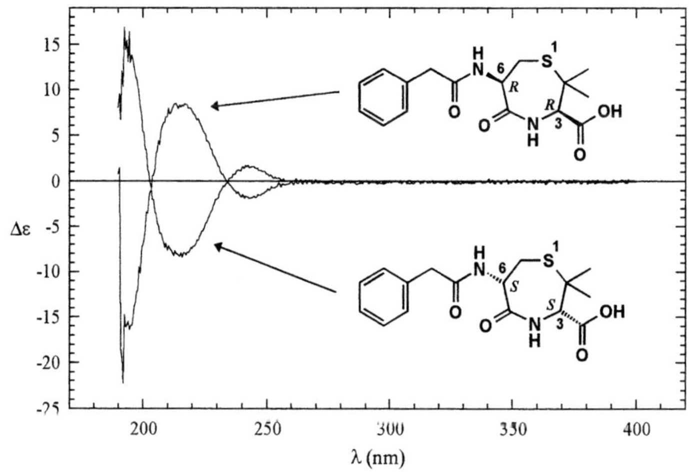

*Abb. 2.49 CD-Spektren von (3R,6R)- und (3S,6S)-2,2-Dimethyl-5-oxo-6-(2-phenylacetylamino)-perhydro-1,4-thiazepin-3-carbonsäure (**8d**, oben und **8b**, unten) in Trifluorethanol*

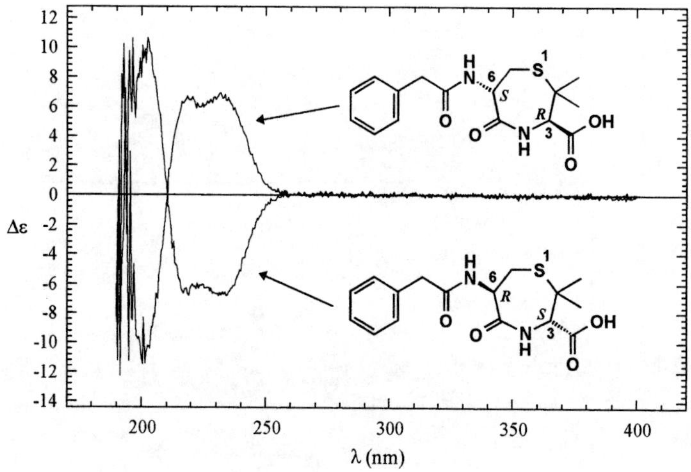

*Abb. 2.50 CD-Spektren von (3R,6S)- und (3S,6R)-2,2-Dimethyl-5-oxo-6-(2-phenylacetylamino)-perhydro-1,4-thiazepin-3-carbonsäure (**8c**, oben und **8a**, unten) in Methanol*

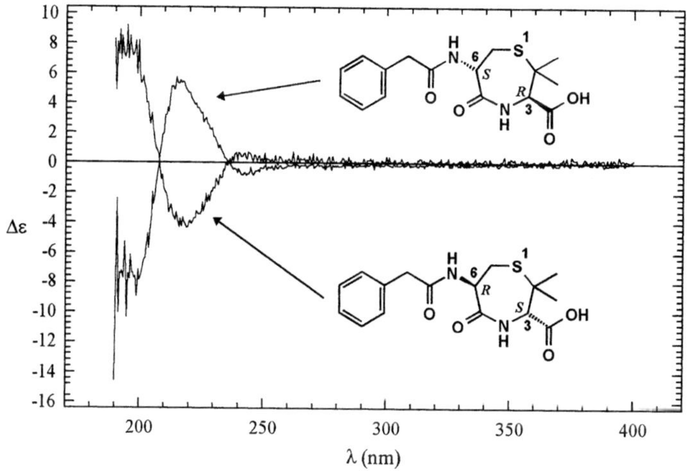

*Abb. 2.51 CD-Spektren von (3R,6S)- und (3S,6R)-2,2-Dimethyl-5-oxo-6-(2-phenylacetylamino)-perhydro-1,4-thiazepin-3-carbonsäure (**8c**, oben und **8a**, unten) in Trifluorethanol*

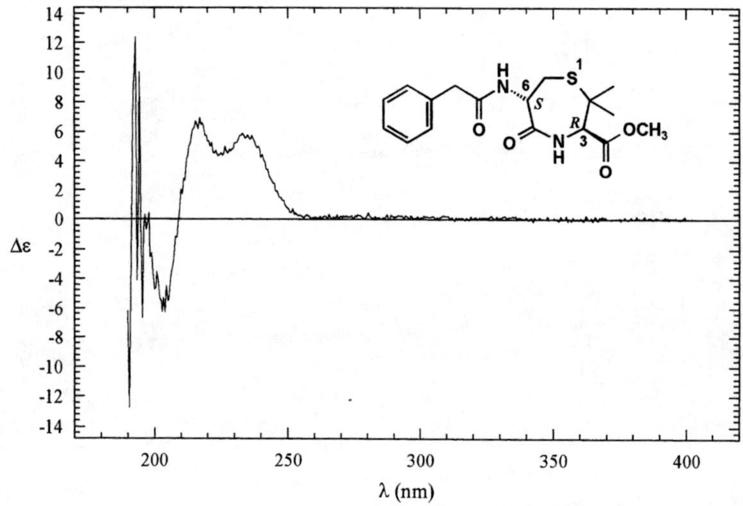

Abb. 2.52 CD-Spektrum von Methyl[(3R,6S)-2,2-dimethyl-5-oxo-6-(2-phenylacetylamino)perhydro-1,4-thiazepin-3-carboxylat] ***(9b)*** *in Methanol*

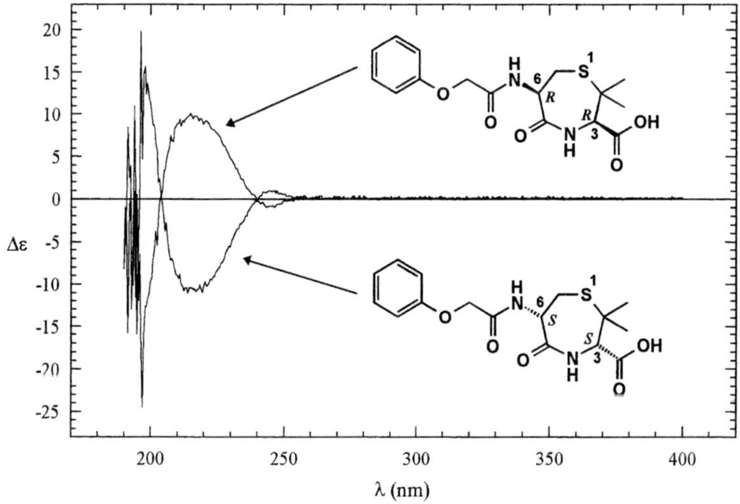

*Abb. 2.53 CD-Spektren von (3R,6R)- und (3S,6S)-2,2-Dimethyl-5-oxo-6-(2-phenoxyacetylamino)-perhydro-1,4-thiazepin-3-carbonsäure (**8k**, oben und **8h**, unten) in Methanol*

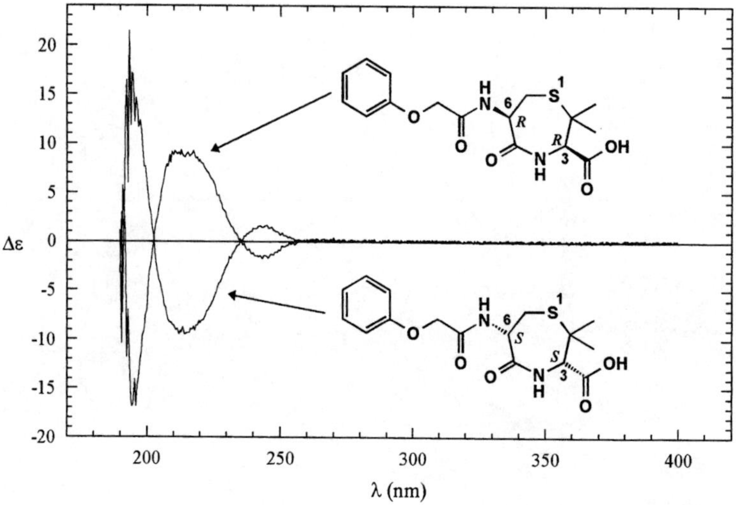

*Abb. 2.54 CD-Spektren von (3R,6R)- und (3S,6S)-2,2-Dimethyl-5-oxo-6-(2-phenoxyacetylamino)-perhydro-1,4-thiazepin-3-carbonsäure (**8k**, oben und **8h**, unten) in Trifluorethanol*

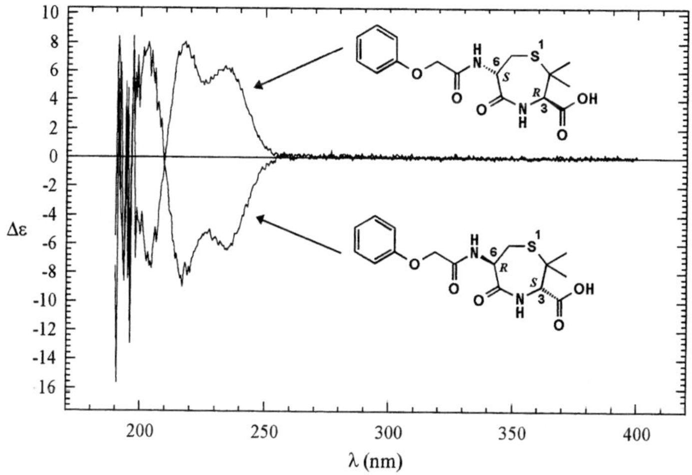

*Abb. 2.55 CD-Spektren von (3R,6S)- und (3S,6R)-2,2-Dimethyl-5-oxo-6-(2-phenoxyacetylamino)-perhydro-1,4-thiazepin-3-carbonsäure (**8i**, oben und **8g**, unten) in Methanol*

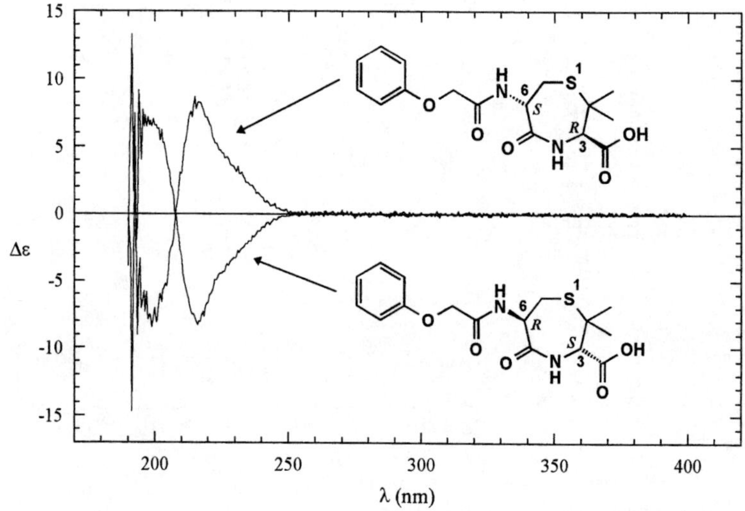

*Abb. 2.56 CD-Spektren von (3R,6S)- und (3S,6R)-2,2-Dimethyl-5-oxo-6-(2-phenoxyacetylamino)-perhydro-1,4-thiazepin-3-carbonsäure (**8i**, oben und **8g**, unten) in Trifluorethanol*

2.8.5 Tieftemperatur-CD-Messungen

Zur Messung der Tieftemperatur-CD-Spektren eignete sich ein eutektisches Gemisch aus 4 Teilen Ethanol mit 1 Teil Methanol, das bis ca. - 160 °C einsetzbar ist. Die meisten Lösungsmittel oder Lösungsmittelgemische werden bis an ihren Festpunkt heran abgekühlt, lassen sich aber auch dann bei glasiger, halbfester Konsistenz als Träger der zu messenden Proben verwenden.

Es gilt zu beachten, daß sich das Volumen und damit auch die Konzentration ein und derselben Probelösung mit sinkender Temperatur im Laufe der Messung kontinuierlich ändert. Die Volumenkontraktion bewirkt eine Konzentrationszunahme um den Korrekturfaktor f, der in die einfache Beziehung (Gl. 2.1) zwischen der Konzentration bei Raumtemperatur (c_{RT}) und bei der Temperatur T (c_T) eingesetzt wird.

Gl. 2.1 $$c_T = c_{RT} \cdot f$$

Eine Auflistung der Korrekturfaktoren für das eutektische Lösungsmittelgemisch Ethanol/Methanol (4:1) gibt Tab. 2.19 wieder.

T (°C)	f
- 20	1.045
- 40	1.067
- 80	1.112
- 120	1.157
- 160	1.199

Tab. 2.19 Korrekturfaktoren f für das in den Tieftemperatur-CD-Experimenten angewandte Eutektikum Ethanol/Methanol (4:1)

Die Tieftemperatur-CD-Messungen erfolgten unter Verwendung des Eutektikums Ethanol/Methanol (4:1) bis - 160 °C. Wie entsprechende Voruntersuchungen zeigten, ist Trifluorethanol als Lösungsmittel weniger geeignet, wenn es um die Untersuchung von Konformationsänderungen des Perhydro-1,4-thiazepinrings geht. Eine Abkühlung auf - 40 °C scheint nicht auszureichen, um Schwankungen des konformativ offenbar stabilen »Sessels« sichtbar zu machen.

In Abb. 2.57 und Abb. 2.58 (mit Tab. 2.20 und Tab. 2.21) sind Spektren zu sehen, die dadurch erhalten wurden, daß Lösungen der gleichen Substanz (**5d**) in zwei verschiedenen Konzentrationen ausgehend von RT zunächst um 60 °C und dann in Schritten von jeweils 40 °C auf - 160 °C abgekühlt wurden. Ebenso wurde mit einer in Position 2 des Perhydro-1,4-thiazepinrings mit Methylgruppen substituierten Verbindung verfahren (Abb. 2.59, Tab. 2.22).

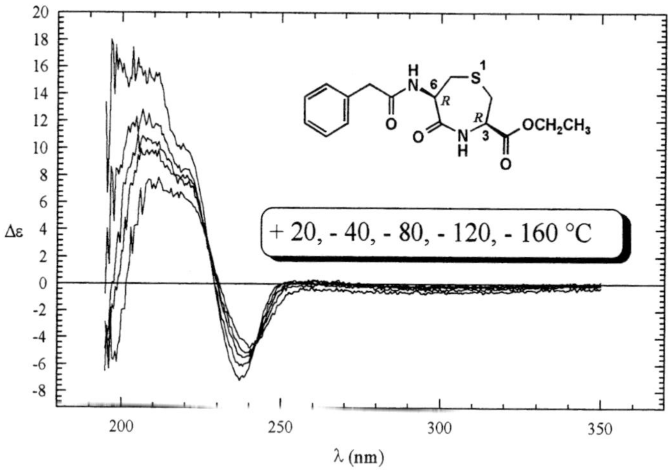

Abb. 2.57 Tieftemperatur-CD-Spektren von Ethyl[(3R,6R)-5-oxo-6-(2-phenylacetylamino)perhydro-1,4-thiazepin-3-carboxylat] ***(5d)*** *im Eutektikum Methanol/Ethanol (1:4); $c_{RT} = 6.3 \cdot 10^{-4}$ mol · l^{-1}*

T (°C)	c (10^{-4} mol · l^{-1})	$\lambda_{max.}$ (nm)	$\Delta\varepsilon_{max.}$ (l · mol · s^{-1})
20	6.3	240.0	- 4.77
- 40	6.7	239.0	- 5.19
- 80	7.0	238.0	- 5.49
- 120	7.3	238.0	- 6.17
- 160	7.6	237.0	- 7.16

Tab. 2.20 Werte zu Abb. 2.57

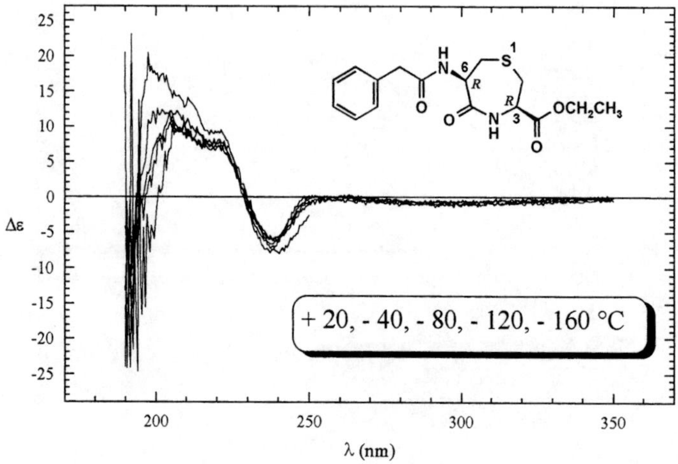

Abb. 2.58 Tieftemperatur-CD-Spektren von Ethyl[(3R,6R)-5-oxo-6-(2-phenylacetylamino)perhydro-1,4-thiazepin-3-carboxylat] ***(5d)*** *im Eutektikum Methanol/Ethanol (1:4); c_{RT} = 3.1 · 10^{-4} mol · l^{-1}*

T (°C)	c (10^{-4} mol · l^{-1})	$\lambda_{max.}$ (nm)	$\Delta\varepsilon_{max.}$ (l · mol · s^{-1})
20	3.1	240.5	- 8.00
- 40	3.3	237.0	- 6.03
- 80	3.4	239.5	- 6.18
- 120	3.6	238.0	- 6.66
- 160	3.7	237.5	- 7.88

Tab. 2.21 Werte zu Abb. 2.58

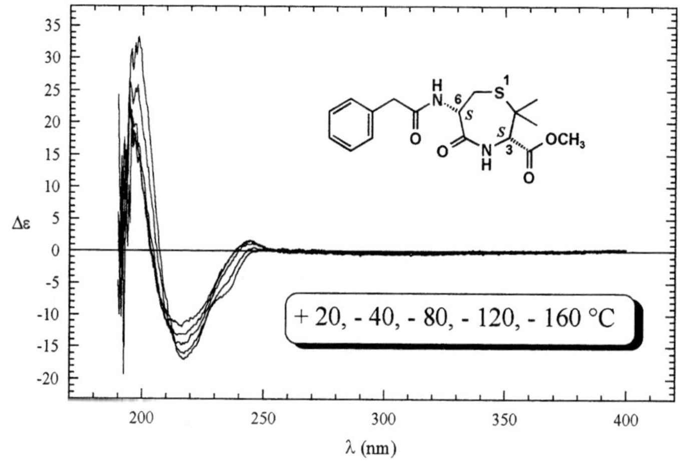

Abb. 2.59 Tieftemperatur-CD-Spektren von Methyl[(3S,6S)-2,2-dimethyl-5-oxo-6-(2-phenylacetylamino)-perhydro-1,4-thiazepin-3-carboxylat] ***(5a)*** *im Eutektikum Methanol/Ethanol (1:4);* $c_{RT} = 5.7 \cdot 10^{-4}$ *mol ·* l^{-1}

T (°C)	c (10^{-4} mol · l^{-1})	$\lambda_{max.}$ (nm)	$\Delta\varepsilon_{max.}$ (l · mol · s^{-1})
20	5.7	216.5	- 11.96
- 40	6.1	214.5	- 13.28
- 80	6.3	216.3	- 14.82
- 120	6.6	217.5	- 16.16
- 160	6.8	217.5	- 17.01

Tab. 2.22 Werte zu Abb. 2.59

Die Tieftemperatur-CD-Spektren der untersuchten Substanzen stellen eine Datensammlung dar, anhand deren gezeigt werden konnte, daß in Lösung eine gewisse Flexibilität des Perhydro-1,4-thiazepin-Rings in der ermittelten Sesselkonformation gegeben ist. Dabei ist die Beweglichkeit bei den Penicillin- und Cystein-Derivaten offenbar sehr ähnlich ausgeprägt. Hinweise darauf fanden sich bereits in den beobachteten Signalverbreiterungen in den ^{13}C-Spektren der *(3S,6R)*- und der *(3R,6S)*-Perhydro-1,4-thiazepine (vgl. Abschnitt 2.8.2).

2.9 Tests zur biologischen Aktivität der Perhydro-1,4-thiazepine

Die Tests auf antibiotische Aktivität der getesteten Perhydro-1,4-thiazepine (**8a** - **8d**, **8g** - **8k**, **5a**, **5b**, **5d**, **17**) ergaben praktisch für alle Substanzen eine Unwirksamkeit in den gleichen Medien und gegen dieselben Bakterienstämme, wie sie auch für die Tests bei den 4,5-Dihydrothiazolen verwendet worden und dort tabellarisch wiedergegeben sind (s. Abschnitt 4.5).

3 2-Piperidone als neue potentielle Antiinfektiva mit 6-Ring-Lactam-Grundstruktur

Nachdem es gelungen war, eine an Enantiomeren und Diastereomeren reichhaltige Reihe von verschieden funktionalisierten Perhydro-1,4-thiazepinen zu synthetisieren und zu charakterisieren, sollte nun das im Rahmen dieser Arbeiten erworbene Know-how über Eigenschaften und Verhalten dieser Gruppe von polaren Substanzen auch der Darstellung sowie der Isolierung und der Analytik ähnlicher Verbindungen mit um ein Ringglied kleinerem Grundgerüst zugute kommen.

3.1 Zusammenhang zwischen hydrolytischer Stabilität des 6-Ring-Lactams und zu erwartender antibakterieller Wirksamkeit

Selbstverständlich mußte auch bei der Synthese potentieller Antiinfektiva mit 6-gliedrigem nicht-anellierten Ring der im Molekül zu vereinende Gegensatz zwischen der für die Applizierbarkeit wichtigen *Stabilität* und der für eine antibakterielle peptidomimetische Wirksamkeit zu fordernden und mit einer ausreichenden Labilität einhergehenden *Reaktivität* des Lactam-Systems berücksichtigt werden.

Erste Ergebnisse aus Hydrolysestudien im Arbeitskreis[25] hatten bereits gezeigt, daß das logarithmisch dargestellte Reaktivitätsprofil der Hydrolyse von unsubstituierten Lactamen unterschiedlicher Ringgröße durch NaOH in wäßriger Lösung beim 6-Ring-Lactam ein Maximum durchläuft. Wie Abschnitt 7 noch zeigen wird, wurden diese Untersuchungen weitergeführt, wobei die im Vergleich zu den anderen Lactamen erhöhte Reaktionsgeschwindigkeit des δ-Valerolactams (2-Piperidon, **33**), ausgedrückt als dekadischer Logarithmus der Reaktionsgeschwindigkeitskonstanten k_2, bestätigt werden konnte. Die Geschwindigkeit

[25] Dix, D. *Dissertation*, Marburg **1996**, 59

der Hydrolyse dieses 6-Ring-Systems wird nach eigenen Ergebnissen nur von der des 4-gliedrigen Lactams β-Propiolactam (2-Azetidinon) (**34**) übertroffen (Abb. 3.1). Eine Vergleichbarkeit mit der Hydrolysegeschwindigkeit von Penicillin G ist allerdings bei keinem von beiden gegeben.

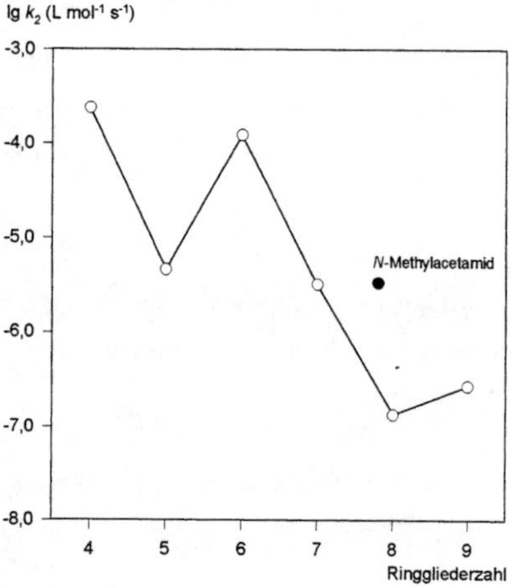

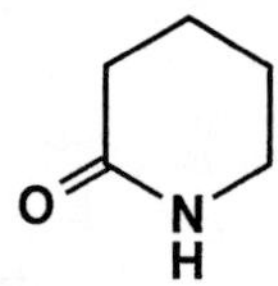

33

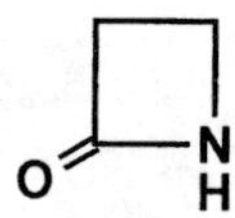

34

Abb. 3.1 *Profil der von der Ringgröße abhängigen Hydrolysegeschwindigkeit unsubstituierter Lactame im wäßrig-alkalischen Milieu mit Maxima für δ-Valerolactam (**33**) und β-Propiolactam (**34**)*

Diese Erkenntnisse lassen entsprechend der in Abschnitt 7 aufgestellten These, wonach die Potenz einer zu erwartenden antibakteriellen Wirksamkeit mit ihrer Reaktivität bei der Acylierung von Serin-Einheiten im aktiven Zentrum bakterieller Transpeptidasen einhergehen und damit zum Parameter der Hydrolysestabilität in einer indirekt proportionalen Beziehung stehen sollte, darauf hoffen, daß ein 6-Ring-Lactam, sei es nun isoliert oder sei es in einem anellierten System, ein Substrat mit genügend hoher Affinität zur »*active site*« bakterieller Transpeptidasen darstellen könnte.

3.2 Zielverbindungen vom Typ des 2-Piperidons

Aufgrund der in 3.1 angestellten Überlegungen wurde zunächst mit der Synthese nicht-anellierter 6-Ring-Lactame begonnen, die sich vom 2-Piperidon (**33**), also dem δ-Valerolactam, ableiten. Erste Schritte zur Synthese von Verbindungen, deren 6-Ring-Lactam mit einem Thiazolidin-Ring anelliert ist und die daher als direkte 6-Ring-Analoga der Penicilline aufzufassen sind, werden in Abschnitt 5 vorgestellt.

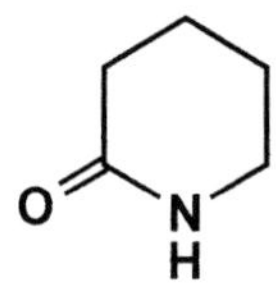

33

*Abb. 3.2 2-Piperidon bzw. δ-Valerolactam (**33**)*

3.2.1 Ethyl(5-amino-6-oxopiperidin-2-carboxylat) als Amin-Komponente

Die präparative Planung hatte das in Abb. 3.3 gezeigte Ethyl(5-amino-6-oxopiperidin-2-carboxylat) (**41**) als Amin-Grundstruktur vor Augen. Dieses sollte durch die 2-Phenylacetyl- und die 2-Phenoxyacetylgruppe des Benzyl- bzw. des Phenoxymethylpenicillins derivatisiert werden.

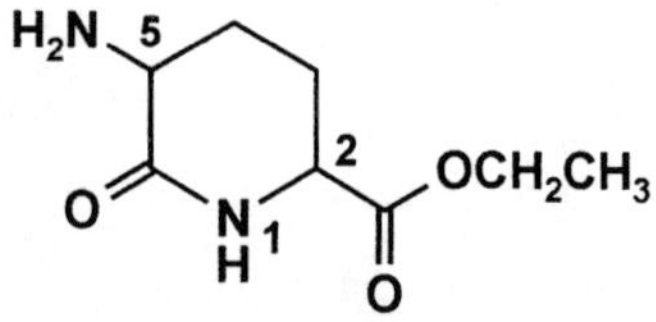

41

*Abb. 3.3 Ethyl(5-amino-6-oxopiperidin-2-carboxylat) (**41**) als Amin-Grundstruktur*

Anders als bei den Perhydro-1,4-thiazepinen wurde indes a priori auf das Vorhandensein eines Schwefelatoms in dem ebenfalls nicht-anellierten Ringsystem verzichtet, da sowohl im Falle seiner Einführung in Position 3 als auch bei seiner Einführung in Position 4 ein N,S-Acetal resultiert hätte. Abgesehen von ihrer problematischen synthetischen Zugänglichkeit wäre die Instabilität einer solchen Verbindung auch ihrer oralen oder peroralen Applizierbarkeit bei einer möglichen späteren therapeutischen Verwendung abträglich gewesen. Überhaupt wäre keinerlei Vergleichbarkeit des Hydrolyseverhaltens eines N,S-Acetals mit dem des δ-Valerolactams gegeben gewesen, noch hätte von einem ausgewogenen Gleichgewicht zwischen hydrolytischer Labilität und Stabilität für Wirksamkeit *und* Applizierbarkeit der Substanz gesprochen werden können.

3.2.2 Neue Zielverbindungen mit Acyl-Seitenketten klassischer Penicilline

Durch die Verknüpfung der Amin-Komponente Ethyl(5-amino-6-oxopiperidin-2-carboxylat) (**41**) aus Abb. 3.3 mit den Acyl-Seitenketten des Benzylpenicillins (Penicillin G, **20**) und des Phenoxymethylpenicillins (Penicillin V, **21**) sollten nun Ethyl[6-oxo-5-(2-phenylacetylamino)piperidin-2-carboxylat] (**43**) und Ethyl[6-oxo-5-(2-phenoxyacetylamino)piperidin-2-carboxylat] (**44**) als neue Verbindungen entstehen, deren funktionelle Gruppen mit denen bewährter Antibiotika kongruent sind und deren Grundgerüst anders als bei den Penicillinen nicht ein 4-gliedriger, sondern ein 6-gliedriger Lactam-Ring bildet (Abb. 3.4). Dessen in unseren Hydrolysestudien dem des 4-Ring-Lactams nahegekommener *lg* k_2-Wert läßt Eigenschaften erwarten, die vielleicht hinsichtlich Stabilität und Wirksamkeit denen der Penicilline vergleichbar sind. Gleichzeitig könnten durch den ausgetauschten Grundkörper Eigenschaften hinzukommen, die der fortschreitenden Resistenzentwicklung auf dem Gebiet der Therapie mit Antibiotika entgegentreten.

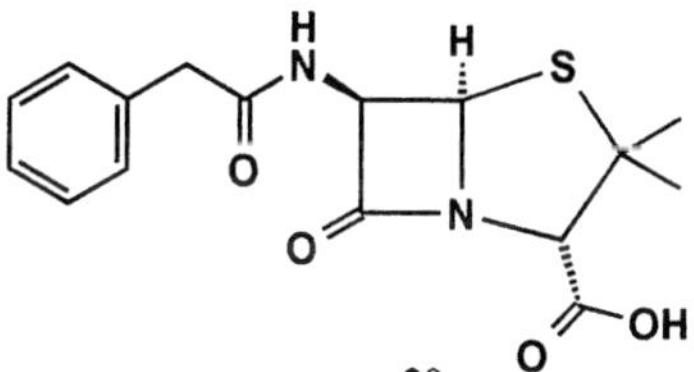

20

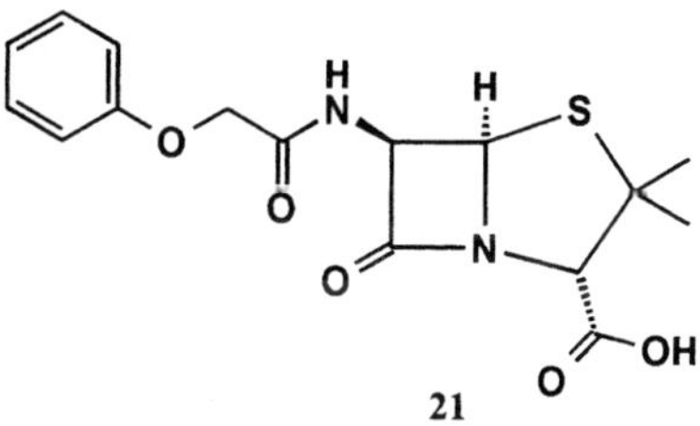

21

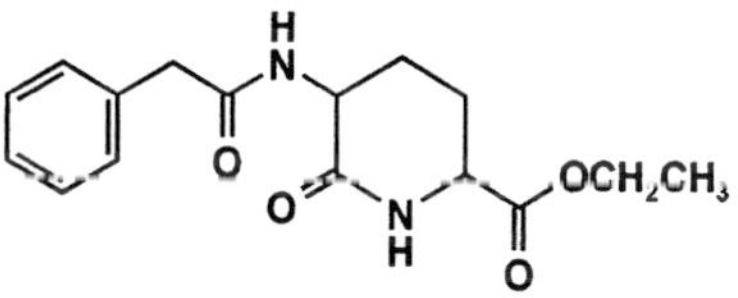

43

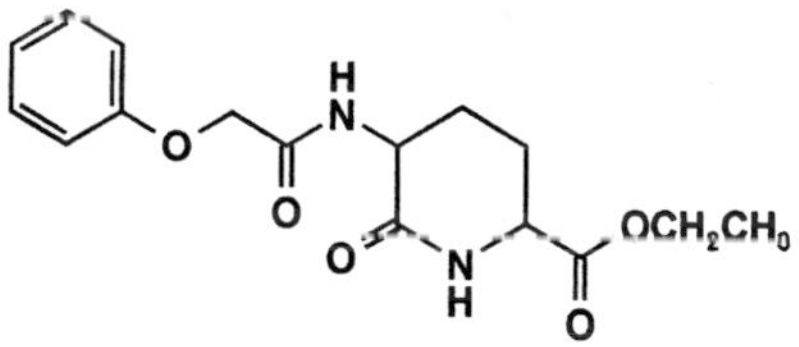

44

Abb. 3.4 Klassische Penicilline ***20*** *und* ***21*** *sowie die Zielverbindungen* ***43*** *und* ***44*** *als Analoga mit isoliertem 6-Ring-Lactam-Grundgerüst*

3.3 Präparative Umsetzung

Die Synthese der Zielverbindungen richtete sich nach dem in den Abschnitten 3.3.1 bis 3.3.3 skizzierten Plan. Dieser setzte die Darstellung des freien Amins Ethyl(5-amino-6-oxopiperidin-2-carboxylat) (**41**) voraus, welche in Anlehnung an Vorschriften von *Kemp*[26] und *Newman*[27] gelang.

Auf die Synthese der Vorstufe meso-Diethyl(2,5-dibromadipat) (**37**) durch Photobromierung des entsprechenden Säurechlorids soll im folgenden Abschnitt näher eingegangen werden.

3.3.1 Synthese der Vorstufe meso-Diethyl(2,5-dibromadipat)

Die für den Start der zum substituierten Lactam-Ring führenden Synthesesequenz wichtige Dibromverbindung wurde den Methoden von *Newman* [27] und *Watson*[28] folgend durch die endotherme Photoreaktion von Adipinsäuredichlorid (**35**) mit der etwa 2,3-fachen molaren Menge elementaren Broms unter wasserfreien Bedingungen in Inertgasatmosphäre erhalten.

Das durch die Bedingungen dieser modifizierten *Hell-Volhard-Zelinsky*-Reaktion, bei der aufgrund des Vorliegens eines bereits aktivierten Carbonsäurederivats als Edukt auf die Zugabe von rotem Phosphor verzichtet werden kann, erhaltene α,α′-Dibromdicarbonsäuredichlorid (**36**) wurde als Zwischenprodukt nicht isoliert.

Nach dem vorsichtigen Einbringen von **36** in absolutes Ethanol wurde **37** durch fraktionierte Kristallisation in der Kälte gewonnen. Die Ausbeute konnte durch eine im Vergleich zu [27] verlängerte Reaktions- und Kristallisationszeit

[26] Kemp, D. S.; McNamara, P. E. *J. Org. Chem.* **1984**, *49*, 2286 - 2288

[27] Newman, H. *J. Heterocycl. Chem.* **1974**, *11*, 449 - 451

[28] Watson, H. A.; O'Neill, B. T. *J. Org. Chem.* **1990**, *55*, 2950 - 2952

gesteigert werden. Abweichend von [27] schlossen sich weitere Reinigungsschritte durch Säulenfiltration und Umkristallisation an (Abb. 3.5).

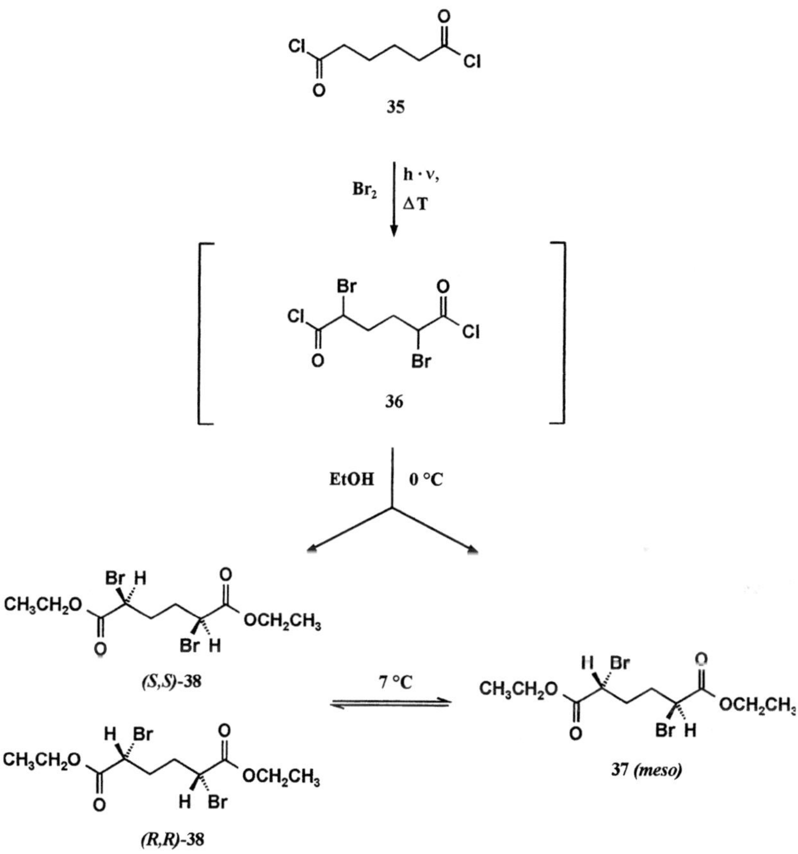

*Abb. 3.5 Synthese der Vorstufe meso-Diethyl(2,5-dibromadipat) (**37**)*

Daß das Endprodukt **37** dieses Syntheseschritts in der meso-Form vorliegen muß, liegt in seiner Isolierung durch fraktionierte Kristallisation begründet, bei der racemisches Produkt **38** in Lösung bleibt. Während das Racemat unter

Raumtemperatur bei 9 - 10 °C schmilzt, liegt der Schmelzpunkt der gut kristallisierenden meso-Form bei ca. 65 °C [28].

Nach einer Vorschrift von *Guha*[29], die auf die fraktionierte Kristallisation verzichtet, wird nicht die meso-Form, sondern ein Gemisch aus dieser und dem Racemat **38** isoliert. Indes kann laut [28] das Gleichgewicht zwischen racemischer und meso-Form entsprechend dem *Le Chatelier*'schen Prinzip zugunsten letzterer verschoben und somit die Ausbeute erhöht werden, wenn das meso-Produkt während der Kristallisationsphase dem Gleichgewicht immer wieder durch Abfiltrieren entzogen wird. Initiiert wird die Epimerisierung gemäß den theoretischen Überlegungen in [28] durch die Anwesenheit von HBr aus der vorangegangenen Reaktion. Demnach soll der noch in Lösung vorliegende Anteil sowohl an meso- als auch an *(S,S)*- und *(R,R)*-Form (**37** und **38**) des α,α′-Dibromdicarbonsäurediesters durch Bromid unter S_N2-Bedingungen angegriffen werden. Allerdings bleibt der genaue Mechanismus ungeklärt, wenn auch eine denkbare Enolisierung aufgrund der geringen Bildungstendenz des entsprechenden Ester-Enols nach [28] ausgeschlossen scheint. Sicher ist jedenfalls, daß die Anwesenheit von HBr die Kristallisation von meso-Diethyl(2,5-dibromadipat) (**37**) fördert, auch nach dessen sukzessiver Entfernung aus der Kristallisationslösung.

Eigene NMR-Untersuchungen haben gezeigt, daß der breiige Rückstand, den man nach Abdestillieren des Lösungsmittels aus der Mutterlauge des nach der fraktionierten Kristallisation zusätzlich durch Säulenfiltration und Umkristallisation gereinigten Produkts erhält, sowohl das Racemat als braun gefärbtes Öl als auch die kristalline meso-Form enthält. Auch ohne Lösungsmittel nahm nach

[29] Guha, P. C.; Sankaran, D. K. *Org. Synth. Coll. Vol. III* **1955**, 623 - 625

längerem Stehen der Anteil an kristalliner Substanz zu. Diese Beobachtung steht im Einklang mit der von *Le Sueur*[30] gemachten.

3.3.1.1 Besonderheiten des ^{1}H-NMR-Spektrums von meso-Diethyl(2,5-dibromadipat)

Obwohl es sich bei meso-Diethyl(2,5-dibromadipat) (**37**) um ein Molekül mit einer Symmetrieebene handelt, wurde im ^{1}H-NMR-Spektrum der Substanz bei Verwendung von [D$_6$]DMSO als Lösungsmittel (Abb. 3.6) der Zusammenfall der Multipletts von nur zwei der vier β-ständigen Protonen beobachtet, während die beiden anderen anisochrone Signale zeigen. Dies zeigt sich auch am Integralverhältnis von 1:2:1. Anders sieht das Bild im CDCl$_3$-Spektrum aus. Hier sind nur zwei Signale mit einem Integralverhältnis von 2:2 zu erkennen (Abb. 3.7).

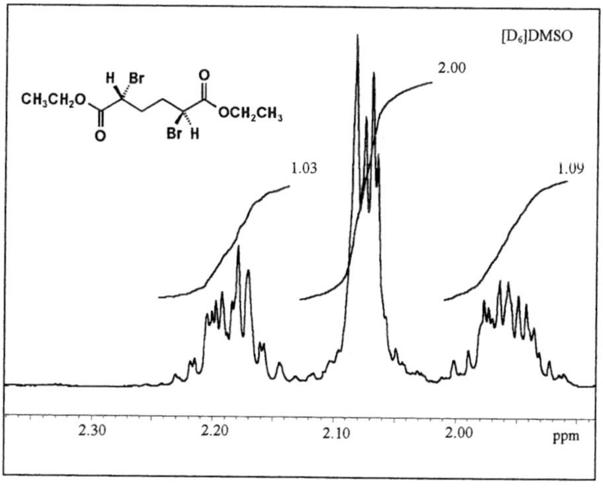

*Abb. 3.6 Ausschnitt aus dem [D$_6$]DMSO-Spektrum von **37***

---

30 Le Sueur, H. R. *J. Chem. Soc.* **1909**, *95*, 273 - 279

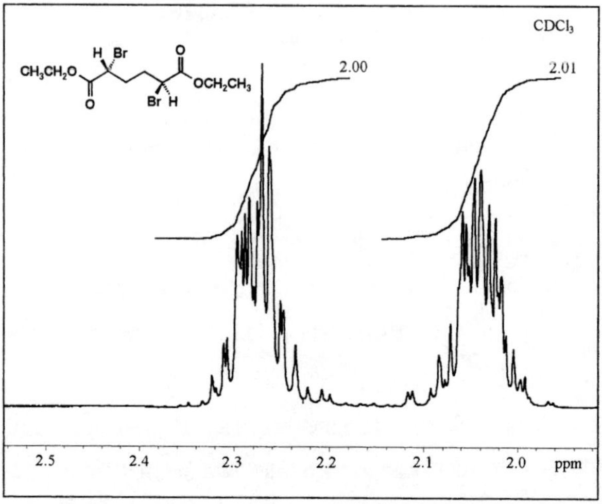

*Abb. 3.7 Ausschnitt aus dem $CDCl_3$-Spektrum von **37***

Dieser Befund legt die Folgerung nahe, daß durch das Lösungsmittel [D_6]DMSO nach Art einer Adduktbildung Rotamere der Substanz stabilisiert werden. In diesen liegen anders als in $CDCl_3$, welches offenbar die völlig freie Drehbarkeit um die C-C-Achsen im Molekül erlaubt, nicht zwei zueinander diastereotope Protonensätze von je zwei untereinander homotopen bzw. enantiotopen Protonen vor. Vielmehr sind im Lösungsmittel [D_6]DMSO nur zwei Protonen zueinander homotop, weil die freie Drehbarkeit um die mittlere C-C-Achse eingeschränkt ist.

3.3.2 Aufbau des δ-Lactam-Rings

Die gemäß den Ausführungen im vorangegangenen Abschnitt durch die modifizierte *Hell-Volhard-Zelinsky*-Reaktion gewonnene meso-Dibromverbindung **37** wurde nach [27] durch Erhitzen mit Natriumazid in absolutem Ethanol unter Rückfluß in α- und α´-Stellung substituiert.

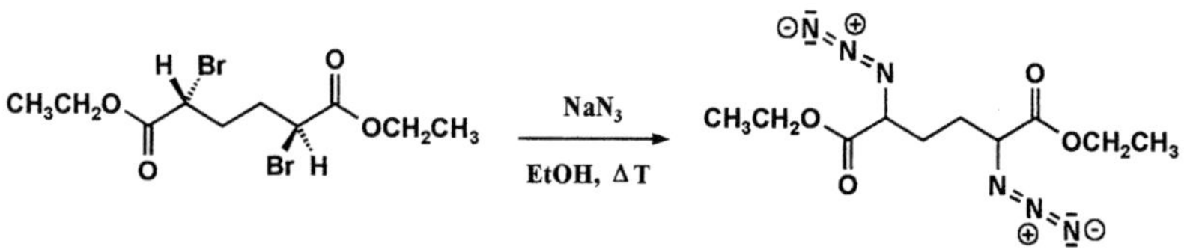

37 *(meso)* **39**

*Abb. 3.8 Darstellung des Bisazids **39***

Es resultierte Diethyl(2,5-diazidoadipat) (**39**), ein organisches Bisazid, das nach Extraktion mit Ether als gelbes Öl anfiel und trotz seines relativ niedrigen Molekulargewichts auch im gereinigten Zustand ohne besondere Kautelen handhabbar war. Allerdings war in früheren Vorschriften[31] von seiner Reinigung Abstand genommen worden.

Schenkt man der in [31(a)] aufgestellten These Glauben, daß bei der Substitution des meso-Dibromdiesters durch Azid mit anschließender Verseifung des Bisazidodiesters wiederum nur die meso-Form der entsprechenden Bisazidodicarbonsäure entsteht, so müßte sich diese auch auf die hier vorgestellte Synthese von Diethyl(2,5-diazidoadipat) (**39**) übertragen lassen, bei der jedoch keine Verseifung zur Dicarbonsäure erfolgte. In der Tat findet man in den NMR-Spektren des zum Zwecke eigener Untersuchungen gereinigten Bisazids

---

31 (a) Bertho, A.; Maier, J. *Liebigs Ann. Chem.* **1932**, *498*, 50 - 61
(b) Newman, H. *J. Heterocycl. Chem.* **1974**, *11*, 449 - 451

abgesehen von kleinen Unterschieden in den Verschiebungswerten einzelner Atome der beiden Molekülhälften keinen doppelten Signalsatz, der hingegen beim Vorliegen des Racemats neben der meso-Verbindung zu erwarten wäre.

Das hieße, daß es im Zuge der Substitution der Bromatome in α- und α′-Stellung bei Einhaltung der angegebenen Bedingungen im Endeffekt zu keiner Konfigurationsumkehr kommt. Zu den stereochemischen Eigenschaften des bei der Reinigung der Bisazidodicarbonsäure verlorengegangenen Produktanteils werden in [31(a)] allerdings keine Angaben gemacht. Vielmehr stützt sich die zitierte These auf die Erkenntnis, daß die meso-Formen der entsprechenden Produktreihe stets eine höhere Stabilität aufweisen als die chiralen Formen.

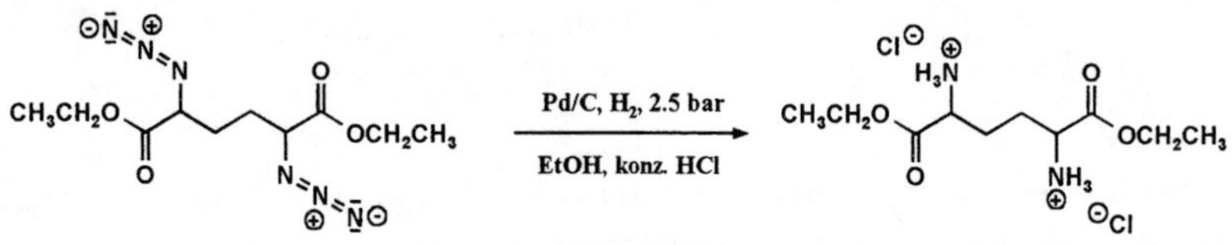

39 40

*Abb. 3.9 Katalytische Hydrierung des Bisazids **39***

Die katalytische Hydrierung des Bisazids **39** mit Palladium (10%) auf Aktivkohle in Ethanol unter Zusatz von 7% (Vol.) konz. Salzsäure und unter Wasserstoffdruck lieferte schließlich Diethyl(2,5-diaminoadipat)dihydrochlorid (**40**) als letzte acyclische Vorstufe. Auch dieses müßte nach den Theorien in [31(a)] als meso-Produkt vorliegen, da im Falle der katalytischen Hydrierung von Azidozuckern unter gleichen Bedingungen ebenfalls keine Konfigurationsinversion gefunden wurde [31(a)].

Aus wirtschaftlichen Gründen wurde die Hydrierung abweichend von *Newman* [27] oder *Bertho* und *Maier* [31(a)] nicht mit reduziertem Platinoxid, sondern mit Palladium auf Aktivkohle durchgeführt, obwohl ersteres laut [31(a)] höhere

Ausbeuten verspricht. Durch eine verlängerte Reaktionszeit konnte diese jedoch gegenüber der Literaturvorschrift verbessert werden.

Andere Autoren beschreiben die stereospezifische Synthese von meso-Diaminodicarbonsäuren über die katalytische Hydrierung cyclischer Hydrazo-essigsäuren.[32]

Wiederum andere verzichten auf die Darstellung des Bisazids mit nachfolgender Hydrierung und setzen statt dessen α,α′-Dibromadipinsäurederivate zu den entsprechenden α,α′-Diphthalimidoverbindungen um, aus denen dann die Diamine durch Hydrazinolyse[33] oder Behandlung mit Bariumhydroxidlösung[34] freigesetzt werden.

Die Cyclisierung des Diaminodihydrochlorids **40** zum Ethyl(5-amino-6-oxopiperidin-2-carboxylat) (**41**) wurde durch Silber(I)oxid in wäßrig-ethanolischer Lösung erreicht. Die Reaktion verlief glatt bei einer Dauer von 20 Minuten. Infolge der oben gemachten Überlegungen über die Konfiguration der Zwischenprodukte muß vom Vorliegen des aus dem *(2R,5S)*- und dem *(2S,5R)*-Ethyl(5-amino-6-oxopiperidin-2-carboxylat) bestehenden Racemats ausgegangen werden. Vorausgesetzt, es lag das meso-Diaminodihydrochlorid vor, können sich nur diese beiden Enantiomeren aus dem Cyclisierungsschritt ergeben haben.

---

32 Arakawa, Y.; Goto, T.; Kawase, K.; Yoshifuji, S. *Chem. Pharm. Bull.* **1995**, *43*, 535 - 536

33 (a) Stephen, H.; Weizmann, C. *J. Chem. Soc.* **1913**, *103*, 269 - 276
(b) Sturm, P. A.; Henry, D. W. *J. Med. Chem.* **1974**, *17*, 481 - 487

34 Sörensen, S. P. L.; Andersen, A. C. *Hoppe-Seyler's Z. Physiol. Chem.* **1908**, *56*, 250 - 304, 269

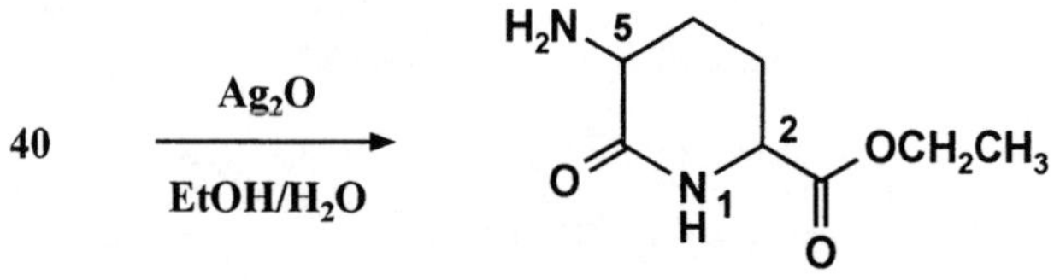

41

*Abb. 3.10 Der Cyclisierungsschritt des Diaminodihydrochlorids zum Ethyl(5-amino-6-oxopiperidin-2-carboxylat) (**41**)*

3.3.3 Synthese der Zielverbindungen

Um nun den eine freie Aminogruppe tragenden Lactam-Grundkörper mit den Acyl-Seitenketten des Benzyl- und des Phenoxymethylpenicillins zu verbinden, wurde jeweils das Kupplungsreagens N,N'-Dicyclohexylcarbodiimid (DCC) eingesetzt. Kupplungsreaktionen mit DCC sind aus der Peptidchemie bekannt und stellen ein gängiges und nützliches Instrument zur Acylierung von Aminosäuren dar.[35]

Als Lösungsmittel für die erfolgreichen Umsetzungen eignete sich Dichlormethan. Die zu kuppelnden Komponenten Ethyl(5-amino-6-oxopiperidin-2-carboxylat) (**41**) einerseits und 2-Phenylessigsäure (**42**) bzw. 2-Phenoxyessigsäure (**19**) andererseits wurden gelöst und unter Eiskühlung das durch Erwärmen verflüssigte DCC zugetropft. Der Reaktionsbeginn war bereits nach ca. 2 min. durch das Ausfallen von Dicyclohexylharnstoff (DCU) zu erkennen.

Als interessante Beobachtung gilt es festzuhalten, daß die Reaktion der Phenoxyessigsäure bei Verwendung des polareren, protischen Lösungsmittels Methanol ebenso ausbleibt wie dies für die 2-(2-Phenylacetylamino)acryl-

---

[35] (a) Bodanszky, M. *Principles of Peptide Synthesis*, Springer Verlag, Berlin **1984**, 36
(b) Bodanszky, M. *Practice of Peptide Synthesis*, Springer Verlag, Berlin **1984**, 143

säure (**3a**) in Abschnitt 2.4.2 beschrieben worden ist. Auch in diesem Fall dürften hierfür Wasserstoffbrückenbindungen verantwortlich sein.

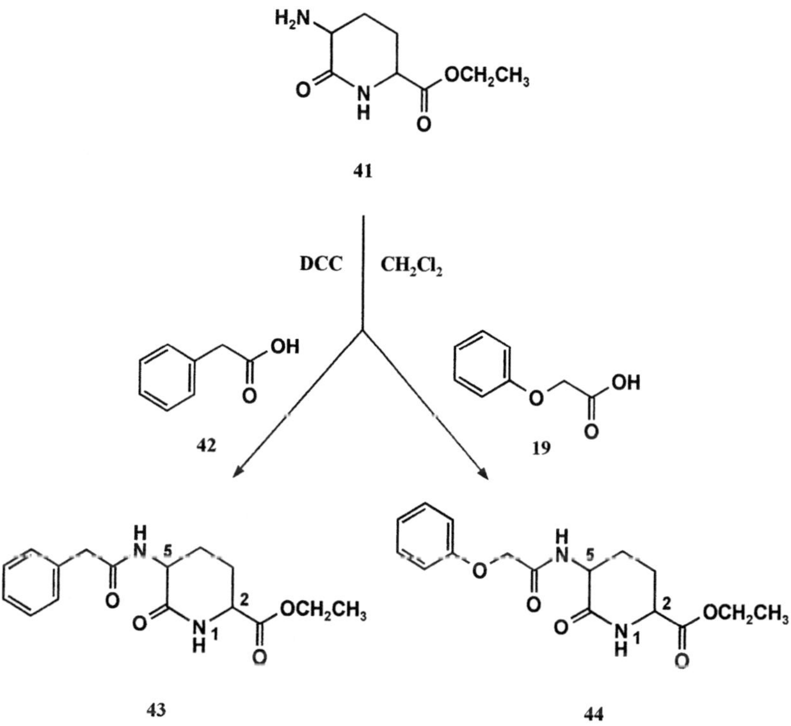

*Abb. 3.11 Kupplung des Amins **41** mit Penicillin-Seitenketten*

3.3.4 Tests der 2-Piperidone auf biologische Aktivität

Die beiden mit den Aminoacyl-Seitenketten des Benzyl- bzw. des Phenoxymethylpenicillins ausgestatteten nicht-anellierten δ-Lactame **43** und **44** wurden auf ihre antibiotische Wirksamkeit hin getestet. Dabei konnte lediglich deren Unwirksamkeit in den gleichen Medien und gegen dieselben

Bakterienstämme festgestellt werden, wie sie auch für die Tests bei den 4,5-Dihydrothiazolen verwendet worden sind (s. Abschnitt 4.5).

4 Entwicklung potentieller Inhibitoren der bakteriellen Zellmembran-Biosynthese vom Typ der 4,5-Dihydrothiazole

Wie eingangs bereits angesprochen, ist seit einiger Zeit die Suche nach neuen »Targets« im Kampf gegen bakterielle Infektionskrankheiten angelaufen. Ein solcher Angriffspunkt, der vor kurzem ins Gespräch gekommen ist[36], wäre das Lipid A in der Lipopolysaccharid (LPS)-Schicht der äußeren bakteriellen Zellmembran. Lipid A ist eine der vier Domänen von LPS. Dieses wiederum kann für die relative Impermeabilität der äußeren Membran gramnegativer Bakterien gegenüber Schadstoffen, und Antibiotika sind »aus der Sicht des Bakteriums« als solche zu sehen, verantwortlich gemacht werden. So konnte gezeigt werden, daß Bakterienzellen mit genetischen Defekten oder durch Detergenzien hervorgerufenen Störungen in der LPS-Schicht bereits durch gewöhnliches Serum und seine durch das Komplement-System vermittelte bakterizide Wirkung lysiert wurden.[37] Ferner führen Störungen der bakteriellen Biosynthese von Lipid A mit seinen Oligosaccharid-Untereinheiten zum Zelltod. Nicht zu vergessen ist auch die Tatsache, daß Lipid A ein starkes Endotoxin darstellt und als solches den septischen Schock hervorruft und damit in kausalem Zusammenhang mit der hohen Sterblichkeitsrate bei gramnegativen Bakteriämien steht.

Kürzlich konnte nun von einer synthetischen Hydroxamsäure (s. Abb. 4.1) berichtet werden, die aus der Forschung der Firma *Merck* hervorging und die Bezeichnung »L-573,655« trägt.[38] Diese Substanz ist in der Lage, eines der

[36] Vaara, M. *Science* **1996**, *274*, 939 - 940

[37] Rowley, D. *J. Bacteriol.* **1968**, *95*, 1647 - 1650

[38] Onishi, H. R.; Pelak B. A.; Gerckens, L. S.; Silver, L. L.; Kahan, F. M.; Chen, M.-H.; Patchett, A. A.; Galloway, S. M.; Hyland, S. A.; Anderson, M. S.; Raetz, C. R. H. *Science* **1996**, *274*, 980 - 982

Lipid-A-Enzyme, die Deacetylase, zu inhibieren, indem sie ein Metall-Kation im aktiven Zentrum des Enzyms komplexiert. Mehr als 200 weitere Analoge von »L-573,655« wurden entwickelt und getestet, wobei einige eine noch höhere Aktivität aufwiesen als dieses selbst.

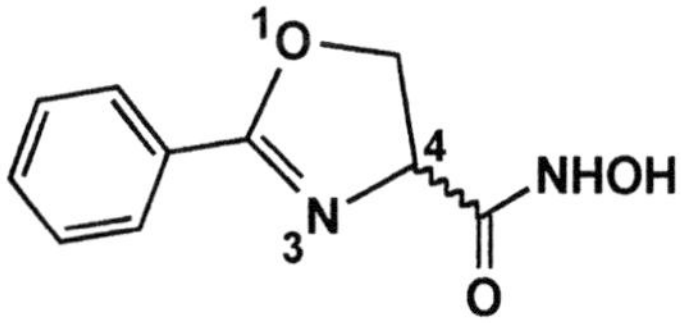

Abb. 4.1 Die 4,5-Dihydrooxazol-4-carbohydroxamsäure »L-573,655« aus der Testserie der Firma Merck

4.1 Synthese von 4,5-Dihydrothiazol-4-carbonsäuren

Ein Ziel der vorliegenden Arbeit war es nun, ausgehend von den zitierten Forschungsergebnissen und der dadurch vorgegebenen Leitstruktur der o.a. 4,5-Dihydrooxazol-4-carbohydroxamsäure Strukturen zu synthetisieren, die ihre antibakterielle Aktivität zwar über einen anderen Mechanismus entfalten als dies die β-Lactam-Antibiotika tun, jedoch ebenso wie diese als Targets Enzyme der bakteriellen Zellwandbiosynthese angreifen. Dabei sollte in den Zielmolekülen nicht auf den in dieser Arbeit immer wieder auftauchenden Schwefel verzichtet werden. Er ersetzt also, wenn man so will, den Sauerstoff der Leitstruktur »L-573,655«, während der Rest des Moleküls beibehalten werden sollte, waren doch in den Testserien der Firma *Merck* gerade solche chiralen Hydroxamsäuren mit hydrophoben aromatischen Resten erfolgreich.

Zur Synthese nach *Vanderhaeghe* und *Thomis*[39] wurden die Edukte Ethylbenzimidat (**45**) -hydrochlorid und das Hydrochlorid der jeweiligen

[39] Vanderhaeghe, H.; Thomis, J. *J. Med. Chem.* **1975**, *18*, 486 - 490

Mercaptoaminosäure D- oder L-Cystein (**7c**, **7d**) bzw. D- oder L-Penicillamin (**7a**, **7b**) in wasserfreiem Methanol unter Zusatz von Triethylamin zur Reaktion gebracht (Abb. 4.2). Es resultierten die kristallinen Carbonsäuren, die mit Hydroxylamin mittels Kupplungsreagenzien in die Hydroxamsäuren umgewandelt werden sollten (s. Abschnitt 4.4).

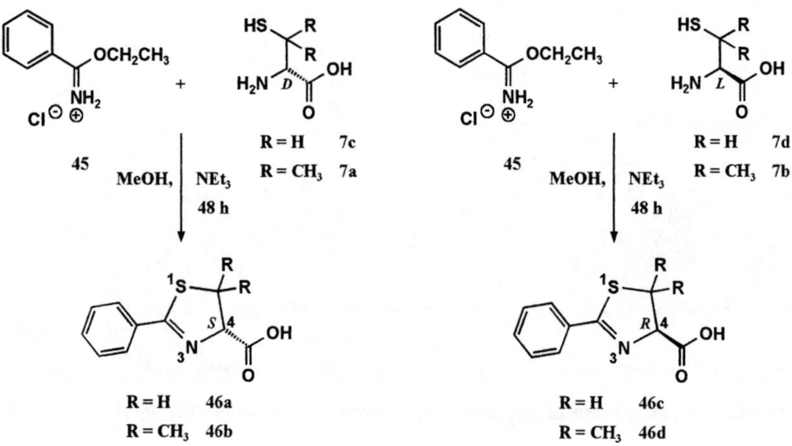

Abb. 4.2 Synthese der S- und R-konfigurierten 4,5-Dihydrothiazol-4-carbonsäuren

Den Mechanismus des Ringschlusses kann man sich wie in Abb. 4.3 gezeigt vorstellen. So greift im ersten Schritt der Schwefel wegen seiner im Vergleich zum Stickstoff wesentlich höheren Nucleophilie mit einem freien Elektronenpaar die Benzimidsäurestruktur an, so daß der geschwindigkeitsbestimmende Schritt der gesamten Ringbildungsreaktion beim nucleophilen Angriff des Stickstoffs auf dieselbe elektronenarme Teilstruktur liegt.

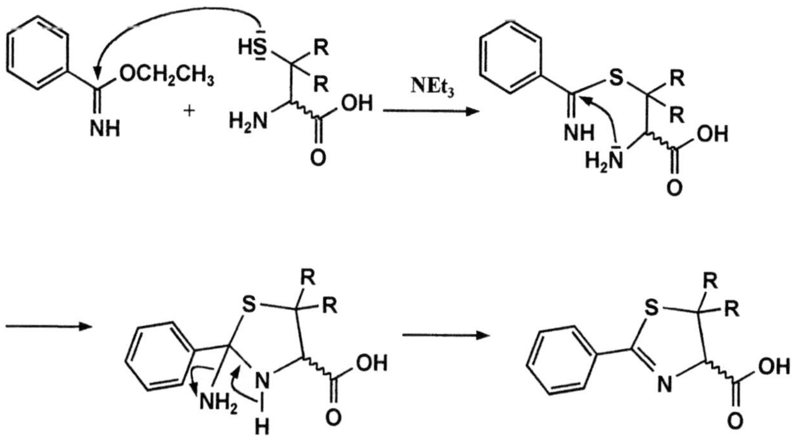

Abb. 4.3 Vorgeschlagener Mechanismus des Ringschlusses.
»R« steht für H bzw. CH_3

4.2 Synthese der 4,5-Dihydrothiazol-4-carbonsäuremethylester

Gegenstand des voranstehenden Abschnitts war die Bereitstellung der 4,5-Dihydrothiazol-4-carbonsäuren (**46**). Die aus diesen gewonnenen Methylester (**47a** und **47b**) sollten wiederum als Ausgangsstoffe für die in Abschnitt 4.4 behandelte Synthese der entsprechenden Hydroxamsäuren dienen. Für die Veresterung wurde die in der vorliegenden Arbeit mehrfach ausgeführte und bewährte Diazomethan-Reaktion herangezogen (Abb. 4.4). Die beiden Methylester stellen im Gegensatz zu ihren kristallinen Carbonsäure-Edukten klare, gelbe Öle dar.

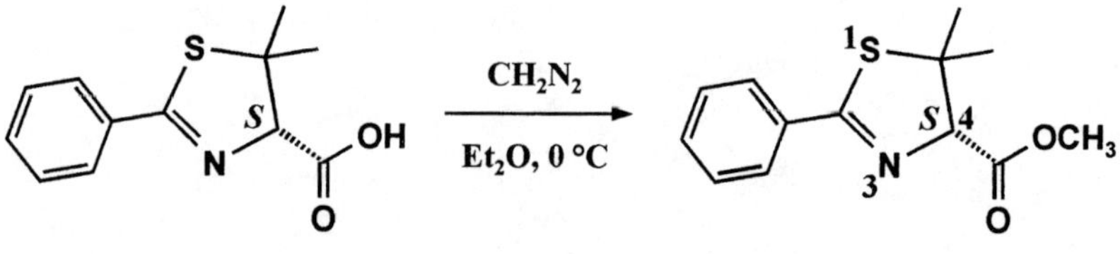

46b **47a**

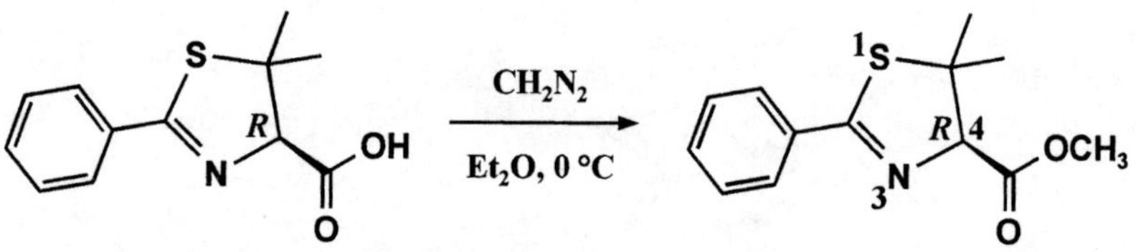

46d **47b**

Abb. 4.4 Darstellung der 4,5-Dihydrothiazol-4-carbonsäuremethylester mittels Diazomethan-Reaktion

4.3 Synthetisierte 4,5-Dihydrothiazol-4-carbonsäuren und -methylester

Auf dem Wege zu den Hydroxamsäuren wurden die in der nachfolgenden Tabelle zusammengestellten Carbonsäuren und Methylester bereitgestellt und auf ihre biologische Aktivität geprüft.

Substanz	Ausb.	Substanz	Ausb.
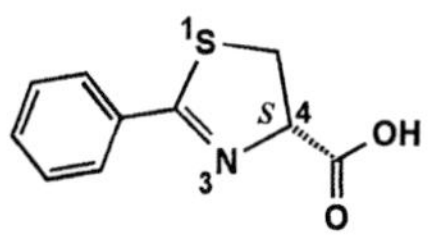 **46a**	29%	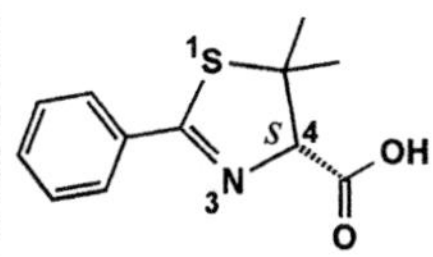 **46b**	64%
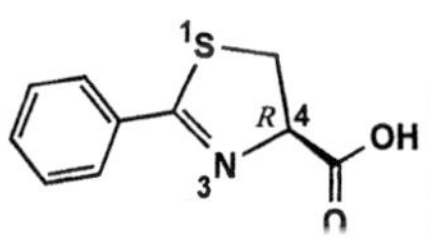 **46c**	33%	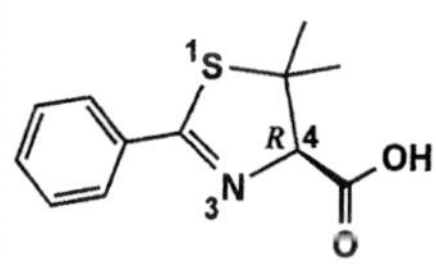 **46d**	68%
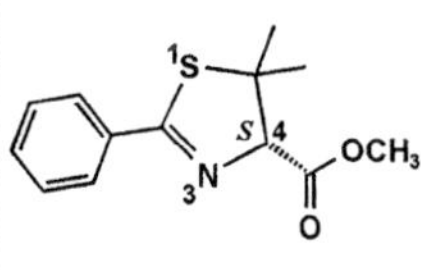 **47a**	75%	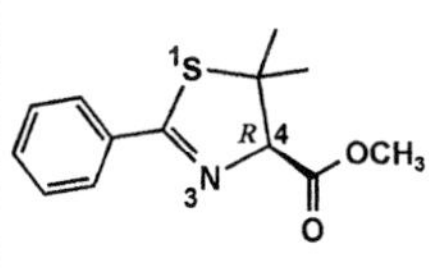 **47b**	78%

Abb. 4.5 Synthetisierte 4,5-Dihydrothiazole mit Ausbeuten

4.4 Erste Schritte zur Synthese von 4,5-Dihydrothiazol-4-carbohydroxamsäuren

Um zu den gewünschten Hydroxamsäuren zu gelangen, wurden anhand der Beispielsubstanz *(S)-5,5-Dimethyl-2-phenyl-4,5-dihydrothiazol-4-carbonsäure* (**46b**) drei verschiedene Wege auf ihre Tauglichkeit hin untersucht (Abb. 4.6):

1. Die Veresterung mit Diazomethan liefert den bereits oben beschriebenen Methylester **47a**. Dieser wurde in äquimolarer Menge mit einer vorher neutralisierten Lösung von Hydroxylaminhydrochlorid in Methanol versetzt. Nach drei Tagen wurde das Lösungsmittel entfernt und das Rohprodukt untersucht. Die NMR-Spektren zeigten, daß zwar etwa 50% des Edukts sich zur Hydroxamsäure (**49**) umgesetzt hatten, jedoch der Rest des Methylesters unverändert vorlag. Ferner hatten sich Zersetzungsprodukte von schwefligem Geruch und blutroter Farbe gebildet.

2. Der zweite Weg nahm seinen Ausgang direkt bei der Säure und führte über eine Kupplungsreaktion mit einer äquimolaren Menge Hydroxylaminhydrochlorid unter Zusatz von ebenfalls einem Äquivalent Ethyldiisopropylamin (DIEA, *Hünig*-Base) mit dem wasserentziehenden Mittel O-(7-Azabenzotriazol-1-yl)-1,1,3,3-tetramethyluroniumhexafluorophosphat (HATU)[40] in Dimethylformamid (DMF). Das stark polare Produkt ließ sich aus diesem Ansatz nicht in reiner Form isolieren.

3. Alternativ zu Weg 2 wurde auf analoge Weise in Methanol unter Einsatz von N,N'-Dicyclohexylcarbodiimid (DCC) eine Kupplungsreaktion mit gleichen Mengen der Edukte durchgeführt. Als organische Base kam N-Ethylmorpholin zur Anwendung. Um die Gefahr der Racemisierung im Verlauf der Reaktion

---

[40] (a) Carpino, L. A. *J. Am. Chem. Soc.* **1993**, *115*, 4397 - 4398
(b) vgl. Ehrlich, A.; Rothemund, S.; Brudel, M.; Beyermann, M.; Carpino, L. A.; Bienert, M. *Tetrahedron Lett.* **1993**, *34*, 4781 - 4784

abzuwenden, wurde dem Ansatz außerdem ein Äquivalent 1-Hydroxybenzotriazol (**48**) zugesetzt.[41] Das erhaltene Hydroxamsäureprodukt ließ sich nur in verminderter Reinheit gewinnen.

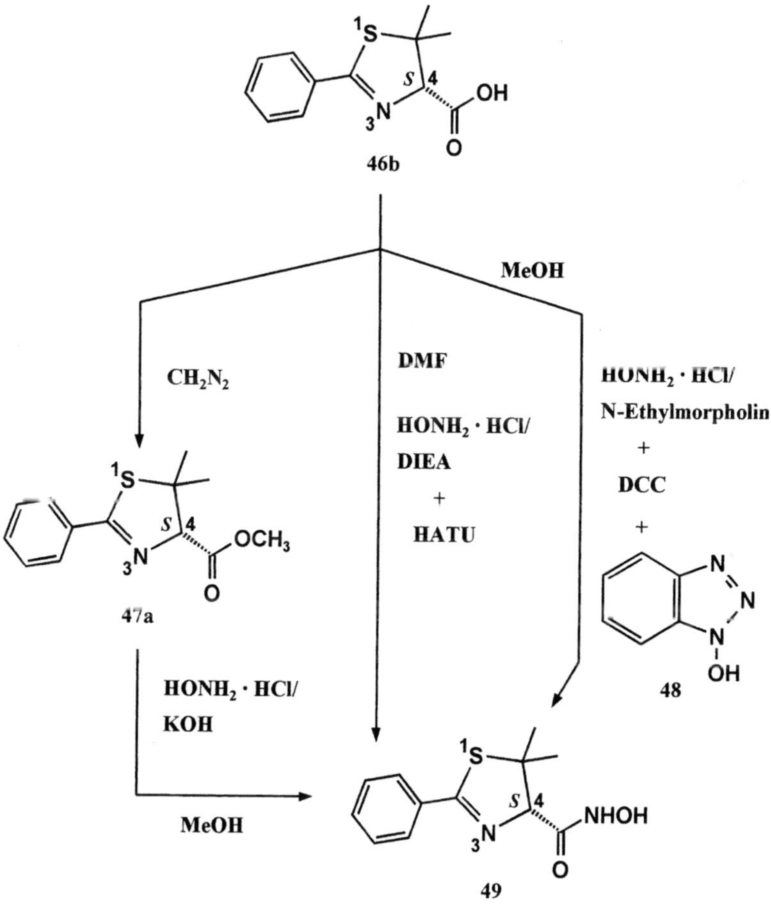

*Abb. 4.6 Synthesewege zur 4,5-Dihydrothiazol-4-carbohydroxamsäure (**49**)*

[41] Carpino, L. A.; El-Faham, A.; Minor, C. A.; Albericio, F. *J. Chem. Soc. Chem. Commun.* **1994**, 201 - 203

Alle drei eingeschlagenen Syntheserouten führten zwar zum Produkt, doch ist die stark polare Hydroxamsäure in allen Fällen schwer zu reinigen, wobei sich der erst- und letztgenannte Weg positiver bewerten lassen. Nichtsdestoweniger konnte das gewonnene Produkt, wenngleich nicht in reiner Form, für den biologischen Aktivitätstest bereitgestellt und die gewünschte Aussage zu ihrer Wirksamkeit bzw. Unwirksamkeit verwertet werden.

4.5 Ergebnisse der Tests auf biologische Aktivität

Ein Teil der dargestellten 4,5-Dihydrothiazole wurden von der Firma *Bayer*, Leverkusen, auf ihre antibiotische Wirksamkeit, ausgedrückt als »minimale Hemmkonzentration (MHK)«, gegen vier Bakterienstämme getestet. Für fast alle Substanzen wurden Werte oberhalb der Grenzen von 32 bzw. 128 µg/ml ermittelt, was praktisch deren Unwirksamkeit als Hemmstoffe des bakteriellen Zellwachstums belegt. Tab. 4.1 zeigt eine Aufstellung der durchgeführten Tests für die fünf verschiedenen Nährmedien (Zeile 1) und die vier Bakterienstämme (Zeile 2).

Substanz	Blutagar Basis 2		BH Bouillon	MH Bouillon		Iso-Sensitest		DO Bouillon
	H.p.[42] 008	H.p. 11637	E. coli Wf 96	E. coli Wf 96	Staph 133	E. coli Wf 96	Staph 133	E. coli Wf 96
46b	> 32	> 32	> 128	> 128	> 128	> 128	> 128	> 128
46d	> 32	**32**	> 128	> 128	> 128	> 128	> 128	> 128
47a	**32**	> 32	> 128	> 128	> 128	> 128	> 128	> 128
47b	> 32	**32**	> 128	> 128	> 128	> 128	> 128	> 128
49[43]	> 32	> 32	> 128	> 128	> 128	> 128	> 128	> 128
Ciprofloxacin	0.25	0.125	0.03	0.06	0.25	0.03	0.25	0.00375

Tab. 4.1 MHK-Werte (in µg/ml) der getesteten 4,5-Dihydrothiazole im Vergleich mit dem Gyraseinhibitor Ciprofloxacin

[42] H.p. = Helicobacter pylori

[43] Die Hydroxamsäure wurde in minderem Reinheitsgrad getestet

5 Erste Schritte zur Synthese von Penicillin-Analoga mit δ-Lactam-Ring

5.1 Derivate der 3-Benzyloxycarbonylamino-2-oxo-7-thia-1-azabicyclo-[4.3.0]nonan-9-carbonsäure

Nachdem bereits *Baldwin*, *Lynch* und *Pitlik*[44] vor einiger Zeit in einem Übersichtsartikel γ-Lactam-Analoga von Penicillinen und Cephalosporinen vorgestellt hatten, galt es als eine Herausforderung, auch an die Synthese eines δ-Lactam-Analogons zu denken und erste Schritte dazu in die Tat umzusetzen. Abb. 5.1 zeigt die allgemeine Struktur der von *Baldwin et al.* dargestellten γ-Lactame. Doch auch schon früher befaßten sich namhafte Autoren mit der Synthese von γ-Lactamen.[45]

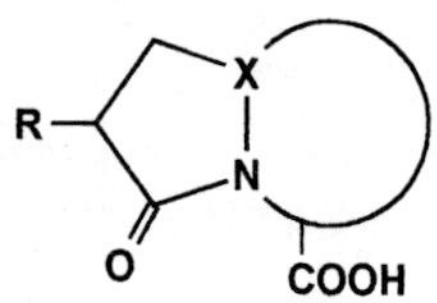

Abb. 5.1 Allgemeine Struktur der von Baldwin et al. vorgestellten γ-Lactame als Analoga von β-Lactam-Antibiotika. »X« = C, N, O; »R« = H, $CH_3CH(OH)$, R′COHN

Die geplanten 6-gliedrigen Lactamstrukturen sollten anders als bei den in Kapitel 3 behandelten Verbindungen nicht isoliert vorliegen, sondern ebenso wie *Baldwins* γ-Lactame und die bekannten Penicilline und Cephalosporine anellierte Systeme bilden. Die Synthesekaskade für ein δ-Lactam dieser Art gestaltet sich, wie im folgenden veranschaulicht werden soll. Sie beginnt mit einer am Stickstoff durch eine Benzyloxycarbonyl (Cbz- oder Z-) -Gruppe geschützten sauren

[44] Baldwin, J. E.; Lynch, G. P.; Pitlik, J. *J. Antibiot.* **1991**, *44*, 1 - 24, 1

[45] Du Vigneaud, V.; Carpenter, F. H. *The Chemistry of Penicillin*; Clarke, H. T.; Johnson, J. R.; Sir Robinson, R. (Hrsg.); Princeton, New Jersey **1949**, 1004

Aminosäure. War diese bei *Baldwin* [44] die Asparaginsäure gewesen, so mußte im vorliegenden Fall die nächsthöhere homologe Aminosäure, also die Glutaminsäure, gewählt werden, wollte man die δ-Lactam- analog der γ-Lactam-Synthese gestalten. So wurde als Startsubstanz N-Benzyloxycarbonyl-L-glutaminsäure (**50**) mit Paraformaldehyd in siedendem Toluol umgesetzt, um eine der beiden Carbonsäure-Funktionen in einem N,O-Acetal (**51**) zu schützen.[46] Für ein Gelingen ist der Zusatz katalytischer Mengen p-Toluolsulfonsäure(hydrat) ebenso eine Notwendigkeit wie das kontinuierliche Entfernen des gebildeten Reaktionswassers mittels Wasserabscheider (Abb. 5.2).

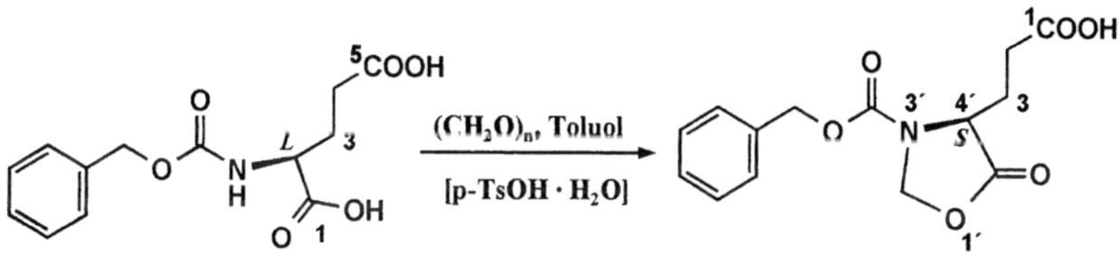

50 51

*Abb. 5.2 Bildung des N,O-Acetals aus der Cbz-geschützten Glutaminsäure (**50**)*

Damit stand einer Umwandlung der freien Carbonsäure-Funktion in eine Aldehyd-Gruppe nichts mehr im Wege. Dieser Schritt konnte in einer zweistufigen Umsetzung erreicht werden.[47] Hierbei wurde das N,O-Acetal **51** in absolutem Dichlormethan unter Zusatz katalytischer Mengen Dimethylformamid (DMF) tropfenweise mit Oxalylchlorid behandelt. Das dabei entstandene kristalline Säurechlorid **52** wurde auch beim sich anschließenden Lösungsmittelwechsel stets unter Inertgas gehalten und sofort zur Stufe des

46 Scholtz, J. M.; Bartlett, P. A. *Synthesis* **1989**, 542 - 544

47 Etzkorn, F. A.; Guo, T.; Lipton, M. A.; Goldberg, S. D.; Bartlett, P. A. *J. Am. Chem. Soc.* **1994**, *116*, 10412 - 10425

Aldehyds **53** weiterverarbeitet. Die dazu nötige Reduktion erfolgte in absolutem Ethylacetat unter Verwendung von Tributylzinnhydrid (Bu_3SnH, Abb. 5.3).

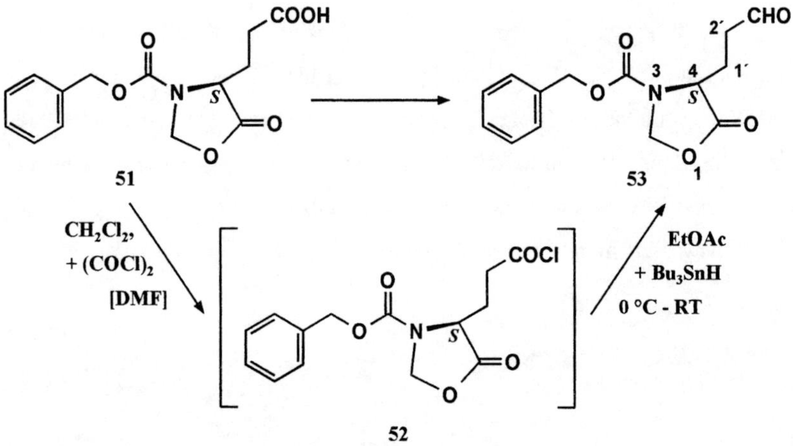

Abb. 5.3 Reduktion der freien Carbonsäure zum Aldehyd über die Stufe des Säurechlorids

Nach erfolgreicher Synthese des Aldehyds sollte nun zum Aufbau des anellierten δ-Lactam-Rings geschritten werden. Abb. 5.4 zeigt den Plan im Überblick. Während sich die beiden Vorstufen des N,O-Acetals und des Aldehyds hatten problemlos darstellen lassen, kann für das weitere Vorgehen der Synthese an dieser Stelle nur das Konzept wiedergegeben werden. Die weitere Bearbeitung dieser Thematik soll künftiger Forschung im Arbeitskreis vorbehalten bleiben.

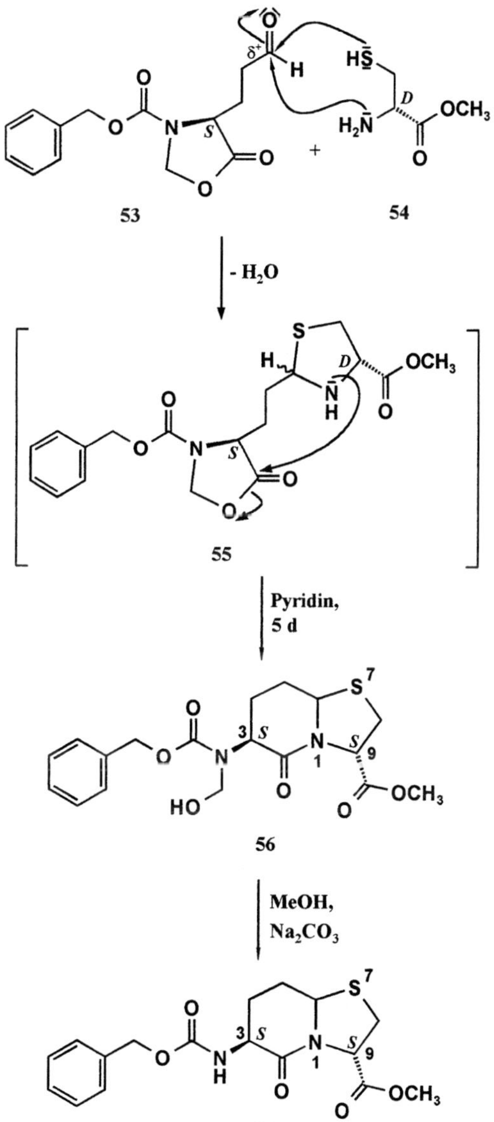

Abb. 5.4 Übersicht der Syntheseschritte zu einem 6-Ring-Analogon der Penicilline

Die über die Zwischenstufe **55** verlaufende Kondensation von **53** mit dem als Hydrochlorid eingesetzten D-Cysteinmethylester (**54**), der durch Veresterung von D-Cystein in mit HCl gesättigtem Methanol erhalten wurde, führte zu einem zähen, gelben Öl, welches die Struktur **56** haben sollte, jedoch ein unaufgelöstes NMR-Spektrum zeigte und sich weder durch säulenchromatographische Methoden noch durch Umkristallisationsversuche reinigen ließ. Das Entfernen der Hydroxymethylgruppe am Stickstoff durch Rühren in carbonathaltigem Methanol hätte dann im letzten Schritt das gewünschte Zielprodukt Methyl{3-Benzyloxycarbonylamino-2-oxo-7-thia-1-azabicyclo[4.3.0]nonan-9-carboxylat} (**57**) ergeben sollen.

Das Grundgerüst dieser Zielverbindung gleicht strukturell dem bereits länger bekannten[48] H-L-BTD-OH (*Bicyclic Turned Dipeptide*, *H* für freie NH$_2$- und *OH* für freie COOH-Gruppe sowie *L*- (*R*)-Konfiguration an C-9), einem β-Turn-Mimetikum, das allerdings am Kohlenstoff in Position 9 des Grundkörpers umgekehrte Konfiguration (*R*) aufweist und an C-6 *S*-konfiguriert ist (Abb. 5.5). Es wird zum Aufbau β-turn-analoger Peptidmoleküle, wie z.B. von Gramicidin S herangezogen.[49] In Analogie zu den Penicillinen sollte jedoch die o.g. Zielsubstanz an C-9 *S*-Konfiguration beinhalten.

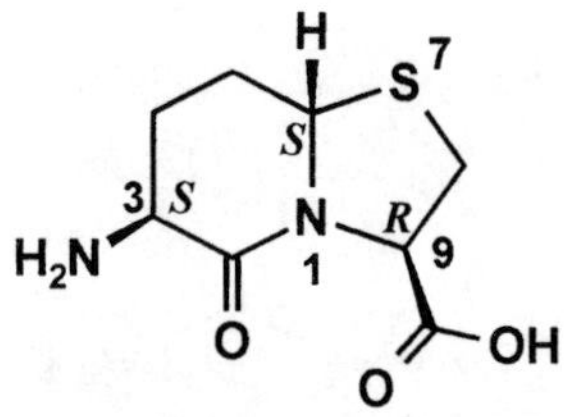

Abb. 5.5 H-L-BTD-OH

---

[48] Nagai, U; Sato, K.; Nakamura, R.; Kato, R. *Tetrahedron* **1993**, *49*, 3577 - 3592

[49] Sato, K.; Nagai, U *J. Chem Soc. Perkin Trans. I* **1986**, 1231 - 1234

Weitere Möglichkeiten, zu ähnlichen Verbindungen (**60**, **61** und **62**) wie **57** zu gelangen, welche die gleiche Konfiguration an C-3 und C-9 haben wie dieses, wurden experimentell untersucht (Abb. 5.6).

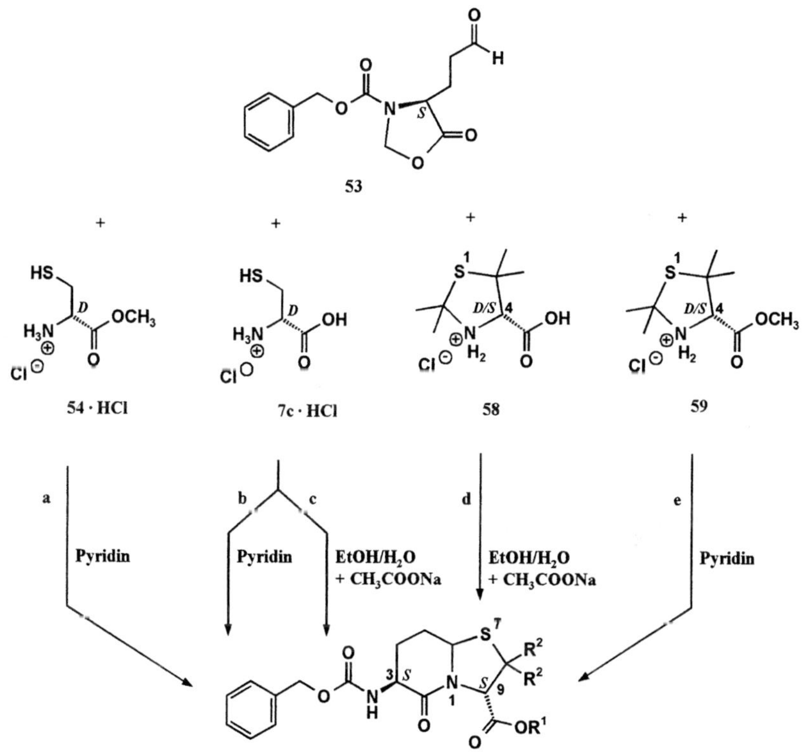

	R^1	R^2		R^1	R^2
57	CH_3	H	61	H	CH_3
60	H	H	62	CH_3	CH_3

*Abb. 5.6 Schema der untersuchten Syntheserouten für Verbindungen vom Typ Methyl{3-Benzyloxycarbonylamino-2-oxo-7-thia-1-azabicyclo[4.3.0]nonan-9-carboxylat} (**57**)*

Dazu wurden neben dem nach der bereits beschriebenen »Route a« umgesetzten D-Cysteinmethylester (**54**) -hydrochlorid auch andere Ausgangssubstanzen eingesetzt. D-Cystein (**7c**) -hydrochlorid wurde zum einen ebenso wie der Methylester umgesetzt (»Route b«), zum anderen in Ethanol/Wasser unter Zusatz der Base Natriumacetat (»Route c«). Diese Methode wurde von *Todd et al.*[50] zur Synthese von Strukturisomeren der Verbindung **57** verwendet. Des weiteren dienten auch *(S)*-2,2,5,5-Tetramethylthiazolidin-4-carbonsäurehydrochlorid (**58**), das Acetonid des D-Penicillamins, und dessen Methylester **59** als Ausgangssubstanzen für die Reaktion mit dem Aldehyd **53**. Beide stellen N,S-Acetale dar und wurden durch Refluxieren von D-Penicillamin bzw. dessen Methylester in Aceton unter Schutzgas erhalten. Das D-Penicillaminacetonid (**58**) wurde nach der Methode von *Todd* [50] eingesetzt (»Route d«), das Acetonid (**59**) des Esters hingegen nach *Etzkorn*[51] (»Route e«). Zusammenfassend läßt sich sagen, daß in allen Fällen ein Produkt entstand, welches dem oben beschriebenen hinsichtlich der Konsistenz und der Analytik ähnlich war. Reinigungsversuche blieben daher auch hier wenig erfolgreich.

5.2 5-Benzyloxycarbonylamino-2-oxo-7-thia-1-azabicyclo[4.3.0]nonan-9-carbonsäurederivate

Ein anderer versuchter Syntheseweg (s. Abb. 5.7) begann mit L-Glutaminsäure-5-methylester (**63**), der mit Benzylchlorformiat (**22**) am Stickstoff geschützt wurde. Das Produkt, der N-Benzyloxycarbonyl-L-glutaminsäure-5-methylester (**64**), ließ sich jedoch nicht durch Tributylzinnhydrid zum gewünschten Aldehyd **65** reduzieren. Dieser hätte analog Vorschriften von *Todd* [50] bei Gelingen der Reduktion mit D-Cystein (**7c**) -hydrochlorid oder dem D-Penicillamin-

---

50 Todd, D.; Cornell, R. J.; Wester, R. T.; Wittstruck, T. *J. Chem. Soc. (C)* **1969**, 408 - 410

51 Etzkorn, F. A.; Guo, T.; Lipton, M. A.; Goldberg, S. D.; Bartlett, P. A. *J. Am. Chem. Soc.* **1994**, *116*, 10412 - 10425

acetonid (**58**) umgesetzt werden sollen, um zwei Verbindungen (**66** und **67**) mit den Acylamino-Gruppen in Position 5 des anellierten Ringsystems zu liefern.

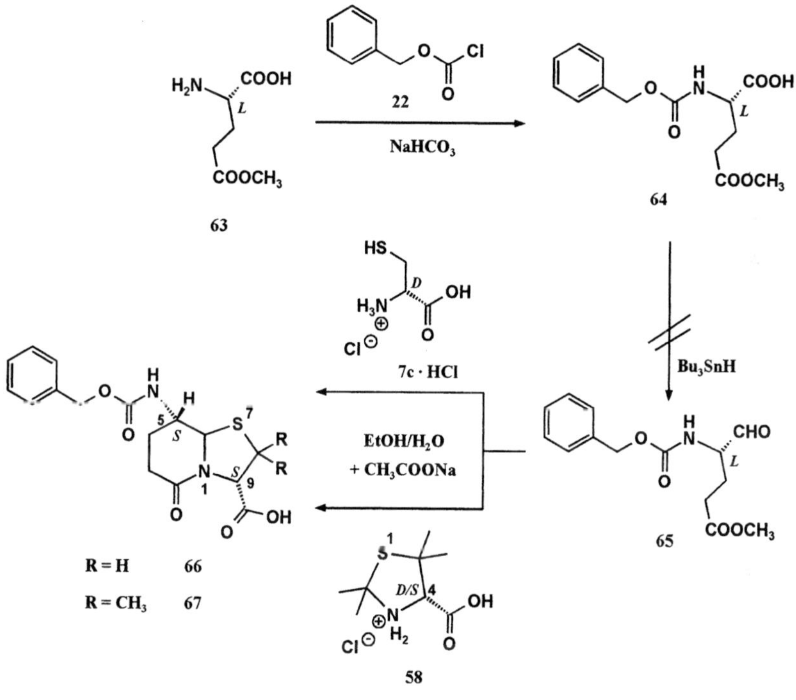

*Abb. 5.7 Geplante Synthese der 5-(Acylamino)-Verbindungen **66** und **67**. Der Schritt der Reduktion mit Bu_3SnH ließ sich nicht realisieren*

5.3 4-Benzyloxycarbonylamino-2-oxo-7-thia-1-azabicyclo[4.3.0]nonan-9-carbonsäurederivate

Schließlich wurde auch geprüft, ob sich ein Verfahren zur Synthese noch nicht bekannter 4-(Acylamino)-Derivate des in diesem Kapitel behandelten Grundkörpers entwickeln läßt. Das geplante Vorgehen zur Bereitstellung des für dieses Vorhaben als Baustein benötigten N-Benzyloxycarbonyl-3-aminoglutarsäure-5-methylesters (**73**) wird durch Abb. 5.8 widergespiegelt.

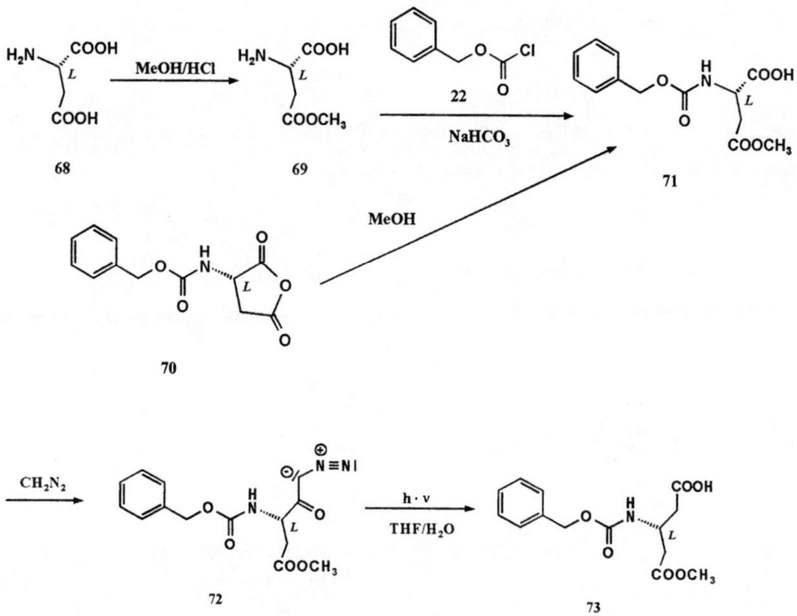

*Abb. 5.8 Konzept zur Bereitstellung von N-Z-3-Aminoglutarsäure-5-methylester (**73**) als Ausgangsstoff für 4-Acylamino-Verbindungen*

Analog einer von *Pellicciari et al.*[52] vorgestellten Methode kann die Säurefunktion in Position 4 der L-Asparaginsäure (**68**) durch 36stündiges

[52] Pellicciari, R.; Natalini, B.; Ursini, A. *Gazz. Chim. Ital.* **1986**, *116*, 607 - 608

Stehenlassen in Methanol nach Einleiten von Chlorwasserstoff selektiv verestert werden. Nach eigenen Erfahrungen resultiert daraus jedoch ein Gemisch des 4- (**69**) mit dem 1-Monomethylester und dem Diester. Nicht anders sah das Ergebnis aus, als N-Benzyloxycarbonyl-L-asparaginsäureanhydrid (**70**) analog des auf ein N-geschütztes Glutaminsäureanhydrid angewandten Verfahrens von *Sheehan* und *Bolhofer*[53] mit siedendem Methanol zum gewünschten, bereits N-geschützten Monomethylester (**71**) umgesetzt werden sollte. Die Methode ist nicht übertragbar. Dennoch soll die Optimierung der Verfahren, besonders des ersten durch eventuelles Verkürzen der Reaktionszeit, an dieser Stelle angeregt werden. Der hier dargelegte Plan soll ein Vorschlag sein, um nach Erhalt des Monomethylesters (**69**) über die N-geschützte Stufe (**71**) mittels Diazomethan-reaktion unter Zusatz von Isobutylchlorformiat zum Diazoketon **72** zu gelangen [52]. Dieses müßte sich nach der zitierten Literaturstelle in einer Photoreaktion in Tetrahydrofuran/Wasser zu **73** umlagern lassen. Eine Reduktion der freien Carbonsäurefunktion zum Aldehyd könnte sich anschließen, und weitere Schritte könnten den Ausführungen in Abschnitt 5.1 folgen.

6 Bausteine zur Darstellung von mittleren und größeren Lactamringen

Das anfangs verfolgte Konzept, daß mittlere Ringe als potentiell antibiotisch aktive Substanzen eingesetzt werden könnten, indem sie evtl. eine peptidomimetische Wirkung als gute Acylierungsmittel für Serin-Einheiten in bakteriellen Transpeptidasen infolge ihrer erhöhten transannularen Spannung entfalten, veranlaßte zur Synthese ausgewählter Ausgangsstoffe für mittlere und größerer Ringsysteme. Letztere sollten lediglich für Vergleichszwecke, z. B. in Hydrolysestudien (s. Abschnitt 7), zur Verfügung stehen.

[53] Sheehan, J. C.; Bolhofer, W. A. *J. Am. Chem. Soc.* **1950**, *72*, 2469 - 2472

6.1 Edukte für mittlere Ringe

Zur Synthese eines 8-gliedrigen Ringsystems als nächsthöheres Homologes der Perhydro-1,4-thiazepine sollte Homocystein und sein Methylester analog den in Abschnitt 2 beschriebenen Synthesemethoden für die Perhydro-1,4-thiazepine anstelle des Cysteins bzw. des Penicillamins zum Einsatz kommen.

D-Homocystein (**75**) ließ sich durch Spaltung der Thioether-Gruppe im D-Methionin (**74**) mit Natrium in flüssigem Ammoniak darstellen (Abb. 6.1). Die bekannte[54] Methode zur Darstellung von Thiolen lieferte unter Einhalten der Schutzvorkehrungen gegen den Zutritt von Luftsauerstoff das gewünschte monomere Produkt als kristalline Substanz. Bei längerer Lagerung dimerisiert es allerdings zum D-Homocystin (**76**). Die Reinheit des synthetisierten Homocysteins konnte durch das Herstellen einer NMR-Vergleichslösung, in die nach Zusatz von deuteriertem Natriumhydroxid Sauerstoff eingeleitet wurde, gezeigt werden.

Die Veresterung der Mercaptoaminosäure kann mit Diazomethan nicht durchgeführt werden, da dieses die Thiolgruppe alkylieren würde. Mit HCl in Methanol gelingt die Reaktion zwar, doch ist die Ausbeute wesentlich geringer als bei der somit positiver zu bewertenden Reaktion mit Thionylchlorid in Methanol.[55] Das D-Homocysteinmethylesterhydrochlorid (**77**) ist als saures Salz im Gegensatz zum Homocystein auch an der Luft lagerbar.

Das D-Homocysteinthiolactonhydrochlorid (**78**) konnte nach *Schöberl* und *Täuber*[56] aus teilweise dimerisiertem Homocystein durch Reduktion mit Zinnstaub in konz. Salzsäure erhalten werden.

---

54 (a) Müller E. (Hrsg.) *Houben-Weyl, Methoden der organischen Chemie*, Bd. 9, Stuttgart **1955**, 28
(b) Grue-Sørensen, G.; Kelstrup, E.; Kjær, A.; Madsen, J. Ø. *J. Chem. Soc. Perkin Trans. I*, **1984**, 1091 - 1097

55 Brenner, M.; Huber, W. *Helv. Chim. Acta* **1953**, *36*, 1109 - 1115

56 Schöberl, A.; Täuber, G. *Liebigs Ann. Chem.* **1956**, *599*, 23 - 37

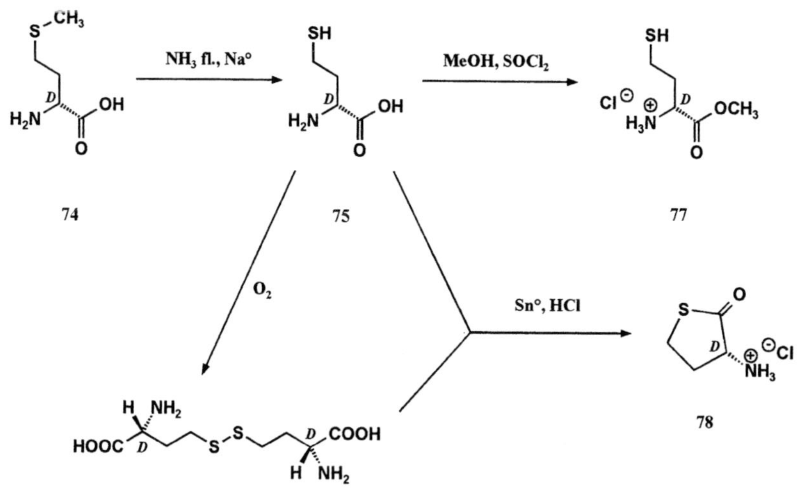

Abb. 6.1 Darstellung von Homocystein und seinen Derivaten

6.2 Komponenten für größere Ringsysteme

Nach einer Vorschrift von *Filler et al.*[57] wurde Diethylacetamidomalonat (**79**) durch Refluxieren mit Natriumethanolat in sein Natriumsalz (**80**) umgewandelt. Dieses wurde unter Ausschluß von Feuchtigkeit isoliert und ergab nach *Birkofer* und *Morgenroth*[58] durch Refluxieren mit einem Überschuß (5 Äquivalente) an 1,8-Dibromoctan (**81**) in DMF das Bromoctylderivat **82** (Abb. 6.2).

---

[57] Filler, R.; Ayyangar, N. R.; Gustowski, W.; Kang, H. H. *J. Org. Chem.* **1969**, *34*, 534 - 538

[58] Birkofer, L.; Morgenroth, K. *Chem. Ber.* **1963**, *96*, 1909 - 1915

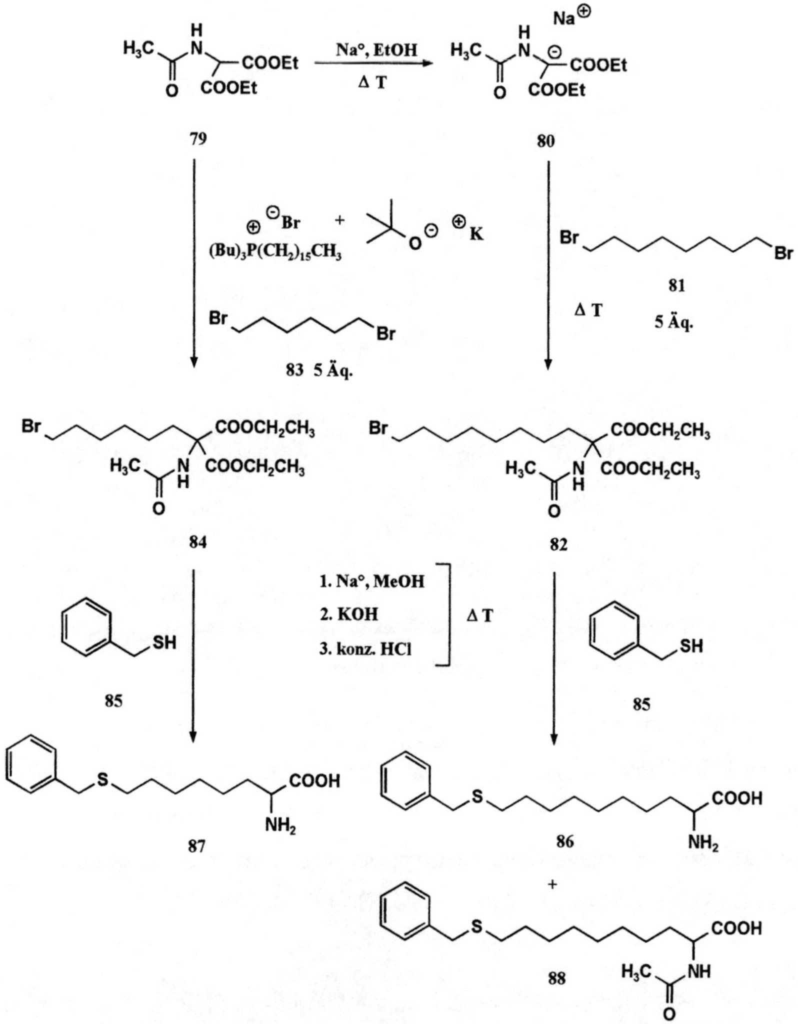

Abb. 6.2 Schema der Synthese von Edukten für größere Ringsysteme

Für die um 2 Kohlenstoffatome kürzere Bromalkylverbindung **84** wurde ein anderes Verfahren nach *Zhu et al.*[59] angewandt, welches ein einfacheres präparatives Vorgehen mit sich bringt, da z. B. die wasserfreien Bedingungen der erstgenannten Methode entfallen, und zudem einen Arbeitsschritt, nämlich den der Herstellung des Natriumsalzes einspart. So wurde das Diethylacetamidomalonat ebenfalls mit einem Überschuß von 5 Äquivalenten an 1,6-Dibromhexan (**83**) unter Zusatz von Kalium-*tert.*-butylat und Phasentransferkatalyse durch Tributylhexadecylphosphoniumbromid alkyliert. Die nicht verbrauchten Äquivalente der Dibromverbindungen konnten destillativ zurückgewonnen werden.

Beide auf unterschiedliche Weise erhaltenen Zwischenprodukte wurden nach der gleichen Methode [58] nach Substitution des Alkylbromids durch Benzylmercaptan (**85**) in siedender Methanolatlösung und anschließende Verseifung der Ester in Kalilauge sowie Abspaltung der Acetylgruppen mit konz. HCl zu den α-Amino-ω-benzylmercaptocarbonsäuren **86** bzw. **87** weiterverarbeitet. Dabei fällt im ersten Fall auch das Acetylderivat **88** als Nebenprodukt an.

Das Abhydrieren der Benzyl-Schutzgruppe würde die höheren Homologen des Cysteins liefern, die ebenso wie dieses für Cyclisierungsversuche mit 2-(Acylamino)acrylsäuren herangezogen werden könnten.

6.3 Syntheseschritte zum unsubstituierten 15-gliedrigen schwefelhaltigen Lactam

Um zu den ω-(2-Aminoethylsulfanyl)carbonsäuren **91** und **92** zu gelangen, wurden die endständigen Halogenatome der ω-Bromcarbonsäuren **89** und **90**

[59] Zhu, J.; Galons, H.; Pigeon, P.; Loupy, A. *Synth. Commun.* **1995**, *25*, 215 - 218

unter Rückfluß mit Cysteamin (**10**) in Natriummethanolatlösung substituiert. Dabei mußte der Zutritt von Sauerstoff verhindert werden (Abb. 6.3).

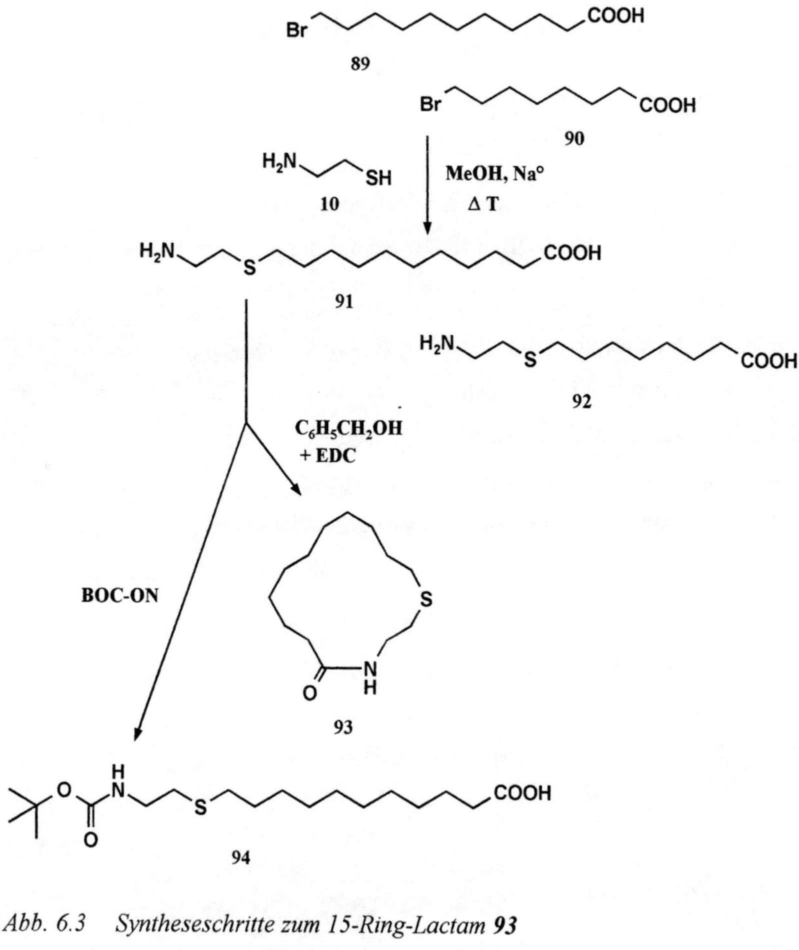

*Abb. 6.3 Syntheseschritte zum 15-Ring-Lactam **93***

Die 11-(2-Aminoethylsulfanyl)undecansäure (**91**) konnte durch Kupplung mittels N´-(3-Dimethylaminopropyl)-N-ethylcarbodiimid (EDC) in Benzylalkohol cyclisiert werden, wenngleich das resultierende 15-gliedrige Lactam **93** nur in

Form eines mit Benzylalkohol gequollenes Gels isoliert wurde. Das Massenspektrum zeigte, daß sich das Produkt nach der angewandten Methode gebildet hatte. Seine weitere Reinigung unterblieb, da es sinnvoller erschien, eine andere Methode der Darstellung zu wählen. In einem ersten Schritt wurde daher mit dem Reagens 2-(tert.-Butoxycarbonyloxyimino)-2-phenylacetonitril (BOC-ON) die Aminogruppe der 11-(2-Aminoethylsulfanyl)undecansäure (**91**) mit einer Schutzgruppe versehen. Die erhaltene BOC-geschützte Substanz **94** steht somit evtl. für eine Veresterung und anschließende intramolekulare Aminolyse zur Bildung des 15-Ring-Lactams zur Verfügung.

Die Arbeiten zur Synthese (mittel)großer penicillin-analoger Lactame wurden zugunsten der Sechsring-Lactame zurückgestellt, nachdem die im folgenden Kapitel beschriebene Hydrolysestudie gezeigt hatte, daß δ-Valerolactam-Derivate eher antibiotische Wirksamkeit aufweisen würden.

7 ^{1}H-NMR-kontrollierte Untersuchungen zur Kinetik der baseninduzierten Hydrolyse von Lactamen in Abhängigkeit von der Ringgröße

Bei der Klärung der Frage, welche Rolle der Ringgröße zyklischer Verbindungen bei chemischen Umsetzungen zukommt, stößt man bei den nach *Brown*[60] als mittlere Ringe zu bezeichnenden Verbindungen auf Besonderheiten.[61]

Einblick geben Studien, in denen durch chemische Reaktionen am Ring sp^2- in sp^3-Zentren umgewandelt werden und umgekehrt. So führt die Reduktion von Cycloalkanonen[62] durch $NaBH_4$ zu einer sp^3-Hybridisierung des vorher als sp^2-Hybrid gebundenen Carbonylkohlenstoffs. Die dadurch erhöhte Ringspannung bewirkte im Bereich der mittleren Ringgrößen eine minimale Reaktionsgeschwindigkeit. Die Ringgrößen 5 und 7 reagierten etwas schneller; sehr rasch reagierte neben dem 4-gliedrigen auch der 6-gliedrige Ring.

Gerade die ansonsten nur dem 4-Ring vorbehaltene Sonderstellung des 6-Rings konnte auch in einer im Arbeitskreis *Imming* von *Dix* durchgeführten Studie veranschaulicht werden.[63] Diese wurde im Rahmen der vorliegenden Arbeit fortgeführt und um das unsubstituierte β-Lactam (**34**) erweitert. Hinzu kommen Studien über das Hydrolyseverhalten des 4- und des 6-Ring-Lactams in Puffern und hinsichtlich des 4-Ring-Lactams bei verschiedenen Temperaturen. Des weiteren wurden Vergleiche mit Penicillinen und einer acyclischen Standardreferenzsubstanz angestellt. Aus Gründen der Vergleichbarkeit der Werte wurden die Ergebnisse von *Dix* [63] mit neuer Software ausgewertet und

---

60 Brown, H. C.; Fletcher, R. S.; Johannesen, R. B. *J. Am. Chem. Soc.* **1951**, *73*, 212 - 221

61 Huisgen, R. *Angew. Chem.* **1957**, *69*, 341 - 359

62 Brown, H.C.; Ichikawa, K. *Tetrahedron* **1957**, *13*, 221 - 230

63 Dix, D. *Dissertation*, Marburg **1996**, 59

die Integrale der herangezogenen ^{1}H-NMR-Signale von neuem bestimmt. Die Werte und Grafiken finden sich im Experimentellen Teil zusammengestellt.

7.1 Hydrolyse der 4- bis 9-gliedrigen Lactame

Die gesamte Untersuchung befaßte sich mit der Hydrolysegeschwindigkeit von Lactamen (**95**) mit einer Anzahl von 4 bis 9 Ringgliedern ($n = 2 - 7$, s. Abb. 7.1).

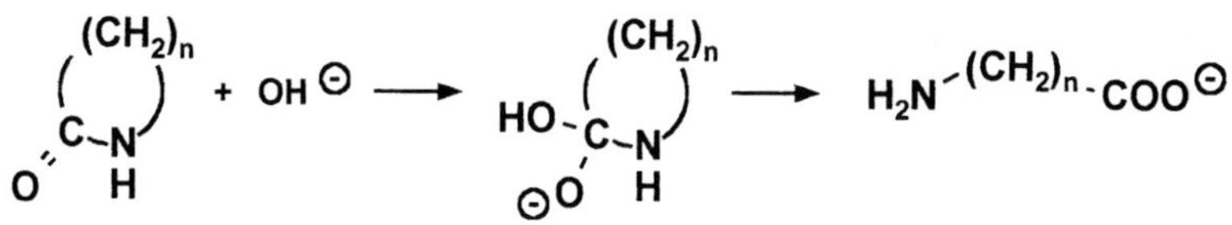

95 **95a** **96**

Abb. 7.1 Hydrolyse von Lactamen

Das Lactam wurde in D_2O mit einem 4:3 - Überschuß an NaOH versetzt und die Hydrolyserate bei konstanter Temperatur in bestimmten Zeitabständen durch die Messung der ^{1}H-NMR-Spektren bestimmt. Dabei ließ sich die Abnahme der Eduktkonzentration (unumgesetztes Lactam, **95**) und die Zunahme der Produktkonzentration (gebildetes ω-Aminocarboxylat, **96**) durch die Ermittlung der Integralhöhe einander entsprechender Signale des Edukts und Produkts verfolgen.[64]

Trägt man jeweils die Quotienten aus den Zeiten t und deren Einheiten Sekunden (s), Minuten (min.) oder Stunden (h) gegen die Werte ln ($[B]_t/[A]_t$) auf, so erhält man ein Diagramm, das nach Durchführung einer linearen Regression eine Gerade mit einer dimensionslosen Zahl als Steigung m ergibt. Entsprechend ist

[64] Dix, D. *Dissertation*, Marburg **1996**, 59

die Achsenbeschriftung dimensionslos, z.B. t/s für die Abszisse und ln ($[B]_t/[A]_t$) für die Ordinate.

Die Zeiten t werden jedoch nicht immer in der gleichen Einheit angegeben, um zum einen bei der Erstellung der Hydrolysediagramme die Verhältnisse im realen Experiment wiederzugeben und zum anderen eine möglichst genaue Auswertung ohne größere Rundungsfehler zu gewährleisten. Zum Zwecke der Vergleichbarkeit der experimentellen Ergebnisse empfiehlt es sich daher, t mit der jeweiligen Dimension einzusetzen. So ergeben sich Geradensteigungen *m* mit den Einheiten s^{-1}, $min.^{-1}$ oder h^{-1}, welche sich durch den Faktor 60 bzw. 3600 oder den Reziprokwert einfach ineinander umrechnen lassen. Aus den Werten *m* können die Reaktionsgeschwindigkeitskonstanten k_2 ermittelt werden. Um bei den k_2-Werten eine generelle Vergleichbarkeit zu gewährleisten, scheint es sinnvoll, SI-Basiseinheiten zu verwenden und sich somit in allen Fällen auf die Dimension $l \cdot mol^{-1} \cdot s^{-1}$ zu beziehen. Die k_2-Werte wiederum werden üblicherweise in die $\lg (k_2 / l \cdot mol^{-1} \cdot s^{-1})$-Werte umgerechnet, die im folgenden der Einfachheit halber als $\lg k_2$-Werte bezeichnet werden und, wie aus der Rechenoperation folgt, dimensionslos sind. Bei der Umrechnung muß also k_2 in $l \cdot mol^{-1} \cdot s^{-1}$ eingesetzt werden.

Nur im Falle des β-Propiolactams (**34**) wurde anhand des ^{1}H-NMR-Spektrums (Abb. 7.3) außer dem Aminocarboxylat auch die Bildung eines dimeren Nebenprodukts (**97**) nach der in Abb. 7.2 angegebenen Reaktionsgleichung beobachtet.

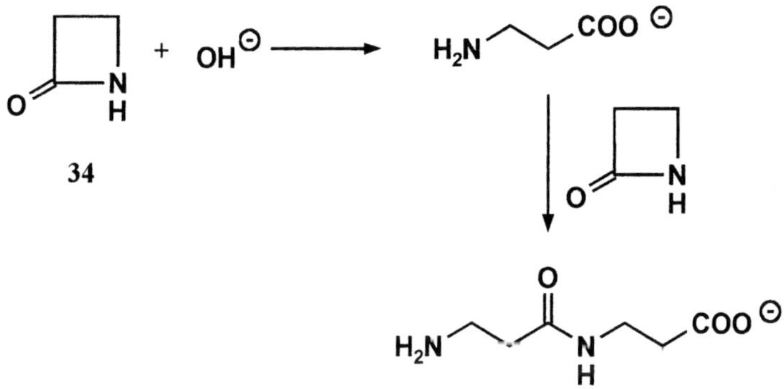

34

97

*Abb. 7.2 Hydrolyse von β-Propiolactam (**34**) mit Bildung eines dimeren Nebenprodukts (**97**)*

Bedingt durch die Nebenreaktion waren damit sowohl die Signale des Lactams als auch die des ω-Aminocarboxylats zu jedem Zeitpunkt t tatsächlich niedriger als sie aufgrund der baseninduzierten Hydrolyse allein hätten sein müssen. Die Meßwerte wurden deshalb rechnerisch korrigiert, indem zu den Integralen des β-Propiolactams und des ω-Aminocarboxylats jeweils das Integral des bis zum Zeitpunkt t gebildeten Nebenprodukts **97** addiert wurde.

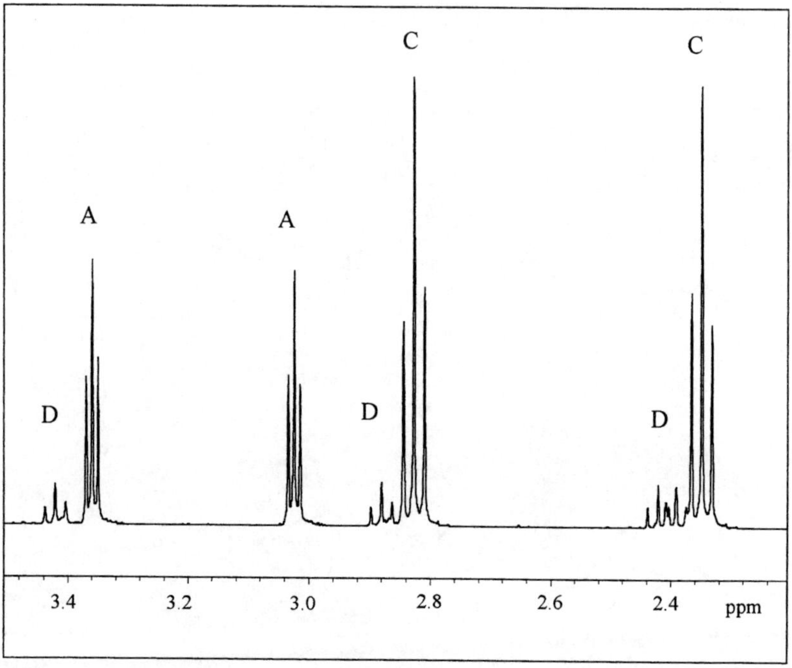

Abb. 7.3 ¹H-NMR-Spektrum der Hydrolyse von β-Propiolactam bei 30 °C (t = 2 ½ h) mit Signalen des Lactams (A), des ω-Amino-carboxylats (C) und eines dimeren Nebenprodukts (D)

Als Referenzsubstanz diente das acyclische N-Methylacetamid (**98**, Abb. 7.4).

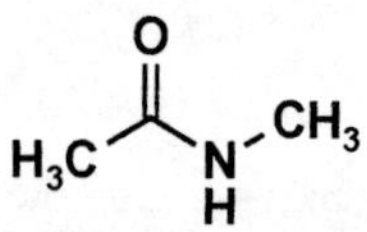

*Abb. 7.4 N-Methylacetamid (**98**) als acyclische Referenzsubstanz*

Sind $[A]_0$ und $[B]_0$ die bekannten Anfangskonzentrationen an Lactam (**1**) bzw. an NaOH, die sich nach einer Reaktionszeit *t* auf $[A]_t$ und $[B]_t$ reduzieren und bezeichnet man die Geschwindigkeitskonstante als k_2, so läßt sich das Geschwindigkeitsgesetz (Gl. 7.1) für Reaktionen zweiter Ordnung

Gl. 7.1
$$\frac{d[A]}{dt} = -k_2 \cdot [A] \cdot [B]$$

nach Integration und Einführen der genannten Parameter in Gl. 7.2 überführen.

Gl. 7.2
$$\ln[B]_0 - \ln[A]_0 + ([B]_0 - [A]_0) \cdot k_2 \cdot t = \ln\frac{[B]_t}{[A]_t}$$

In dieser Form entspricht es einer Geradengleichung (Gl. 7.3),

Gl. 7.3
$$a + m \cdot x = y$$

wobei sich die Steigung *m* im Ausdruck

Gl. 7.4
$$m = ([B]_0 - [A]_0) \cdot k_2$$

wiederfindet. Somit konnte k_2 für jedes Lactam aus der Steigung *m* einer Geraden mit den Koordinatenwerten

Gl. 7.5
$$x = t \quad \text{und} \quad y = \ln\frac{[B]_t}{[A]_t}$$

ermittelt werden (Abb. 7.5 und Tab. 7.1). Die Werte für $[A]_t$ und $[B]_t$ ergaben sich aus den ^{1}H-NMR-Integralverhältnissen und den Anfangskonzentrationen.

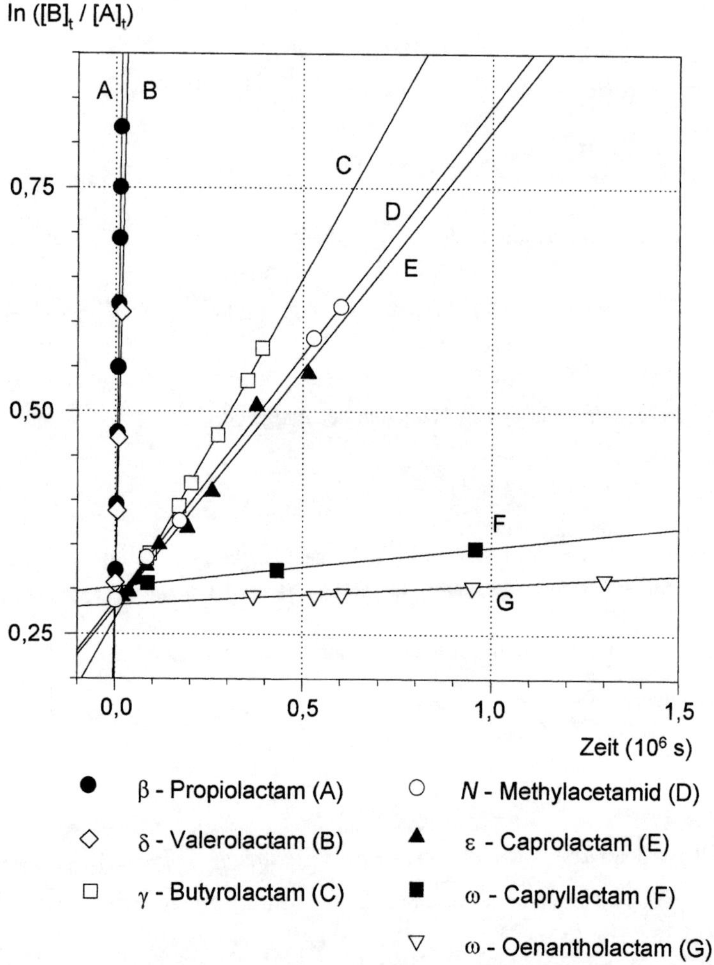

Abb. 7.5 Aus dem Reaktionsgeschwindigkeitsgesetz zweiter Ordnung resultierende Geraden für die untersuchten Lactame

n	Formel	Substanz	k_2 ($l \cdot mol^{-1} \cdot s^{-1}$)	lg k_2
4	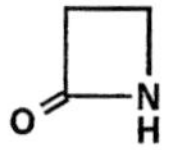	β-Propiolactam (**34**)[65]	$2.37 \cdot 10^{-4}$	- 3.62
5	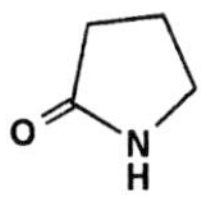	γ-Butyrolactam (**99**)	$5.59 \cdot 10^{-6}$	- 5.34
6	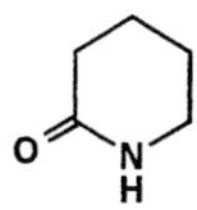	δ-Valerolactam (**33**)	$1.21 \cdot 10^{-4}$	- 3.92
7	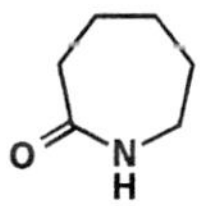	ε-Caprolactam (**100**)	$3.21 \cdot 10^{-6}$	- 5.49
8	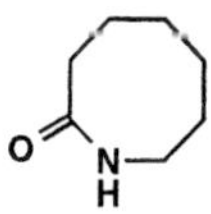	ω-Oenantholactam (**101**)	$1.36 \cdot 10^{-7}$	- 6.87
9	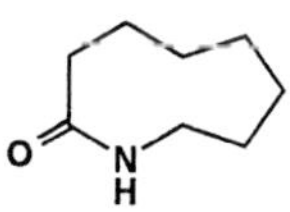	ω-Capryllactam (**102**)	$2.72 \cdot 10^{-7}$	- 6.57
--	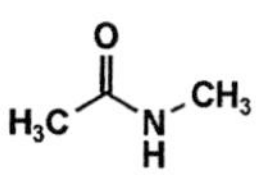	N-Methylacetamid (**98**)	$3.32 \cdot 10^{-6}$	- 5.48

Tab. 7.1 Ergebnisse der Hydrolysestudien zu Lactamen unterschiedlicher Ringgröße (n = Anzahl der Ringglieder)

65 Bezogen auf die Hydrolyse bei 30 °C

Die erhaltenen k_2-Werte wurden graphisch in Form ihrer dekadischen Logarithmen mit der Ringgröße korreliert (Abb. 7.6). Auffallend ist die Übereinstimmung dieses Hydrolysegeschwindigkeitsprofils mit dem von *Brown*[66] aus der Reduktion der Cycloalkanone erhaltenen Reaktivitätsprofil. In beiden Fällen durchläuft es bei den 6-Ring-Systemen ein fast ebenso hohes Maximum wie bei den 4-gliedrigen Ringen. Das liegt beim Cyclobutanon und Azacyclobutanon (β-Propiolactam) an der *Baeyer*-Spannung des kleinen Ringes. Bei Cyclohexanon und Azacyclohexanon ist die Ringspannungsdifferenz, die durch *Baeyer*- und *Pitzer*-Spannung um das sp^2-Zentrum in **95** gegenüber dem Hydroxid-Addukt **95a** resultiert, größer als bei den anderen Ringsystemen.

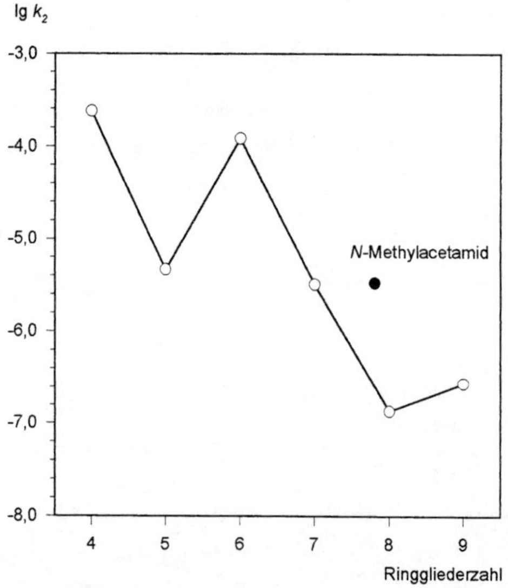

Abb. 7.6 Abhängigkeit der Reaktionsgeschwindigkeitskonstanten k_2 von der Größe des Lactamrings. N-Methylacetamid diente als Referenz

66 Brown, H.C.; Ichikawa, K. *Tetrahedron* **1957**, *13*, 221 - 230

7.2 Hydrolyse von β-Propiolactam (34) bei verschiedenen Temperaturen

Das viergliedrige Lactam, dem wegen der Analogie zum β-Lactam-Ring der Penicilline und Cephalosporine besonderes Interesse galt, wurde hinsichtlich seiner hydrolytischen Stabilität bei vier verschiedenen Temperaturen untersucht. Die Ergebnisse der Studie sind in Abb. 7.7 graphisch umgesetzt.

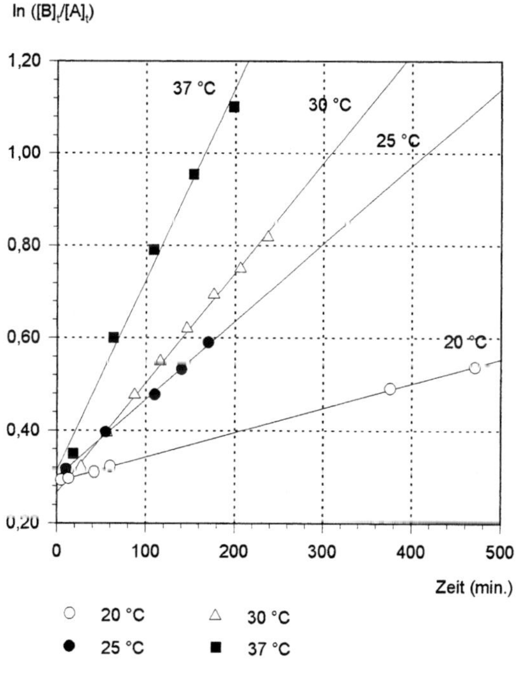

*Abb. 7.7 Graphische Darstellung der Hydrolyse von β-Propiolactam (**34**) bei verschiedenen Temperaturen*

Die erwartungsgemäß erhöhte Reaktionsgeschwindigkeit der Hydrolyse bei zunehmender Temperatur ist deutlich zu erkennen. Tab. 7.2 gibt den Vergleich in Zahlenwerten wieder.

T (°C)	T (K)	1/T (K^{-1})	k_2 ($l \cdot mol^{-1} \cdot s^{-1}$)	lg k_2	ln k_2
20	293.15	$3.41 \cdot 10^{-3}$	$5.29 \cdot 10^{-5}$	- 4.28	- 8.69
25	298.15	$3.35 \cdot 10^{-3}$	$1.68 \cdot 10^{-4}$	- 3.77	- 8.35
30	303.15	$3.30 \cdot 10^{-3}$	$2.37 \cdot 10^{-4}$	- 3.62	- 7.79
37	310.15	$3.22 \cdot 10^{-3}$	$4.13 \cdot 10^{-4}$	- 3.38	- 9.85

*Tab. 7.2 Ergebnisse der Studie über die Hydrolyse von β-Propiolactam (**34**) bei verschiedenen Temperaturen*

Oftmals wird die Abhängigkeit der Geschwindigkeitskonstanten *k* einer Reaktion von der absoluten Temperatur T (in Kelvin) im Zusammenhang mit der *Arrhenius*-Gleichung (Gl. 7.6) gesehen.[67]

Gl. 7.6

$$\ln k = \ln A - \frac{E_A}{R \cdot T}$$

Darin sind A und E_A die *Arrhenius*-Parameter. A heißt *präexponentieller Faktor* oder *Frequenzfaktor* und E_A bezeichnet die *Aktivierungsenergie* der Reaktion. Wie die allgemeine *Gaskonstante* R in der Gleichung bereits andeutet, gilt die Gleichung strenggenommen nur für die Gasphase. Dennoch kann mit ihrer Hilfe ein Diagramm in Form eines *Arrhenius*-Plots erstellt werden, indem sie wie oben für das Reaktionsgeschwindigkeitsgesetz zweiter Ordnung beschrieben, als Geradengleichung behandelt wird. Aus den Achsenabschnitten des Graphen lassen sich die *Arrhenius*-Parameter für die *in Lösung* durchgeführte Hydrolyse *nicht* ablesen.

[67] Atkins, P. W. *Physikalische Chemie*, 2. Aufl., Hrsg. Höpfer A., Weinheim **1996**, 828

Eine Korrelation der reziprok aufgetragenen absoluten Temperatur (vgl. Tab. 7.2) mit der Hydrolysegeschwindigkeit ist jedoch für die höheren gemessenen Temperaturen (25 °C, 30 °C und 37 °C) problemlos möglich (Abb. 7.8). Lediglich der Wert für 20 °C fällt aus der Reihe und wurde daher nicht berücksichtigt.

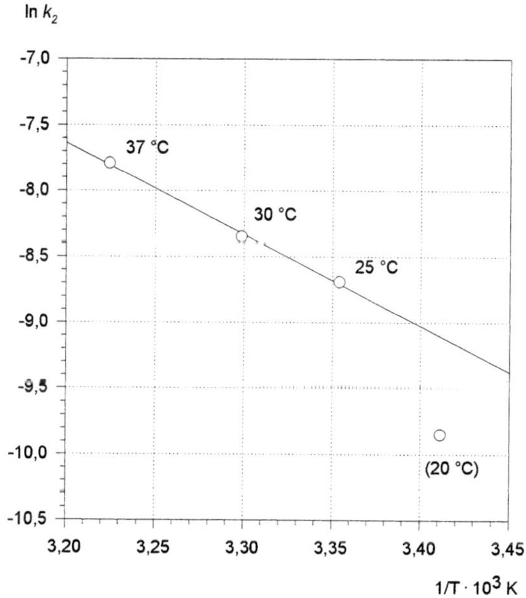

*Abb. 7.8 Arrhenius-Plot für die Hydrolyse von β-Propiolactam (**34**); der Wert für 20 °C wurde nicht berücksichtigt*

7.3 Untersuchungen zur Hydrolysegeschwindigkeit in Puffern

Einige Versuche, die Kaliumsalze von Benzyl- und Phenoxymethylpenicillin auf dieselbe Weise hinsichtlich ihrer Hydrolysestabilität zu untersuchen, wie dies für die unsubstituierten Lactame vorgenommen worden war, zeigten, daß sich im ersten Fall das Lactam bereits vor der ersten Messung zersetzt hatte, im zweiten schloß sich an die fast ebenso rasche Hydrolyse eine Epimerisierung an. Das Ergebnis änderte sich auch nicht, als Benzylpenicillin in einer von Anfang an auf 5 °C gekühlten NaOH-Lösung vermessen werden sollte. Daher wurden Bedingungen gesucht, unter denen die Hydrolyse der Penicilline mit beobachtbarer Geschwindigkeit stattfindet. Am Beispiel von Benzylpenicillin (**20**) -Kalium (Abb. 7.9) wurde die annähernd die physiologischen Bedingungen imitierende »Phosphat-Pufferlösung pH 7,5 (0,33 M) R« DAB 9[68] getestet.

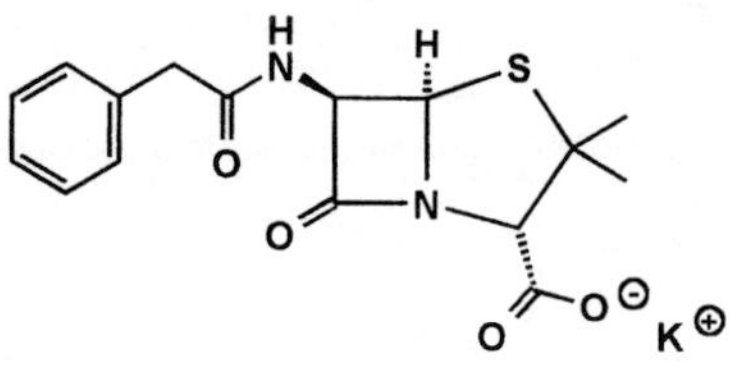

*Abb. 7.9 Benzylpenicillin (**20**) -Kalium*

Ferner wurden Benzylpenicillin-Kalium und β-Propiolactam sowie δ-Valerolactam in einem nach *Frère et al.*[69] hergestellten Phosphatpuffer pH 12 untersucht.

Zur Auswertung ist anzumerken, daß es sich bei der Hydrolyse in Pufferlösungen um eine Reaktion erster bzw. pseudoerster Ordnung handelt, bei der die

68 Hartke, K.; Mutschler, E. (Hrsg.) *Deutsches Arzneibuch*, 9. Ausg., Bd. 1, Kommentar, Stuttgart **1986**, 606

69 Frère, J.-M.; Kelly J. A.; Klein, D.; Ghuysen, J.-M. *Biochem. J.* **1982**, *203*, 223 - 234

Konzentration des Reaktionspartners OH^- als annähernd konstant angesehen werden kann.

Das Reaktionsgeschwindigkeitsgesetz einer Reaktion erster Ordnung lautet[70]

Gl. 7.7 $$\frac{d[A]}{dt} = -k \cdot [A],$$

wobei k die Reaktionsgeschwindigkeitskonstante erster Ordnung und [A] die Konzentration des sich verbrauchenden Reaktanten, d.h. also des Lactams, darstellt. Aus der integrierten Form der Gesetzmäßigkeit (Gl. 7.8) ergibt sich analog den Ausführungen beim Geschwindikeitsgesetz zweiter Ordnung, daß die Auftragung von $\ln([A]/[A]_0)$ gegen t eine Gerade mit der Steigung $m = -k$ liefert.

Gl. 7.8 $$\ln\frac{[A]_t}{[A]_0} = -k \cdot t$$

Die Ergebnisse zeigt das unten abgebildete Gesamtdiagramm (Abb. 7.10) und die zugehörige Tabelle (Tab. 7.3). Einen graphischen Vergleich der lg k-Werte gibt Abb. 7.11.

[70] Atkins, P. W. *Physikalische Chemie*, 2. Aufl., Hrsg. Höpfer A., Weinheim **1996**, 821

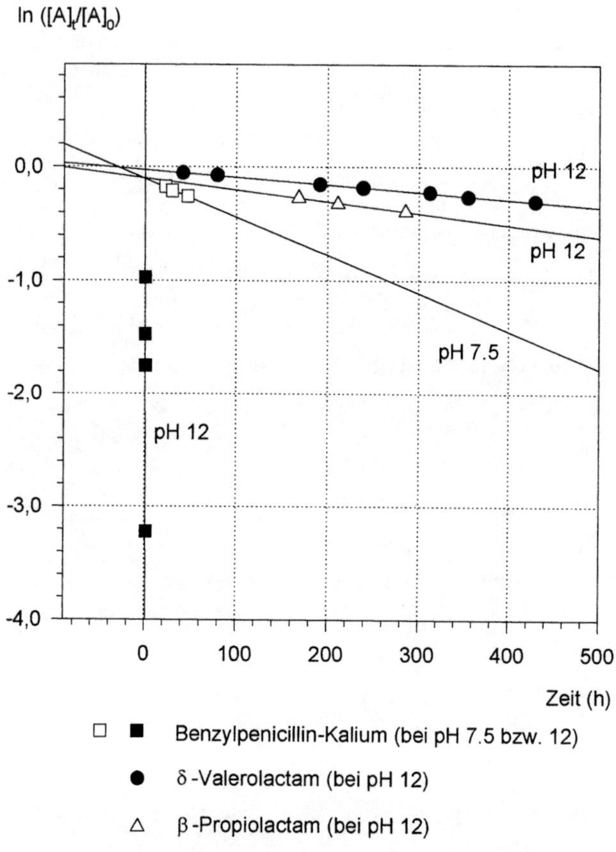

Abb. 7.10 Hydrolyse von δ-Valerolactam ***(33)*** *und β-Propiolactam* ***(34)*** *bei pH 12 im Vergleich mit Benzylpenicillin* ***(20)*** *-Kalium bei pH 7.5 und 12*

Substanz	pH	k (s^{-1})	lg k
Benzylpenicillin (**20**) - Kalium	7.5	$9.31 \cdot 10^{-7}$	- 6.03
Benzylpenicillin (**20**) - Kalium	12	$6.38 \cdot 10^{-4}$	- 3.20
β-Propiolactam (**34**)	12	$2.85 \cdot 10^{-7}$	- 6.54
δ-Valerolactam (**33**)	12	$1.80 \cdot 10^{-7}$	- 6.74

Tab. 7.3 Ergebnisse der vergleichenden Studie über die Hydrolysegeschwindigkeit in Pufferlösungen

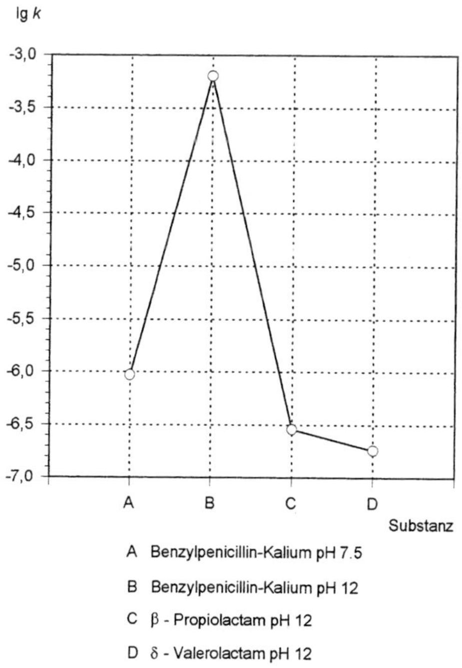

Abb. 7.11 Vergleich der lg k-Werte bei der Hydrolyse in Pufferlösungen

7.4 Schlußbemerkung zu den Hydrolysestudien

Stellt man sich vor, daß die Potenz einer zu erwartenden antibakteriellen Wirksamkeit einer Substanz davon abhängt, wie reaktiv sie ist, wenn es darum geht, bakterielle Transpeptidasen durch Acylierung der Serin-Bausteine im aktiven Zentrum dieser Enzyme zu hemmen, so müßten ihre Hydrolysestabilität auf der einen Seite und ihre acylierenden Eigenschaften sowie die hemmende Wirkung auf der anderen Seite in einer indirekt proportionalen Beziehung zueinander stehen.

Wie erwartet ist das anellierte β-Lactam der Penicilline wesentlich empfindlicher gegen Hydrolyse als das isolierte β-Propiolactam, was in den Reaktionsgeschwindigkeitskonstanten k durch einen Faktor von ca. $2 \cdot 10^{-3}$ zum Ausdruck kommt. Die Werte für das isolierte δ-Valerolactam und das β-Propiolactam liegen in der gleichen Größenordnung. Entsprechend hydrolyseempfindlicher muß ein δ-Valerolactam-Derivat sein, bei dem beispielsweise der Lactamring ebenso wie in den Penicillinen und Cephalosporinen in ein anelliertes größeres Ringsystem eingebunden ist. Vielleicht würde die Anellierung des 6-Ring-Systems die erhofften acylierenden Eigenschaften gegenüber Nucleophilen fördern. Erste Schritte dazu wurden bereits in dieser Arbeit vorgestellt (s. Kapitel 5).

Ein Fazit aus den Studien könnte somit dadurch gezogen werden, daß sich die künftige Forschung mit dem Thema befaßt, welche weiteren Möglichkeiten sich bieten, die Hydrolyseempfindlichkeit eines 6-Ring-Lactams zu erhöhen.

Eine wesenliche Grundlage dafür stellt das sich in der hohen Reaktionsgeschwindigkeit bei der Hydrolyse äußernde Wirkstoffpotential des 4-Ring-Lactams dar, welches bei der Entwicklung der β-Lactam-Antibiotika durch das

Integrieren der Lactam-Teilstruktur in ein verschieden funktionalisiertes, anelliertes System in eine echte Wirkung hatte umgewandelt werden können. Auf ähnliche Weise könnte es gelingen, das im isolierten δ-Lactam »schlummernde« Potential zu wecken, welches sich bereits durch eine ähnlich hohe Hydrolysegeschwindigkeit wie beim β-Propiolactam angedeutet hat.

8 Zusammenfassung

8.1 Synthese und Strukturaufklärung der Perhydro-1,4-thiazepine

8.1.1 Zielsetzung

Durch Abwandlung des anellierten Grundkörpers aus β-Lactam- und 1,4-Thiazolidin- bzw. Dihydro-1,5-thiazin-Ring der Penicilline und Cephalosporine in einen nicht-anellierten 7-gliedrigen Lactamring, der ein Schwefelatom beinhaltet, sollten in dieser Arbeit neue potentielle Wirkstoffe entwickelt und für Tests auf ihre antibiotische Aktivität zur Verfügung gestellt werden. Abb. 8.1 zeigt das Penam- und das 3-Cephem-Grundgerüst der β-Lactam-Antibiotika im Vergleich mit dem nicht-anellierten (monocyclischen) ε-Lactam der im Rahmen dieser Arbeit synthetisierten Perhydro-1,4-thiazepine.

Penam **Perhydro-1,4-thiazepin** **3-Cephem**

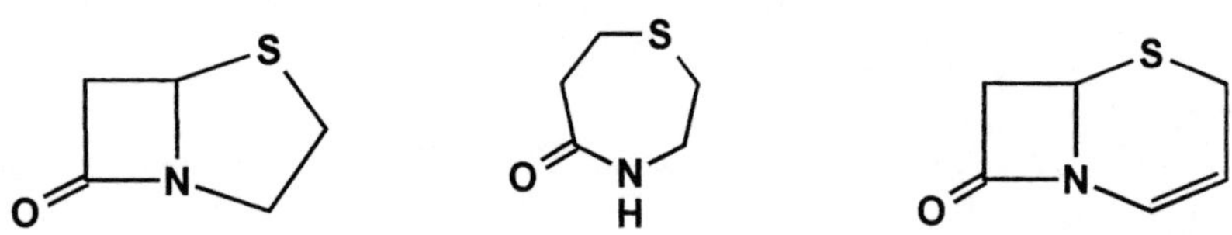

Abb. 8.1 Grundkörper der Penicilline und Cephalosporine im Vergleich mit dem nicht-anellierten Perhydro-1,4-thiazepin-Ring

8.1.2 Diastereoselektive Synthese der Perhydro-1,4-thiazepin-3-carbonsäureester

Ausgehend von ausgewählten, z. T. eigens dargestellten Amiden (**1**) und Brenztraubensäure (**2**) führte der eingeschlagene Syntheseweg (s. Abb. 8.2) zunächst zu den 2-(Acylamino)acrylsäuren (**3**). Diese wurden in einer DCC-vermittelten Kupplungsreaktion mit Penicillamin- und Cysteinestern (**4**) unterschiedlicher Konfiguration kondensiert und lieferten in einer diastereoselektiven *Hetero-Michael*-Addition der Thiolfunktion an den β-ständigen Kohlenstoff des elektronenarmen Olefins die gewünschten cyclischen Zielverbindungen (**5**). Diese besitzen ein neuentstandenes Asymmetriezentrum an C-6, welches die gleiche Konfiguration aufweist wie der von dem jeweiligen Mercaptoaminosäureester eingebrachte chirale Kohlenstoff C-3. Im Ergebnis wurden reine *(3S,6S)*- und *(3R,6R)*-konfigurierte Perhydro-1,4-thiazepin-3-carbonsäureester (**5**) dargestellt.

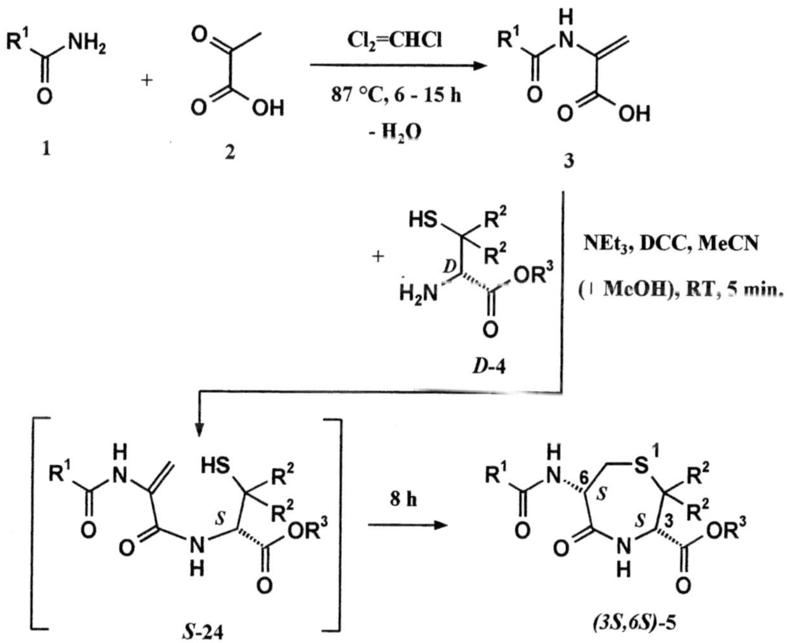

Abb. 8.2 Diastereoselektive Synthese gleichkonfigurierter Perhydro-1,4-thiazepin-3-carbonsäureester; hier repräsentativ am Beispiel einer (3R,6S)-konfigurierten Verbindung gezeigt

Für die Diastereoselektivität dieser Synthese wurden folgende Ursachen gefunden:

1. Bei Verwendung von Kupplungsreagenzien bildet sich ein sterisch eingeschränktes Intermediat (**24**), in dem die Position der Thiolfunktion dahingehend fixiert ist, daß ihr Angriff nur von der *si*-Seite her möglich ist.
2. Ohne Kupplung bilden Amino- und Carbonsäurefunktion der beiden Edukte eine Wasserstoffbrückenbindung aus, die zu einem Übergangszustand führt, welcher einer ähnlich gearteten sterischen Restriktion unterliegt wie das unter Punkt 1 beschriebene Zwischenprodukt.

8.1.3 Nicht-diastereoselektive Synthese und selektive Isolierung der Perhydro-1,4-thiazepin-3-carbonsäuren

Die aus den 2-(Acylamino)acrylsäuren gewonnenen Methylester (**6**) wurden nicht-diastereoselektiv mit dem D- und L- konfigurierten Cystein und Penicillamin (**7**) zu den cyclischen Carbonsäureprodukten (**8**) umgesetzt, die als Gemische von *(3R,6S)*- mit *(3R,6R)*- bzw. von *(3S,6R)*- mit *(3S,6S)*-Diastereomeren anfielen. Löslichkeitsunterschiede der diastereomeren Triethylammoniumsalze dieser Verbindungen ließen in den allermeisten Fällen eine Trennung in eine Vielfalt von reinen Diastereomeren der Perhydro-1,4-thiazepin-3-carbonsäuren zu.

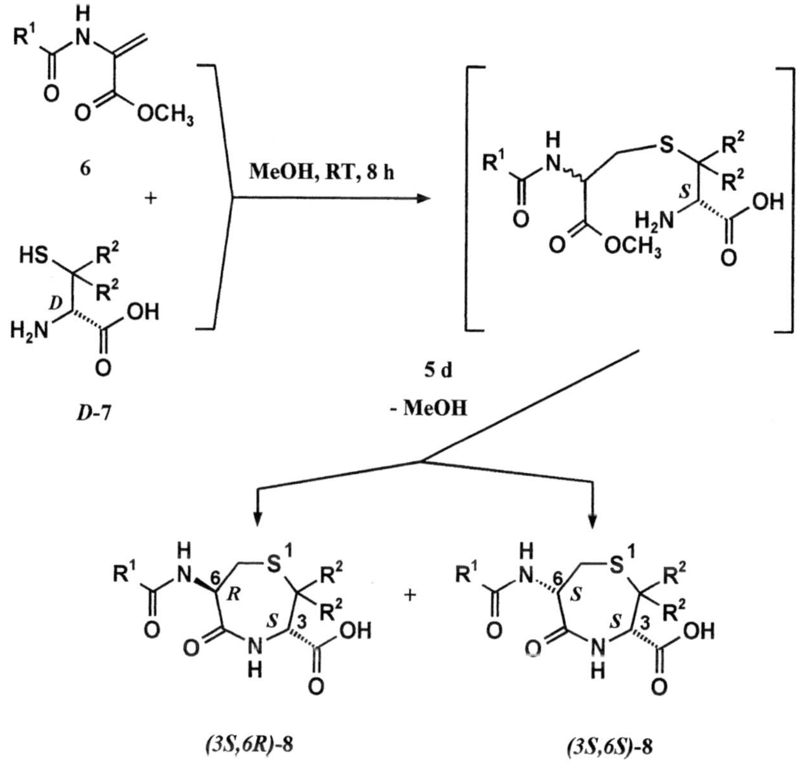

Abb. 8.3 *Nicht-diastereoselektive Synthese der Perhydro-1,4-thiazepin-carbonsäuren; hier repräsentativ für ein Gemisch eines (3S,6R)- mit einem (3S,6S)-Diastereomer wiedergegeben*

8.1.4 Synthese der *(3S,6R)*- und *(3R,6S)*-Perhydro-1,4-thiazepin-3-carbonsäuremethylester aus den Säuren

Die gemischtkonfigurierten Methylester, die durch die unter 8.1.2 beschriebene diastereselektive und daher ausschließlich zu an beiden Asymmetriezentren gleichkonfigurierten Estern führende Reaktion nicht zugänglich waren, wurden aus den Carbonsäuren durch Diazomethan-Reaktion gewonnen. Sie stellen stabile

Produkte dar, die in dem bei der Synthese der Säuren gewählten Reaktionsmilieu keine Tendenz zur Epimerisierung zu dem bei der o.g. diastereoselektiven Reaktion thermodynamisch begünstigten Diastereomer hin zeigen.

8.1.5 Synthese der sich vom Cysteamin ableitenden und daher in Position 3 unsubstituierten Perhydro-1,4-thiazepine

Die an C-3 unsubstituierten Perhydro-1,4-thiazepine (s. Abb. 8.4) ließen sich auf verschiedene Art und Weise gewinnen, wobei stets ein Racemat resultierte:

1. Durch Kupplungsreaktion einer 2-(Acylamino)acrylsäure mit Cysteamin unter Vermittlung des Kondensationsmittels DCC.
2. Durch Ester-Aminolyse eines 2-(Acylamino)acrylsäuremethylesters durch Cysteamin nach Art der unter 8.1.3 beschriebenen nicht-diastereoselektiven Synthese.
3. Aus einem N-geschützten O-Tosylserinmethylester. Hierbei kommt es zu einer nucleophilen Substitution des Tosylats durch den Schwefel des Cysteamins sowie zu einer Ester-Aminolyse im Zuge der Cyclisierung. Unter den stark basischen Reaktionsbedingungen fand Racemisierung statt.

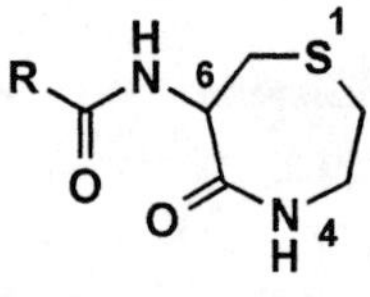

Abb. 8.4 allgemeine Struktur der vom Cysteamin abgeleiteten Perhydro-1,4-thiazepine

8.1.6 Strukturaufklärung der Perhydro-1,4-thiazepine und spektroskopische Besonderheiten

Die Strukturaufklärung erfolgte:

1. mit Hilfe der ^{1}H-NMR-Spektroskopie über die Ermittlung und Auswertung von Kopplungskonstanten der meist gut aufgelösten Protonensignale der Moleküle. Beispielsweise finden sich im Ethyl[*(3R,6R)*-5-oxo-6-(2-phenylacetylamino)-perhydro-1,4-thiazepin-3-carboxylat] (s. Abb. 8.5) große vicinale Kopplungskonstanten der axialen Protonen an C-2 und C-7 mit C-3 bzw. C-6 ($^3J_{2\text{-Hax./3-Hax.}}$ = 9.5 Hz, $^3J_{6\text{-Hax./7-Hax.}}$ = 9.6 Hz) und kleine Kopplungen der äquatorialen Protonen ($^3J_{2\text{-Heq./3-Hax.}}$ = 1.1 Hz, $^3J_{6\text{-Hax./7-Heq.}}$ = 1.9 Hz). Bei der Konformation des Perhydro-1,4-thiazepin-Rings in Lösung handelt es sich also offenbar um einen »Sessel«, bei dem die Substituenten an C-3 und C-6 zueinander *cis* angeordnet sind und quasi-äquatoriale Stellung einnehmen.

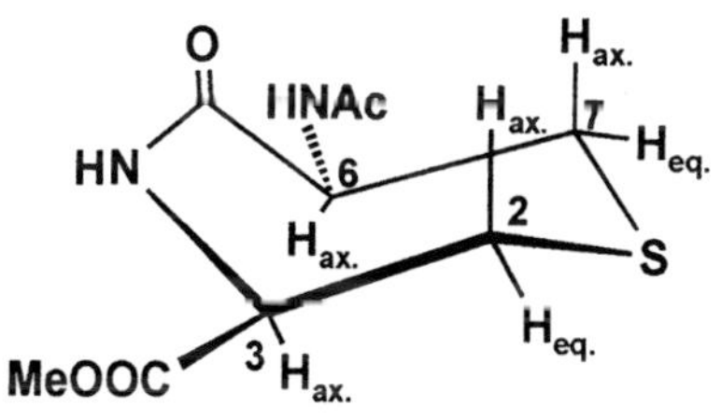

Abb. 8.5 Sesselkonformation des Perhydro-1,4-thiazepin-Rings mit quasi-äquatorialer cis-Anordnung der Substituenten bei (3S,6S)-Konfiguration

2. mit Hilfe der ^{13}C-NMR-Spektroskopie. Die *(3S,6R)*- und *(3R,6S)*- Perhydro-1,4-thiazepine weisen verbreiterte Signale für einzelne Kohlenstoffatome (CH_3, C-2 und C-3) auf, die auf eine höhere konformative Flexibilität dieser Diastereomere im Vergleich mit den an C-3 und C-6 gleichkonfigurierten schließen lassen.

3. mittels Röntgendiffraktometrie. Hierbei wurde für die Substituenten an C-3 und C-6 im Kristall eines *(3S,6R)*-konfigurierten Perhydro-1,4-thiazepinmethylesters eine *trans*-Anordnung am »Sessel« festgestellt, wobei einer von beiden eine axiale, der andere eine äquatoriale Stellung einnimmt.

4. mittels Circulardichroismus (CD)- und Tieftemperatur-CD-Spektroskopie. Die Perhydro-1,4-thiazepine zeigen einen ausgeprägten *Cotton*-Effekt. Das Vorzeichen des gemessenen CD hängt dabei allein von der Konfiguration des asymmetrischen Kohlenstoffs C-3 ab, wie die Spektren illustrieren. *R*-Konfiguration an diesem Chiralitätszentrum bewirkt einen positiven, *S*-Konfiguration dagegen einen negativen CD. Die Spektren von Enantiomeren sind spiegelbildlich zueinander. Aus den Tieftemperatur-Spektren ist erkennbar, daß sich durchaus Konformere des Perhydro-1,4-thiazepin-Rings bei genügend weiter Absenkung der Meßtemperatur nachweisen lassen.

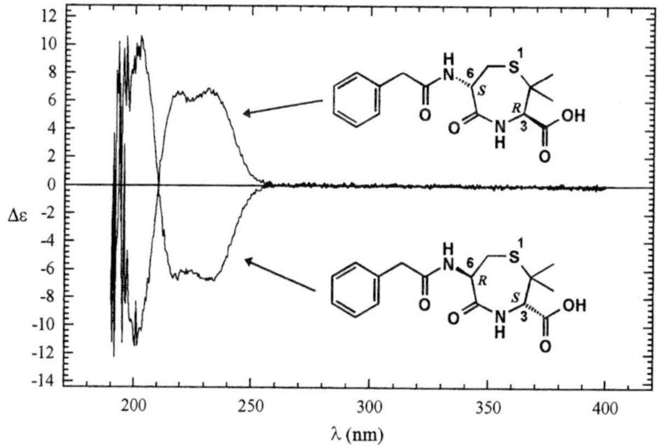

Abb. 8.6 *CD-Spektren von (3R,6S)- und (3S,6R)-2,2-Dimethyl-5-oxo-6-(2-phenylacetylamino)-perhydro-1,4-thiazepin-3-carbonsäure (**8c**, oben und **8a**, unten) in Methanol (20 °C)*

8.2 2-Piperidone als potentielle Antiinfektiva mit 6-Ring-Lactam-Grundstruktur

8.2.1 Ziele

Aufgrund von Ergebnissen aus Hydrolysestudien[71] (s. auch Abschnitt 8.6), die zeigten, daß das unsubstituierte (6-gliedrige) δ-Lactam in seiner Hydrolysegeschwindigkeit dem in wäßriger Alkalihydroxidlösung rasch hydrolysierten β-Lactam nahekommt und somit unter den übrigen Vertretern der homologen Reihe der Lactame eine Ausnahme bildet, sollten auch zwei potentielle Wirksubstanzen (**43** und **44**) synthetisiert werden, die den isolierten δ-Lactam-

[71] Dix, D. *Dissertation*, Marburg **1996**, 59

Ring mit den Acylamino-Gruppen von Penicillin G und V (**20** und **21**) vereinen (Abb. 8.7). Aus Stabilitätsgründen wurde auf die Anwesenheit von Schwefel im Cyclus verzichtet, da in jedem Falle ein N,S-Acetal resultiert hätte.

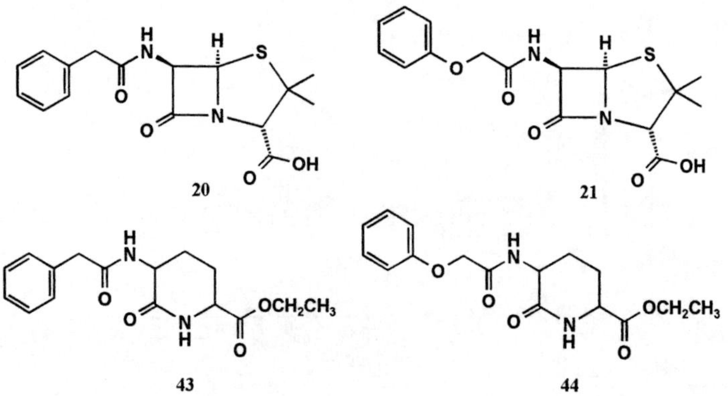

*Abb. 8.7 Klassische Penicilline **20** und **21** sowie die Zielverbindungen **43** und **44** als Analoga mit isoliertem 6-Ring-Lactam-Grundgerüst*

8.2.2 Präparative Umsetzung

Die Synthese der Zielverbindungen gelang ausgehend von Adipinsäuredichlorid, das in meso-Diethyl(2,5-dibromadipat) (**37**) umgewandelt wurde. Dieses konnte anschließend über ein Diazid zum Dihydrochlorid umgesetzt werden. Dessen Cyclisierung zum δ-Lactam (**41**) gelang schließlich in Ethanol/Wasser unter Verwendung von Ag_2O. Um zu den oben gezeigten Zielverbindungen **43** und **44** zu gelangen, wurde die bewährte DCC-Kupplungsreaktion angewandt.

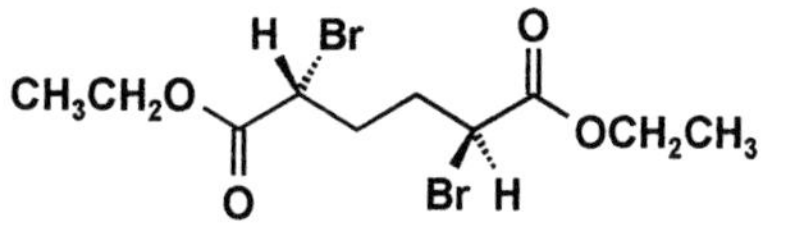

37 *(meso)*

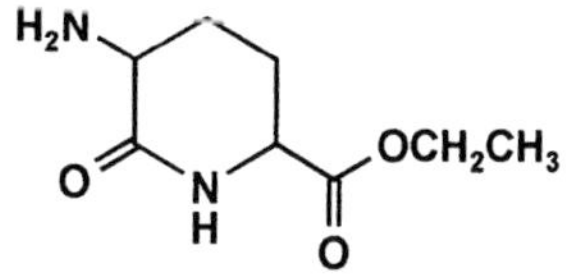

41

Abb. 8.8 Zwischenprodukte auf dem Wege zu den δ-Lactam-Zielverbindungen

Bei den bisher durchgeführten Tests hat sich bei den synthetisierten Verbindungen keine antibiotische Wirkung herausgestellt.

8.3 Entwicklung potentieller Inhibitoren der bakteriellen Zellmembran-Biosynthese vom Typ der 4,5-Dihydrothiazole

Ein neues »Target« auf der Suche nach Angriffspunkten für Antiinfektiva im bakteriellen Zellstoffwechsel stellt das Lipid A der äußeren Zellmembran dar. Nachdem bereits einige Hydroxamsäurederivate des 4,5-Dihydrooxazols in der industriellen Forschung positive Testergebnisse hinsichtlich ihrer antibiotischen Aktivität erbrachten, weil sie eines der Lipid-A-Enzyme hemmen, sollten Substanzen entwickelt werden, deren Grundkörper sich von diesen nur darin unterscheidet, daß das Sauerstoffatom gegen Schwefel ausgetauscht ist (Abb. 8.9).

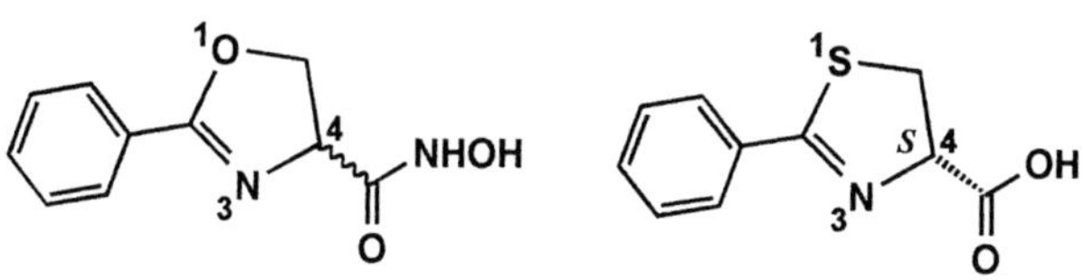

Abb. 8.9 antibakteriell wirksame 4,5-Dihydrooxazol-4-carbohydroxamsäure (links) und im Rahmen dieser Arbeit synthetisierte Substanz (rechts)

Eine Reihe von 4,5-Dihydrothiazol-4-carbonsäuren und -methylestern wurde synthetisiert. Verschiedene Wege zur Synthese eines Hydroxamsäurederivats dieser Verbindungen wurden untersucht. Die erhaltenen Produkte wurden auf ihre antibiotische Wirkung hin geprüft. So konnten für alle Testsubstanzen die gewünschten Erkenntnisse zu ihrer biologischen Aktivität gewonnen werden. Bisher gaben die Tests jedoch keinen Hinweis auf nennenswerte Wirkpotentiale.

8.4 Erste Schritte zur Synthese von Penicillin-Analoga mit δ-Lactam-Ring

Von *Baldwin et al.*[72] sind vor einiger Zeit γ-Lactam-Analoga der Penicilline und Cephalosporine mit teils antibiotischer Wirkung vorgestellt worden. In der vorliegenden Arbeit wurden nun Möglichkeiten entwickelt, um zu entsprechenden δ-Lactam-Analoga (s. Abb. 8.10) gelangen zu können.

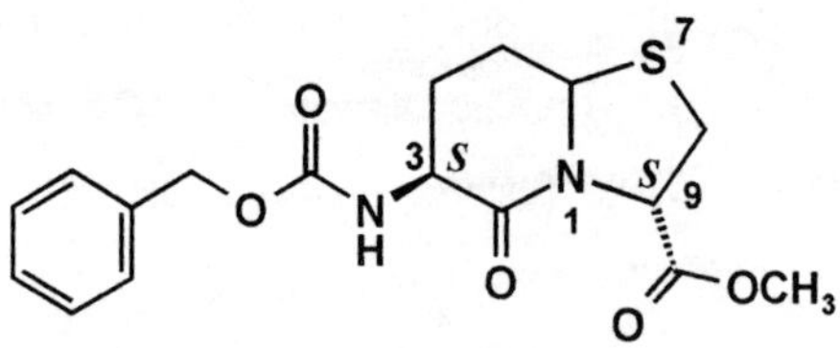

Abb. 8.10 Zielstruktur eines δ-Lactam-Analogons der Penicilline

Für die Synthese der abgebildeten Zielstruktur sowie für ähnliche Verbindungen, die die Acylamino-Gruppe an Position 4 oder 5 des anellierten Ringsystems tragen, wurden mehrere Wege evaluiert bzw. Konzepte erarbeitet und Synthesebausteine bereitgestellt.

72 Baldwin, J. E.; Lynch, G. P.; Pitlik, J. *J. Antibiot.* **1991**, *44*, 1 - 24, 1

8.5 Edukte zur Synthese mittlerer und größerer Ringe

Für das Ziel von präparativen Experimenten zum 8-gliedrigen und größeren schwefelhaltigen Lactamen (s. z. B. Abb. 8.11) wurden ausgewählte Bausteine dargestellt.

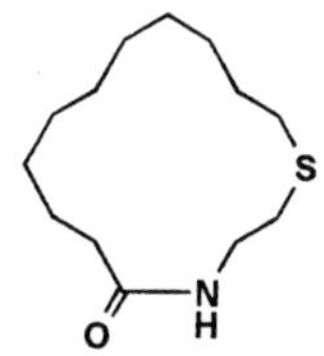

Abb. 8.11 Das 15-gliedrige, schwefelhaltige Lactam aus den präparativen Experimenten

8.6 ^{1}H-NMR-Kontrollierte Untersuchungen zur Kinetik der baseninduzierten Hydrolyse von Lactamen in Abhängigkeit von der Ringgröße

Die bereits früher im Arbeitskreis[73] begonnenen Studien zur basenkatalysierten Hydrolyse von unsubstituierten Lactame unterschiedlicher Ringgröße wurden erweitert und zur Vergleichbarkeit der Werte neu bearbeitet und ausgewertet. Die durch ein neues Auswertungsverfahren erhaltenen und ergänzten Ergebnisse zeigt Tab. 8.1.

[73] Dix, D. *Dissertation*, Marburg **1996**, 59

Ringgröße	Substanz	k_2 ($l \cdot mol^{-1} \cdot s^{-1}$)	lg k_2
4	β-Propiolactam (**34**)[74]	$2.37 \cdot 10^{-4}$	- 3.62
5	γ-Butyrolactam (**99**)	$5.59 \cdot 10^{-6}$	- 5.34
6	δ-Valerolactam (**33**)	$1.21 \cdot 10^{-4}$	- 3.92
7	ε-Caprolactam (**100**)	$3.21 \cdot 10^{-6}$	- 5.49
8	ω-Oenantholactam (**101**)	$1.36 \cdot 10^{-7}$	- 6.87
9	ω-Capryllactam (**102**)	$2.72 \cdot 10^{-7}$	- 6.57
--	N-Methylacetamid (**98**)	$3.32 \cdot 10^{-6}$	- 5.48

Tab. 8.1 Ergebnisse der Hydrolysestudien zu Lactamen verschiedener Ringgröße

Ferner wurden Studien zur Hydrolyse des unsubstituierten β-Lactamrings bei verschiedenen Temperaturen durchgeführt. Eine weitere experimentelle Untersuchung befaßte sich mit der Hydrolysegeschwindigkeit von Benzylpenicillin-Kalium und des β- sowie des δ-Lactams in Puffern. Die Ergebnisse der linearen Regression dieser Experimente sind in Abb. 8.12 illustriert.

74 Bei 30 °C

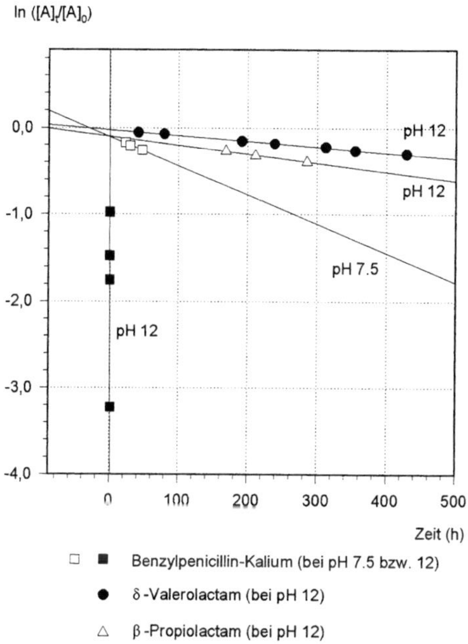

*Abb. 8.12 Hydrolyse von δ-Valerolactam **(33)** und β-Propiolactam **(34)** bei pH 12 im Vergleich mit Benzylpenicillin **(20)** -Kalium bei pH 7.5 und 12*

Aus dem Diagramm ist ersichtlich, daß die Hydrolysegeschwindigkeit des Penicillins wesentlich höher ist als die der beiden unsubstituierten Lactame, sofern man sich auf das gleiche Medium bezieht. Insgesamt konnte gezeigt werden, daß sich das β-Propiolactam und das δ-Valerolactam in ihrer Hydrolysestabilität sehr ähnlich sind. So stellt letzteres interessante Perspektiven bei der Suche nach neuen antibiotisch aktiven Substanzen in Aussicht, wenn es z.B. ebenso wie das β-Lactam in den Penicillinen und Cephalosporinen in ein größeres anelliertes System integriert und damit leichter nucleophil angreifbar gemacht wird.

Experimenteller Teil

9 Allgemeine Vorbemerkungen

NMR-Spektren wurden mit den Geräten Jeol Lambda 500 delta und Jeol JNM-GX-400 aufgenommen. Die chemischen Verschiebungen sind in ppm angegeben und beziehen sich auf die δ-Skala. Als interne Standards dienten Tetramethylsilan (TMS) bzw. die undeuterierten Lösungsmittelanteile (z.B. $CDCl_3$: 77.00, ^{13}C). Zur Charakterisierung der Signale wurden folgende Abkürzungen verwendet:

s = Singulett, d = Dublett, t = Triplett, q = Quartett, m = Multiplett, dd = Dublett von Dubletts, ddd = Dublett von Dubletts von Dubletts.

- COSY Correlated Spectroscopy

- ^{13}C-NOE Nuclear Overhauser Effect = gated decoupling

- DEPT Distortionsless Enhancement by Polarisation Transfer

Die Spektrenbearbeitung erfolgte mit dem NMR-Data-Processing Programm Win.Nuts, Version 2D 5.083, der Firma Acorn NMR Inc. Fremont, CA, USA am PC.

Die Infrarot-Spektren wurden an einem Nicolet 510 FT-IR Spektrometer aufgenommen; die Absorptionen sind in Wellenzahlen (cm^{-1}) angegeben.

UV- bzw. UV-VIS-Spektren wurden mit einem UV-2101 PC Spektralphotometer der Firma Shimadzu bei RT aufgenommen.

Die optische Drehung wurde mit einem Polarimeter der Fa. Jasco, Mod.Dip-370 bei 20 °C gemessen; Konzentration [c] = g/100ml

Thioltitrationen wurden mit einem Mettler DL67 Titrator V3.1 durchgeführt. Für das Ermöglichen der Messungen an dem Gerät gilt dem Arbeitskreis Prof. Dr. Hanefeld mein besonderer Dank.

Die Messungen des Circulardichroismus erfolgten mit dem Dichrographen (AVIV 60DS V4.1t) am Fachbereich Theoretische Chemie der Universität/GH Duisburg im Arbeitskreis Prof. Dr. Buß, dem an dieser Stelle ebenfalls besonderer Dank ausgesprochen wird.

Massenspektrometrische Bestimmungen wurden mit einem doppelfokussierenden Sektorfeld-Massenspektrometer vom Typ VG 7070 H der Firma Vacuum Generators vorgenommen.

Elementaranalysen wurden mit einem CH-Analyzer nach Dr. Salzer der Fa. Labormatic/Wösthoff und mit einem CHN-Autoanalyzer 185 der Firma Hewlett-Packard (nur für N-Analysen) ausgeführt.

Schmelzpunkte wurden mit einer Apparatur nach Dr. Tottoli der Firma Büchi bestimmt. Die angegebenen Temperaturen sind nicht korrigiert.

Zur Dünnschichtchromatographie wurden DC-Fertigfolien Polygram SIL G/UV254 der Firma Macherey-Nagel, Düren, verwendet. Die Detektion erfolgte im UV-Licht bei 254 nm oder mittels Jodbedampfung.

Die Flash-Säulenchromatographie wurde nach *Still*[75] mit Kieselgel 60 (Korngröße 40 - 63 µm, 230 - 400 mesh ASTM) der Firma Merck, Darmstadt durchgeführt.

Hydrierungen erfolgten in einem Schüttelautoklaven nach *Parr* der Firma Kühn & Bayer, Frankfurt/Main.

[75] Still, W. C.; Kahn, M.; Mitra, A. *J. Org. Chem.* **1978**, *43*, 2923 - 2925

Für wasserfreie Ansätze wurden mit der Heißluftpistole ausgeheizte Apparaturen verwendet. Alle weiteren Arbeiten wurden unter Argon durchgeführt und Chemikalien im Inertgas-Gegenstrom zugesetzt.

Lösungsmittel wurden in handelsüblicher Qualität verwendet und, falls erforderlich, nach den üblichen Labormethoden gereinigt und getrocknet.

Ethanol wurde über Natriumsulfat und Molekularsieb 3 Å vorgetrocknet, anschließend mit Natrium unter Zusatz von Diethylphthalat refluxiert.

Diethylether wurde über Calciumchlorid und über Natriumdraht vorgetrocknet, gefolgt von Erhitzen unter Rückfluß und Destillation über Natrium/Benzophenon.

Tetrahydrofuran wurde wie Diethylether vorgetrocknet und anschließend mit Kalium unter Rückfluß erhitzt sowie über Kalium destilliert.

Sauerstoffreie Lösungsmittel wurden durch Ultraschallbehandlung im Argonstrom erhalten.

Ausbeuteangaben beziehen sich auf die umkristallisierten bzw. säulenchromatographisch gereinigten Produkte.

Die Literaturangaben zur Synthese bekannter Ausgangssubstanzen werden bei den Vorschriften, in denen sie benutzt werden, angegeben.

Abkürzungen:

MeOH = Methanol, EtOH = Ethanol, DMF = Dimethylformamid, THF =Tetrahydrofuran, RT = Raumtemperatur

10 Allgemeine Arbeitsvorschriften

AV 1: Synthese der 2-(Acylamino)acrylsäuren (3a - 3f)

0.10 mol des entsprechenden Amids (**1a** - **1f**) werden je nach Angabe eine bestimmte Zeit in einem genau einzuhaltenden Volumen getrocknetem Trichlorethen und in einem definierten Stoffmengenverhältnis (1:3 bis 1:4) mit 0.30 - 0.40 mol Brenztraubensäure (**2**) kondensiert. Es ist erforderlich, das entstehende Reaktionswasser abzutrennen, indem man sich einer auf *Wieland et al.*[76] zurückgehenden und modifizierten Methode bedient. Danach wird während der Reaktion das überdestillierende Azeotrop aus dem Schleppmittel Trichlorethen und Wasser in einem aufgesetzten *Soxhlet*-Extraktor durch ca. 60 g Molekularsieb 3 Å geleitet, bevor das Lösungsmittel wieder in den Ansatz zurückgelangen kann. Am Ende wird abgekühlt und das meist auskristallisierte Produkt zur Reinigung durch Umkristallisation abfiltriert oder in der angegebenen Weise isoliert.

AV 2: Synthese der 2-(Acylamino)acrylsäuremethylester (6a - 6d)

In einer Apparatur mit Überdrucksicherung und Teflonmanschetten für die Schliffe wird eine auf – 15 °C gekühlte Suspension von 40 mmol der jeweiligen 2-(Acylamino)acrylsäure (**3a** - **3d**) in 170 ml peroxidfreiem Diethylether binnen 1 h tropfenweise mit einer Lösung von ca. 1.9 g (47 mmol) Diazomethan in 150 ml Diethylether versetzt. Nach Zusatz von 0.5 ml Eisessig zum Zerstören des kleinen Diazomethan-Überschusses wird die klare Lösung filtriert, mit

76 Wieland, T.; Ohnacker, G.; Ziegler, W. *Chem. Ber.* **1957**, *90*, 194 - 201

5%iger $NaHCO_3$-Lösung (3 × 150 ml) und Wasser (2 × 150 ml) gewaschen und der nochmals auf Peroxide getestete Ether abgezogen. Danach wird das feste Rohprodukt ggf. säulenchromatographisch an Kieselgel gereinigt, wozu *tert.*-Butylmethylether/*n*-Hexan (9:1) als Eluens dient.

AV 3: Synthese der Penicillamin- und Cysteinmethylester (4a, 4b, 54) - hydrochloride

Bei der Veresterungsmethode für die drei schwefelhaltigen Aminosäuren bedient man sich des von *Wolfe et al.*[77] für das D-Penicillamin angewandten Verfahrens.

Über oder in eine mittels Ethanol/Flüssigstickstoff auf ca. – 30 °C gekühlte Suspension von 25 mmol D- oder L- Penicillamin (**7a**, **7b**) bzw. Lösung von 25 mmol D-Cystein (**7c**) -hydrochlorid in 90 ml wasserfreiem Methanol wird unter Rühren Chlorwasserstoff eingeleitet. Dabei steigt die am Innenthermometer abzulesende Temperatur des Ansatzes um ca. 50 °C an, weshalb die Gaszufuhr unterbrochen wird, bis die Temperatur wieder unter – 25 °C gesunken ist. Dann beginnt man von neuem mit der Gaseinleitung und wiederholt die geschilderte Prozedur so lange, bis beim Aufdrehen des Gashahns nur noch ein geringer Temperaturanstieg zu verzeichnen ist. Die mit HCl gesättigte Lösung läßt man über einen Zeitraum von 10 h langsam RT annehmen und sättigt sie nochmals mit HCl. Nach weiteren 10 h des allmählichen Erwärmens auf RT wird 3 h lang unter Rückfluß gekocht und nach dem Erkalten das Lösungsmittel abgezogen. Der wasserhaltige kristalline Rückstand wird zweimal mit je 50 ml Methanol und zweimal mit je 50 ml Benzol aufgenommen und jeweils wieder zur Trockene eingeengt. Die auf diese Weise von Wasser befreiten Penicillaminmethylester-

[77] Wolfe, S.; Bowers, R. J.; Hasan, S. K.; Kazmaier, P. M. *Can. J. Chem.* **1981**, *59*, 406 - 421

hydrochloride werden aus *tert.*-Butanol, das Cysteinmethylesterhydrochlorid aus 2-Propanol umkristallisiert und im Hochvakuum getrocknet.

AV 4: Diastereoselektive Synthese der *(3S,6S)*- und *(3R,6R)*-Perhydro-1,4-thiazepin-3-carbonsäureester (5a - 5e)

15 mmol 2-(2-Phenylacetylamino)acrylsäure (**3a**) bzw. 2-(Acetylamino)acrylsäure (**3c**) werden mit ebenfalls 15 mmol D- oder L-Penicillamin- bzw. L-Cysteinester (**4a** - **4d**) -hydrochlorid im angegebenen Lösungsmittel(gemisch) gerührt. Nach dem Zutropfen von 2.35 ml (17 mmol) Triethylamin wird aus der anfangs trüben Reaktionsmischung eine fast klare Lösung, zu der wiederum aus einer Pasteur-Pipette 3.5 g (17 mmol) des durch leichtes Erwärmen verflüssigten Kupplungsreagens N,N'-Dicyclohexylcarbodiimid (DCC) getropft werden. Der Beginn der Reaktion ist an dem sofortigen Ausfallen von Dicyclohexylharnstoff (DCU) erkennbar. Nach 8 h bei RT wird die Reaktionslösung durch Filtration von dem Niederschlag befreit und das Lösungsmittel unter vermindertem Druck entfernt. Der feste gelbliche Rückstand wird in 100 ml Chloroform gelöst und mit 5%iger Salzsäure (2 × 50 ml) sowie mit gesättigter Kochsalzlösung (50 ml) gewaschen. Das Einengen der über Natriumsulfat getrockneten organischen Phase liefert das feste Produkt, welches durch Umkristallisation aus dem angegebenen Lösungsmittel gereinigt wird.

AV 5: Nicht-diastereoselektive Synthese und selektive Isolierung der *(3S,6R)*- und *(3S,6S)*- bzw. der *(3R,6S)* und *(3R,6R)*-Perhydro-1,4-thiazepin-3-carbonsäuren (8a - 8p)

30 mmol Methyl[2-(2-phenylacetylamino)acrylat] (**6a**) bzw. Methyl[2-(2-phenoxyacetylamino)acrylat] (**6b**) werden zusammen mit 30 mmol D- oder L-Penicillamin (**7a**, **7b**) bzw. D-Cystein (**7c**) -hydrochlorid oder L-Cystein (**7d**) -hydrochloridmonohydrat in 130 ml wasserfreiem Methanol suspendiert und unter Rühren durch tropfenweise Zugabe mit 4.95 ml (36 mmol) Triethylamin versetzt. Die Ansätze werden jeweils 5 Tage lang bei Raumtemperatur unter Lichtschutz und in einer Argon-Atmosphäre weitergerührt.

Nach dem Zusatz der organischen Base bilden sich in den Reaktionsansätzen mit Penicillamin klare Lösungen, wohingegen bei der Synthese der Cysteinderivate weiße Trübungen durch Triethylammoniumsalzbildungen auftreten, die sich zu voluminösen Ausfällungen konsolidieren können und evtl. ein weiteres Rühren unmöglich machen. Zumeist lassen sie sich weder durch Erwärmen noch auf mechanischem Wege oder durch Ultraschallbehandlung auflösen bzw. beseitigen oder in ihrer Konsistenz beeinflussen. In diesen Fällen wird mehr Methanol zugegeben, bis sich die Suspension so weit gelockert hat, daß sie wieder gerührt werden kann.

Nach Ablauf der Reaktionszeit wird das Lösungsmittel ungeachtet des eventuellen Auftretens von Niederschlägen in den soeben beschriebenen Fällen aus allen Ansätzen ohne vorherige Filtration am Rotationsverdampfer entfernt. Der Rückstand, der im Vakuum meist ein gelbliches Xerogel bildet, wird in Wasser gelöst, dessen pH-Wert vorher mit 5%iger $NaHCO_3$-Lösung auf ca. 8 eingestellt wurde. Diese Lösung wird dann mit Chloroform (3 × 60 ml) extrahiert, wobei nur die Triethylammoniumsalze der *(3S,6S)*- bzw. der *(3R,6R)*-

konfigurierten Carbonsäure-Produkte in die organische Phase übergehen. Diese vereinigten Extrakte werden später wie unter **2.** beschrieben aufgearbeitet.

1. Isolierung der *(3S,6R)*- bzw. der *(3R,6S)*-Perhydro-1,4-thiazepin-3-carbonsäuren (8a, 8c, 8e, 8g, 8i, 8m und 8o):

Die aus dem oben beschriebenen Extraktionsvorgang erhaltene wäßrige Phase wird vorsichtig mit konz. HCl bis auf pH 1 angesäuert und die dadurch in Form von weißen Niederschlägen ausgefällten *(3S,6R)*- bzw. *(3R,6S)*-Perhydro-1,4-thiazepin-3-carbonsäuren entweder durch Filtration oder durch Extraktion mit organischen Lösungsmitteln wie Ethylacetat oder auch Chloroform gewonnen, wenngleich in letzterem ein guter Teil des Produkts ungelöst bleibt und in Suspension weiterbehandelt wird. Im Falle der Extraktion wird das Lösungsmittel anschließend verdampft. Wird das Produkt jedoch wie im ersten Fall aus der wäßrigen Mutterlauge abfiltriert, so muß es anschließend ca. eine Woche lang im Vakuum über Blaugel getrocknet werden. Eine geeignete Methode ist in der jeweiligen Vorschrift angegeben. Die so erhaltenen Rohprodukte werden durch Umkristallisation gereinigt.

2. Isolierung der *(3S,6S)*- bzw. der *(3R,6R)*-Perhydro-1,4-thiazepin-3-carbonsäuren (8b, 8d, 8f, 8h, 8k, 8n und 8p):

Die *(3S,6S)*- bzw. *(3R,6R)*-Perhydro-1,4-thiazepin-3-carbonsäuren befinden sich als Triethylammoniumsalze gelöst in den vereinigten Chloroform-Extraktlösungen, welche aus dem oben dargelegten, bei pH 8 durchgeführten

Ausschüttelungsvorgang stammen und zur weiteren Bearbeitung aufbewahrt wurden.

Nun werden diese Lösungen zur Trockene eingeengt und der Rückstand ggf. unter Erwärmen in 130 ml Wasser aufgenommen. Nach mehrmaligem Waschen mit Chloroform wird die wäßrige Lösung mit konz. HCl auf pH 1 eingestellt, was die Ausfällung der Rohprodukt-Carbonsäuren zur Folge hat. Der weiße Niederschlag wird jeweils mit Chloroform extrahiert (3 × 60 ml) und die organische Phase 3 Tage lang bei 0 °C gelagert. Nach dieser Zeit haben sich Verunreinigungen bestehend aus dem jeweils mitgeschleppten *(3S,6R)*- bzw. *(3R,6S)*-Diastereomer abgeschieden. Die Ausfällungen werden abfiltriert und stellen so zusätzliche reine Chargen der unter **1.** beschriebenen Produkte dar. Die verbleibende Lösung wird zur Trockene eingeengt, wobei sich beim Entfernen von Lösungsmittelresten im Ölpumpenvakuum meist ein Xerogel bildet. Dieses wird in 5%iger $NaHCO_3$-Lösung (60 ml) aufgenommen, mit Chloroform (2 × 40 ml) gewaschen und schließlich wieder durch behutsames Ansäuern der wäßrigen Carbonatlösung mit konz. HCl auf pH 1 als weißer oder gelblicher kristalliner Feststoff ausgefällt. Anschließend wird die diastereomerenreine *(3S,6S)*- bzw. *(3R,6R)*-Perhydro-1,4-thiazepin-3-carbonsäure durch Filtration isoliert und nach etwa einwöchiger Trocknung über Blaugel im Vakuumexsikkator ggf. umkristallisiert.

AV 6: Synthese der *(3S,6R)*- und *(3R,6S)*-Perhydro-1,4-thiazepin-3-carbonsäureester (9a - 9d)

Für die nach dieser Vorschrift durchgeführten Reaktionen wird eine Apparatur mit Überdrucksicherung verwendet, deren Schliffe mit Teflonmanschetten ausgekleidet sind. Der eingesetzte Ether ist frei von Peroxiden.

Eine Lösung von ca. 50 mg (1.19 mmol) Diazomethan in 25 ml Diethylether wird unter stetigem Rühren binnen etwa 45 min. zu einer ständig auf 0 - 5 °C gekühlten Suspension von 0.74 mmol der zu veresternden *(3S,6R)*- oder *(3R,6S)*-Perhydro-1,4-thiazepin-3-carbonsäure (**8a**, **8c**, **8g** oder **8i**) in 50 ml Diethylether getropft. Dabei ist neben der Entwicklung von kleinen Gasbläschen durch den bei der Reaktion entstehenden Stickstoff zu beobachten, daß der Anteil von ungelöster Carbonsäure allmählich abnimmt. Nach Beendigung der Zugabe wird das Lösungsmittel mit großer Sorgfalt in der Wärme am Rotationsverdampfer aus der klaren gelben Reaktionslösung entfernt, nachdem es vorher auf seine Peroxidfreiheit getestet wurde.

In allen Fällen resultiert ein farbloses, sehr zähes Öl, das beim Entfernen von Etherresten im Ölpumpenvakuum zu einer harten, transparenten Feststoff-schmelze erstarrt. Diese wird unter Erwärmen in einer kleinen Menge Ethanol aufgelöst. Zu der noch warmen Lösung wird *n*-Pentan getropft bis erste Anzeichen einer milchigen Trübung erkennbar sind. Im Falle der durch eine (2-Phenoxyacetylamino)-Gruppe funktionalisierten Perhydro-1,4-thiazepin-3-carbonsäureester (**9c** und **9d**) haben sich aus dieser Lösung nach etwa 2 Tagen bei 7 °C genügend viele Kristallnadeln abgeschieden, so daß das reine Produkt abfiltriert und mit wenig eisgekühltem Ethanol gewaschen werden kann. Die (2-Phenylacetylamino)-Derivate (**9a** und **9b**) müssen durch die Zugabe von mehr *n*-Pentan zur ihrer warmen ethanolischen Lösung ausgefällt werden. Daraufhin wird das Lösungsmittel unter vermindertem Druck verdampft und der verbleibende weiße, anfangs noch klebrige Rückstand mehrmals mit kleinen Mengen *n*-Pentan trituriert und immer wieder im Vakuum getrocknet, bis ein feines weißes Pulver resultiert. Der in dieser Form erhaltene Carbonsäureester wird aus Ethanol/*n*-Pentan umkristallisiert.

AV 7: Synthese der 4,5-Dihydrothiazol-4-carbonsäuren (46a - 46d)

Die Vorschrift zur Synthese dieser Verbindungsklasse geht, zumindest für das D-Penicillamin-Derivat **46b**, teilweise auf eine Methode von *Vanderhaeghe* und *Thomis*[78] zurück. Die für die hier beschriebenen Ansätze benötigten Substanzen werden in Argon-durchströmten Exsikkatoren in die Reaktionsgefäße eindosiert und in den verschlossenen Gefäßen gewogen.

Eine Suspension von 6.50 g (35 mmol) Ethylbenzimidat (**45**) -hydrochlorid und 35 mmol D-Cystein (**7c**) -hydrochlorid oder L-Cystein (**7d**) -hydrochlorid-monohydrat bzw. D- oder L-Penicillamin (**7a**, **7b**) in 90 ml wasserfreiem, desoxygeniertem Methanol wird in einer Argon-Atmosphäre unter Ausschluß von Feuchtigkeit gerührt. Zu den Ansätzen mit Penicillamin werden 4.85 ml (35 mmol) und zu denen mit den Cysteinhydrochloriden 9.70 ml (70 mmol) trockenes, destilliertes und entgastes Triethylamin gegeben.[79]

Nach 48 h langem Rühren bei RT haben sich im Falle der zu synthetisierenden Penicillamin-Derivate klare, farblose oder leicht gelbe Lösungen gebildet. Bei der Darstellung der Cystein-Derivate hingegen nimmt der Anteil ungelöster Substanzen eher zu als ab. In diesen Fällen wird das Reaktionsgemisch vor der Aufarbeitung filtriert und der abgetrennte Niederschlag nach dem Waschen mit

---

[78] Vanderhaeghe, H.; Thomis, J. *J. Med. Chem.* **1975**, *18*, 486 - 490

[79] Entgast wird besonders gründlich bei Einsatz der Cysteinhydrochloride, aus denen durch Triethylamin die freien Aminosäuren entstehen

Methanol im Vakuum getrocknet. Bei dieser in organischen Lösungsmitteln ebenso wie in Wasser unlöslichen Substanz handelt es sich, wie die Analytik zeigt, um ein Nebenprodukt, welches dasselbe Molekulargewicht wie das gewünschte Produkt besitzt.

Die erhaltene klare Lösung wird zur Trockene eingeengt und der feste, bei den Cystein-Derivaten gelbe und bei den Penicillamin-Derivaten weiße, Rückstand wird in 220 ml Dichlormethan verteilt und 20 min. lang intensiv mit 6.5 ml konz. HCl gerührt. Die Salzsäure wird abgetrennt und die organische Phase mit Wasser gewaschen (2 × 150 ml). Danach wird das Dichlormethan über Na_2SO_4 getrocknet und abgezogen. Es bleibt ein weißer Feststoff, der im Falle der Penicillamin-Derivate aus *tert.*-Butylmethylether umkristallisiert wird und die 4,5-Dihydrothiazol-4-carbonsäuren **46a** - **46d** liefert.

11 Einzelverbindungen

2-Phenylacetamid (1a)

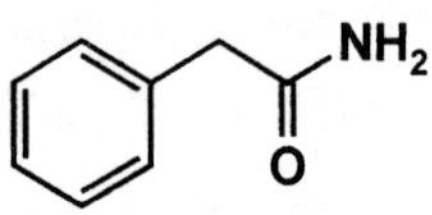

Die Synthese des nicht handelsüblichen Säureamids wird nach einer Literaturvorschrift durchgeführt.[80]

100.0 g (0.85 mol) Benzylcyanid (**18**) werden intensiv mit 400 ml HCl 37% gerührt und die Mischung dabei auf 40 - 50 °C erwärmt, wobei die Temperatur nicht über ca. 65 °C steigen darf. Ansonsten verliefe die Verseifung des Nitrils über die Stufe des Amids hinaus bis hin zur Phenylessigsäure, was eine erneute Eintrübung der Lösung zu Folge hätte. Aus der anfangs trüben Emulsion wird nach etwa 20 min. unter Wärmeentwicklung spontan eine klare Lösung. Die dabei auftretende Wärmeentwicklung kann mittels Innenthermometer beobachtet werden. Die Reaktionslösung wird daraufhin sofort auf 15 - 20 °C temperiert und 1 h lang stehengelassen. Danach werden unter Rühren 400 ml eisgekühltes Wasser zugetropft, wodurch sich erste Kristalle abzuscheiden beginnen. Zur vollständigen Kristallisation wird 1 h auf 0 °C gekühlt. Der Niederschlag wird abfiltriert, mit kaltem Wasser gewaschen und schließlich portionsweise mit 10%iger Na_2CO_3-Lösung versetzt. Nach mehrfachem Umschwenken wird der nun auch von evtl. während der Reaktion gebildeter 2-Phenylessigsäure (**42**) befreite Feststoff gesammelt und wieder mit Wasser gewaschen. So gelangt man

[80] Wenner, W. *Org. Synth. Coll. Vol. IV* **1963**, 760 - 763

zu dem Säureamid **1a**, das 12 h bei einer Temperatur von 80 °C vorgetrocknet und über P_4O_{10} vollständig getrocknet wird.

Eigenschaften: weißer, kristalliner Feststoff

Ausbeute: 82.30 g (71 %)

Schmp.: 156 °C (Lit. [80]: 154 - 155 °C)

^{1}H-NMR (400 MHz, [D$_6$]DMSO, δ = 2.50 ppm):

δ (ppm) = 3.38 (2 H, s, PhC*H*$_2$), 6.82 (1 H, br s, NH), 7.19 - 7.31 (5 H, m, Ph), 7.43 (1 H, br s, NH′)

^{13}C-NMR (100.5 MHz, [D$_6$]DMSO, δ = 39.50 ppm):

δ (ppm) = 42.17 (Ph*C*H$_2$), 126.12 (*para*-C in PhCH$_2$), 128.00 (2 C, 2 × *ortho*-C oder 2 × *meta*-C in PhCH$_2$), 128.93 (2 C, 2 × *ortho*- / 2 × *meta*-C in PhCH$_2$), 136.40 (*ipso*-C in PhCH$_2$), 172.11 (C=O)

IR (KBr):

$\tilde{\nu}$ (cm^{-1}) = 3360, 3180, 3040, 2800, 1955, 1720, 1660, 1500, 1460, 1420, 1295, 1190, 1080, 1040, 890, 750, 710

EI-MS (70 eV, 160 °C):

m/z (%) = 136 (42), 135 (100) [M$^+$], 93 (54), 92 (94), 91 (95), 90 (46), 89 (32), 66 (10), 65 (49), 63 (12), 51 (10), 44 (34), 39 (17)

HR-MS (C_8H_9NO):

ber.: 135.068414

gem.: 135.068886

2-Phenoxyacetamid (1b)

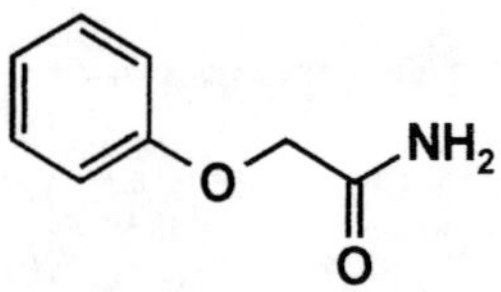

Hinweise für die Darstellbarkeit des relativ wertvollen Amids durch Einleiten von Ammoniak in eine Schmelze der Phenoxyessigsäure finden sich bei *Pfeiffer* und *Epler*.[81]

In eine auf 160 °C erhitzte Schmelze von 200.00 g (1.31 mol) 2-Phenoxyessigsäure (**19**), wird über einen Zeitraum von 4 h Ammoniakgas eingeleitet. Dabei ist darauf zu achten, daß das zunächst gebildete und verkrustende Ammoniumsalz der 2-Phenoxyessigsäure wieder in die Schmelze gelangt, indem von den Glaswandungen her zusätzliche Hitze durch Heißluft herangetragen wird. Außerdem neigen Säure oder Amid zur Sublimation und werden vom Ammoniakstrom mitgetragen, wodurch die Gefahr des Verstopfens von Engstellen in der aufgesetzten Destillationsapparatur besteht. Der Fortgang der Umsetzung von NH_3 mit der Säure ist anhand der Menge des kondensierenden Reaktionswassers zu verfolgen (ca. 25 ml).

[81] Pfeiffer, P.; Epler, H. *Liebigs Ann. Chem.* **1940**, *545*, 263 - 286

Nach Reaktionsende wird das noch flüssige Amid in eine Reibschale gegossen und 24 h lang stehengelassen. Danach wird die erstarrte Schmelze von **1b** pulverisiert und aus Ethylacetat umkristallisiert. Anhaftendes Lösungsmittel muß im Hochvakuum unter Erwärmen und bei gleichzeitigem Vorhandensein einer Kühlfalle entfernt werden.

Eigenschaften: weiße, kristalline Substanz

Ausbeute: 194.70 g (98 %)

Schmp.: 100 °C (Lit. [81]: 101.5 °C)

^{1}H-NMR (400 MHz, [D$_6$]DMSO, int. TMS):

δ (ppm) = 4.42 (2 H, s, PhOC*H*$_2$), 6.94 - 6.98 (3 H, m, *ortho*-H und *para*-H in PhO), 7.27 - 7.32 (2 H, m, *meta*-H in PhO), 7.35 (1 H, br s, NH), 7.49 (1 H, br s, NH′)

^{13}C-NMR (100.5 MHz, [D$_6$]DMSO, int. TMS):

δ (ppm) = 66.68 (PhO*C*H$_2$), 114.63 (2 C, *ortho*-C in PhO), 121.04 (*para*-C in PhO), 129.35 (2 C, *meta*-C in PhO), 157.70 (*ipso*-C in PhO), 169.94 (C=O)

IR (KBr):

$\tilde{\nu}$ (cm^{-1}) = 3460, 3398, 3162, 1704, 1680, 1637, 1597, 1489, 1418, 1354, 1292, 1266, 1247, 1218, 1174, 1083, 1058, 890, 818, 760, 751, 693, 625, 601

EI-MS (70 eV, 130 °C):

m/z (%) = 152 (74) [M^{+}+ 1], 151 (100) [M^{+}], 108 (57), 107 (71), 94 (43), 79 (43), 78 (43), 77 (54), 65 (25), 58 (26), 51 (19), 44 (12)

$C_8H_9NO_2$ (151.16):

ber.: C 63.57 H 6.00 N 9.27

gef.: C 63.47 H 5.96 N 9.25

Benzylcarbamat (1d)

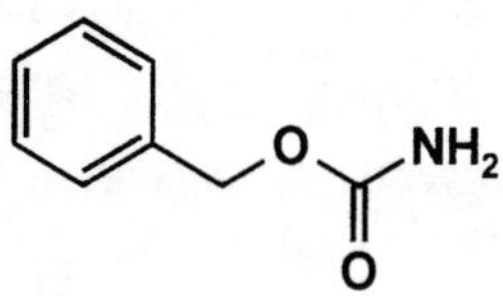

Nach einer Arbeitsvorschrift von Degerbeck et al.[82] wird eine Lösung von 5.35 g (0.10 mol) Ammoniumchlorid in 60 ml Wasser unter Eiskühlung vorsichtig mit 200 ml 2 M Natriumhydroxidlösung versetzt. Unter heftigem Rühren werden während 2 h 50.30 ml (0.15 mol) Benzylchlorformiat (**22**, 50% Gew. in Toluol) zugetropft. Das Zweiphasengemisch wird noch 8 h bei 0 °C und hernach 14 h bei RT weitergerührt. Anschließend wird mit Ethylacetat (3 × 200 ml) extrahiert. Die vereinigten Auszüge werden ihrerseits mit gesättigter Kochsalzlösung (2 × 250 ml) gewaschen, über Na_2SO_4 getrocknet und das Lösungsmittel unter vermindertem Druck entfernt. Es bleibt ein farbloses, festes Rohprodukt, welches

[82] Degerbeck, F.; Fransson, B.; Grehn, L.; Ragnarsson, U. *J. Chem. Soc. Perkin Trans. I* **1992**, 245 - 253

mehrmals mit *n*-Pentan trituriert und durch Filtration gewonnen wird. Zusätzliches Waschen mit *n*-Pentan und Vakuumtrocknung hinterläßt das für die weitere Umsetzung hinreichend reine Benzylcarbamat (**1d**).

Eigenschaften: farblose, plättchenförmige Kristalle

Ausbeute: 15.02 g (99 %, Lit. [82]: 97 %)

Schmp.: 86 °C (Lit. [82]: 88 - 88.5 °C)

^{1}H-NMR (400 MHz, $CDCl_3$, int. TMS):

δ (ppm) = 5.09 (2 H, s, PhC$\boldsymbol{H}_2$), 7.29 - 7.36 (5 H, m, Ph)

^{13}C-NMR (100.5 MHz, $CDCl_3$, δ = 77.00 ppm):

δ (ppm) = 66.85 (PhCH_2), 128.06 (2 C, 2 × *ortho*-C oder 2 × *meta*-C in $PhCH_2$), 128.17 (*para*-C in $PhCH_2$), 128.50 (2 C, 2 × *ortho*- / 2 × *meta*-C in $PhCH_2$), 136.18 (*ipso*-C in $PhCH_2$), 156.89 (C=O)

IR (KBr):

$\tilde{\nu}$ (cm^{-1}) = 3424, 3332, 3272, 3196, 3035, 2955, 1687, 1621, 1609, 1496, 1445, 1404, 1345, 1207, 1122, 1087, 1071, 1028, 911, 882, 784, 734, 697, 619

EI-MS (70 eV, 30 °C):

m/z (%) = 151 (66) [M^+], 109 (16), 108 (100), 107 (63), 91 (75), 90 (44), 89 (14), 79 (48), 77 (15), 65 (12)

HR-MS ($C_8H_9NO_2$):

ber.: 151.063329

gem.: 151.063751

2-(2-Amino-4-thiazolyl)-2-methoxyiminoacetamid (1g)

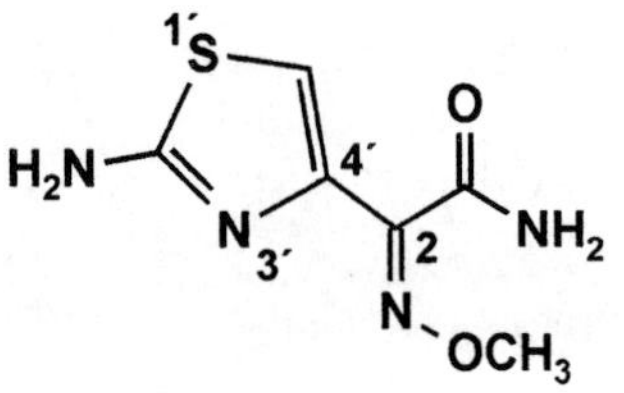

In bzw. über eine auf – 7 °C gekühlte Lösung von 8.10 g (35 mmol) Ethyl[(Z)-(2-Amino-4-thiazolyl)-methoxyiminoacetat] (**23**) in 200 ml Methanol wird unter Rühren Ammoniak geleitet, wodurch die Temperatur um ca. 25 °C ansteigt. Daher wird die Gaseinleitung so lange unterbrochen, bis die Lösung sich wieder unter 0 °C abgekühlt hat. Dieser Vorgang wird so oft wiederholt, bis die Lösung mit NH_3 gesättigt, d.h. kein Temperaturanstieg mehr zu verzeichnen ist. Danach wird sie 2 Tage stehengelassen.

Auch nach dieser Zeit ist, wie das Dünnschichtchromatogramm zeigt, noch Edukt vorhanden. Es hat sich jedoch bereits eine beträchtliche Menge an Kristallen des Rohprodukts abgesetzt, die abfiltriert und aus Ethanol umkristallisiert werden, um so das reine Säureamid **1g** bereitzustellen.

Eigenschaften: weißer, kristalliner Feststoff

Ausbeute: 4.32 g (61 %)

Schmp.: 209 °C (Zers.)

¹H-NMR (400 MHz, [D$_6$]DMSO, δ = 2.50 ppm):

δ (ppm) = 3.83 (3 H, s, $NOCH_3$), 6.73 (1 H, s, 5-CHS), 7.14 (2 H, s, NH_2CNS), 7.53 (1 H, s, H in $CONH_2$), 7.83 (1 H, s, H′ in $CONH_2$)

¹³C-NMR (100.5 MHz, [D$_6$]DMSO, δ = 39.50 ppm):

δ (ppm) = 61.62 ($NOCH_3$), 108.62 (5-CHS), 142.57 (C-4), 149.98 (2-CNS), 163.95 und 168.17 (*C*–$NOCH_3$ und C=O)

IR (KBr):

$\tilde{\nu}$ (cm^{-1}) = 3446, 3326, 3104, 2941, 2825, 1696, 1669, 1607, 1575, 1549, 1421, 1358, 1312, 1210, 1178, 1028, 937, 826, 750, 714, 695

EI-MS (70 eV, 200 °C):

m/z (%) = 200 (62) [M^+], 169 (49), 156 (11), 152 (19), 127 (11), 126 (100), 125 (72), 99 (14), 98 (14), 84 (11), 83 (28), 44 (26), 43 (15)

HR-MS ($C_6H_8N_4O_2S$):

ber.: 200.036797

gem.: 200.036213

2-(2-Phenylacetylamino)acrylsäure (3a)

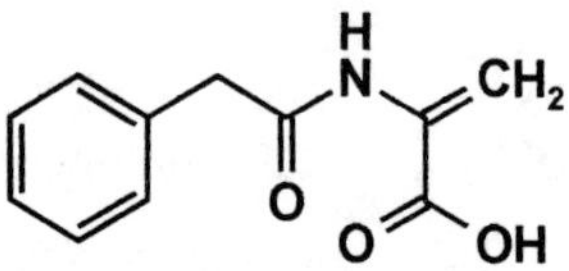

13.52 g (0.10 mol) 2-Phenylacetamid (**1a**) werden gemäß AV 1 8 h in 300 ml Trichlorethen mit 26.42 g (0.30 mol) Brenztraubensäure (**2**) kondensiert. Nach dem Abkühlen läßt man den Ansatz 12 h lang bei Raumtemperatur stehen, mit dem Resultat, daß sich die substituierte Acrylsäure in Form weiß-gelber Kristalle abscheidet. Das Rohprodukt wird abfiltriert, mehrere Male mit kaltem Chloroform gewaschen und schließlich aus Ethanol umkristallisiert. Auf diese Weise erhält man das analytisch reine Acrylsäure-Derivat **3a** als weißen Feststoff.

Eigenschaften: weiße, kristalline Substanz

Ausbeute: 10.37 g (51 %)

Schmp.: 178 °C (Zers.; Lit.[83]: 184 - 185 °C, Zers.)

UV (CH_3OH):

λ_{max} (lg ε) = 240.8 nm (3.902), 202.2 (4.380)

---

83 Wieland, T.; Ohnacker, G.; Ziegler, W. *Chem. Ber.* **1957**, *90*, 194 - 201

^{1}H-NMR (400 MHz, [D$_6$]DMSO, int. TMS):

δ (ppm) = 3.71 (2 H, s, PhC***H***$_2$), 5.70 (1 H, s, H in =CH$_2$), 6.28 (1 H, s, H′ in =CH$_2$), 7.22 - 7.34 (5 H, m, Ph), 9.15 (1 H, s, NH)

^{13}C-NMR (100.5 MHz, [D$_6$]DMSO, δ = 39.50 ppm):

δ (ppm) = 42.77 (Ph***C***H$_2$), 107.89 (=CH$_2$), 126.47 (*para*-C in PhCH$_2$), 128.22 (2 C, 2 × *ortho*-C oder 2 × *meta*-C in PhCH$_2$) und 129.12 (2 C, 2 × *ortho*- / 2 × *meta*-C in PhCH$_2$), 133.00 (R$_2$***C***=CH$_2$), 135.68 (*ipso*-C in PhCH$_2$), 164.83 und 169.93 (2 × C=O)

IR (KBr):

$\tilde{\nu}$ (cm^{-1}) = 3360, 2864, 2670, 2576, 1706, 1654, 1625, 1518, 1497, 1447, 1400, 1380, 1297, 1238, 1185, 961, 907, 852, 760, 732, 705, 691

EI-MS (70 eV, 140 °C):

m/z (%) = 205 (33) [M$^+$], 118 (67), 92 (19), 91 (100), 90 (10), 89 (6), 65 (17), 42 (5), 39 (6)

HR-MS ($C_{11}H_{11}NO_3$):

ber.: 205.0739

gem.: 205.0742

$C_{11}H_{11}NO_3$ (205.21):

ber.: C 64.38 H 5.40 N 6.83

gef.: C 64.10 H 5.40 N 6.80

2-(2-Phenoxyacetylamino)acrylsäure (3b)

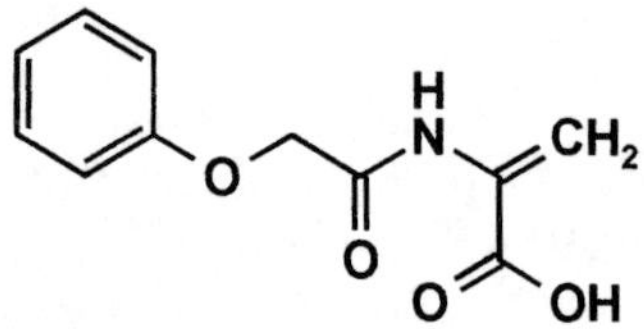

Wie in AV 1 beschrieben, werden 15.12 g (0.10 mol) 2-Phenoxyacetamid (**1b**) 15 h in 350 ml Trichlorethen mit 35.22 g (0.40 mol) Brenztraubensäure (**2**) kondensiert. Nach dem Abkühlen und 24stündigem Stehenlassen bei Raumtemperatur werden die weiß-gelben Kristalle des Acrylsäure-Derivats abfiltriert und wiederholt mit *n*-Pentan und kaltem Wasser gewaschen. Das so isolierte Rohprodukt wird bei 12 - 15 °C aus 1,4-Dioxan umkristallisiert und man erhält nach Trocknung im Vakuum reine weiße Kristalle von **3b**.

Eigenschaften: weiße, kristalline Substanz

Ausbeute: 16.26 g (73 %)

Schmp.: 172 °C

UV (CH_3OH):

λ_{max} (lg ε) = 241.6 nm (3.891), 201.8 (4.408)

^{1}H-NMR (400 MHz, [D$_6$]DMSO, int. TMS):

δ (ppm) = 4.70 (2 H, s, PhOC***H***$_2$), 5.79 (1 H, s, H in =CH$_2$), 6.39 (1 H, s, H′ in =CH$_2$), 6.98 - 7.02 (3 H, m, *ortho*-H und *para*-H in PhO), 7.31 - 7.35 (2 H, m, *meta*-H in PhO), 9.14 (1 H, s, NH)

^{13}C-NMR (100.5 MHz, [D$_6$]DMSO, δ = 39.50 ppm):

δ (ppm) = 67.02 (PhO*C*H$_2$), 108.05 (=CH$_2$), 114.76 (2 C, *ortho*-C in PhO), 121.59 (*para*-C in PhO), 129.63 (2 C, *meta*-C in PhO), 132.07 (R$_2$***C***=CH$_2$), 157.32 (*ipso*-C in PhO), 164.72 und 167.09 (2 × C=O)[84]

IR (KBr):

$\tilde{\nu}$ (cm^{-1}) = 3363, 2916, 1707, 1652, 1626, 1599, 1544, 1499, 1424, 1376, 1316, 1290, 1248, 1183, 1086, 1071, 929, 884, 859, 750, 691, 610

EI-MS (70 eV, 160 °C):

m/z (%) = 222 (10) [M$^+$+ 1], 221 (81) [M$^+$], 108 (12), 107 (51), 100 (55), 94 (65), 82 (17), 79 (21), 78 (16), 77 (100), 65 (16), 54 (23), 51 (26), 44 (10), 42 (22), 41 (18), 39 (18)

$C_{11}H_{11}NO_4$ (221.21):

ber.: C 59.73 H 5.01 N 6.33

gef.: C 59.49 H 4.97 N 6.43

84 Zuordnung durch C,H-COSY bestätigt

2-(Acetylamino)acrylsäure (3c)

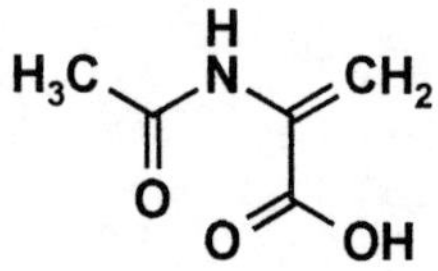

Der Vorschrift AV 1 folgend, werden 5.91 g (0.10 mol) Acetamid (**1c**) 6 h in 80 ml Trichlorethen mit 31.70 g (0.36 mol) Brenztraubensäure (**2**) umgesetzt. Nach dem Abkühlen und Stehenlassen bei Raumtemperatur über Nacht werden die weiß-gelben und mit Zersetzungsprodukten der Brenztraubensäure verklumpten Kristalle des Rohprodukts abfiltriert und wiederholt mit eisgekühltem Aceton gewaschen sowie dann aus dem gleichen Lösungsmittel umkristallisiert. Die reinweißen Kristalle der derivatisierten Acrylsäure **3c** erhält man nach Trocknung im Vakuum.

Eigenschaften: weißes Pulver

Ausbeute: 8.50 g (66 %)

Schmp.: 193 °C (Zers.; Lit.[85]: 196 - 198 °C, Zers.)

UV (CH_3OH):

λ_{max} (lg ε) = 240.4 nm (3.735), 200.6 (4.164)

[85] Wieland, T.; Ohnacker, G.; Ziegler, W. *Chem. Ber.* **1957**, *90*, 194 - 201

^{1}H-NMR (400 MHz, [D_6]DMSO, int. TMS):

δ (ppm) = 2.03 (3 H, s, CH_3CO), 5.67 (1 H, s, H in $=CH_2$), 6.24 (1 H, s, H′ in $=CH_2$), 9.03 (1 H, s, NH)

^{13}C-NMR (100.5 MHz, [D_6]DMSO, δ = 39.50 ppm):

δ (ppm) = 23.72 (*C*H_3CO), 107.75 ($=CH_2$), 133.19 (R_2*C*$=CH_2$), 164.95 und 169.21 (2 × C=O)

IR (KBr):

$\tilde{\nu}$ (cm^{-1}) = 3341, 2816, 2542, 1831, 1714, 1636, 1612, 1540, 1376, 1299, 1277, 1193, 1038, 976, 905, 838, 809, 740, 697

EI-MS (70 eV, 140 °C):

m/z (%) = 129 (45) [M^+], 111 (38), 87 (100), 43 (84), 42 (55), 41 (52), 40 (10)

HR-MS ($C_5H_7NO_3$):

ber.: 129.0426
gem.: 129.0422

$C_5H_7NO_3$ (129.12):

ber.: C 46.51 H 5.46 N 10.85
gef.: C 46.54 H 5.44 N 10.75

2-(Benzyloxycarbonylamino)acrylsäure (3d)

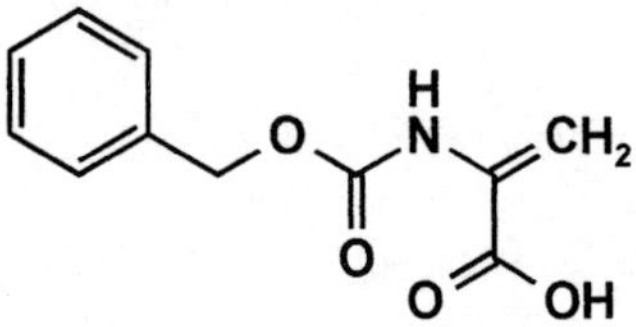

15.12 g (0.10 mol) Benzylcarbamat (**1d**) werden nach AV 1 in 450 ml Trichlorethen 7 h lang mit 26.42 g (0.30 mol) Brenztraubensäure (**2**) umgesetzt. Nach dem Abkühlen wird das Lösungsmittel zur Trockene eingeengt, der festgewordene Rückstand mit 150 ml Wasser versetzt und mit *tert.*-Butylmethylether (3 × 150 ml) extrahiert. Die vereinigten Etherauszüge werden ihrerseits mit 5%iger $NaHCO_3$-Lösung (3 × 150 ml) extrahiert. Restlicher, in der Wasserphase noch vorhandener Ether wird durch wiederholtes kurzes Evakuieren entfernt. Unter Eiskühlung wird nun die wäßrige Lösung tropfenweise mit 2 M HCl bis zu einem genauen pH-Wert von 3.5 angesäuert, was eine Ausfällung des blaßgelben Rohprodukts zur Folge hat.

Diese wird durch etwa 3stündiges Kühlen im Eisbad vervollständigt, der Niederschlag abfiltriert und mit wenig Eiswasser gewaschen. Zur reinen Säure **3d** gelangt man nach ihrer etwa einwöchigen Trocknung im Vakuum über Blaugel.

Eigenschaften:	weiße, kristalline Substanz
Ausbeute:	6.24 g (28 %)
Schmp.:	115 °C (Lit.[86]: 119 °C, Zers.)

86 Wieland, T.; Ohnacker, G.; Ziegler, W. *Chem. Ber.* **1957**, *90*, 194 - 201

UV (CH_3OH):

λ_{max} (lg ε) = 264.0 nm (3.450), 201.2 (4.367)

^{1}H-NMR (400 MHz, [D_6]DMSO, int. TMS):

δ (ppm) = 5.12 (2 H, s, PhC***H***$_2$), 5.63 (1 H, s, H in =CH_2), 5.86 (1 H, s, H′ in =CH_2), 7.31 - 7.42 (5 H, m, Ph), 8.45 (1 H, s, NH)

^{13}C-NMR (100.5 MHz, [D_6]DMSO, int. TMS):

δ (ppm) = 65.88 (Ph***C***H_2), 106.56 (=CH_2), 127.73 (2 C, 2 × *ortho*-C oder 2 × *meta*-C in PhCH_2), 127.91 (*para*-C in PhCH_2), 128.34 (2 C, 2 × *ortho*- / 2 × *meta*-C in PhCH_2), 133.48 (R_2***C***=CH_2), 136.38 (*ipso*-C in PhCH_2), 153.29 (PhCH_2O***C***=O), 164.70 (COOH)

IR (KBr):

$\tilde{\nu}$ (cm^{-1}) = 3425, 3325, 3275, 3050, 1740, 1700, 1550, 1500, 1440, 1400, 1340, 1280, 1220, 1140, 1070, 960, 910, 780, 750, 730, 700, 620

EI-MS (70 eV, 280 °C):

m/z (%) = 221 (11) [M^+], 159 (14), 152 (11), 151 (87), 109 (17), 108 (93), 107 (71), 105 (11), 92 (65), 91 (100), 90 (55), 89 (27), 79 (60), 78 (11), 77 (36), 65 (38), 44 (11)

HR-MS ($C_{11}H_{11}NO_4$):

ber.: 221.068808

gem.: 221.069504

2-(2-Chloracetylamino)acrylsäure (3e)

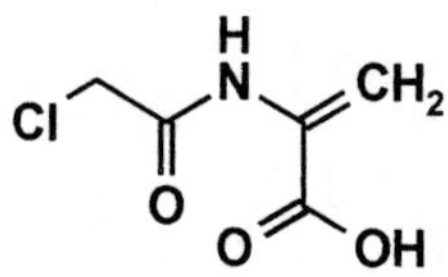

Entsprechend AV 1 werden 9.35 g (0.10 mol) 2-Chloracetamid (**1e**) 10 h lang in 400 ml Trichlorethen mit 31.70 g (0.36 mol) Brenztraubensäure (**2**) umgesetzt. Die beim Stehenlassen bei Raumtemperatur über Nacht gebildeten Kristalle werden gesammelt, mit Wasser gewaschen und in 35 ml kaltem Aceton, soweit löslich, aufgenommen. Die erhaltene Suspension wird filtriert und das Filtrat zur Trockene eingeengt. Der Rückstand liefert nach Umkristallisation aus Aceton weiße Kristalle der reinen Säure **3e**, die im Vakuum getrocknet werden.

Eigenschaften: weißer, kristalliner Feststoff

Ausbeute: 3.59 g (22 %)

Schmp.: ab ca. 110 °C Sintern

^{1}H-NMR (400 MHz, [D$_6$]DMSO, int. TMS):

δ (ppm) = 4.33 (2 H, s, $ClCH_2CO$), 5.80 (1 H, s, H in $=CH_2$), 6.35 (1 H, s, H′ in $=CH_2$), 9.40 (1 H, s, NH)

^{13}C-NMR (100.5 MHz, [D$_6$]DMSO, δ = 39.50 ppm):

δ (ppm) = 43.12 (Cl$\boldsymbol{C}$H$_2$CO), 108.94 ($=CH_2$), 132.55 (R$_2$$\boldsymbol{C}$=CH$_2$), 164.62 und 165.44 (2 × C=O)

IR (KBr):

$\tilde{\nu}$ (cm^{-1}) = 3375, 3325, 3175, 1720, 1670, 1530, 1440, 1400, 1310, 1260, 1240, 1180, 1100, 930, 790, 770, 730, 650

EI-MS (70 eV, 90 °C):

m/z (%) = 163 (30) [M$^+$], 147 (14), 145 (43), 87 (100), 79 (10), 77 (32), 68 (11), 51 (10), 49 (29), 45 (13), 42 (48), 41 (54), 40 (12)

HR-MS ($C_5H_6ClNO_3$):

ber.: 163.003621

gem.: 163.002583

2-(2-Iodacetylamino)acrylsäure (3f)

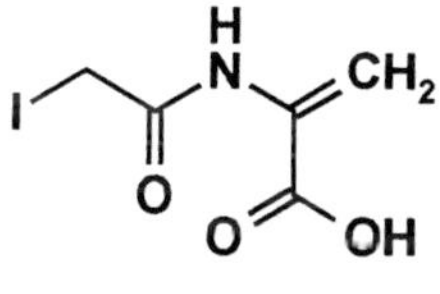

AV 1 bildet in abgewandelter Form die Grundlage für die folgende Synthese.

Unter Ausschluß von Sauerstoff werden im Stickstoffstrom 18.50 g (0.10 mol) 2 Iodacetamid (**1f**) 6 h lang unter Zusatz von ca. 1 g des Antioxidans α-Tocopherol in 570 ml entgastem Trichlorethen mit 35.22 g (0.40 mol) Brenztraubensäure (**2**) kondensiert.

Aus dem Ansatz scheiden sich beim Abkühlen unter Inertgasdruck weiß-gelbe, mit Zersetzungsprodukten der Brenztraubensäure verunreinigte Kristalle sowie ein geschwärzter, sirupöser Bodensatz ab. Die Kristalle werden durch Filtration gesammelt, gründlich mit Chloroform und mit wenig Eiswasser gewaschen sowie aus letzterem umkristallisiert. **3f** bildet aus Wasser bernsteinfarbene, analytisch reine Kristalle, die einige Tage im Vakuum über Blaugel getrocknet werden.

Eigenschaften: dicke, transparente, bernsteinfarbene Kristallnadeln

Ausbeute: 5.62 g (22 %)

Schmp.: 155 °C (Zers.)

UV (CH_3OH):

λ_{max} (lg ε) = 255.4 nm (4.006), 200.2 (4.471)

^{1}H-NMR (400 MHz, [D_6]DMSO, int. TMS):

δ (ppm) = 3.96 (2 H, s, ICH_2CO), 5.74 (1 H, s, H in $=CH_2$), 6.30 (1 H, s, H′ in $=CH_2$), 9.50 (1 H, s, NH)

^{13}C-NMR (100.5 MHz, [D_6]DMSO, δ = 39.50 ppm):

δ (ppm) = 1.33 ($I\mathit{C}H_2CO$), 108.71 ($=CH_2$), 133.01 ($R_2\boldsymbol{C}=CH_2$), 164.65 und 167.57 (2 × C=O)

IR (KBr):

$\tilde{\nu}$ (cm^{-1}) = 3361, 3030, 2971, 2677, 1703, 1645, 1529, 1445, 1425, 1318, 1245, 1183, 1097, 984, 967, 928, 877, 836, 802, 710, 689, 654

EI-MS (70 eV, 160 °C):

m/z (%) = 169 (30) [M^{+}– NHC(COOH)=CH_2], 168 (11), 141 (24), 129 (10), 128 (100) [M^{+}– I], 127 (24), 110 (15), 87 (37) [(M^{+}+ 1) – ICH_2CO], 42 (34), 41 (44)

$C_5H_6INO_3$ (255.01):

ber.: C 23.55 H 2.37 N 5.49

gef.: C 23.56 H 2.53 N 5.71

D-Penicillaminmethylester (4a) -hydrochlorid

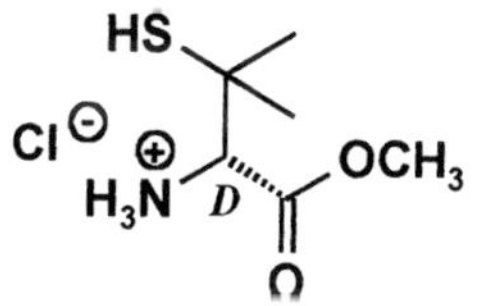

3.73 g (25 mmol) D-Penicillamin (**7a**) werden nach AV 3 verestert und aus ca. 120 ml *tert.*-Butanol umkristallisiert. Die Vakuumtrocknung hinterläßt das Hydrochlorid des weißen, kristallinen Methylesters **4a**.

Eigenschaften: farblose Kristallnadeln

Ausbeute: 3.88 g (78 %, Lit.[87]: 60%)

Schmp.: 187 °C (Lit. [87]: 188 - 189.5 °C)

$[\alpha]_D^{20}$ = – 18.0 (c = 1.00, Methanol)

---

[87] Wolfe, S.; Bowers, R. J.; Hasan, S. K.; Kazmaier, P. M. *Can. J. Chem.* **1981**, *59*, 406 - 421

^{1}H-NMR (400 MHz, D_2O, ext. TMS):

δ (ppm) = 1.51 (3 H, s, CH_3), 1.57 (3 H, s, CH'_3), 3.89 (3 H, s, $COOCH_3$), 4.22 (1 H, s, C*H*$COOCH_3$)

^{13}C-NMR (100.5 MHz, D_2O, ext. TMS):

δ (ppm) = 29.11 (CH_3), 31.03 ($C'H_3$), 45.10 [*C*$(CH_3)_2$][88], 55.00 (COO*C*H_3), 64.08 (*C*$HCOOCH_3$), 169.71 (C=O)

IR (KBr):

$\tilde{\nu}$ (cm^{-1}) = 3432, 2924, 2480, 1741, 1576, 1507, 1438, 1374, 1312, 1241, 1095

EI-MS (70 eV, 190 °C):

m/z (%) = 164 (5) [$M^+ - Cl^-$], 130 (16), 104 (78), 98 (26), 90 (42), 89 (100), 88 (67), 87 (64), 76 (14), 75 (69), 74 (70), 71 (39), 70 (55), 60 (27), 59 (32), 57 (50), 56 (35), 53 (13), 47 (20), 43 (28), 42 (12), 41 (35), 38 (26), 36 (38), 33 (27)

HR-MS ($C_6H_{13}NO_2S$)[89]:

ber.: 163.066701

gem.: 163.060944

---

88 Geringe Intensität

89 Massenfeinbestimmung nicht auf das Hydrochlorid berechnet

L-Penicillaminmethylester (4b) -hydrochlorid

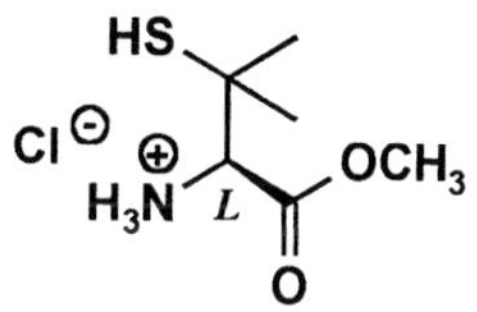

Die Veresterung von 3.73 g (25 mmol) L-Penicillamin (**7b**) richtet sich nach AV 3. Nach Umkristallisation des Rohprodukts aus ca. 120 ml *tert.*-Butanol resultiert das Hydrochlorid des weißen, kristallinen Methylesters **4b**, welches im Vakuum getrocknet wird.

Eigenschaften: farblose Kristallnadeln

Ausbeute: 3.98 g (80 %)

Schmp.: 188 °C

$[\alpha]_D^{20}$ = + 18.3 (c = 1.00, Methanol)

^{1}H-NMR (400 MHz, D_2O, ext. TMS):

δ (ppm) = 1.56 (3 H, s, CH_3), 1.62 (3 H, s, CH'_3), 3.94 (3 H, s, $COOCH_3$), 4.27 (1 H, s, $C\mathbf{\mathit{H}}COOCH_3$)

^{13}C-NMR (100.5 MHz, D_2O, ext. TMS):

δ (ppm) = 30.71 (CH_3), 32.62 ($C'H_3$), 46.68 [$\mathit{C}(CH_3)_2$][90], 56.59 ($COO\mathit{C}H_3$), 65.65 ($\mathit{C}HCOOCH_3$), 171.25 (C=O)

---

[90] Geringe Intensität

IR (KBr):

$\tilde{\nu}$ (cm^{-1}) = 3431, 2923, 2478, 1741, 1576, 1511, 1437, 1395, 1373, 1313, 1244, 1182, 1097, 971

EI-MS (70 eV, 230 °C):

m/z (%) = 164 (5) [M^{+}– Cl^{-}], 130 (16), 105 (10), 104 (79), 98 (23), 90 (39), 89 (100), 88 (68), 87 (63), 77 (11), 76 (14), 75 (69), 74 (71), 71 (38), 70 (52), 60 (24), 59 (28), 57 (49), 56 (33), 53 (11), 47 (17), 43 (28), 42 (10), 41 (35), 38 (26), 36 (37), 33 (17)

HR-MS ($C_6H_{13}NO_2S$)[91]:

ber.: 163.066701

gem.: 163.066013

Methyl[*(3S,6S)*-2,2-dimethyl-5-oxo-6-(2-phenylacetylamino)-perhydro-1,4-thiazepin-3-carboxylat] (5a)

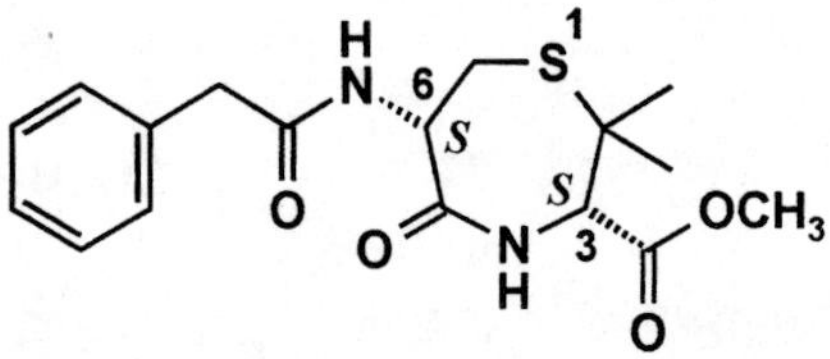

3.08 g (15 mmol) 2-(2-Phenylacetylamino)acrylsäure (**3a**) werden mit 3.00 g (15 mmol) D-Penicillaminmethylester (**4a**) -hydrochlorid nach AV 4 und in

91 Massenfeinbestimmung nicht auf das Hydrochlorid berechnet

Anlehnung an eine Vorschrift von *Leonard* und *Wilson*[92] umgesetzt. Als Lösungsmittel dient Acetonitril (100 ml). Das so von **5a** erhaltene Rohprodukt wird zweimal aus wasserfreiem Ethanol umkristallisiert, wobei sich die Ausbeute durch wiederholtes Einengen der Mutterlaugen erhöht.

Eigenschaften: farblose Kristallnadeln

Ausbeute: 2.60 g (49 %)

Schmp.: 171 °C (Lit. [92]: 171 - 174 °C)

$[\alpha]_D^{20}$ = – 37.9 (c = 1.00, Methanol)

CD (CH_3OH):

$\lambda_{max/min}$ ($\Delta\varepsilon$) = 245.0 nm (2.079 L ·mol^{-1}·cm^{-1}), 216.0 (– 14.132), 198.5 (17.112)

CD (CF_3CH_2OH):

$\lambda_{max/min}$ ($\Delta\varepsilon$) = 244.0 nm (2.881 L ·mol^{-1}·cm^{-1}), 212.0 (– 11.969), 194.0 (18.104)

UV (CH_3OH):

λ_{max} (lg ε) = 207.8 nm (4.104)

UV (CH_2Cl_2):

λ_{max} (lg ε) = 230.6 nm (3.050)

92 Leonard, N. J.; Wilson, G. E. *J. Am. Chem. Soc.* **1964**, *86*, 5307 - 5316

UV-VIS (CF_3CH_2OH):

λ_{max} (lg ε) = 192.5 nm (3.361)

^{1}H-NMR (400 MHz, $CDCl_3$, int. TMS):

δ (ppm) = 1.28 (3 H, s, 2-CCH_3), 1.33 (3 H, s, 2-CCH'_3), 2.71 - 2.77 (1 H, dd, $^2J_{7\text{-Hax., 7-Heq.}}$ = 14.8 Hz, $^3J_{7\text{-Hax., 6-Hax.}}$ = 8.9 Hz, $H_{ax.}$ in 7-CH_2S), 2.89 - 2.93 (1 H, dd, $^2J_{7\text{-Heq., 7-Hax.}}$ = 14.8 Hz, $^3J_{7\text{-Heq., 6-Hax.}}$ = 3.5 Hz, $H_{eq.}$ in 7-CH_2S), 3.58 (2 H, s, $PhC\boldsymbol{H}_2$), 3.80 (3 H, s, $COOCH_3$), 4.58 (1 H, d, $^3J_{3\text{-H, NH}}$ = 7.6 Hz, 3-C***H***$COOCH_3$), 4.83 - 4.87 (1 H, ddd, $^3J_{6\text{-Hax., 7-Hax.}}$ = 8.9 Hz, $^3J_{6\text{-Hax., NH}}$ = 5.6 Hz, $^3J_{6\text{-Hax., 7-Heq.}}$ = 3.5 Hz, 6-$C\boldsymbol{H}_{ax.}$NHCOR), 6.34 (1 H, d, $^3J_{\text{NH, 3-H}}$ = 7.6 Hz, 3-CHN***H***CO), 7.00 (1 H, d, $^3J_{\text{NH, 6-Hax.}}$ = 5.6 Hz, 6-$CH_{ax.}$N***H***COR), 7.25 - 7.36 (5 H, m, Ph)

^{13}C-NMR (100.5 MHz, $CDCl_3$, δ = 77.00 ppm):

δ (ppm) = 22.07 [1 C, 2-C($\boldsymbol{C}H_3)_2$, cis zu $COOCH_3$], 26.32 [1 C, 2-C($\boldsymbol{C}H_3)_2$, trans zu $COOCH_3$], 29.44 (7-CH_2S), 43.48 (Ph$\boldsymbol{C}H_2$), 44.65 [2-***C***$(CH_3)_2$], 52.74 (COO$\boldsymbol{C}H_3$), 54.34 (6-***C***HNHCOR), 65.28 (3-***C***$HCOOCH_3$), 127.27 (*para*-C in $PhCH_2$), 128.87 (2 C, 2 × *ortho*-C oder 2 × *meta*-C in $PhCH_2$) und 129.16 (2 C, 2 × *ortho*- / 2 × *meta*-C in $PhCH_2$), 134.45 (*ipso*-C in $PhCH_2$), 169.07, 170.29 und 171.09 (3 × C=O)[93]

---

93 Zuordnungen durch C,H-COSY, DEPT und ^{13}C-NOE bestätigt

IR (KBr):

$\tilde{\nu}$ (cm^{-1}) = 3358, 3262, 2970, 1720, 1690, 1654, 1495, 1455, 1428, 1404, 1275, 1260, 1036, 746, 717, 693, 649

EI-MS (70 eV, 150 °C):

m/z (%) = 350 (5) [M$^+$], 317 (11), 215 (15), 162 (16), 161 (18), 128 (16), 118 (53), 99 (12), 92 (12), 91 (100), 90 (12), 70 (14), 65 (15), 59 (14), 44 (12), 43 (14), 41 (14), 39 (12)

HR-MS ($C_{17}H_{22}N_2O_4S$):

ber.: 350.1300

gem.: 350.1288

$C_{17}H_{22}N_2O_4S$ (350.44):

ber.: C 58.27 H 6.33 N 7.99 S 9.15

gef.: C 58.16 H 6.43 N 7.82 S 9.05

Methyl[(*3R,6R*)-2,2-dimethyl-5-oxo-6-(2-phenylacetylamino)-perhydro-1,4-thiazepin-3-carboxylat] (5b)

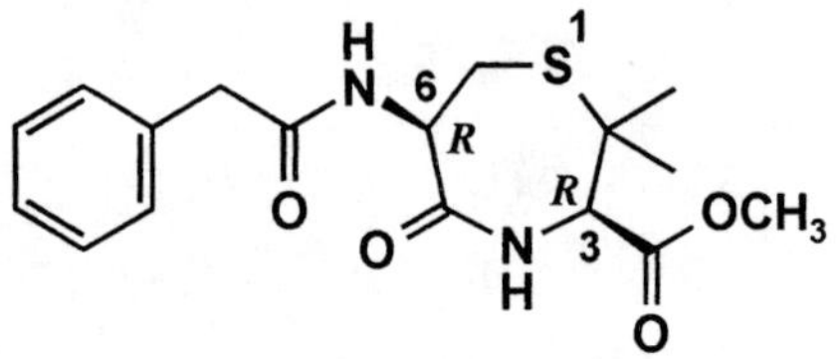

Die Reaktion von 3.08 g (15 mmol) 2-(2-Phenylacetylamino)acrylsäure (**3a**) mit 3.00 g (15 mmol) L-Penicillaminmethylester (**4b**) -hydrochlorid nach AV 4 in 100 ml Acetonitril liefert **5b**, das wie zuvor bei **5a** beschrieben, zweimal aus wasserfreiem Ethanol umkristallisiert wird.

Eigenschaften: farblose Kristallnadeln

Ausbeute: 2.58 g (49 %)

Schmp.: 171 °C

$[\alpha]_D^{20}$ = + 37.6 (c = 1.00, Methanol)

CD (CH_3OH):

$\lambda_{max/min}$ ($\Delta\varepsilon$) = 245.0 nm (– 1.345 L $\cdot mol^{-1} \cdot cm^{-1}$), 216.5 (14.234), 195.0 (– 16.162)

CD (CF_3CH_2OH):

$\lambda_{max/min}$ ($\Delta\varepsilon$) = 241.0 nm (– 2.476 L $\cdot mol^{-1} \cdot cm^{-1}$), 213.0 (11.672), 194.0 (– 15.914)

UV (CH_3OH):

λ_{max} (lg ε) = 206.4 nm (4.128)

^{1}H-NMR (400 MHz, $CDCl_3$, int. TMS):

δ (ppm) = 1.28 (3 H, s, 2-CCH_3), 1.33 (3 H, s, 2-CCH'_3), 2.71 - 2.77 (1 H, dd, $^2J_{7\text{-Hax.}, 7\text{-Heq.}}$ = 14.9 Hz, $^3J_{7\text{-Hax.}, 6\text{-Hax.}}$ = 8.8 Hz, $H_{ax.}$ in 7-CH_2S), 2.89 - 2.94 (1 H, dd, $^2J_{7\text{-Heq.}, 7\text{-Hax.}}$ = 14.9 Hz, $^3J_{7\text{-Heq.}, 6\text{-Hax.}}$ = 3.6 Hz, $H_{eq.}$ in 7-CH_2S), 3.58 (2 H, s, PhC***H***$_2$), 3.79 (3 H, s, $COOCH_3$), 4.58 (1 H, d, $^3J_{3\text{-H, NH}}$ = 7.6 Hz, 3-C***H***$COOCH_3$), 4.84 - 4.88 (1 H, ddd, $^3J_{6\text{-Hax.}, 7\text{-Hax.}}$ = 8.9 Hz, $^3J_{6\text{-Hax.}, NH}$ = 5.7 Hz, $^3J_{6\text{-Hax.}, 7\text{-Heq.}}$ = 3.5 Hz, 6-C***H***$_{ax.}$NHCOR), 6.39 (1 H, d, $^3J_{NH, 3\text{-H}}$ = 7.6 Hz, 3-CHN***H***CO), 7.05 (1 H, d, $^3J_{NH, 6\text{-Hax.}}$ = 5.6 Hz, 6-$CH_{ax.}$N***H***COR), 7.25 - 7.35 (5 H, m, Ph)

^{13}C-NMR (100.5 MHz, $CDCl_3$, δ = 77.00 ppm):

δ (ppm) = 22.05 [1 C, 2-C(***C***H_3)$_2$, cis zu $COOCH_3$], 26.29 [1 C, 2-C(***C***H_3)$_2$, trans zu $COOCH_3$], 29.40 (7-CH_2S), 43.41 (Ph***C***H_2), 44.66 [2-***C***$(CH_3)_2$], 52.71 (COO***C***H_3), 54.26 (6-***C***HNHCOR), 65.20 (3-***C***$HCOOCH_3$), 127.21 (*para*-C in $PhCH_2$), 128.82 (2 C, 2 × *ortho*-C oder 2 × *meta*-C in $PhCH_2$) und 129.12 (2 C, 2 × *ortho*- / 2 × *meta*-C in $PhCH_2$), 134.44 (*ipso*-C in $PhCH_2$), 169.03, 170.30 und 171.09 (3 × C=O)

IR (KBr):

$\tilde{\nu}$ (cm^{-1}) = 3359, 3262, 2972, 1720, 1690, 1658, 1495, 1428, 1404, 1275, 1260, 1036, 745, 719, 694, 649

EI-MS (70 eV, 170 °C):

m/z (%) = 350 (18) [M^+], 317 (20), 216 (18), 215 (34), 199 (13), 162 (33), 161 (30), 136 (14), 130 (11), 129 (11), 128 (29), 118 (70), 99 (17), 92 (17), 91 (100), 90 (10), 74 (10), 70 (16), 65 (13), 59 (15), 55 (11), 44 (12), 43 (17), 41 (10)

HR-MS ($C_{17}H_{22}N_2O_4S$):

ber.: 350.1300

gem.: 350.1301

$C_{17}H_{22}N_2O_4S$ (350.44):

ber.: C 58.27 H 6.33 N 7.99 S 9.15

gef.: C 58.16 H 6.38 N 7.96 S 9.07

Methyl[*(3R,6R)*-5-oxo-6-(2-phenylacetylamino)perhydro-1,4-thiazepin-3-carboxylat] (5c)

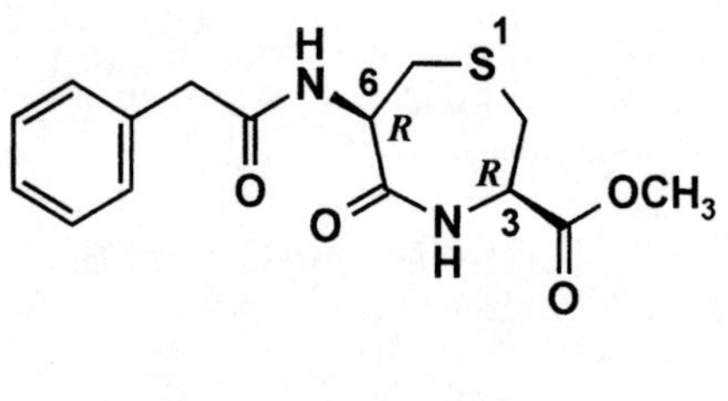

Das Rohprodukt von **5c** erhält man gemäß AV 4 aus der Reaktion von 3.08 g (15 mmol) 2-(2-Phenylacetylamino)acrylsäure (**3a**) mit 2.56 g (15 mmol)

L-Cysteinmethylester (**4c**) -hydrochlorid in 100 ml Acetonitril. Zur Reinigung wird zweimal aus wasserfreiem Ethanol umkristallisiert.

Eigenschaften: weißer pulveriger Feststoff

Ausbeute: 1.18 g (24 %)

Schmp.: 200 - 202 °C (Zers.)

$[\alpha]_D^{20}$ = + 5.3 (*c* = 1.00, DMSO)

CD (CH_3OH):

$\lambda_{max/min}$ ($\Delta\varepsilon$) = 241.0 nm (– 3.949 L·mol^{-1}·cm^{-1}), 212.0 (6.405), 195.5 (– 11.151)

CD (CF_3CH_2OH):

$\lambda_{max/min}$ ($\Delta\varepsilon$) = 239.0 nm (– 4.530 L·mol^{-1}·cm^{-1}), 207.0 (6.672), 194.0 (– 10.076)

UV (CH_3OH):

λ_{max} (lg ε) = 206.0 nm (4.109)

^{1}H-NMR (400 MHz, [D$_6$]DMSO, int. TMS):

δ (ppm) = 2.60 - 2.66 (1 H, dd, $^2J_{7\text{-Hax., 7-Heq.}}$ = 14.4 Hz, $^3J_{7\text{-Hax., 6-Hax.}}$ = 8.8 Hz, H$_{ax.}$ in 7-CH$_2$S), 2.65 - 2.71 (1 H, dd, $^2J_{2\text{-Hax., 2-Heq.}}$ = 14.1 Hz, $^3J_{2\text{-Hax., 3-Hax.}}$ = 9.6 Hz, H$_{ax.}$ in 2-CH$_2$S), 2.69 - 2.73 (1 H, dd, $^2J_{7\text{-Heq., 7-Hax.}}$ = 14.3 Hz, $^3J_{7\text{-Heq., 6-Hax.}}$ = 3.6 Hz, H$_{eq.}$ in 7-CH$_2$S), 3.01 - 3.05 (1 H, dd, $^2J_{2\text{-Heq., 2-Hax.}}$ = 14.0 Hz, $^3J_{2\text{-Heq., 3-Hax.}}$ = 1.4 Hz, H$_{eq.}$ in 2-CH$_2$S),

3.54 (2 H, d, $^4J_{CHH', NH}$ = 1.7 Hz, PhC***H***$_2$), 3.72 (3 H, s, $COOCH_3$), 4.71 - 4.75 (1 H, ddd, $^3J_{3\text{-Hax.}, 2\text{-Hax.}}$ = 9.5 Hz, $^3J_{3\text{-Hax.}, NH}$ = 7.2 Hz, $^3J_{3\text{-Hax.}, 2\text{-Heq.}}$ = 2.1 Hz, 3-C***H***$_{ax.}$COOCH$_3$), 4.82 - 4.87 (1 H, ddd, $^3J_{6\text{-Hax.}, 7\text{-Hax.}}$ = 8.7 Hz, $^3J_{6\text{-Hax.}, NH}$ = 7.0 Hz, $^3J_{6\text{-Hax.}, 7\text{-Heq.}}$ = 3.4 Hz, 6-C***H***$_{ax.}$NHCOR), 7.20 - 7.31 (5 H, m, Ph), 7.46 (1 H, d, $^3J_{NH, 3\text{-Hax.}}$ = 7.0 Hz, 3-CH$_{ax.}$N***H***CO), 8.17 (1 H, d, $^3J_{NH, 6\text{-Hax.}}$ = 6.8 Hz, 6-CH$_{ax.}$N***H***COR)

^{13}C-NMR (100.5 MHz, [D$_6$]DMSO, δ = 39.50 ppm):

δ (ppm) = 29.70 und 32.17 (7-CH$_2$S und 2-CH$_2$S), 41.87 (Ph***C***H$_2$), 52.73 und 57.08 (6-***C***HNHCOR und 3-***C***HCOOCH$_3$), 54.08 (COO***C***H$_3$), 126.27 (*para*-C in PhCH$_2$), 128.10 (2 C, 2 × *ortho*-C oder 2 × *meta*-C in PhCH$_2$) und 128.97 (2 C, 2 × *ortho*- / 2 × *meta*-C in PhCH$_2$), 136.08 (*ipso*-C in PhCH$_2$), 169.34, 169.45 und 171.45 (3 × C=O)

IR (KBr):

$\tilde{\nu}$ (cm^{-1}) = 3340, 1747, 1669, 1646, 1522, 1497, 1442, 1414, 1303, 1262, 1237, 1020, 725, 695, 608

EI-MS (70 eV, 210 °C):

m/z (%) = 322 (9) [M$^+$], 188 (36), 187 (21), 136 (8), 128 (33), 118 (42), 102 (7), 100 (11), 92 (24), 91 (100), 90 (8), 88 (8)

HR-MS ($C_{15}H_{18}N_2O_4S$):

ber.: 322.0987

gem.: 322.0988

$C_{15}H_{18}N_2O_4S$ (322.38):

ber.:	C 55.89	H 5.63	N 8.69	S 9.95
gef.:	C 55.50	H 5.76	N 8.61	S 9.80

Ethyl[*(3R,6R)*-5-oxo-6-(2-phenylacetylamino)perhydro-1,4-thiazepin-3-carboxylat] (5d)

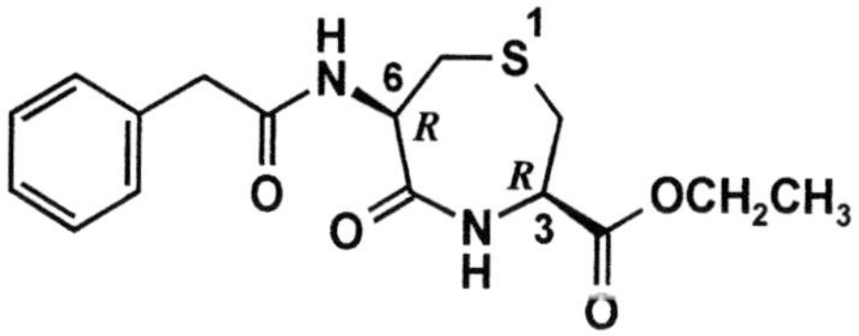

Entsprechend AV 4 reagieren 3.08 g (15 mmol) 2-(2-Phenylacetylamino)acrylsäure (**3a**) mit 2.79 g (15 mmol) L-Cysteinethylester (**4d**) -hydrochlorid in 100 ml Acetonitril. Das isolierte Rohprodukt liefert nach zweimaliger Umkristallisation aus wasserfreiem Ethanol reines **5d**.

Eigenschaften: farblose Kristallnadeln

Ausbeute: 1.69 g (34 %)

Schmp.: 159 °C

$[\alpha]_D^{20}$ = – 13.8 (c = 1.00, Methanol)

CD (CH_3OH):

$\lambda_{max\,/\,min}$ ($\Delta\varepsilon$) = 239.5 nm (– 5.053 L $\cdot mol^{-1} \cdot cm^{-1}$), 209.0 (8.306), 199.5 (– 7.268)

CD (CF_3CH_2OH):

$\lambda_{max\,/\,min}$ ($\Delta\varepsilon$) = 239.5 nm (– 4.917 L $\cdot mol^{-1} \cdot cm^{-1}$), 206.0 (9.200), 191.5 (– 13.069)

UV (CH_3OH):

λ_{max} (lg ε) = 206.6 nm (4.148)

UV-VIS (CF_3CH_2OH):

λ_{max} (lg ε) = 191.5 nm (3.436)

^{1}H-NMR (400 MHz, $CDCl_3$, int. TMS):

δ (ppm) = 1.32 (3 H, t, ^3J = 7.1 Hz, $COOCH_2C\boldsymbol{H}_3$), 2.64 - 2.72 (2 H, 2 × dd, $^2J_{2\text{-Hax., 2-Heq.}}$ = $^2J_{7\text{-Hax., 7-Heq.}}$ = 14.3 Hz, $^3J_{2\text{-Hax., 3-Hax.}}$ = $^3J_{7\text{-Hax., 6-Hax.}}$ = 9.4 Hz, $H_{ax.}$ in 2-CH_2S und $H_{ax.}$ in 7-CH_2S)[94], 2.80 - 2.84 (1 H, dd, $^2J_{7\text{-Heq., 7-Hax.}}$ = 14.2 Hz, $^3J_{7\text{-Heq., 6-Hax.}}$ < 1 Hz, $H_{eq.}$ in 7-CH_2S)[95], 2.97 - 3.01 (1 H, dd, $^2J_{2\text{-Heq., 2-Hax.}}$ = 14.4 Hz, $^3J_{2\text{-Heq., 3-Hax.}}$ < 1 Hz, $H_{eq.}$ in 2-CH_2S)[96], 3.58 (2 H, s, $PhC\boldsymbol{H}_2$), 4.28 (2 H, q, ^3J = 7.1 Hz, $COOC\boldsymbol{H}_2CH_3$), 4.49 - 4.53 (1 H, ddd, $^3J_{3\text{-Hax., 2-Hax.}}$ = 9.5 Hz, $^3J_{3\text{-Hax., NH}}$ = 5.5 Hz, $^3J_{3\text{-Hax., 2-Heq.}}$ = 1.1 Hz, 3-$C\boldsymbol{H}_{ax.}COOCH_2CH_3$), 4.79 - 4.83 (1 H, ddd, $^3J_{6\text{-Hax., 7-Hax.}}$

---

94 Zuordnung durch Vergleich mit dem Methylester **5c** getroffen

95 dto.

96 dto.

= 9.6 Hz, $^3J_{6\text{-Hax.}, NH}$ = 5.8 Hz, $^3J_{6\text{-Hax.}, 7\text{-Heq.}}$ = 1.9 Hz, 6-C***H***$_{ax.}$NHCOR), 6.70 (1 H, d, $^3J_{NH, 3\text{-Hax.}}$ = 5.4 Hz, 3-CH$_{ax.}$N***H***CO), 7.04 (1 H, d, $^3J_{NH, 6\text{-Hax.}}$ = 5.5 Hz, 6-CH$_{ax.}$N***H***COR), 7.25 - 7.36 (5 H, m, Ph)[97]

^{13}C-NMR (100.5 MHz, $CDCl_3$, δ = 77.00 ppm):

δ (ppm) = 13.98 (COOCH$_2$***C***H$_3$), 30.74 und 34.07 (7-CH$_2$S und 2-CH$_2$S), 43.44 (Ph***C***H$_2$), 56.05 (6-***C***HNHCOR), 63.00 (3-***C***HCOOCH$_2$CH$_3$), 58.83 (COO***C***H$_2$CH$_3$), 127.20 (*para*-C in PhCH$_2$), 128.80 (2 C, 2 × *ortho*-C oder 2 × *meta*-C in PhCH$_2$) und 129.13 (2 C, 2 × *ortho*- / 2 × *meta*-C in PhCH$_2$), 134.46 (*ipso*-C in PhCH$_2$), 168.98, 170.17 und 171.77 (3 × C=O)

IR (KBr):

$\tilde{\nu}$ (cm^{-1}) = 3340, 2939, 2899, 1742, 1671, 1647, 1521, 1497, 1463, 1416, 1304, 1263, 1237, 1196, 1028, 866, 726, 696, 605

EI-MS (70 eV, 160 °C):

m/z (%) = 336 (6) [M$^+$], 202 (21), 201 (14), 176 (10), 128 (30), 118 (39), 92 (12), 91 (100), 65 (13), 43 (14), 42 (10)

HR-MS ($C_{16}H_{20}N_2O_4S$):

ber.: 336.1144

gem.: 336.1138

97 Zuordnung durch H,H-COSY bestätigt

$C_{16}H_{20}N_2O_4S$ (336.41):

ber.:	C 57.13	H 5.99	N 8.33	S 9.53
gef.:	C 57.15	H 5.93	N 8.36	S 9.46

Methyl[*(3S,6S)*-6-acetylamino-2,2-dimethyl-5-oxoperhydro-1,4-thiazepin-3-carboxylat] (5e)

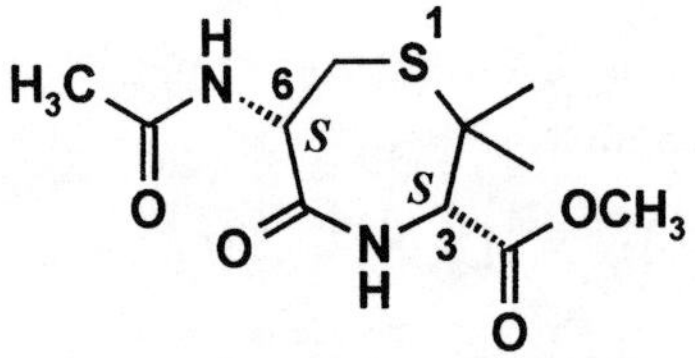

1.94 g (15 mmol) 2-(Acetylamino)acrylsäure (**3c**) und 3.00 g (15 mmol) D-Penicillaminmethylester (**4a**) -hydrochlorid werden wie unter AV 4 beschrieben, in 150 ml eines Lösungsmittelgemischs aus 2 Volumenteilen Acetonitril und 1 Teil Methanol zur Reaktion gebracht. Um reines **5e** zu erhalten, wird das Rohprodukt zweimal aus Wasser/Ethanol umkristallisiert.

Eigenschaften: Feststoff in Form feiner gelblich-weißer Schuppen

Ausbeute: 2.76 g (67 %)

Schmp.: 90 - 92 °C

$[\alpha]_D^{20}$ = – 41.6 (c = 1.00, Methanol)

CD (CH_3OH):

$\lambda_{max / min}$ ($\Delta\varepsilon$) = 245.0 nm (1.432 L ·mol^{-1}·cm^{-1}), 212.5 (– 11.623), 196.0 (14.627)

CD (CF_3CH_2OH):

$\lambda_{max / min}$ ($\Delta\varepsilon$) = 245.0 nm (2.190 L ·mol^{-1}·cm^{-1}), 210.0 (– 10.784), 193.0 (13.566)

UV (CH_3OH):

λ_{max} (lg ε) = 205.2 nm (3.787)

UV-VIS (CF_3CH_2OH):

λ_{max} (lg ε) = 193.0 nm (3.069)

^{1}H-NMR (400 MHz, $CDCl_3$, δ = 7.25 ppm):

δ (ppm) = 1.26 (3 H, s, 2-CCH_3), 1.32 (3 H, s, 2-CCH'_3), 1.99 (3 H, s, C***H***$_3$CONH), 2.72 - 2.78 (1 H, dd, $^2J_{7\text{-Hax., 7-Heq.}}$ = 15.0 Hz, $^3J_{7\text{-Hax., 6-Hax.}}$ = 8.7 Hz, $H_{ax.}$ in 7-CH_2S), 2.89 - 2.94 (1 H, dd, $^2J_{7\text{-Heq., 7-Hax.}}$ = 14.9 Hz, $^3J_{7\text{-Heq., 6-Hax.}}$ = 3.7 Hz, $H_{eq.}$ in 7-CH_2S), 3.77 (3 H, s, $COOCH_3$), 4.57 (1 H, d, $^3J_{3\text{-H, NH}}$ = 7.5 Hz, 3-C***H***$COOCH_3$), 4.82 - 4.87 (1 H, ddd, $^3J_{6\text{-Hax., 7-Hax.}}$ = 8.8 Hz, $^3J_{6\text{-Hax., NH}}$ = 5.8 Hz, $^3J_{6\text{-Hax., 7-Heq.}}$ = 3.7 Hz, 6-C***H***$_{ax.}$NHCOR), 6.41 (1 H, d, $^3J_{\text{NH, 3-H}}$ = 7.7 Hz, 3-CHN***H***CO), 7.01 (1 H, d, $^3J_{\text{NH, 6-Hax.}}$ = 5.6 Hz, 6-$CH_{ax.}$N***H***COR)

^{13}C-NMR (100.5 MHz, $CDCl_3$, δ = 77.00 ppm):

δ (ppm) = 22.12 [1 C, 2-C($\boldsymbol{C}H_3$)$_2$, cis zu $COOCH_3$], 23.01 ($\boldsymbol{C}H_3$CO), 26.30 [1 C, 2-C($\boldsymbol{C}H_3$)$_2$, trans zu $COOCH_3$], 29.54 (7-CH_2S), 44.78 [2-$\boldsymbol{C}$(CH_3)$_2$], 52.72 (COO$\boldsymbol{C}H_3$), 54.11 (6-$\boldsymbol{C}$HNHCOR), 65.11 (3-$\boldsymbol{C}$HCOOCH$_3$), 169.00, 169.37 und 171.22 (3 × C=O)

IR (KBr):

$\tilde{\nu}$ (cm^{-1}) = 3384, 3329, 2932, 1741, 1676, 1649, 1518, 1437, 1394, 1373, 1310, 1219, 1166, 1135, 995, 613

EI-MS (70 eV, 140 °C):

m/z (%) = 274 (22) [M$^+$], 241 (25), 215 (53), 190 (20), 189 (56), 156 (19), 130 (19), 128 (56), 116 (18), 113 (29), 100 (21), 99 (63), 88 (18), 86 (51), 85 (87), 83 (25), 75 (21), 74 (36), 71 (18), 70 (42), 60 (18), 59 (36), 56 (59), 55 (44), 44 (32), 43 (100), 42 (28), 41 (38)

HR-MS ($C_{11}H_{18}N_2O_4S$):

ber.: 274.0987

gem.: 274.0992

Methyl[2-(2-phenylacetylamino)acrylat] (6a)

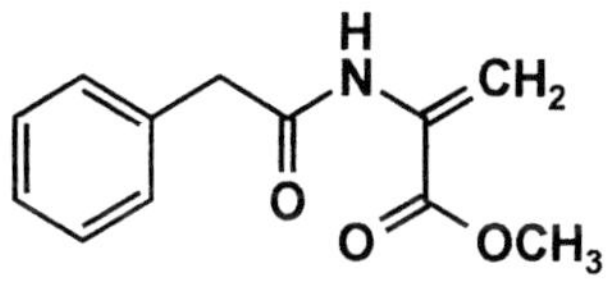

Nach AV 2 werden 8.21 g (40 mmol) 2-(2-Phenylacetylamino)acrylsäure (**3a**) mit Diazomethan verestert. Das feste Rohprodukt wird säulenchromatographisch an Kieselgel mit *tert.*-Butylmethylether/*n*-Hexan (9:1) als Eluens gereinigt (R_f = 0.55) und man isoliert den analytisch reinen Methylester **6a**, der im Vakuum von restlichem Lösungsmittel befreit wird.

Eigenschaften: weißer Feststoff

Ausbeute: 7.42 g (85 %)

Schmp.: 60 °C

^{1}H-NMR (400 MHz, CDCl$_3$, int. TMS):

δ (ppm) = 3.68 (2 H, s, PhC$\boldsymbol{H}_2$), 3.77 (3 H, s, COOCH$_3$), 5.85 (1 H, d, $^4J_{CH,\,NH}$ = 1.3 Hz, H in =CH$_2$), 6.61 (1 H, s, H′ in =CH$_2$), 7.29 - 7.42 (5 H, m, Ph), 7.76 (1 H, s, NH)

^{13}C-NMR (100.5 MHz, CDCl$_3$, int. TMS):

δ (ppm) = 44.84 (Ph*C*H$_2$), 52.89 (COO*C*H$_3$), 108.71 (=CH$_2$), 127.62 (*para*-C in PhCH$_2$), 129.10 (2 C, 2 × *ortho*-C oder 2 × *meta*-C in PhCH$_2$) und 129.36 (2 C, 2 × *ortho*- /

2 × *meta*-C in $PhCH_2$), 130.73 ($R_2\boldsymbol{C}$=CH_2), 133.96 (*ipso*-C in $PhCH_2$), 164.38 und 169.62 (2 × C=O)

IR (KBr):

$\tilde{\nu}$ (cm^{-1}) = 3281, 3037, 2957, 1728, 1664, 1522, 1496, 1439, 1321, 1202, 1172, 991, 904, 805, 728, 698

EI-MS (70 eV, 60 °C):

m/z (%) = 219 (31) [M^+], 119 (8), 118 (77), 101 (6), 92 (16), 91 (100), 90 (10), 89 (5), 68 (5), 65 (15), 41 (8), 39 (5)

HR-MS ($C_{12}H_{13}NO_3$):

ber.: 219.0895

gem.: 219.0890

$C_{12}H_{13}NO_3$ (219.24):

ber.:	C 65.74	H 5.98	N 6.39
gef.:	C 65.87	H 5.86	N 6.51

Methyl[2-(2-phenoxyacetylamino)acrylat] (6b)

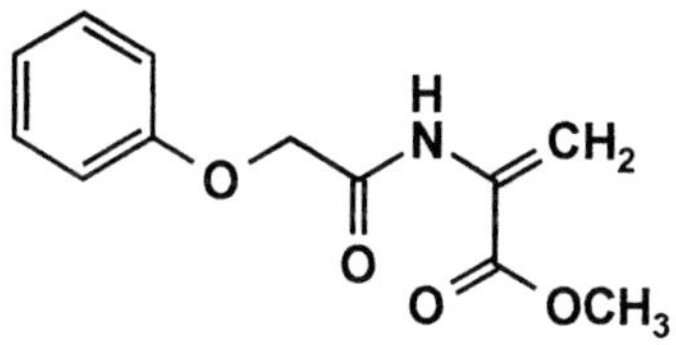

Die Veresterung von 9.41 g (40 mmol) 2-(2-Phenoxyacetylamino)acrylsäure (**3b**) mit Diazomethan nach AV 2 ergibt ein festes Rohprodukt, das säulenchromatographisch an Kieselgel mit *tert.*-Butylmethylether/*n*-Hexan (9:1) als Eluens gereinigt wird (R_f = 0.62). So gelangt man zu dem analytisch reinen Methylester **6b**.

Eigenschaften: weißer Feststoff

Ausbeute: 8.25 g (82 %)

Schmp.: 65 °C

^{1}H-NMR (400 MHz, $CDCl_3$, int. TMS):

δ (ppm) = 3.86 (3 H, s, $COOCH_3$), 4.55 (2 H, s, $PhOC\boldsymbol{H}_2$,), 5.97 (1 H, d, $^4J_{CH, NH}$ = 1.3 Hz, H in $=CH_2$), 6.70 (1 H, s, H′ in $=CH_2$), 6.96 - 7.06 (3 H, m, *ortho*-H und *para*-H in PhO), 7.30 - 7.35 (2 H, m, *meta*-H in PhO), 8.94 (1 H, s, NH)

^{13}C-NMR (100.5 MHz, $CDCl_3$, δ = 77.00 ppm):

δ (ppm) = 52.92 (COO*C*H_3), 67.42 (PhO*C*H_2), 109.59 (=CH_2), 114.80 (2 C, *ortho*-C in PhO), 122.31 (*para*-C in PhO), 129.75 (2 C, *meta*-C in PhO), 130.38 (R_2***C***=CH_2), 156.92 (*ipso*-C in PhO), 164.09 und 166.95 (2 × C=O)

IR (KBr):

$\tilde{\nu}$ (cm^{-1}) = 3387, 2955, 1725, 1694, 1636, 1600, 1591, 1530, 1497, 1440, 1334, 1305, 1243, 1205, 1174, 1085, 1065, 900, 756, 691

EI-MS (70 eV, RT):

m/z (%) = 236 (14) [M^++ 1], 235 (100) [M^+], 142 (52), 114 (92), 108 (11), 107 (51), 100 (10), 96 (10), 94 (21), 82 (25), 79 (18), 78 (12), 77 (91), 54 (33), 51 (18), 41 (14)

HR-MS ($C_{12}H_{13}NO_4$):

ber.: 235.0845
gem.: 235.0846

$C_{12}H_{13}NO_4$ (235.24):

ber.: C 61.27 H 5.57 N 5.95
gef.: C 61.37 H 5.58 N 6.02

Methyl[2-(acetylamino)acrylat] (6c)

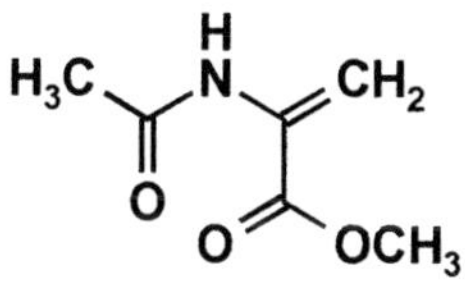

Bei der Veresterung von 5.16 g (40 mmol) 2-(Acetylamino)acrylsäure (**3c**) mit Diazomethan nach AV 2 wird nicht auf – 15 °C, sondern ausnahmsweise nur auf 0 °C gekühlt, da sonst die Umsetzung allzu schleppend verläuft.

Außerdem wird im Rahmen der Aufarbeitung weniger 5%ige $NaHCO_3$-Lösung (2 × 50 ml) zum Ausschütteln verwendet, um zu verhindern, daß zu große Mengen des gut wasserlöslichen Methylesters in die wäßrige Phase übergehen. Die säulenchromatographische Reinigung entfällt aufgrund der Gefahr der Polymerisierung des Produkts in deren Verlauf. Nichtsdestoweniger erhält man den reinen Methylester **6c** in mäßiger Ausbeute.

Eigenschaften: gelblich-weißer Feststoff

Ausbeute: 1.09 g (19 %)

Schmp.: 51 °C

^{1}H-NMR (400 MHz, $CDCl_3$, int. TMS):

δ (ppm) = 2.06 (3 H, s, CH_3CO), 3.78 (3 H, s, $COOCH_3$), 5.81 (1 H, d, $^4J_{CH, NH}$ = 1.5 Hz, H in $=CH_2$), 6.53 (1 H, s, H′ in $=CH_2$), 7.70 (1 H, br s, NH)

^{13}C-NMR (100.5 MHz, $CDCl_3$, δ = 77.00 ppm):

δ (ppm) = 24.56 (*C*H_3CO), 52.89 (COO*C*H_3), 108.65 (=CH_2), 130.85 (R_2*C*=CH_2), 164.56 und 168.76 (2 × C=O)

IR (KBr):

$\tilde{\nu}$ (cm^{-1}) = 3267, 3182, 2960, 2863, 1755, 1644, 1516, 1433, 1372, 1273, 1206, 1145, 1066, 1002, 965, 871, 843, 802, 745, 674

EI-MS (70 eV, RT):

m/z (%) = 143 (100) [M^+], 112 (13), 111 (42), 101 (100), 71 (27), 43 (84), 42 (64), 41 (58), 40 (12)

HR-MS ($C_6H_9NO_3$):

ber.: 143.058243

gem.: 143.058395

Methyl[2-(benzyloxycarbonylamino)acrylat] (6d)

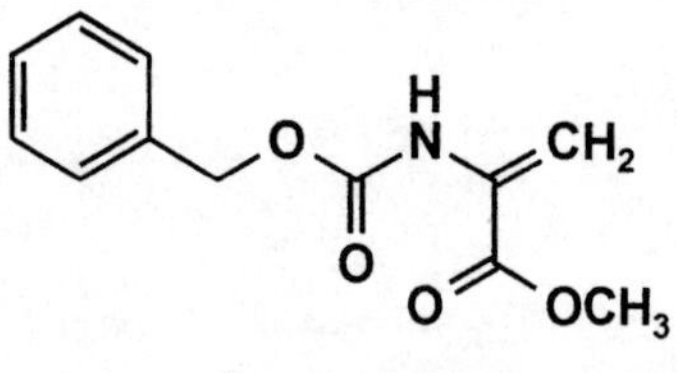

Die Veresterung von 8.85 g (40 mmol) 2-(Benzyloxycarbonylamino)acrylsäure (**3d**) mit Diazomethan wird nach AV 2 durchgeführt, wodurch der Ester **6d**

bereits sauber anfällt. Auf die säulenchromatographische Reinigung wird hier verzichtet, weil es in deren Verlauf nach den gemachten Erfahrungen zur Polymerisierung des Acrylester-Derivats hin zu einer Substanz mit plexiglasähnlicher Beschaffenheit kommt.

Eigenschaften: farbloser, wachsartiger Feststoff

Ausbeute: 7.22 g (77 %)

^{1}H-NMR (400 MHz, $CDCl_3$, int. TMS):

δ (ppm) = 3.82 (3 H, s, $COOCH_3$), 5.16 (2 H, s, $PhC\boldsymbol{H}_2$), 5.79 (1 H, d, $^4J_{CH, NH}$ = 1.6 Hz, H in $=CH_2$), 6.24 (1 H, s, H′ in $=CH_2$), 7.25 (1 H, br s, NH)[98], 7.30 - 7.38 (5 H, m, Ph)

IR (KBr):

$\tilde{\nu}$ (cm^{-1}) = 3411, 3156, 2957, 1741, 1502, 1452, 1270, 1063, 741, 697

EI-MS (70 eV, 110 °C):

m/z (%) = 235 (1) [M^+], 176 (5) [M^+– $COOCH_3$], 144 (6) [M^+– $PhCH_2$], 108 (5), 107 (7), 92 (19), 91 (100) [$PhCH_2^+$], 79 (6), 77 (7), 65 (10), 59 (4) [$COOCH_3^+$], 41 (8)

$C_{12}H_{13}NO_4$ (235.24):

ber.: C 61.27 H 5.57 N 5.95

gef.: C 61.07 H 5.48 N 6.03

---

98 Teilweise vom Chloroform-Signal überlagert

(3S,6R)-2,2-Dimethyl-5-oxo-6-(2-phenylacetylamino)-perhydro-1,4-thiazepin-3-carbonsäure (8a)

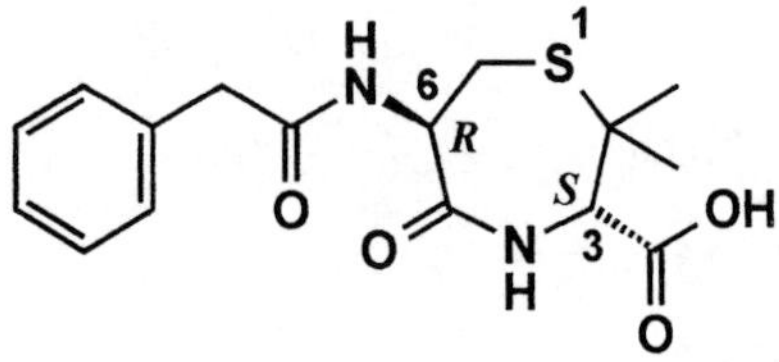

Das aus der Reaktion von 6.58 g (30 mmol) Methyl[2-(2-phenylacetylamino)acrylat] (**6a**) und 4.48 g (30 mmol) D-Penicillamin (**7a**) nach AV 5 erhaltene Rohprodukt wird durch Umkristallisation aus *n*-Butanol gereinigt. Nach diesem Verfahren, das auf *Leonard* und *Ning*[99] zurückgeht, erhält man **8a** in analytisch reiner Form.

Eigenschaften: farblose, verfilzte Kristallnadeln

Ausbeute: 1.58 g (16 % dieses Isomers)[100]

Schmp.: 213 °C (Zers., Lit.[101]: 212 - 214 °C)

$[\alpha]_D^{20}$ = – 51.3 (c = 1.00, Methanol)

CD (CH_3OH):

$\lambda_{max/min}$ ($\Delta\varepsilon$) = 234.0 nm (– 6.839 L·mol^{-1}·cm^{-1}), 219.0 (– 6.834), 202.5 (10.615)

---

99 Leonard, N. J.; Ning, R. Y. *J. Org. Chem.* **1966**, *31*, 3928 - 3935

100 Für jedes der beiden im Reaktionsansatz entstehenden und getrennt isolierten Isomere **8a** und **8b** (s. auch dort) sind maximal 50 % der gesamten theoretischen Ausbeute anzusetzen.

101 Leonard, N. J.; Ning, R. Y. *J. Org. Chem.* **1966**, *31*, 3928 - 3935

CD (CF_3CH_2OH):

$\lambda_{max/min}$ ($\Delta\varepsilon$) = 219.0 nm (– 4.368 L ·mol^{-1}·cm^{-1}), 195.0 (9.171)

UV (CH_3OH):

λ_{max} (lg ε) = 206.8 nm (4.183)

^{1}H-NMR (400 MHz, [D_6]DMSO, int. TMS):

δ (ppm) = 1.40 (3 H, s, 2-CCH_3), 1.41 (3 H, s, 2-CCH'_3), 2.48 - 2.52 (1 H, dd, $^2J_{7\text{-Hax.}, 7\text{-Heq.}}$ = 14.9 Hz, $^3J_{7\text{-Hax.}, 6\text{-Heq.}}$ = 3.4 Hz, $H_{ax.}$ in 7-CH_2S)[102], 2.72 - 2.78 (1 H, dd, $^2J_{7\text{-Heq.}, 7\text{-Hax.}}$ = 14.8 Hz, $^3J_{7\text{-Heq.}, 6\text{-Heq.}}$ = 10.8 Hz, $H_{eq.}$ in 7-CH_2S), 3.52 (2 H, s, PhC$\boldsymbol{H}_2$), 3.98 (1 H, d, $^3J_{3\text{-H, NH}}$ = 8.2 Hz, 3-C***H***COOH), 4.78 - 4.83 (1 H, ddd, $^3J_{6\text{-Heq.}, 7\text{-Heq.}}$ = 9.9 Hz, $^3J_{6\text{-Heq.}, \text{NH}}$ = 6.5 Hz, $^3J_{6\text{-Heq.}, 7\text{-Hax.}}$ = 3.5 Hz, 6-C$\boldsymbol{H}_{eq.}$NHCOR)[103], 7.19 - 7.32 (5 H, m, Ph), 7.70 (1 H, br s, 3-CHN***H***CO), 8.10 (1 H, d, $^3J_{\text{NH, 6-Heq.}}$ = 5.7 Hz, 6-$CH_{eq.}$N***H***COR)

^{13}C-NMR (100.5 MHz, [D_6]DMSO, δ = 39.50 ppm):

δ (ppm) = 27.05 (7-CH_2S)[104], 27.16[105] [1 C, C in 2-C(***C***H_3)$_2$], 27.76 [1 C, C′ in 2-C(***C***H_3)$_2$], 42.00 (Ph***C***H_2), 44.10 [2-***C***(CH_3)$_2$], 56.15 (6-***C***HNHCOR), 63.94 (3-***C***HCOOH), 126.31 (*para*-C in $PhCH_2$), 128.14 (2 C, 2 × *ortho*-C oder 2 × *meta*-C in $PhCH_2$) und 129.01 (2 C, 2 × *ortho*- /

---

102 Teilweise durch DMSO-Signal verdeckt

103 Geringe Auflösung

104 Zuordnung durch DEPT bestätigt

105 Geringe Intensität

2 × *meta*-C in $PhCH_2$), 135.99 (*ipso*-C in $PhCH_2$), 169.29, 170.23 und 172.60 (3 × C=O)

IR (KBr):

$\tilde{\nu}$ (cm^{-1}) = 3325, 3244, 3063, 2969, 1729, 1645, 1625, 1555, 1497, 1462, 1442, 1333, 1319, 1292, 1205, 1173, 1126, 1026, 938, 739, 690, 651

EI-MS (70 eV, 230 °C):

m/z (%) = 336 (4) [M^+], 162 (13), 161 (11), 136 (21), 128 (14), 118 (44), 92 (14), 91 (100), 76 (10), 71 (29), 70 (13), 65 (13), 44 (15), 43 (12)

HR-MS ($C_{16}H_{20}N_2O_4S$):

ber.: 336.1144

gem.: 336.1144

$C_{16}H_{20}N_2O_4S$ (336.41):

ber.:	C 57.13	H 5.99	N 8.33	S 9.53
gef.:	C 57.16	H 5.83	N 8.14	S 9.63

(3S,6S)-2,2-Dimethyl-5-oxo-6-(2-phenylacetylamino)-perhydro-1,4-thiazepin-3-carbonsäure (8b)

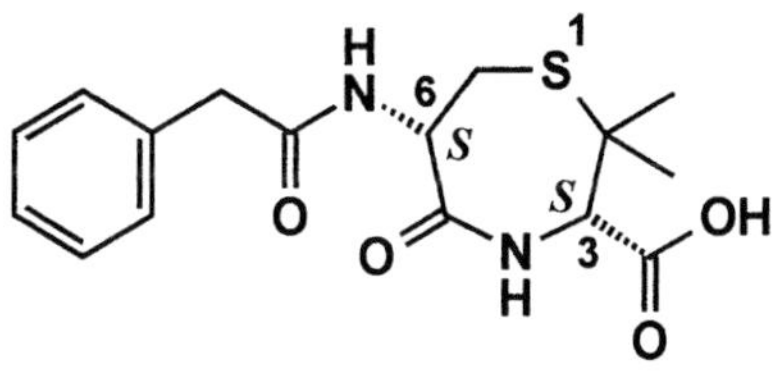

Die Reaktion von 6.58 g (30 mmol) Methyl[2-(2-phenylacetylamino)acrylat] (**6a**) und 4.48 g (30 mmol) D-Penicillamin (**7a**) nach AV 5 ergibt ein gelblich-weißes Rohprodukt von **8b**, welches aus Wasser oder Wasser/Ethanol umkristallisiert wird.

Eigenschaften: weißes Pulver

Ausbeute: 1.93 g (19 % dieses Isomers)[106]

Schmp.: ca. 130 °C (Zers., Lit.[107]: 100 - 130 °C)

$[\alpha]_D^{20}$ = – 24.3 (c = 1.00, Methanol)

CD (CH_3OH):

$\lambda_{max/min}$ ($\Delta\varepsilon$) = 245.0 nm (1.173 L $\cdot$mol$^{-1}\cdot$cm^{-1}), 219.5 (– 9.741), 196.0 (14.494)

---

106 Für jedes der beiden im Reaktionsansatz entstehenden und getrennt isolierten Isomere **8b** und **8a** (s. auch dort) sind maximal 50 % der gesamten theoretischen Ausbeute anzusetzen.

107 Leonard, N. J.; Ning, R. Y. *J. Org. Chem.* **1966**, *31*, 3928 - 3935

CD (CF_3CH_2OH):

$\lambda_{max / min}$ ($\Delta\varepsilon$) = 244.2 nm (1.577 L ·mol^{-1}·cm^{-1}), 216.0 (– 8.427), 193.5 (15.409)

UV (CH_3OH):

λ_{max} (lg ε) = 206.2 nm (4.041)

UV-VIS (CF_3CH_2OH):

λ_{max} (lg ε) = 193.0 nm (3.285)

^{1}H-NMR (400 MHz, [D$_6$]DMSO, int. TMS):

δ (ppm) = 1.17 (3 H, s, 2-CCH_3), 1.47 (3 H, s, 2-CCH'_3), 2.47 - 2.53 (1 H, dd, $^2J_{7\text{-Hax., 7-Heq.}}$ = 15.0 Hz, $^3J_{7\text{-Hax., 6-H}}$ = 6.9 Hz, $H_{ax.}$ in 7-CH_2S)[108], 3.06 - 3.12 (1 H, dd, $^2J_{7\text{-Heq., 7-Hax.}}$ = 15.2 Hz, $^3J_{7\text{-Heq., 6-H}}$ = 6.6 Hz, $H_{eq.}$ in 7-CH_2S), 3.53 (2 H, s, PhC***H***$_2$), 4.37 (1 H, d, $^3J_{3\text{-H, NH}}$ = 8.6 Hz, 3-C***H***COOH), 4.88 - 4.94 (1 H, ddd, $^3J_{6\text{-H, 7-Hax.}}$ = $^3J_{6\text{-H, 7-Heq.}}$ = $^3J_{6\text{-H, NH}}$ = 6.8 Hz, 6-C***H***NHCOR), 7.16 (1 H, d, $^3J_{\text{NH, 3-H}}$ = 8.8 Hz, 3-CHN***H***CO), 7.18 - 7.32 (5 H, m, Ph), 8.22 (1 H, d, $^3J_{\text{NH, 6-H}}$ = 7.2 Hz, 6-CHN***H***COR)

^{13}C-NMR (100.5 MHz, [D$_6$]DMSO, δ = 39.50 ppm):

δ (ppm) = 22.44 [1 C, 2-C(***C***H$_3$)$_2$, cis zu COOH], 26.54 (7-CH_2S), 27.94 [1 C, 2-C(***C***H$_3$)$_2$, trans zu COOH], 41.97 (Ph***C***H$_2$), 46.28 [2-***C***(CH$_3$)$_2$], 52.27 (6-***C***HNHCOR), 62.71 (3-***C***HCOOH), 126.26 (*para*-C in PhCH$_2$), 128.09 (2 C, 2 ×

[108] Teilweise durch DMSO-Signal verdeckt

ortho-C oder 2 × *meta*-C in $PhCH_2$) und 128.99 (2 C, 2 × *ortho*- / 2 × *meta*-C in $PhCH_2$), 136.12 (*ipso*-C in $PhCH_2$), 169.40, 169.55 und 170.21 (3 × C=O)

IR (KBr):

$\tilde{\nu}$ (cm^{-1}) = 3374, 3063, 3032, 2972, 2929, 1727, 1653, 1517, 1496, 1455, 1432, 1289, 1224, 1168, 729, 696

EI-MS (70 eV, 210 °C):

m/z (%) = 336 (2) [M^+], 136 (10), 118 (52), 92 (13), 91 (100), 90 (10), 71 (17), 70 (11), 65 (14), 59 (11), 43 (11)

HR-MS ($C_{16}H_{20}N_2O_4S$):

ber.: 336.1144
gem.: 336.1142

(3*R*,6*S*)-2,2-Dimethyl-5-oxo-6-(2-phenylacetylamino)-perhydro-1,4-thiazepin-3-carbonsäure (8c)

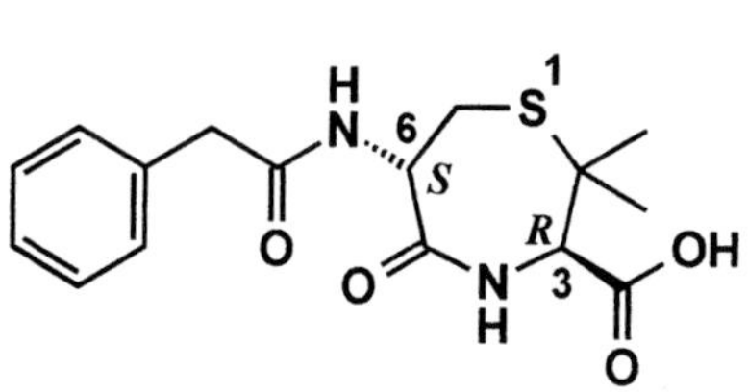

Die Umsetzung von 6.58 g (30 mmol) Methyl[2-(2-phenylacetylamino)acrylat] (**6a**) mit 4.48 g (30 mmol) L-Penicillamin (**7b**) nach der in AV 5 beschriebenen

Methode ergibt das weiße Rohprodukt der Verbindung **8c**, welches aus *n*-Butanol umkristallisiert wird und so in Form von filzigen Nadeln anfällt.

Analytisch reine Proben der Substanz sind auch dadurch zugänglich, daß man diese mit Chloroform aus der auf pH 1 angesäuerten wäßrigen Phase extrahiert und die vereinigten Extraktlösungen 3 Tage lang bei 0 °C stehenläßt. Anschließend wird das auch von hoher Diastereomerenreinheit gekennzeichnete auskristallisierte Produkt durch Filtration gewonnen. Der restliche in der Chloroform-Lösung verbliebene Produktanteil wird durch Entfernen des Lösungsmittels am Rotationsverdampfer erhalten.

Eigenschaften: farblose Kristallnadeln

Ausbeute: 1.33 g (13 % dieses Isomers)[109]

Schmp.: 216 °C

$[\alpha]_D^{20}$ = + 50.9 (*c* = 1.00, Methanol)

CD (CH_3OH):

$\lambda_{max/min}$ ($\Delta\varepsilon$) = 231.5 nm (6.868 L·mol^{-1}·cm^{-1}), 218.5 (6.685), 200.5 (- 11.515)

CD (CF_3CH_2OH):

$\lambda_{max/min}$ ($\Delta\varepsilon$) = 243.0 nm (– 0.850 L·mol^{-1}·cm^{-1}), 216.5 (5.522), 200.0 (– 7.877)

UV (CH_3OH):

λ_{max} (lg ε) = 206.8 nm (4.167)

---

109 Für jedes der beiden im Reaktionsansatz entstehenden und getrennt isolierten Isomere **8c** und **8d** (s. auch dort) sind maximal 50 % der gesamten theoretischen Ausbeute anzusetzen.

UV-VIS (CF_3CH_2OH):

λ_{max} (lg ε) = 192.5 nm (3.396)

^{1}H-NMR (400 MHz, [D$_6$]DMSO, int. TMS):

δ (ppm) = 1.41 (6 H, s, 2 × 2-CCH$_3$), 2.48 - 2.52 (1 H, dd, $^2J_{7\text{-Hax.}, 7\text{-Heq.}}$ = 14.6 Hz, $^3J_{7\text{-Hax.}, 6\text{-Heq.}}$ = 3.4 Hz, $H_{ax.}$ in 7-CH$_2$S)[110], 2.72 - 2.78 (1 H, dd, $^2J_{7\text{-Heq.}, 7\text{-Hax.}}$ = 14.7 Hz, $^3J_{7\text{-Heq.}, 6\text{-Heq.}}$ = 11.0 Hz, $H_{eq.}$ in 7-CH$_2$S), 3.52 (2 H, s, PhC***H***$_2$), 3.97 (1 H, d, $^3J_{3\text{-H, NH}}$ = 8.0 Hz, 3-C***H***COOH), 4.78 - 4.83 (1 H, ddd, $^3J_{6\text{-Heq.}, 7\text{-Heq.}}$ = 10.1 Hz, $^3J_{6\text{-Heq.}, \text{NH}}$ = 6.4 Hz, $^3J_{6\text{-Heq.}, 7\text{-Hax.}}$ = 3.7 Hz, 6-C***H***$_{eq.}$NHCOR)[111], 7.20 - 7.31 (5 H, m, Ph), 7.71 (1 H, br s, 3-CHN***H***CO), 8.11 (1 H, d, $^3J_{\text{NH}, 6\text{-Heq.}}$ = 5.6 Hz, 6-CH$_{eq.}$N***H***COR)

^{13}C-NMR (100.5 MHz, [D$_6$]DMSO, δ = 39.50 ppm):

δ (ppm) = 27.04 (7-CH$_2$S)[112], 27.15[113] [1 C, C in 2-C(***C***H$_3$)$_2$], 27.74 [1 C, C′ in 2-C(***C***H$_3$)$_2$], 41.97 (Ph***C***H$_2$), 44.07 [2-***C***(CH$_3$)$_2$], 56.14 (6-***C***HNHCOR), 63.94 (3-***C***HCOOH), 126.30 (*para*-C in PhCH$_2$), 128.13 (2 C, 2 × *ortho*-C oder 2 × *meta*-C in PhCH$_2$) und 129.00 (2 C, 2 × *ortho*- / 2 × *meta*-C in PhCH$_2$), 136.00 (*ipso*-C in PhCH$_2$), 169.26, 170.22 und 172.62 (3 × C=O)

---

110 Teilweise durch DMSO-Signal verdeckt

111 Geringe Auflösung

112 Zuordnung durch Vergleich mit DEPT von Verbindung **8a** bestätigt

113 Geringe Intensität

IR (KBr):

$\tilde{\nu}$ (cm^{-1}) = 3324, 3240, 3063, 2970, 2937, 1729, 1645, 1625, 1560, 1498, 1442, 1319, 1292, 1205, 1126, 1026, 938, 726, 690, 654

EI-MS (70 eV, 260 °C):

m/z (%) = 336 (3) [M$^+$], 162 (11), 136 (17), 128 (11), 118 (35), 92 (12), 91 (100), 71 (20), 70 (10), 65 (12)

HR-MS ($C_{16}H_{20}N_2O_4S$):

ber.: 336.1144
gem.: 336.1148

$C_{16}H_{20}N_2O_4S$ (336.41):

ber.: C 57.13 H 5.99 N 8.33 S 9.53
gef.: C 57.02 H 5.81 N 8.38 S 9.51

(3R,6R)-2,2-Dimethyl-5-oxo-6-(2-phenylacetylamino)-perhydro-1,4-thiazepin-3-carbonsäure (8d)

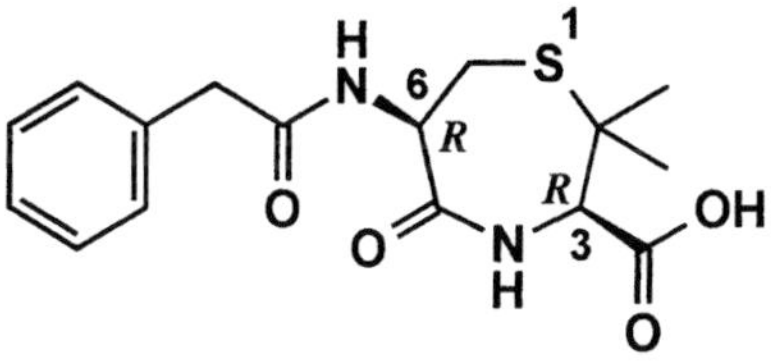

Aus der Reaktion von 6.58 g (30 mmol) Methyl[2-(2-phenylacetylamino)acrylat] (**6a**) mit 4.48 g (30 mmol) L-Penicillamin (**7b**) nach AV 5 resultiert das weiße Rohprodukt der Verbindung **8d**. Dieses wird durch Umkristallisation aus Wasser oder Wasser/Ethanol gereinigt.

Eigenschaften: weißes Pulver

Ausbeute: 1.48 g (15 %)[114]

Schmp.: ca. 120 °C

$[\alpha]_D^{20}$ = + 28.8 (c = 1.00, Methanol)

CD (CH_3OH):

$\lambda_{max/min}$ ($\Delta\varepsilon$) = 217.0 nm (10.682 L $\cdot mol^{-1} \cdot cm^{-1}$), 197.0 (– 13.838)

CD (CF_3CH_2OH):

$\lambda_{max/min}$ ($\Delta\varepsilon$) = 241.0 nm (– 1.936 L $\cdot mol^{-1} \cdot cm^{-1}$), 213.5 (8.485), 194.5 (– 16.441)

---

114 Für jedes der beiden im Reaktionsansatz entstehenden und getrennt isolierten Isomere **8d** und **8c** (s. auch dort) sind maximal 50 % der gesamten theoretischen Ausbeute anzusetzen.

UV (CH_3OH):

λ_{max} (lg ε) = 206.6 nm (4.139)

UV-VIS (CF_3CH_2OH):

λ_{max} (lg ε) = 192.5 nm (3.392)

^{1}H-NMR (400 MHz, [D$_6$]DMSO, int. TMS):

δ (ppm) = 1.17 (3 H, s, 2-CCH_3), 1.47 (3 H, s, 2-CCH′$_3$), 2.48 - 2.53 (1 H, dd, $^2J_{7\text{-Hax.}, 7\text{-Heq.}}$ = 14.8 Hz, $^3J_{7\text{-Hax.}, 6\text{-H}}$ = 7.0 Hz, $H_{ax.}$ in 7-CH_2S)[115], 3.06 - 3.11 (1 H, dd, $^2J_{7\text{-Heq.}, 7\text{-Hax.}}$ = 15.1 Hz, $^3J_{7\text{-Heq.}, 6\text{-H}}$ = 6.5 Hz, $H_{eq.}$ in 7-CH_2S), 3.53 (2 H, s, PhC***H***$_2$), 4.37 (1 H, d, $^3J_{3\text{-H, NH}}$ = 8.5 Hz, 3-C***H***COOH), 4.88 - 4.93 (1 H, ddd, $^3J_{6\text{-H, 7-Hax.}}$ = $^3J_{6\text{-H, 7-Heq.}}$ = $^3J_{6\text{-H, NH}}$ = 6.8 Hz, 6-C***H***NHCOR), 7.15 (1 H, d, $^3J_{\text{NH, 3-H}}$ = 8.7 Hz, 3-CHN***H***CO), 7.19 - 7.33 (5 H, m, Ph), 8.23 (1 H, d, $^3J_{\text{NH, 6-H}}$ = 7.1 Hz, 6-CHN***H***COR)

^{13}C-NMR (100.5 MHz, [D$_6$]DMSO, δ = 39.50 ppm):

δ (ppm) = 22.44 [1 C, 2-C(***C***H_3)$_2$, cis zu COOH], 26.55 (7-CH_2S), 27.93 [1 C, 2-C(***C***H_3)$_2$, trans zu COOH], 41.97 (Ph***C***H_2), 46.28 [2-***C***(CH_3)$_2$], 52.28 (6-***C***HNHCOR), 62.70 (3-***C***HCOOH), 126.26 (*para*-C in PhCH_2), 128.08 (2 C, 2 × *ortho*-C oder 2 × *meta*-C in PhCH_2) und 128.99 (2 C, 2 × *ortho*- / 2 × *meta*-C in PhCH_2), 136.11 (*ipso*-C in PhCH_2), 169.38, 169.56 und 170.22 (3 × C=O)

---

115 Teilweise durch DMSO-Signal verdeckt

IR (KBr):

$\tilde{\nu}$ (cm^{-1}) = 3371, 3063, 3032, 2973, 2937, 1729, 1654, 1514, 1497, 1455, 1432, 1400, 1287, 1223, 728, 698

EI-MS (70 eV, 210 °C):

m/z (%) = 336 (2) [M^{+}], 219 (13), 136 (10), 118 (65), 92 (22), 91 (100), 90 (12), 65 (19), 44 (14), 41 (10), 39 (9)

HR-MS ($C_{16}H_{20}N_2O_4S$):

ber.: 336.1144

gem.: 336.1135

(3R,6S)-5-Oxo-6-(2-phenylacetylamino)perhydro-1,4-thiazepin-3-carbonsäure (8e)

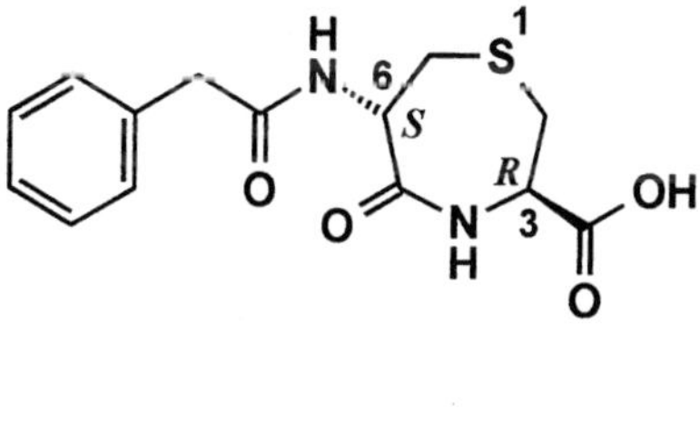

Werden 6.58 g (30 mmol) Methyl[2-(2-phenylacetylamino)acrylat] (**6a**) mit 5.27 g (30 mmol) L-Cystein (**7d**) -hydrochloridmonohydrat nach AV 5 umgesetzt, so erhält man das gelblich-weiße Rohprodukt von **8e**.

Gereinigt wird dieses zunächst durch Extraktion aus der auf pH 1 angesäuerten wäßrigen Phase mit Chloroform, woraus aufgrund des Lösungsverhaltens der Substanz eine Suspension resultiert. Diese wird über Nacht bei einer Temperatur von 0 °C aufbewahrt. Danach wird das auskristallisierte Produkt abfiltriert. Um die Ausbeute zu erhöhen, wiederholt man den Kristallisationsvorgang mehrmals. Restliches, nicht auskristallisiertes Produkt von geringerer Reinheit erhält man aus dem Rückstand nach Einrotieren der Mutterlaugen.

Eigenschaften: gelblich-weißes Pulver

Ausbeute: 1.13 g (12 % dieses Isomers)[116]

Schmp.: ca. 186 °C (Zers.)

$[\alpha]_D^{20}$ = – 25.9 (c = 1.00, Methanol)

UV (CH_3OH):

λ_{max} (lg ε) = 201.2 nm (4.497)

^{1}H-NMR (400 MHz, [D$_6$]DMSO, int. TMS):

δ (ppm) = 2.44 - 2.48 (1 H, dd, $^2J_{7\text{-H}, 7\text{-H}'}$ = 13.9 Hz, $^3J_{7\text{-H}, 6\text{-H}}$ < 1 Hz, H in 7-CH_2S)[117], 2.58 - 2.62 (1 H, dd, H in 2-CH_2S)[118], 2.87 - 2.91 (1 H, dd, $^2J_{7\text{-H}', 7\text{-H}}$ = 14.6 Hz, $^3J_{7\text{-H}', 6\text{-H}}$ = 2.7 Hz, H′ in 7-CH_2S)[119], 3.06 - 3.10 (1 H, dd, $^2J_{2\text{-H}', 2\text{-H}}$ = 9.6 Hz, $^3J_{2\text{-H}', 3\text{-H}}$ = 4.8 Hz, H′ in 2-CH_2S)[120], 3.54 (2 H, s, PhC***H***$_2$), 4.35 - 4.37 (1 H, ddd, 3-C***H***COOH)[121], 4.64 -

116 Für jedes der beiden im Reaktionsansatz entstehenden und getrennt isolierten Isomere **8e** und **8f** (s. auch dort) sind maximal 50 % der gesamten theoretischen Ausbeute anzusetzen.

117 Zuordnung durch Vergleich mit dem Methylester **5c** getroffen

118 (a) nicht aufgelöst
(b) Zuordnung durch Vergleich mit dem Methylester **5c** getroffen

119 Zuordnung durch Vergleich mit dem Methylester **5c** getroffen

120 dto.

121 Nicht aufgelöst

4.68 (1 H, ddd, 6-C*H*NHCOR)[122], 7.22 - 7.31 (5 H, m, Ph), 7.95 - 8.00 (2 H, 2 × d, $^{3}J_{NH, 6\text{-}H / 3\text{-}H}$ = 9.1 Hz, $^{3}J_{NH, 3\text{-}H / 6\text{-}H}$ = 7.8 Hz, 3-CHN*H*CO und 6-CHN*H*COR)[123]

^{13}C-NMR (100.5 MHz, [D$_6$]DMSO, δ = 39.50 ppm):

δ (ppm) = 29.95 und 32.28 (7-CH_2S und 2-CH_2S), 41.96 (Ph*C*H_2), 55.63 und 56.76 (6-*C*HNHCOR und 3-*C*HCOOH), 126.33 (*para*-C in PhCH_2), 128.15 (2 C, 2 × *ortho*-C oder 2 × *meta*-C in PhCH_2) und 129.05 (2 C, 2 × *ortho*- / 2 × *meta*-C in PhCH_2), 136.05 (*ipso*-C in PhCH_2), 169.25, 170.79 und 173.58 (3 × C=O)[124]

IR (KBr):

$\tilde{\nu}$ (cm^{-1}) = 3324, 2961, 1734, 1643, 1496, 1411, 1262, 1183, 1022, 802, 724

EI-MS (70 eV, 320 °C):

m/z (%) = 308 (7) [M^{+}], 174 (19), 136 (32), 128 (11), 118 (38), 92 (14), 91 (100), 65 (14), 43 (11)

HR-MS ($C_{14}H_{16}N_2O_4S$):

ber.: 308.0831

gem.: 308.0814

---

[122] Nicht aufgelöst

[123] Daneben auch die kleineren Signale des *(3S,6S)*-Minderisomers sichtbar

[124] dto.

(3R,6R)-5-Oxo-6-(2-phenylacetylamino)perhydro-1,4-thiazepin-3-carbonsäure (8f)

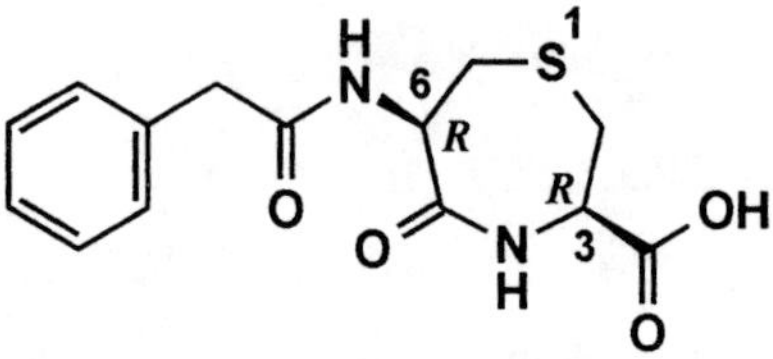

6.58 g (30 mmol) Methyl[2-(2-phenylacetylamino)acrylat] (**6a**) und 5.27 g (30 mmol) L-Cystein (**7d**) -hydrochloridmonohydrat liefern nach AV 5 das Rohprodukt von **8f**, welches nach dem Ausfällen und Abfiltrieren einige Tage im Vakuumexsikkator über Blaugel getrocknet wird.

Eigenschaften: gelblich-weißes Pulver

Ausbeute: 2.50 g (27 %)[125]

Schmp.: ca. 178 °C (Zers.)

$[\alpha]_D^{20}$ = – 18.6 (*c* = 1.00, Methanol)

UV (CH_3OH):

λ_{max} (lg ε) = 200.6 nm (4.488)

^{1}H-NMR (400 MHz, [D_6]DMSO, int. TMS):

δ (ppm) = 2.65 - 2.71 (3 H, m, $H_{ax.}$ in 7-CH_2S, $H_{ax.}$ in 2-CH_2S und $H_{eq.}$ in 7-CH_2S), 3.01 - 3.05 (1 H, dd, $^2J_{2\text{-Heq.}, 2\text{-Hax.}}$ = 13.9

[125] Für jedes der beiden im Reaktionsansatz entstehenden und getrennt isolierten Isomere **8f** und **8e** (s. auch dort) sind maximal 50 % der gesamten theoretischen Ausbeute anzusetzen.

Hz, $^{3}J_{2\text{-Heq., 3-Hax.}}$ = 1.7 Hz, $H_{eq.}$ in 2-CH_2S)[126], 3.55 (2 H, d, $^{4}J_{CHH', NH}$ = 1.5 Hz, PhC***H***$_2$), 4.59 - 4.63 (1 H, ddd, $^{3}J_{3\text{-Hax., 2-Hax.}}$ = 9.6 Hz, $^{3}J_{3\text{-Hax., NH}}$ = 6.7 Hz, $^{3}J_{3\text{-Hax., 2-Heq.}}$ = 1.6 Hz, 3-C***H***$_{ax.}$COOH), 4.79 - 4.84 (1 H, ddd, $^{3}J_{6\text{-Hax., 7-Hax.}}$ = $^{3}J_{6\text{-Hax., NH}}$ = 6.6 Hz, $^{3}J_{6\text{-Hax., 7-Heq.}}$ = 5.3 Hz, 6-C***H***$_{ax.}$NHCOR), 7.07 (1 H, d, $^{3}J_{NH, 3\text{-Hax.}}$ = 6.5 Hz, 3-$CH_{ax.}$N***H***CO), 7.20 - 7.31 (5 H, m, Ph), 8.18 (1 H, d, $^{3}J_{NH, 6\text{-Hax.}}$ = 6.8 Hz, 6-$CH_{ax.}$N***H***COR)

^{13}C-NMR (100.5 MHz, [D$_6$]DMSO, δ = 39.50 ppm):

δ (ppm) = 29.81 und 32.64 (7-CH_2S und 2-CH_2S), 41.90 (Ph***C***H$_2$), 54.53 und 57.21 (6-***C***HNHCOR und 3-***C***HCOOH), 126.30 (*para*-C in PhCH_2), 128.13 (2 C, 2 × *ortho*-C oder 2 × *meta*-C in PhCH_2) und 128.99 (2 C, 2 × *ortho*- / 2 × *meta*-C in PhCH_2), 136.07 (*ipso*-C in PhCH_2), 169.49, 170.39 und 171.34 (3 × C=O)

IR (KBr):

$\tilde{\nu}$ (cm^{-1}) = 3317, 1726, 1635, 1526, 1497, 1432, 1235, 728

EI-MS (70 eV, 220 °C):

m/z (%) = 308 (9) [M^{+}], 174 (19), 136 (30), 118 (52), 92 (18), 91 (100), 90 (9), 65 (14), 44 (12), 43 (9)

HR-MS ($C_{14}H_{16}N_2O_4S$):

ber.: 308.0831

gem.: 308.0820

---

126 Zuordnung durch Vergleich mit dem Methylester **5c** getroffen

(3S,6R)-2,2-Dimethyl-5-oxo-6-(2-phenoxyacetylamino)-perhydro-1,4-thiazepin-3-carbonsäure (8g)

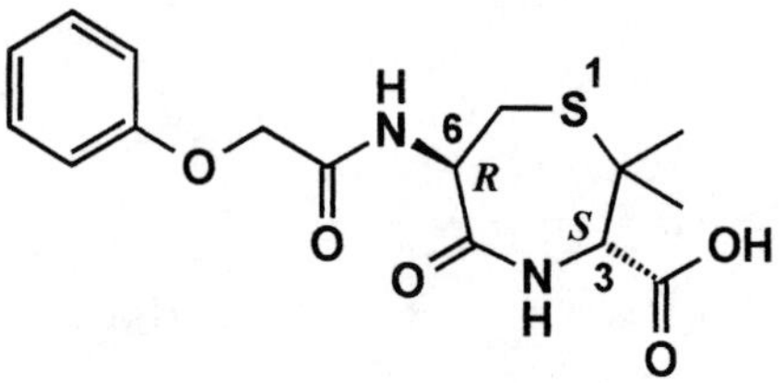

Nach der Umsetzung von 7.06 g (30 mmol) Methyl[2-(2-phenoxyacetylamino)acrylat] (**6b**) mit 4.48 g (30 mmol) D-Penicillamin (**7a**) gemäß AV 5 erhält man durch Ansäuern der wäßrigen Phase das Rohprodukt als weißen flockigen Niederschlag, der durch Filtration gewonnen und aus Ethanol/Wasser oder *n*-Butanol umkristallisiert wird. Alternativ dazu läßt sich unsauberes Produkt auch reinigen, indem es unter Erwärmen in wenig Ethanol gelöst wird; bewahrt man diese Lösung mehrere Wochen bei 0 °C auf, so fällt das reine Produkt **8g** in Form von feinen kristallinen Nadeln aus.

Eigenschaften: farblose Kristallnadeln

Ausbeute: 3.93 g (37 % dieses Isomers)[127]

Schmp.: 212 °C (Zers.)

$[\alpha]_D^{20}$ = – 48.1 (c = 1.00, Methanol)

[127] Für jedes der beiden im Reaktionsansatz entstehenden und getrennt isolierten Isomere **8g** und **8h** (s. auch dort) sind maximal 50 % der gesamten theoretischen Ausbeute anzusetzen.

CD (CH_3OH):

$\lambda_{max/min}$ ($\Delta\varepsilon$) = 235.0 nm (– 6.474 L·mol^{-1}·cm^{-1}), 217.0 (– 9.019), 203.0 (8.013)

CD (CF_3CH_2OH):

$\lambda_{max/min}$ ($\Delta\varepsilon$) = 195.5 nm (7.707 L·mol^{-1}·cm^{-1}), 260.0 (– 8.357)

UV (CH_3OH):

λ_{max} (lg ε) = 275.6 nm (3.042), 269.0 (3.117), 207.2 (4.107)

UV-VIS (CF_3CH_2OH):

λ_{max} (lg ε) = 273.0 nm (2.224), 266.5 (2.280), 193.5 (3.379)

^{1}H-NMR (400 MHz, [D$_6$]DMSO, δ = 2.50 ppm):

δ (ppm) = 1.41 (3 H, s, 2-CCH_3), 1.45 (3 H, s, 2-CCH'$_3$), 2.54 - 2.58 (1 H, dd, $^2J_{7\text{-Hax., 7-Heq.}}$ = 14.8 Hz, $^3J_{7\text{-Hax., 6-Heq.}}$ = 2.8 Hz, H$_{ax.}$ in 7-CH$_2$S), 2.80 - 2.87 (1 H, dd, $^2J_{7\text{-Heq., 7-Hax.}}$ = 14.8 Hz, $^3J_{7\text{-Heq., 6-Heq.}}$ = 10.9 Hz, H$_{eq.}$ in 7-CH$_2$S), 3.96 (1 H, d, $^3J_{3\text{-H, NH}}$ = 8.2 Hz, 3-C***H***COOH), 4.55 (2 H, s, PhOC***H***$_2$), 4.90 - 4.95 (1 H, ddd, $^3J_{6\text{-Heq., 7-Heq.}}$ = 9.8 Hz, $^3J_{6\text{-Heq., NH}}$ = 6.6 Hz, $^3J_{6\text{-Heq., 7-Hax.}}$ = 2.9 Hz, 6-C***H***$_{eq.}$NHCOR)[128], 6.96 - 7.00 (3 H, m, *ortho*-H und *para*-H in PhO), 7.29 - 7.34 (2 H, m, *meta*-H in PhO), 7.93 (1 H, br s, 3-CHN***H***CO), 8.17 (1 H, d, $^3J_{\text{NH, 6-Heq.}}$ = 6.2 Hz, 6-CH$_{eq.}$N***H***COR)

---

128 Geringe Auflösung

^{13}C-NMR (100.5 MHz, [D$_6$]DMSO, δ = 39.50 ppm):

δ (ppm) = 26.75, 27.65[129] und 27.81 [7-CH$_2$S, C in 2-C(*C*H$_3$)$_2$ und C′ in 2-C(*C*H$_3$)$_2$][130], 43.70 [2-*C*(CH$_3$)$_2$][131], 55.82 (6-*C*HNHCOR), 64.57 (3-*C*HCOOH)[132], 66.92 (PhO*C*H$_2$), 114.72 (2 C, *ortho*-C in PhO), 121.37 (*para*-C in PhO), 129.51 (2 C, *meta*-C in PhO), 157.42 (*ipso*-C in PhO), 166.74, 170.28 und 172.69[133] (3 × C=O)

IR (KBr):

$\tilde{\nu}$ (cm^{-1}) = 3413, 3063, 2974, 2930, 1727, 1654, 1600, 1511, 1496, 1439, 1232, 1060, 755, 692

EI-MS (70 eV, 230 °C):

m/z (%) = 352 (19) [M$^+$], 202 (44), 201 (23), 178 (36), 177 (55), 162 (22), 157 (19), 152 (25), 151 (73), 136 (31), 128 (47), 118 (51), 116 (18), 107 (74), 99 (34), 94 (26), 91 (100), 79 (16), 77 (80), 74 (20), 71 (49), 70 (33), 65 (18), 59 (23), 56 (50), 55 (20), 44 (20), 43 (28), 41 (16)

HR-MS ($C_{16}H_{20}N_2O_5S$):

ber.: 352.1093

gem.: 352.1097

---

129 Geringe Intensität

130 Zuordnung durch Vergleich mit DEPT von Verbindung **8a** bestätigt

131 Geringe Intensität

132 dto.

133 dto.

(3S,6S)-2,2-Dimethyl-5-oxo-6-(2-phenoxyacetylamino)-perhydro-1,4-thiazepin-3-carbonsäure (8h)

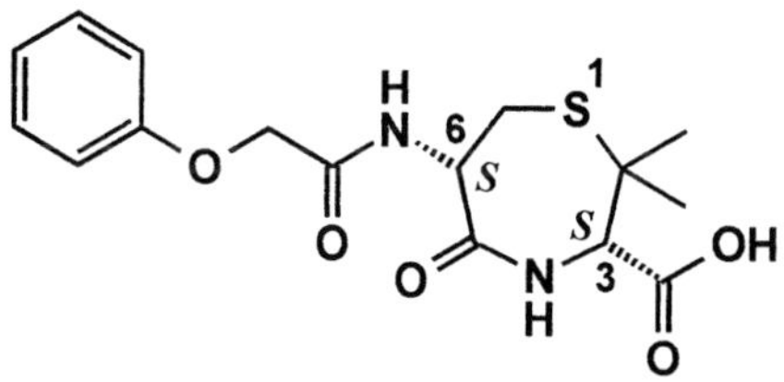

Nach der Umsetzung von 7.06 g (30 mmol) Methyl[2-(2-phenoxyacetylamino)-acrylat] (**6b**) mit 4.48 g (30 mmol) D-Penicillamin (**7a**) gemäß AV 5 wird das erhaltene Rohprodukt der Verbindung **8h** aus *n*-Butanol, aus Wasser oder aus Wasser/Ethanol umkristallisiert.

Eigenschaften: weißes Pulver

Ausbeute: 3.27 g (31 % dieses Isomers)[134]

Schmp.: ca. 110 °C (Zers.)

$[\alpha]_D^{20}$ = – 53.8 (c = 1.00, Methanol)

CD (CH_3OH):

$\lambda_{max/min}$ ($\Delta\varepsilon$) = 247.5 nm (1.009 L ·mol^{-1}·cm^{-1}), 214.0 (– 11.109), 198.0 (15.716)

134 Für jedes der beiden im Reaktionsansatz entstehenden und getrennt isolierten Isomere **8h** und **8g** (s. auch dort) sind maximal 50 % der gesamten theoretischen Ausbeute anzusetzen.

CD (CF_3CH_2OH):

$\lambda_{max/min}$ ($\Delta\varepsilon$) = 245.0 nm (1.621 L $\cdot$mol$^{-1}\cdot$cm^{-1}), 214.5 (– 9.525), 194.5 (17.146)

UV (CH_3OH):

λ_{max} (lg ε) = 275.4 nm (2.983), 268.8 (3.075), 206.0 (4.081)

UV-VIS (CF_3CH_2OH):

λ_{max} (lg ε) = 273.0 nm (2.212), 266.5 (2.267), 193.5 (3.369)

^{1}H-NMR (400 MHz, [D$_6$]DMSO, int. TMS):

δ (ppm) = 1.19 (3 H, s, 2-CCH_3), 1.48 (3 H, s, 2-CCH′$_3$), 2.61 - 2.66 (1 H, dd, $^2J_{7\text{-Hax., 7-Heq.}}$ = 15.2 Hz, $^3J_{7\text{-Hax., 6-H}}$ = 6.8 Hz, H$_{ax.}$ in 7-CH_2S), 3.11 - 3.16 (1 H, dd, $^2J_{7\text{-Heq., 7-Hax.}}$ = 15.2 Hz, $^3J_{7\text{-Heq., 6-H}}$ = 6.3 Hz, H$_{eq.}$ in 7-CH_2S), 4.42 (1 H, d, $^3J_{3\text{-H, NH}}$ = 8.3 Hz, 3-C***H***COOH), 4.56 (2 H, s, PhOC***H***$_2$), 4.96 - 5.01 (1 H, ddd, $^3J_{6\text{-H, 7-Hax.}}$ = $^3J_{6\text{-H, 7-Heq.}}$ = $^3J_{6\text{-H, NH}}$ = 6.5 Hz, 6-C***H***NHCOR), 6.95 - 7.00 (3 H, m, *ortho*-H und *para*-H in PhO), 7.28 - 7.33 (3 H, m, *meta*-H in PhO und 3-CHN***H***CO), 8.20 (1 H, d, $^3J_{NH, 6\text{-H}}$ = 6.7 Hz, 6-CHN***H***COR)

^{13}C-NMR (100.5 MHz, [D$_6$]DMSO, δ = 39.50 ppm):

δ (ppm) = 22.42 [1 C, 2-C(***C***H$_3$)$_2$, cis zu COOH], 26.51 (7-CH_2S), 27.82 [1 C, 2-C(***C***H$_3$)$_2$, trans zu COOH], 46.15 [2-***C***(CH$_3$)$_2$], 52.11 (6-***C***HNHCOR), 62.77 (3-***C***HCOOH), 66.84 (PhO***C***H$_2$), 114.73 (2 C, *ortho*-C in PhO), 121.29

(*para*-C in PhO), 129.47 (2 C, *meta*-C in PhO), 157.50 (*ipso*-C in PhO), 166.97, 169.36 und 169.91 (3 × C=O)

IR (KBr):

$\tilde{\nu}$ (cm^{-1}) = 3373, 3063, 2968, 2927, 1729, 1661, 1600, 1525, 1496, 1438, 1295, 1237, 1063, 756, 692

EI-MS (70 eV, 210 °C):

m/z (%) = 352 (20) [M^{+}], 319 (16), 202 (20), 178 (35), 177 (52), 152 (26), 151 (57), 128 (22), 114 (20), 108 (21), 107 (98), 99 (25), 94 (41), 88 (20), 84 (17), 79 (30), 78 (16), 77 (100), 74 (16), 71 (40), 70 (28), 59 (22), 56 (52), 55 (23), 51 (20), 44 (21), 43 (24), 42 (17), 41 (22), 39 (18)

HR-MS ($C_{16}H_{20}N_2O_5S$):

ber.: 352.1093

gem.: 352.1082

(3R,6S)-2,2-Dimethyl-5-oxo-6-(2-phenoxyacetylamino)-perhydro-1,4-thiazepin-3-carbonsäure (8i)

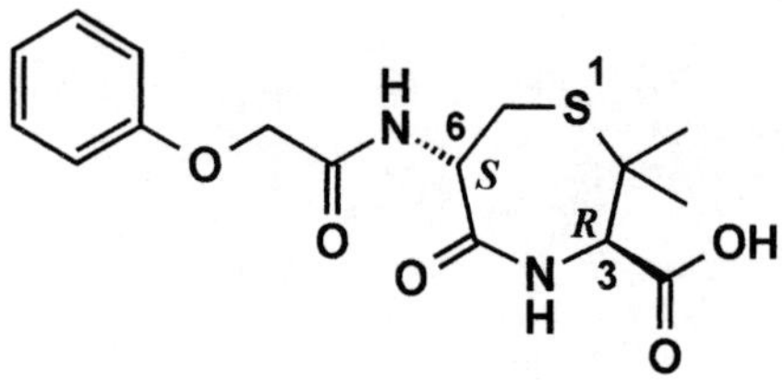

7.06 g (30 mmol) Methyl[2-(2-phenoxyacetylamino)acrylat] (**6b**) werden mit 4.48 g (30 mmol) L-Penicillamin (**7b**) nach AV 5 umgesetzt. Das Ansäuern der wäßrigen Phase auf pH 1 liefert das Rohprodukt als voluminösen, flockigen, weißen Niederschlag. Dieser wird abfiltriert und aus Ethanol/Wasser oder *n*-Butanol umkristallisiert. In Analogie zur Aufarbeitung des Enantiomers **8g** kann das unsaubere Produkt auch durch langsame Kristallisation über mehrere Wochen bei 0 °C aus einer in der Wärme hergestellten konzentrierten ethanolischen Lösung gewonnen werden. Durch diesen Vorgang erhält man feine Kristallnadeln der Verbindung **8i** in analytisch reiner Form.

Eigenschaften: farblose Kristallnadeln

Ausbeute: 4.25 g (40 % dieses Isomers)[135]

Schmp.: 201 °C (Zers.)

$[\alpha]_D^{20}$ = + 49.0 (c = 1.00, Methanol)

[135] Für jedes der beiden im Reaktionsansatz entstehenden und getrennt isolierten Isomere **8i** und **8k** (s. auch dort) sind maximal 50 % der gesamten theoretischen Ausbeute anzusetzen.

CD (CH_3OH):

$\lambda_{max\,/\,min}$ ($\Delta\varepsilon$) = 234.0 nm (6.339 L ·mol^{-1}·cm^{-1}), 218.0 (8.059), 204.5 (– 7.724)

CD (CF_3CH_2OH):

$\lambda_{max\,/\,min}$ ($\Delta\varepsilon$) = 215.0 nm (8.637 L ·mol^{-1}·cm^{-1}), 199.0 (– 8.490)

UV (CH_3OH):

λ_{max} (lg ε) = 275.4 nm (3.009), 269.0 (3.099), 206.6 (4.090)

UV-VIS (CF_3CH_2OH):

λ_{max} (lg ε) = 273.0 nm (2.246), 266.5 (2.301), 193.5 (3.398)

^{1}H-NMR (400 MHz, [D$_6$]DMSO, int. TMS):

δ (ppm) = 1.42 (3 H, s, 2-CCH_3), 1.45 (3 H, s, 2-CCH'_3), 2.54 - 2.58 (1 H, dd, $^2J_{7\text{-Hax.},\,7\text{-Heq.}}$ = 14.7 Hz, $^3J_{7\text{-Hax.},\,6\text{-Heq.}}$ = 3.0 Hz, $H_{ax.}$ in 7-CH_2S), 2.80 - 2.87 (1 H, dd, $^2J_{7\text{-Heq.},\,7\text{-Hax.}}$ = 14.7 Hz, $^3J_{7\text{-Heq.},\,6\text{-Heq.}}$ = 10.9 Hz, $H_{eq.}$ in 7-CH_2S), 3.97 (1 H, d, $^3J_{3\text{-H},\,NH}$ = 8.1 Hz, 3-C***H***COOH), 4.55 (2 H, s, PhOC***H***$_2$), 4.90 - 4.95 (1 H, ddd, $^3J_{6\text{-Heq.},\,7\text{-Heq.}}$ = 10.1 Hz, $^3J_{6\text{-Heq.},\,NH}$ = 6.5 Hz, $^3J_{6\text{-Heq.},\,7\text{-Hax.}}$ = 3.1 Hz, 6-C***H***$_{eq.}$NHCOR)[136], 6.97 - 7.00 (3 H, m, *ortho*-H und *para*-H in PhO), 7.29 - 7.34 (2 H, m, *meta*-H in PhO), 7.92 (1 H, br s, 3-CHN***H***CO), 8.18 (1 H, d, $^3J_{NH,\,6\text{-Heq.}}$ = 6.2 Hz, 6-CH$_{eq.}$N***H***COR)

---

136 Geringe Auflösung

^{13}C-NMR (100.5 MHz, [D$_6$]DMSO, δ = 39.50 ppm):

δ (ppm) = 26.73, 27.59[137] und 27.78 [7-CH$_2$S, C in 2-C(*C*H$_3$)$_2$ und C′ in 2-C(*C*H$_3$)$_2$][138], 43.69 [2-*C*(CH$_3$)$_2$][139], 55.77 (6-*C*HNHCOR), 64.51 (3-*C*HCOOH)[140], 66.91 (PhO*C*H$_2$), 114.70 (2 C, *ortho*-C in PhO), 121.34 (*para*-C in PhO), 129.47 (2 C, *meta*-C in PhO), 157.40 (*ipso*-C in PhO), 166.71, 170.23 und 172.63[141] (3 × C=O)

IR (KBr):

$\tilde{\nu}$ (cm^{-1}) = 3375, 2975, 2925, 1730, 1660, 1600, 1520, 1500, 1440, 1230, 760, 700

EI-MS (70 eV, 340 °C):

m/z (%) = 353 (26) [M$^+$+ 1], 352 (100) [M$^+$], 334 (14), 320 (14), 319 (63), 308 (11), 300 (12), 241 (15), 210 (11), 204 (15), 202 (41), 201 (21), 178 (60), 177 (88), 152 (26), 151 (73), 128 (19), 108 (12), 107 (45), 99 (20), 94 (27), 77 (14), 71 (24), 56 (21)

HR-MS ($C_{16}H_{20}N_2O_5S$):

ber.: 352.109294

gem.: 352.113158

---

137 Geringe Intensität

138 Zuordnung durch Vergleich mit DEPT von Verbindung **8a** bestätigt

139 Geringe Intensität

140 dto.

141 dto.

(3R,6R)-2,2-Dimethyl-5-oxo-6-(2-phenoxyacetylamino)-perhydro-1,4-thiazepin-3-carbonsäure (8k)

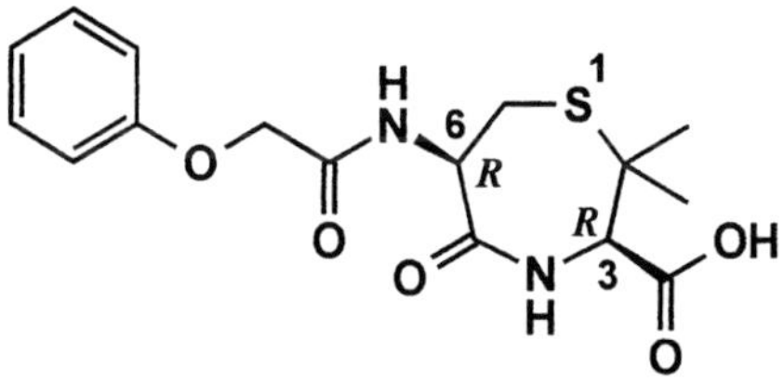

7.06 g (30 mmol) Methyl[2-(2-phenoxyacetylamino)acrylat] (**6b**) und 4.48 g (30 mmol) L-Penicillamin (**7b**) ergeben bei ihrer Reaktion nach AV 5 das Rohprodukt der Verbindung **8k**. Dieses wird am besten aus *n*-Butanol oder aber aus Wasser oder Wasser/Ethanol umkristallisiert.

Eigenschaften: weißes Pulver

Ausbeute: 4.22 g (40 %)[142]

Schmp.: ca. 100 °C

$[\alpha]_D^{20}$ = + 48.8 (*c* = 1.00, Methanol)

CD (CH_3OH):

$\lambda_{max/min}$ ($\Delta\varepsilon$) = 246.5 nm (– 0.991 L $\cdot mol^{-1} \cdot cm^{-1}$), 215.0 (10.130), 198.5 (– 12.755)

142 Für jedes der beiden im Reaktionsansatz entstehenden und getrennt isolierten Isomere **8k** und **8i** (s. auch dort) sind maximal 50 % der gesamten theoretischen Ausbeute anzusetzen.

CD (CF_3CH_2OH):

$\lambda_{max/min}$ ($\Delta\varepsilon$) = 243.5 nm (– 1.797 L $\cdot mol^{-1} \cdot cm^{-1}$), 217.5 (9.236), 194.5 (– 16.838)

UV (CH_3OH):

λ_{max} (lg ε) = 275.4 nm (3.040), 269.0 (3.120), 206.8 (4.046)

UV-VIS (CF_3CH_2OH):

λ_{max} (lg ε) = 266.0 nm (2.302), 260.5 (2.260), 193.5 (3.396)

^{1}H-NMR (400 MHz, [D_6]DMSO, int. TMS):

δ (ppm) = 1.19 (3 H, s, 2-CCH_3), 1.48 (3 H, s, 2-CCH'_3), 2.62 - 2.67 (1 H, dd, $^2J_{7\text{-Hax.}, 7\text{-Heq.}}$ = 15.1 Hz, $^3J_{7\text{-Hax.}, 6\text{-H}}$ = 6.7 Hz, $H_{ax.}$ in 7-CH_2S), 3.10 - 3.16 (1 H, dd, $^2J_{7\text{-Heq.}, 7\text{-Hax.}}$ = 15.2 Hz, $^3J_{7\text{-Heq.}, 6\text{-H}}$ = 6.0 Hz, $H_{eq.}$ in 7-CH_2S), 4.44 (1 H, d, $^3J_{3\text{-H}, NH}$ = 8.4 Hz, 3-C***H***COOH), 4.56 (2 H, s, PhOC***H***$_2$), 4.96 - 5.01 (1 H, ddd, $^3J_{6\text{-H}, 7\text{-Hax.}}$ = $^3J_{6\text{-H}, 7\text{-Heq.}}$ = $^3J_{6\text{-H}, NH}$ = 6.5 Hz, 6-C***H***NHCOR), 6.96 - 7.00 (3 H, m, *ortho*-H und *para*-H in PhO), 7.29 - 7.33 (3 H, m, *meta*-H in PhO und 3-CHN***H***CO), 8.21 (1 H, d, $^3J_{NH, 6\text{-H}}$ = 6.6 Hz, 6-CHN***H***COR)

^{13}C-NMR (100.5 MHz, [D_6]DMSO, int. TMS):

δ (ppm) = 22.39 (1 C, 2-C(***C***H_3)$_2$, cis zu COOH), 26.49 (7-CH_2S), 27.80 (1 C, 2-C(***C***H_3)$_2$, trans zu COOH), 46.08 (2-***C***(CH_3)$_2$), 52.14 (6-***C***HNHCOR), 62.76 (3-***C***HCOOH), 66.83 (PhO***C***H_2), 114.72 (2 C, *ortho*-C in PhO), 121.27

(*para*-C in PhO), 129.43 (2 C, *meta*-C in PhO), 157.48 (*ipso*-C in PhO), 166.97, 169.29 und 169.92 (3 × C=O)

IR (KBr):

$\tilde{\nu}$ (cm^{-1}) = 3375, 2975, 2925, 1730, 1660, 1600, 1520, 1500, 1440, 1370, 1290, 1230, 1080, 1060, 750, 690

EI-MS (70 eV, 270 °C):

m/z (%) = 353 (22) [M^{+}+ 1], 352 (100) [M^{+}], 320 (14), 319 (72), 245 (14), 241 (21), 204 (18), 203 (13), 202 (66), 201 (30), 178 (79), 177 (87), 175 (17), 157 (17), 152 (48), 151 (78), 128 (38), 116 (15), 115 (14), 108 (19), 107 (53), 99 (30), 94 (27), 88 (14), 84 (13), 77 (21), 71 (29), 70 (17), 56 (28)

HR-MS ($C_{16}H_{20}N_2O_5S$):

ber.: 352.109294

gem.: 352.113770

(3S,6R)-5-Oxo-6-(2-phenoxyacetylamino)perhydro-1,4-thiazepin-3-carbonsäure (8m)

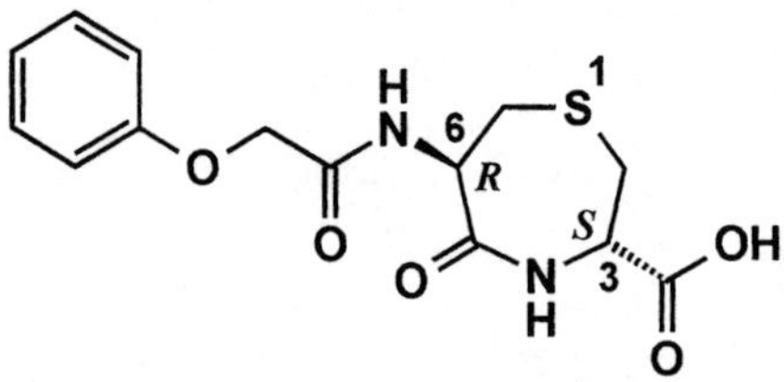

Wegen des hohen Preises von D-Cystein wird die Synthese der Substanz **8m** zwar nach AV 5 durchgeführt, jedoch abweichend von den darin angegebenen Standardmengen mit reduzierten Mengen an Edukten.

Demnach reagieren 1.34 g (5.7 mmol) Methyl[2-(2-phenoxyacetylamino)acrylat] (**6b**) mit 0.90 g (5.7 mmol) D-Cystein (**7c**) -hydrochlorid und man erhält einen weißen Feststoff als Rohprodukt von **8m**.

Bei seiner Extraktion aus der auf pH 1 angesäuerten wäßrigen Phase mit Chloroform verhält dieses sich ebenso wie sein Enantiomer **8o**, d.h. es löst sich nur ein Teil der Substanz. Durch Kühlstellen der Suspension bei 0 °C über Nacht kristallisiert die Carbonsäure vollständig aus und wird nach ihrem Abfiltrieren und Waschen mit kaltem Chloroform im Ölpumpenvakuum von Lösungsmittelresten befreit.

Eigenschaften: weißes Pulver

Ausbeute: 0.35 g (19 % dieses Isomers)[143]

Schmp.: 200 °C (Zers.)

$[\alpha]_D^{20}$ = – 2.2 (*c* = 1.00, Methanol)

CD (CH_3OH):

$\lambda_{max\,/\,min}$ ($\Delta\varepsilon$) = 213.5 nm (– 9.439 L ·mol^{-1}·cm^{-1}), 201.0 (7.936)

CD (CF_3CH_2OH):

$\lambda_{max\,/\,min}$ ($\Delta\varepsilon$) = 242.0 nm (1.023 L ·mol^{-1}·cm^{-1}), 214.0 (– 8.432), 197.0 (5.669)

UV (CH_3OH):

λ_{max} (lg ε) = 275.4 nm (3.015), 269.0 (3.098), 206.8 (4.038)

UV (CF_3CH_2OH):

λ_{max} (lg ε) = 266.5 nm (2.137), 273.0 (2.060), 193.0 (3.379)

^{1}H-NMR (400 MHz, [D$_6$]DMSO, int. TMS):

δ (ppm) = 2.56 - 2.59 (1 H, dd[144], $H_{ax.}$ in 7-CH_2S), 2.64 - 2.70 (1 H, dd, $^2J_{7\text{-Heq., 7-Hax.}}$ = 14.1 Hz, $^3J_{7\text{-Heq., 6-Heq.}}$ = 10.2 Hz, $H_{eq.}$ in 7-CH_2S), 2.90 - 2.94 (1 H, dd, $^2J_{2\text{-Heq., 2-Hax.}}$ = 14.6 Hz, $^3J_{2\text{-Heq., 3-Hax.}}$ = 2.6 Hz, $H_{eq.}$ in 2-CH_2S), 3.09 - 3.14 (1 H, dd, $^2J_{2\text{-Hax., 2-Heq.}}$ = 14.9 Hz, $^3J_{2\text{-Hax., 3-Hax.}}$ = 5.2 Hz, $H_{ax.}$ in

143 Für jedes der beiden im Reaktionsansatz entstehenden und getrennt isolierten Isomere **8m** und **8n** (s. auch dort) sind maximal 50 % der gesamten theoretischen Ausbeute anzusetzen.

144 Nicht aufgelöst

2-CH_2S), 4.40 - 4.44 (1 H, ddd, $^3J_{3\text{-Hax., NH}}$ = 8.5 Hz, $^3J_{3\text{-Hax., 2-Hax.}}$ = 5.3 Hz, $^3J_{3\text{-Hax., 2-Heq.}}$ = 2.7 Hz, 3-C***H***$_{ax.}$COOH), 4.57 (2 H, s, PhOC***H***$_2$), 4.69 - 4.74 (1 H, ddd, $^3J_{6\text{-Heq., 7-Heq.}}$ = 10.0 Hz, $^3J_{6\text{-Heq., NH}}$ = 6.1 Hz, $^3J_{6\text{-Heq., 7-Hax.}}$ = 2.1 Hz, 6-C***H***$_{eq.}$NHCOR), 6.97 - 7.00 (3 H, m, *ortho*-H und *para*-H in PhO), 7.28 - 7.34 (2 H, m, *meta*-H in PhO), 8.07 (1 H, d, $^3J_{\text{NH, 6-Heq.}}$ = 6.3 Hz, 6-CH$_{eq.}$N***H***COR), 8.17 (1 H, d, $^3J_{\text{NH, 3-Hax.}}$ = 8.5 Hz, 3-CH$_{ax.}$N***H***CO)[145]

^{13}C-NMR (100.5 MHz, [D$_6$]DMSO, δ = 39.50 ppm):

δ (ppm) = 29.49 und 32.27 (7-CH_2S und 2-CH_2S), 55.71 und 56.43 (6-***C***HNHCOR und 3-***C***HCOOH), 66.90 (PhO***C***H$_2$), 114.69 (2 C, *ortho*-C in PhO), 121.35 (*para*-C in PhO), 129.48 (2 C, *meta*-C in PhO), 157.37 (*ipso*-C in PhO), 166.66, 170.68 und 173.25 (3 × C=O)[146]

IR (KBr):

$\tilde{\nu}$ (cm^{-1}) = 3400, 3050, 2925, 1730, 1660, 1600, 1500, 1440, 1300, 1240, 1220, 1060, 890, 760, 700

EI-MS (70 eV, 360 °C):

m/z (%) = 325 (22) [M$^+$+ 1], 324 (100) [M$^+$], 237 (32), 217 (17), 213 (57), 204 (19), 192 (20), 185 (33), 177 (57), 174 (70), 173 (22), 152 (64), 151 (81), 134 (20), 128 (29), 108 (34), 107 (54), 102 (23), 100 (35), 98 (14), 94 (42),

145 Daneben auch die kleineren Signale des *(3S,6S)*-Minderisomers sichtbar

146 dto.

93 (29), 88 (33), 79 (25), 77 (37), 56 (28), 44 (30), 43 (18)

HR-MS ($C_{14}H_{16}N_2O_5S$):

ber.: 324.077994

gem.: 324.078468

(3S,6S)-5-Oxo-6-(2-phenoxyacetylamino)perhydro-1,4-thiazepin-3-carbonsäure (8n)

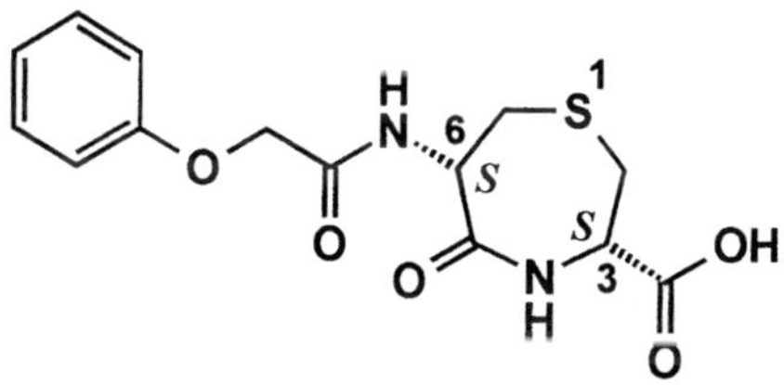

Wie bereits in der Synthesevorschrift zur Verbindung **8m** erwähnt, hat D-Cystein einen relativ hohen Preis. Daher wird die Darstellung von **8n** mit geringeren Eduktmengen als den in AV 5 angegebenen durchgeführt.

Die Reaktion von 1.34 g (5.7 mmol) Methyl[2-(2-phenoxyacetylamino)acrylat] (**6b**) mit 0.90 g (5.7 mmol) D-Cystein (**7c**) -hydrochlorid liefert nach AV 5 **8n** als weißen Feststoff, der mehrere Tage im Vakuum über Blaugel getrocknet wird.

Eigenschaften: weißes Pulver

Ausbeute: 0.59 g (32 % dieses Isomers)[147]

Schmp.: 212 °C (Zers.)

$[\alpha]_D^{20}$ = – 7.9 (c = 1.00, Methanol)

UV (CH_3OH):

λ_{max} (lg ε) = 200.8 nm (4.420)

^{1}H-NMR (400 MHz, [D$_6$]DMSO, δ = 2.50 ppm):

δ (ppm) = 2.67 - 2.79 (3 H, m, $H_{ax.}$ in 7-CH_2S, $H_{ax.}$ in 2-CH_2S und $H_{eq.}$ in 7-CH_2S), 3.03 - 3.06 (1 H, dd, $^2J_{2\text{-Heq., 2-Hax.}}$ = 13.7 Hz, $^3J_{2\text{-Heq., 3-Hax.}}$ < 1 Hz, $H_{eq.}$ in 2-CH_2S)[148], 4.57 (2 H, s, PhOC$\boldsymbol{H}_2$), 4.64 - 4.69 (1 H, ddd, $^3J_{3\text{-Hax., 2-Hax.}}$ = 9.6 Hz, $^3J_{3\text{-Hax., NH}}$ = 6.5 Hz, $^3J_{3\text{-Hax., 2-Heq.}}$ = 1.6 Hz, 3-C$\boldsymbol{H}_{ax.}$COOH), 4.87 - 4.92 (1 H, ddd, $^3J_{6\text{-Hax., 7-Hax.}}$ = 8.5 Hz, $^3J_{6\text{-Hax., NH}}$ = 6.5 Hz, $^3J_{6\text{-Hax., 7-Heq.}}$ = 3.3 Hz, 6-C$\boldsymbol{H}_{ax.}$NHCOR), 6.96 - 7.02 (3 H, m, *ortho*-H und *para*-H in PhO), 7.22 (1 H, d, $^3J_{\text{NH, 6-Hax.}}$ = 6.4 Hz, 6-$CH_{ax.}$N***H***COR)[149], 7.28 - 7.33 (2 H, m, *meta*-H in PhO), 8.13 (1 H, d, $^3J_{\text{NH, 3-Hax.}}$ = 6.4 Hz, 3-$CH_{ax.}$N***H***CO)[150]

---

147 Für jedes der beiden im Reaktionsansatz entstehenden und getrennt isolierten Isomere **8n** und **8m** (s. auch dort) sind maximal 50 % der gesamten theoretischen Ausbeute anzusetzen.

148 Zuordnung durch Vergleich mit Verbindung **8f** getroffen

149 Zuordnung durch Vergleich mit Verbindung **8m** getroffen

150 dto.

^{13}C-NMR (100.5 MHz, [D$_6$]DMSO, δ = 39.50 ppm):

δ (ppm) = 29.59 und 32.55 (7-CH$_2$S und 2-CH$_2$S), 54.23 und 57.33 (6-*C*HNHCOR und 3-*C*HCOOH), 66.80 (PhO*C*H$_2$), 114.69 (2 C, *ortho*-C in PhO), 121.33 (*para*-C in PhO), 129.49 (2 C, *meta*-C in PhO), 157.42 (*ipso*-C in PhO), 166.83, 170.36 und 171.04 (3 × C=O)

IR (KBr):

$\tilde{\nu}$ (cm^{-1}) = 3400, 3350, 2900, 1720, 1680, 1620, 1500, 1460, 1440, 1280, 1240, 1210, 1180, 1060, 740, 690

EI-MS (70 eV, 310 °C):

m/z (%) = 325 (25) [M$^+$+ 1], 324 (100) [M$^+$], 237 (18), 231 (15), 217 (19), 213 (34), 204 (15), 185 (21), 178 (13), 177 (54), 174 (66), 173 (19), 152 (56), 151 (74), 134 (18), 128 (26), 108 (24), 107 (48), 102 (14), 100 (20), 94 (32), 93 (21), 88 (22), 79 (14), 77 (29), 56 (24)

$C_{14}H_{16}N_2O_5S$ (324.36):

ber.:	C 51.84	H 4.97	N 8.64	S 9.89
gef.:	C 51.72	H 4.95	N 8.61	S 9.53

(3R,6S)-5-Oxo-6-(2-phenoxyacetylamino)perhydro-1,4-thiazepin-3-carbonsäure (8o)

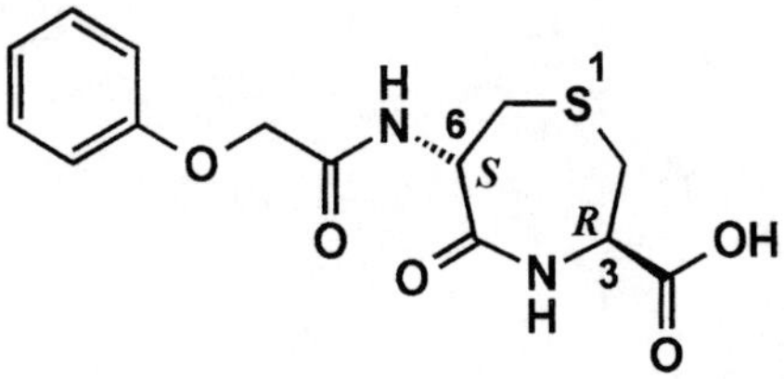

Nach AV 5 reagieren 7.06 g (30 mmol) Methyl[2-(2-phenoxyacetylamino)acrylat] (**6b**) mit 5.27 g (30 mmol) L-Cystein (**7d**) -hydrochloridmonohydrat und man erhält von **8o** einen weißen Feststoff als Rohprodukt.

Bei dessen Extraktion aus der auf pH 1 angesäuerten wäßrigen Phase mit Chloroform löst sich nur ein Teil der Substanz. Somit wird die Suspension der Carbonsäure im organischen Lösungsmittel zur vollständigen Auskristallisation des Produkts über Nacht bei 0 °C gelagert. Der gebildete Niederschlag wird abfiltriert, mit wenig eisgekühltem Chloroform gewaschen und im Vakuum von anhaftendem Lösungsmittel befreit.

Eigenschaften: weißes Pulver

Ausbeute: 2.01 g (21 % dieses Isomers)[151]

Schmp.: 203 °C (Zers.)

$[\alpha]_D^{20}$ = + 4.6 (c = 1.00, Methanol)

[151] Für jedes der beiden im Reaktionsansatz entstehenden und getrennt isolierten Isomere **8o** und **8p** (s. auch dort) sind maximal 50 % der gesamten theoretischen Ausbeute anzusetzen.

CD (CH_3OH):

$\lambda_{max/min}$ ($\Delta\varepsilon$) = 215.0 nm (11.084 L·mol^{-1}·cm^{-1}), 200.0 (– 9.554)

CD (CF_3CH_2OH):

$\lambda_{max/min}$ ($\Delta\varepsilon$) = 213.0 nm (9.220 L·mol^{-1}·cm^{-1}), 194.0 (– 13.183)

UV (CH_3OH):

λ_{max} (lg ε) = 275.4 nm (3.029), 268.8 (3.115), 207.2 (4.066)

^{1}H-NMR (500 MHz, [D_6]DMSO, int. TMS):

δ (ppm) = 2.57 - 2.59 (1 H, dd[152], $H_{ax.}$ in 7-CH_2S), 2.65 - 2.70 (1 H, dd, $^2J_{7\text{-Heq.}, 7\text{-Hax.}}$ = 14.2 Hz, $^3J_{7\text{-Heq.}, 6\text{-Heq.}}$ = 10.2 Hz, $H_{eq.}$ in 7-CH_2S), 2.91 - 2.94 (1 H, dd, $^2J_{2\text{-Heq.}, 2\text{-Hax.}}$ = 14.8 Hz, $^3J_{2\text{-Heq.}, 3\text{-Hax.}}$ = 2.4 Hz, $H_{eq.}$ in 2-CH_2S), 3.09 - 3.13 (1 H, dd, $^2J_{2\text{-Hax.}, 2\text{-Heq.}}$ = 14.5 Hz, $^3J_{2\text{-Hax.}, 3\text{-Hax.}}$ = 5.4 Hz, $H_{ax.}$ in 2-CH_2S), 4.40 - 4.43 (1 H, ddd, $^3J_{3\text{-Hax.}, NH}$ = 8.3 Hz, $^3J_{3\text{-Hax.}, 2\text{-Hax.}}$ = 5.4 Hz, $^3J_{3\text{-Hax.}, 2\text{-Heq.}}$ = 2.8 Hz, 3-C$\boldsymbol{H}_{ax.}$COOH), 4.57 (2 H, s, PhOC$\boldsymbol{H}_2$), 4.70 - 4.74 (1 H, ddd, $^3J_{6\text{-Heq.}, 7\text{-Heq.}}$ = 10.2 Hz, $^3J_{6\text{-Heq.}, NH}$ = 6.1 Hz, $^3J_{6\text{-Heq.}, 7\text{-Hax.}}$ = 2.0 Hz, 6-C$\boldsymbol{H}_{eq.}$NHCOR), 6.97 - 7.01 (3 H, m, *ortho*-H und *para*-H in PhO), 7.29 - 7.34 (2 H, m, *meta*-H in PhO), 8.08 (1 H, d, $^3J_{NH, 6\text{-Heq.}}$ = 6.0 Hz, 6-$CH_{eq.}$N***H***COR), 8.15 (1 H, d, $^3J_{NH, 3\text{-Hax.}}$ = 8.7 Hz, 3-$CH_{ax.}$N***H***CO)[153]

---

152 Nicht aufgelöst

153 Daneben auch die kleineren Signale des *(3R,6R)*-Minderisomers sichtbar

^{13}C-NMR (100.5 MHz, [D$_6$]DMSO, δ = 39.50 ppm):

δ (ppm) = 29.65 und 32.41 (7-CH_2S und 2-CH_2S), 55.88 und 56.60 (6-*C*HNHCOR und 3-*C*HCOOH), 67.00 (PhO*C*H_2), 114.82 (2 C, *ortho*-C in PhO), 121.57 (*para*-C in PhO), 129.67 (2 C, *meta*-C in PhO), 157.48 (*ipso*-C in PhO), 166.91, 170.88 und 173.50 (3 × C=O)[154]

IR (KBr):

$\tilde{\nu}$ (cm^{-1}) = 3400, 3060, 2925, 1720, 1680, 1630, 1500, 1440, 1300, 1250, 1220, 1060, 890, 760, 690

EI-MS (70 eV, 300 °C):

m/z (%) = 325 (27) [M^{+}+ 1], 324 (100) [M^{+}], 237 (21), 231 (15), 217 (19), 213 (37), 204 (18), 178 (23), 177 (60), 175 (15), 174 (66), 173 (22), 152 (54), 151 (73), 134 (19), 128 (33), 108 (30), 107 (48), 102 (16), 100 (25), 94 (34), 93 (24), 88 (23), 84 (14), 79 (17), 77 (30), 56 (26), 43 (14)

HR-MS ($C_{14}H_{16}N_2O_5S$):

ber.: 324.077994

gem.: 324.079674

$C_{14}H_{16}N_2O_5S$ (324.36):

ber.:	C 51.84	H 4.97	N 8.64	S 9.89
gef.:	C 51.52	H 4.92	N 8.31	S 9.77

154 Daneben auch die kleineren Signale des *(3R,6R)*-Minderisomers sichtbar

(3R,6R)-5-Oxo-6-(2-phenoxyacetylamino)perhydro-1,4-thiazepin-3-carbonsäure (8p)

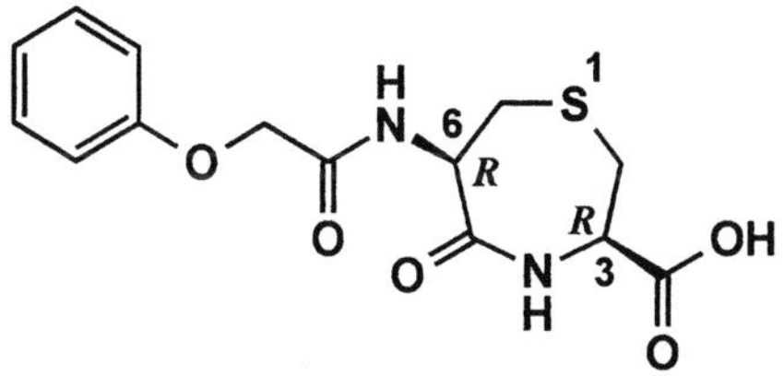

Der Ansatz aus 7.06 g (30 mmol) Methyl[2-(2-phenoxyacetylamino)acrylat] (**6b**) und 5.27 g (30 mmol) L-Cystein (**7d**) -hydrochloridmonohydrat ergibt nach Aufarbeitung gemäß AV 5 die Verbindung **8p**, die nach ihrer Ausfällung und dem Abfiltrieren wie beschrieben, mehrere Tage im Vakuum über Blaugel getrocknet wird, um eingeschlossene Wasserreste zu entfernen.

Eigenschaften: weißes Pulver

Ausbeute: 3.41 g (35 % dieses Isomers)[155]

Schmp.: 212 °C (Zers.)

$[\alpha]_D^{20}$ = + 8.9 (c = 1.00, Methanol)

UV (CH_3OH):

λ_{max} (lg ε) = 275.6 nm (3.079), 268.8 (3.144), 200.2 (4.508)

155 Für jedes der beiden im Reaktionsansatz entstehenden und getrennt isolierten Isomere **8p** und **8o** (s. auch dort) sind maximal 50 % der gesamten theoretischen Ausbeute anzusetzen.

^{1}H-NMR (400 MHz, [D$_6$]DMSO, δ = 2.50 ppm):

δ (ppm) = 2.67 - 2.79 (3 H, m, $H_{ax.}$ in 7-CH_2S, $H_{ax.}$ in 2-CH_2S und $H_{eq.}$ in 7-CH_2S), 3.03 - 3.06 (1 H, dd, $^2J_{2\text{-Heq., 2-Hax.}}$ = 14.1 Hz, $^3J_{2\text{-Heq., 3-Hax.}}$ < 1 Hz, $H_{eq.}$ in 2-CH_2S)[156], 4.57 (2 H, s, PhOC$\boldsymbol{H}_2$), 4.65 - 4.68 (1 H, ddd[157], 3-C$\boldsymbol{H}_{ax.}$COOH), 4.87 - 4.92 (1 H, ddd, $^3J_{6\text{-Hax., 7-Hax.}}$ = 9.1 Hz, $^3J_{6\text{-Hax., NH}}$ = 6.2 Hz, $^3J_{6\text{-Hax., 7-Heq.}}$ = 3.1 Hz, 6-C$\boldsymbol{H}_{ax.}$NHCOR), 6.96 - 7.00 (3 H, m, *ortho*-H und *para*-H in PhO), 7.22 (1 H, d, $^3J_{\text{NH, 6-Hax.}}$ = 6.4 Hz, 6-$CH_{ax.}$N***H***COR)[158], 7.29 - 7.33 (2 H, m, *meta*-H in PhO), 8.13 (1 H, d, $^3J_{\text{NH, 3-Hax.}}$ = 6.4 Hz, 3-$CH_{ax.}$N***H***CO)[159]

^{13}C-NMR (100.5 MHz, [D$_6$]DMSO, δ = 39.50 ppm):

δ (ppm) = 29.60 und 32.55 (7-CH_2S und 2-CH_2S), 54.24 und 57.33 (6-***C***HNHCOR und 3-***C***HCOOH), 66.81 (PhO***C***H_2), 114.69 (2 C, *ortho*-C in PhO), 121.33 (*para*-C in PhO), 129.48 (2 C, *meta*-C in PhO), 157.43 (*ipso*-C in PhO), 166.83, 170.36 und 171.04 (3 × C=O)

IR (KBr):

$\tilde{\nu}$ (cm^{-1}) = 3400, 3350, 2900, 1720, 1680, 1650, 1620, 1500, 1440, 1300, 1240, 1220, 1060, 740, 690

---

156 Zuordnung durch Vergleich mit Verbindung **8f** getroffen

157 Nicht aufgelöst

158 Zuordnung durch Vergleich mit Verbindung **8o** getroffen

159 dto.

EI-MS (70 eV, 330 °C):

m/z (%) = 325 (29) [M^{+}+ 1], 324 (100) [M^{+}], 237 (21), 231 (18), 217 (21), 213 (27), 204 (17), 185 (20), 177 (59), 174 (68), 173 (22), 152 (59), 151 (76), 134 (23), 128 (32), 108 (33), 107 (49), 102 (17), 100 (29), 94 (35), 93 (27), 88 (27), 79 (20), 77 (33), 56 (26)

$C_{14}H_{16}N_2O_5S$ (324.36):

ber.: C 51.84 H 4.97 N 8.64 S 9.89

gef.: C 51.58 H 4.96 N 8.49 S 9.64

Triethylammonium[*(3S,6R)*-6-acetylamino-2,2-dimethyl-5-oxo-perhydro-1,4-thiazepin-3-carboxylat] (8q)
und
Triethylammonium[*(3S,6S)*-6-acetylamino-2,2-dimethyl-5-oxo-perhydro-1,4-thiazepin-3-carboxylat] (8r)

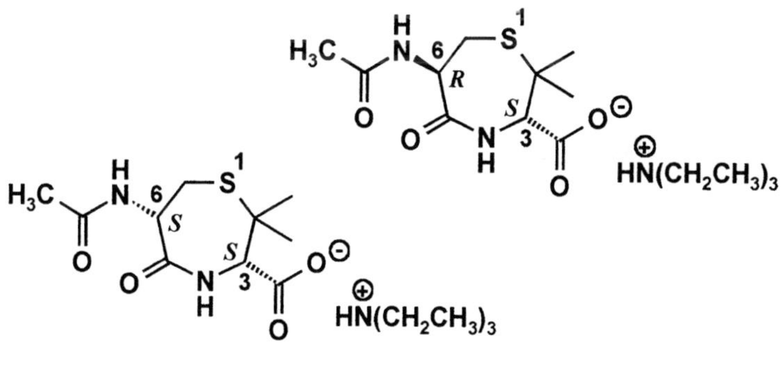

Die Synthese des Gemischs der beiden zueinander diastereomeren Triethylammoniumsalze **8q** und **8r** wird auf eine der in AV 5 beschriebenen

Methode ähnliche Art und Weise bewerkstelligt. Dazu werden 1.43 g (10 mmol) Methyl[2-(acetylamino)acrylat] (**6c**) mit 1.49 g (10 mmol) D-Penicillamin (**7a**) in 45 ml wasserfreiem Methanol suspendiert. Unter Rühren werden tropfenweise 1.65 ml (12 mmol) Triethylamin zugesetzt. Die nun klare gelbliche Lösung wird 5 Tage lang bei Raumtemperatur unter Lichtschutz und in einer Argon-Atmosphäre weitergerührt.

Danach wird das Lösungsmittel unter vermindertem Druck entfernt und man erhält ein zähes, gelbes Öl. Dieses wird in Wasser gelöst, das vorher durch Zugabe von wenig 5%iger $NaHCO_3$-Lösung auf einen pH-Wert von ca. 8 gebracht wurde. Diese wäßrige Lösung wird mit Chloroform (5 × 20 ml) extrahiert. Dabei ist zu beachten, daß die Wasserlöslichkeit der Produkte aufgrund ihrer Acetylamino-Gruppe sehr hoch ist, was einen intensiven Ausschüttelungsvorgang nötig macht.

Anders als bei den nach AV 5 umgesetzten Säuren, die entweder eine (2-Phenylacetylamino)- oder eine (2-Phenoxyacetylamino)-Gruppe tragen, gehen im vorliegenden Falle der Acetylamino-Derivate die Triethylammoniumsalze beider Diastereomere, d.h. also sowohl des *(3S,6S)*- als auch des *(3S,6R)*-konfigurierten Carbonsäure-Produkts in die Chloroform-Phase über. Eine Trennung der beiden zueinander diastereomeren Salze nach Maßgabe von AV 5 ist somit nicht möglich. Nach Abdestillieren des Lösungsmittels am Rotationsverdampfer erhält man das Gemisch der beiden Triethylammoniumsalze **8q** und **8r** in Form eines gelben, zähen Öles, welches zum Entfernen von Chloroform-Resten mehrere Tage dem Ölpumpenvakuum ausgesetzt wird.

Eigenschaften: klares, gelbes, sehr zähes Öl

Ausbeute: 2.50 g (69 %)

$[\alpha]_D^{20}$ = − 4.2 (c = 1.00, Methanol)

UV (CH_3OH):

λ_{max} (lg ε) = 199.6 nm (4.397)

^{1}H-NMR (400 MHz, $CDCl_3$, int. TMS)[160]:

δ (ppm) = 1.22 [18 H, t, ^3J = 7.3 Hz, 2 × $^+NH(CH_2C\boldsymbol{H}_3)_3$ und 3 H, verdeckt, 2-CCH_3 $_{(A)\,/\,(B)}$], 1.34 [3 H, s, 2-$CCH_3'$$_{(A)\,/\,(B)}$], 1.41 [3 H, s, 2-$CCH_3''$$_{(A)\,/\,(B)}$], 1.45 [3 H, s, 2-$CCH_3'''$$_{(A)\,/\,(B)}$], 1.95 [6 H, s, $CH_3CO_{(A)}$ und $CH_3CO_{(B)}$], 2.64 - 2.72 [2 H, m, $H_{ax.\,(A)}$ und $H_{ax.\,(B)}$ in 7-CH_2S], 2.89 - 2.94 [2 H, m, $H_{eq.\,(A)}$ und $H_{eq.\,(B)}$ in 7-CH_2S], 2.98 - 3.03 [12 H, q, ^3J = 7.4 Hz, 2 × $^+NH(C\boldsymbol{H}_2CH_3)_3$], 4.08 [1 H, br s, 3-C***H***COOH$_{(A)}$], 4.15 [1 H, d, $^3J_{3\text{-H, NH}}$ = 7.1 Hz, 3-C***H***COOH$_{(B)}$], 4.72 - 4.78 [1 H, m, 6-C***H***NHCOCH$_3$ $_{(B)}$], 4.79 - 4.88 [1 H, br s, 6-C***H***NHCOCH$_3$ $_{(A)}$], 6.73 [1 H, br s, 3-CHN***H***CO$_{(A)\,/\,(B)}$], 6.88 [1 H, d, $^3J_{\text{NH, 3-H}}$ = 7.3 Hz, 3-CHN***H***′CO$_{(A)\,/\,(B)}$], 7.04 [1 H, d, $^3J_{\text{NH, 6-H}}$ = 5.5 Hz, 6-CHN***H***COCH$_3$ $_{(A)\,/\,(B)}$], 7.16 [1 H, br s, 6-CHN***H***′COCH$_3$ $_{(A)\,/\,(D)}$]

^{13}C-NMR (100.5 MHz, $CDCl_3$, δ = 77.00 ppm):

δ (ppm) = 8.47 [6 C, 2 × $^+NH(CH_2\boldsymbol{C}H_3)_3$], 22.80 und 23.12 (3 C)[161], 24.88[162], 27.15, 27.54, 28.34 und 29.61 [2 × ***C***H$_3$CO, C in 2-C(***C***H$_3$)$_2$ $_{(A)}$, C′ in 2-C(***C***H$_3$)$_2$ $_{(A)}$, C in 2-C(***C***H$_3$)$_2$ $_{(B)}$, C′ in 2-C(***C***H$_3$)$_2$ $_{(B)}$, 2 × 7-CH_2S], 44.87 [2-***C***(CH$_3$)$_2$ $_{(B)}$], 45.18 [6 C, 2 × $^+NH(\boldsymbol{C}H_2CH_3)_3$], 46.02

---

160 Die beiden vorliegenden Diastereomere sind mit (A) und (B) bezeichnet

161 Ein C-Atom mit geringerer Intensität verdeckt

162 Geringe Intensität, 2-C-***C***H$_3$ in Diastereomer (A)

[2-*C*$(CH_3)_2$ $_{(A)}$]^{163}, 54.31 und 56.19 (2 × 6-*C*$HNHCOCH_3$), 65.69 [3-*C*$HCOOH_{(A)}$]^{164}, 66.99 [3-*C*$HCOOH_{(B)}$], 169.26, 169.60, 170.76, 171.99, 172.42 und 172.64 [3 × $C{=}O_{(A)}$ und 3 × $C{=}O_{(B)}$]

IR (Film, $CHCl_3$):

$\tilde{\nu}$ (cm^{-1}) = 3338, 3014, 2458, 1649, 1501, 1457, 1370, 1125

EI-MS (70 eV, 260 °C):

m/z (%) = 260 (20) [(M^+ + 1) – $^+NH(CH_2CH_3)_3$], 227 (18), 218 (25), 201 (27), 176 (23), 160 (76), 144 (33), 128 (30), 114 (22), 102 (22), 101 (95), 100 (67), 99 (21), 87 (58), 86 (100), 85 (28), 84 (15), 72 (28), 71 (22), 70 (29), 60 (22), 59 (16), 58 (53), 56 (26), 44 (60), 43 (45), 42 (29)

HR-MS ($C_{10}H_{16}N_2O_4S$)[165]:

ber.: 260.083079

gem.: 260.078667

163 Geringe Intensität

164 dto.

165 Massenfeinbestimmung nicht auf das Triethylammoniumsalz berechnet

Methyl[*(3S,6R)*-2,2-dimethyl-5-oxo-6-(2-phenylacetylamino)-perhydro-1,4-thiazepin-3-carboxylat] (9a)

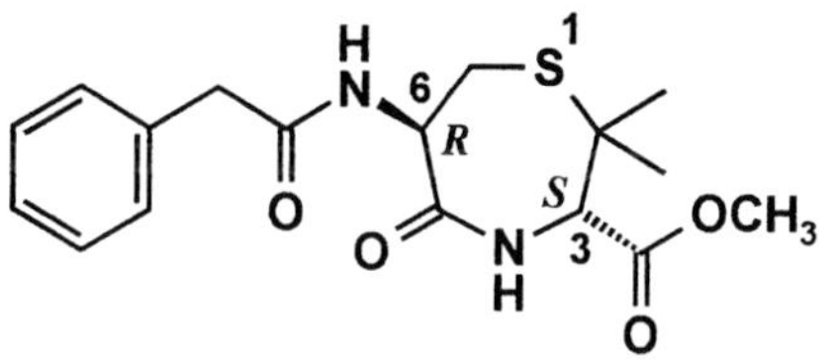

Nach AV 6 werden 250 mg (0.74 mmol) *(3S,6R)*-2,2-Dimethyl-5-oxo-6-(2-phenylacetylamino)-perhydro-1,4-thiazepin-3-carbonsäure (**8a**) mit Diazomethan verestert. Der nach Entfernen des Diethylethers erhaltene Feststoff wird aus Ethanol/*n*-Pentan umkristallisiert und liefert so den reinen Ester **9a**.

Eigenschaften: feines weißes Pulver

Ausbeute: 244 mg (94 %)

Schmp.: ca. 120 °C

$[\alpha]_D^{20}$ = – 58.0 (c = 1.00, Methanol)

UV (CH_3OH):

λ_{max} (lg ε) = 202.4 nm (4.527)

^{1}H-NMR (400 MHz, $CDCl_3$, int. TMS):

δ (ppm) = 1.38 (6 H, s, 2 × 2-CCH_3), 2.75 - 2.87 (2 H, 2 × dd, $^2J_{7\text{-Hax., 7-Heq.}}$ = $^2J_{7\text{-Heq., 7-Hax.}}$ = 15.0 Hz, $^3J_{7\text{-Hax./ eq., 6-H}}$ = 9.7 Hz, $^3J'_{7\text{-Hax./ eq., 6-H}}$ = 3.9 Hz, $H_{ax.}$ und $H_{eq.}$ in 7-CH_2S), 3.58 (2 H, s, PhC$\boldsymbol{H}_2$), 3.79 (3 H, s, $COOCH_3$), 4.23 (1 H, br s, 3-C***H***COOCH$_3$), 4.69 (1 H, br s, 6-C***H***NHCOR), 6.68 (1 H, d, $^3J_{NH,\,3\text{-}H}$ = 6.7 Hz, 3-CHN***H***CO), 7.04 (1 H, d, $^3J_{NH,\,6\text{-}H}$ = 5.8 Hz, 6-CHN***H***COR), 7.26 - 7.37 (5 H, m, Ph)

^{13}C-NMR (100.5 MHz, CDCl$_3$, int. TMS):

δ (ppm) = 25.80[166], 27.03 und 27.78 [C in 2-C(***C***H$_3$)$_2$, 7-CH$_2$S und C′ in 2-C(***C***H$_3$)$_2$][167], 43.57 (Ph***C***H$_2$), 44.94 [2-***C***(CH$_3$)$_2$][168], 52.71 (COO***C***H$_3$), 56.67 (6-***C***HNHCOR), 64.78 (3-***C***HCOOCH$_3$)[169], 127.32 (*para*-C in PhCH$_2$), 129.00 (2 C, 2 × *ortho*-C oder 2 × *meta*-C in PhCH$_2$) und 129.39 (2 C, 2 × *ortho*-/ 2 × *meta*-C in PhCH$_2$), 134.64 (*ipso*-C in PhCH$_2$), 169.19, 170.58 und 173.45[170] (3 × C=O)

IR (KBr):

$\tilde{\nu}$ (cm^{-1}) = 3350, 3300, 2950, 1730, 1680, 1650, 1540, 1490, 1440, 1390, 1300, 1220, 1140, 990, 720, 700, 620, 600

EI-MS (70 eV, 200 °C):

m/z (%) = 350 (38) [M$^+$], 317 (20), 285 (12), 284 (17), 217 (10), 216 (43), 215 (100), 199 (13), 189 (10), 188 (14), 183 (24), 167 (13), 162 (66), 161 (43), 156 (18), 153 (19), 136 (22), 130 (18), 129 (50), 128 (76), 119 (12), 118

[166] Geringe Intensität

[167] Zuordnung durch Vergleich mit DEPT von Verbindung **8a** getroffen

[168] Geringe Intensität

[169] dto.

[170] dto.

(83), 115 (18), 99 (12), 92 (14), 91 (92), 76 (16), 70 (14), 44 (15)

$C_{17}H_{22}N_2O_4S$ (350.44):

ber.:	C 58.27	H 6.33	N 7.99	S 9.15
gef.:	C 58.12	H 6.14	N 8.08	S 8.94

Methyl[*(3R,6S)*-2,2-dimethyl-5-oxo-6-(2-phenylacetylamino)-perhydro-1,4-thiazepin-3-carboxylat] (9b)

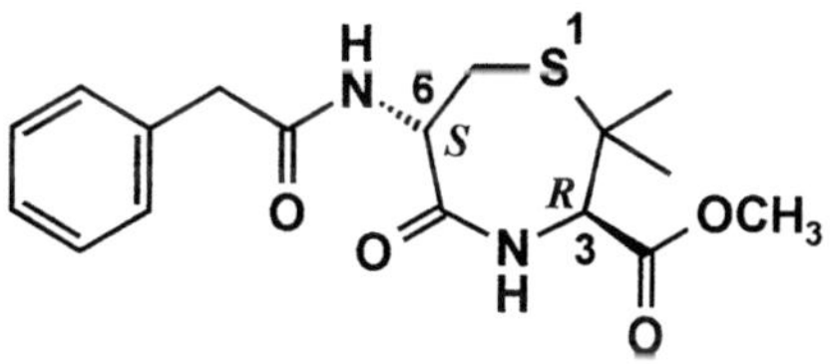

Die Veresterung von 250 mg (0.74 mmol) *(3R,6S)*-2,2-Dimethyl-5-oxo-6-(2-phenylacetylamino)perhydro-1,4-thiazepin-3-carbonsäure (**8c**) mit Diazomethan gemäß AV 6 ergibt das Rohprodukt des Esters **9b** in Form eines harten transparenten Feststoffs, der wie beschrieben, mehrmals in Ethanol gelöst, mit *n*-Pentan gefällt, trituriert und schließlich aus Ethanol/*n*-Pentan umkristallisiert wird.

Eigenschaften: feines weißes Pulver

Ausbeute: 230 mg (88 %)

Schmp.: ca. 125 °C

$[\alpha]_D^{20}$ = + 53.4 (c = 1.00, Methanol)

CD (CH_3OH):

$\lambda_{max/min}$ ($\Delta\varepsilon$) = 233.0 nm (5.837 $L \cdot mol^{-1} \cdot cm^{-1}$), 217.0 (6.885), 204.0 (– 6.295)

CD (CF_3CH_2OH):

$\lambda_{max/min}$ ($\Delta\varepsilon$) = 213.0 nm (5.614 $L \cdot mol^{-1} \cdot cm^{-1}$), 198.0 (– 5.902)

UV (CH_3OH):

λ_{max} (lg ε) = 206.8 nm (4.179)

^{1}H-NMR (400 MHz, $CDCl_3$, int. TMS):

δ (ppm) = 1.38 (6 H, s, 2 × 2-CCH_3), 2.75 - 2.87 (2 H, 2 × dd, $^2J_{7\text{-Hax., 7-Heq.}}$ = $^2J_{7\text{-Heq., 7-Hax.}}$ = 15.1 Hz, $^3J_{7\text{-Hax./ eq., 6-H}}$ = 9.8 Hz, $^3J'_{7\text{-Hax./ eq., 6-H}}$ = 3.6 Hz, $H_{ax.}$ und $H_{eq.}$ in 7-CH_2S), 3.59 (2 H, s, PhC***H***$_2$), 3.80 (3 H, s, $COOCH_3$), 4.23 (1 H, br s, 3-C***H***$COOCH_3$), 4.68 (1 H, br s, 6-C***H***NHCOR), 6.64 (1 H, d, $^3J_{NH, 3\text{-H}}$ = 6.3 Hz, 3-CHN***H***CO), 7.02 (1 H, d, $^3J_{NH, 6\text{-H}}$ = 5.3 Hz, 6-CHN***H***COR), 7.26 - 7.38 (5 H, m, Ph)

^{13}C-NMR (100.5 MHz, $CDCl_3$, δ = 77.00 ppm):

δ (ppm) = 25.64[171], 26.95 und 27.68 [C in 2-C(***C***$H_3)_2$, 7-CH_2S und C′ in 2-C(***C***$H_3)_2$][172], 43.50 (Ph***C***H_2), 44.86 [2-

[171] Geringe Intensität

[172] Zuordnung durch Vergleich mit DEPT von Verbindung **8a** getroffen

C$(CH_3)_2]$[173], 52.69 (COO*C*H_3), 56.56 (6-*C*HNHCOR), 64.69 (3-*C*HCOOCH_3)[174], 127.29 (*para*-C in $PhCH_2$), 128.95 (2 C, 2 × *ortho*-C oder 2 × *meta*-C in $PhCH_2$) und 129.33 (2 C, 2 × *ortho*-/ 2 × *meta*-C in $PhCH_2$), 134.53 (*ipso*-C in $PhCH_2$), 169.11, 170.52 und 173.34[175] (3 × C=O)

IR (KBr):

$\tilde{\nu}$ (cm^{-1}) = 3266, 2961, 1735, 1654, 1536, 1496, 1435, 1316, 1215, 729, 697

EI-MS (70 eV, 200 °C):

m/z (%) = 350 (33) [M^+], 317 (25), 222 (15), 216 (44), 215 (97), 199 (17), 188 (16), 183 (29), 182 (15), 176 (15), 162 (54), 161 (48), 156 (25), 136 (26), 130 (27), 129 (80), 128 (81), 119 (16), 118 (93), 115 (20), 99 (23), 97 (21), 92 (29), 91 (100), 90 (20), 89 (16), 76 (33), 74 (16), 70 (28), 65 (25), 59 (23), 55 (16), 44 (27), 43 (22)

HR-MS ($C_{17}H_{22}N_2O_4S$):

ber.: 350.130029

gem.: 350.125806

---

[173] Geringe Intensität

[174] dto.

[175] dto.

$C_{17}H_{22}N_2O_4S$ (350.44):

ber.:	C 58.27	H 6.33	N 7.99	S 9.15
gef.:	C 58.26	H 6.42	N 7.85	S 8.90

Methyl[*(3S,6R)*-2,2-dimethyl-5-oxo-6-(phenoxyacetylamino)-perhydro-1,4-thiazepin-3-carboxylat] (9c)

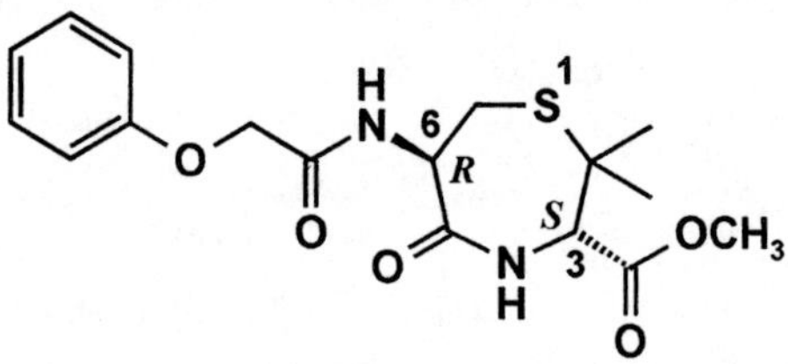

260 mg (0.74 mmol) *(3S,6R)*-2,2-Dimethyl-5-oxo-6-(2-phenoxyacetylamino)-perhydro-1,4-thiazepin-3-carbonsäure (**8g**) liefern bei Veresterung mit Diazomethan nach AV 6 einen Feststoff als Rohprodukt, der aus Ethanol/*n*-Pentan zum reinen Ester **9c** umkristallisiert wird.

Eigenschaften: farblose Kristallnadeln

Ausbeute: 230 mg (85 %)

Schmp.: 129 °C

$[\alpha]_D^{20}$ = – 53.0 (c = 1.00, Methanol)

UV (CH_3OH):

λ_{max} (lg ε) = 275.4 nm (3.279), 269.2 (3.332), 201.2 (4.552)

^{1}H-NMR (400 MHz, $CDCl_3$, int. TMS):

δ (ppm) = 1.44 (3 H, s, 2-CCH_3), 1.47 (3 H, s, 2-CCH'_3), 2.85 - 2.95 (2 H, m, $H_{ax.}$ und $H_{eq.}$ in 7-CH_2S), 3.80 (3 H, s, $COOCH_3$), 4.29 (1 H, br s, 3-C***H***$COOCH_3$), 4.51 (2 H, s, PhOC***H***$_2$), 4.91 (1 H, br s, 6-C***H***NHCOR), 6.72 (1 H, d, $^3J_{NH, 3\text{-}H}$ = 7.5 Hz, 3-CHN***H***CO), 6.93 - 7.04 (3 H, m, *ortho*-H und *para*-H in PhO), 7.28 - 7.33 (2 H, m, *meta*-H in PhO), 8.02 (1 H, d, $^3J_{NH, 6\text{-}H}$ = 5.9 Hz, 6-CHN***H***COR)

^{13}C-NMR (100.5 MHz, $CDCl_3$, int. TMS):

δ (ppm) = 26.10[176], 27.11 und 27.82 [C in 2-C(***C***H_3)$_2$, 7-CH_2S und C′ in 2-C(***C***H_3)$_2$][177], 44.88 [2-***C***(CH_3)$_2$][178], 52.74 (COO***C***H_3), 56.28 (6-***C***HNHCOR), 65.10 (3-***C***$HCOOCH_3$)[179], 67.38 (PhO***C***H_2), 114.78 (2 C, *ortho*-C in PhO), 122.11 (*para*-C in PhO), 129.76 (2 C, *meta*-C in PhO), 157.24 (*ipso*-C in PhO), 168.01, 169.14 und 173.18[180] (3 × C=O)

IR (KBr):

$\tilde{\nu}$ (cm^{-1}) = 3375, 3250, 3100, 2900, 1740, 1650, 1600, 1510, 1490, 1420, 1370, 1330, 1290, 1270, 1230, 1210, 1110, 1080, 1060, 980, 860, 770, 700, 660, 600

---

176 Geringe Intensität

177 Zuordnung durch Vergleich mit DEPT von Verbindung **8a** getroffen

178 Geringe Intensität

179 dto.

180 dto.

EI-MS (70 eV, 180 °C):

m/z (%) = 366 (44) [M^+], 333 (13), 216 (82), 215 (58), 189 (20), 183 (18), 178 (56), 177 (100), 156 (18), 152 (16), 151 (75), 130 (18), 129 (55), 128 (61), 115 (20), 108 (12), 107 (58), 99 (21), 97 (13), 94 (17), 88 (16), 77 (14), 70 (14), 56 (34)

$C_{17}H_{22}N_2O_5S$ (366.44):

ber.:	C 55.72	H 6.05	N 7.64	S 8.75
gef.:	C 55.71	H 5.94	N 7.80	S 8.80

Röntgenstrukturanalyse:

Tabelle zur Strukturbestimmung von 9c.

Kristalldaten:

Habitus, Farbe	quaderförmig, farblos, durchscheinend	
Abmessungen	0.50 × 0.30 × 0.20 mm	
Kristallsystem	monoklin	
Raumgruppe	$P2_1$, Z = 2	
Gitterkonstanten	a = 796.1 (1) pm	α = 90°
	b = 1023.6 (1) pm	β = 105.400 (10)°
	c = 1182.4 (1) pm	γ = 90°

Zellvolumen	$928.9\ (2) \cdot 10^{-30}\ m^3$
Zellbestimmung	25 Reflexe 35.0 bis 43.7° Θ
Summenformel	$C_{17}H_{22}N_2O_5S$
Molmasse	366.43 g/mol
F(000)	388
Röntgendichte (berechnet)	$1.310\ Mg/m^3$
Absorptionskoeffizient	$1.804\ mm^{-1}$

Datensammlung:

Diffraktometertyp	Enraf Nonius CAD4
Wellenlänge	CuKα (154.178pm)
Meßtemperatur	213 (2) K
Gemessener Θ-Bereich	3.88 bis 64.99°
Indexbereich	$0 \leq h \leq 9, -12 \leq k \leq 12, -13 \leq l \leq 13$
Meßzeit pro Reflex	30 sec.
Scanmodus	ω-scans
Scanwinkel	$(0.80 + 0.15\ tg\ \Theta)°$
Kontrollreflexe, Int.-Abfall	3 Refl. alle 60 Min., 0%
Meßsoftware	CAD4 EXPRESS
Zellverfeinerung	CAD4 EXPRESS
Datenreduktion	XCAD4 (Harms, 1997)

Auswertung:

Anzahl gemessener Reflexe	3394
davon symmetrieunabhängige	3155 [R_{int} = 0.0133]
davon beobachtete	3125 [$I>2\sigma(I)$]
verwendete	3155
Extinktionskoeffizient	X = 0.0101 (7)

$F_c^* = F_c \cdot k \cdot [(1 + 0.001 \cdot X \cdot F_c^2 \cdot \lambda^3)/\sin 2\Theta]^{-1/4}$

k = overall scale factor

Absorptionskorrektur	semiempirisch aus ψ-scans
Max. und min. Transmission	0.7143 und 0.4657
Flack-Parameter (Absolutstruktur)	0.003 (13)
Größtes e-Max. und -Min.	0.125 und $-0.125 \cdot 10^{30}$ e/m^3
Lösungsweg	Direkte Methoden, Differenzfouriersynthesen
Verfeinerungsmethode	Vollmatrix-Verfeinerung an F^2
Behandlung der H-Atome	verfeinert, isotrope U's, H15 a,b,c berechnet
Benutzte Programme	SHELXS-97 (Sheldrick, 1990) SHELXL-97 (Sheldrick, 1997) SHELXTL
Daten / Restraints / Parameter	3155 / 1 / 304
Gewichtungsschema	
$w=1/[\sigma^2(F_o^2)+(0.0455P)^2+0.1138P]$;	$P= (F_o^2+2F_c^2)/3$
Goodness-of-fit an F^2	1.093
R-Wert (sämtliche Daten, an F^2)	wR_2 = 0.0711
Konventioneller R-Wert [$I>2\sigma(I)$]	R= 0.0245

Tabelle 1. Atomkoordinaten und äquivalente isotrope Temperaturfaktoren ($\cdot 10^{-20}$ m^2 = Å^2) für *9c*. U (eq) wird berechnet als ein Drittel der Spur des orthogonalisierten U_{ij}-Tensors.

Atom	x	y	z	U (eq)
S (1)	0.90205 (5)	0.88757 (4)	0.93502 (3)	0.04145 (13)
N (1)	0.55946 (19)	1.05101 (15)	0.74903 (14)	0.0421 (3)
N (2)	0.96998 (18)	1.21468 (14)	0.75704 (13)	0.0388 (3)
O (1)	1.10804 (19)	1.43705 (12)	0.72083 (12)	0.0476 (3)
O (2)	1.19529 (16)	1.09989 (12)	0.72619 (13)	0.0495 (3)
O (3)	0.6716 (2)	0.8894 (2)	0.59871 (12)	0.0632 (4)
O (4)	0.62182 (19)	0.71002 (14)	0.69073 (13)	0.0561 (3)
O (5)	0.64161 (18)	1.25699 (13)	0.73210 (15)	0.0549 (4)
C (1)	0.6649 (2)	0.8786 (2)	0.90412 (14)	0.0410 (4)
C (2)	0.5727 (2)	0.91176 (17)	0.77387 (15)	0.0390 (4)
C (3)	0.6815 (2)	1.14193 (17)	0.75168 (15)	0.0396 (4)
C (4)	0.8739 (2)	1.10159 (16)	0.78020 (15)	0.0368 (4)
C (5)	0.9451 (2)	1.05589 (19)	0.90763 (17)	0.0431 (4)
C (6)	1.1188 (2)	1.20402 (18)	0.72615 (16)	0.0389 (4)
C (7)	1.1882 (2)	1.32652 (18)	0.68432 (18)	0.0414 (4)
C (8)	1.1359 (2)	1.55771 (17)	0.67787 (16)	0.0383 (4)
C (9)	1.1952 (3)	1.57749 (19)	0.57908 (17)	0.0451 (4)
C (10)	1.2090 (3)	1.7042 (2)	0.54126 (17)	0.0484 (4)
C (11)	1.1665 (2)	1.80956 (18)	0.60027 (18)	0.0466 (4)
C (12)	1.1122 (2)	1.78874 (19)	0.70057 (19)	0.0473 (4)
C (13)	1.0969 (2)	1.66338 (18)	0.73966 (18)	0.0430 (4)
C (14)	0.6320 (2)	0.83764 (19)	0.67848 (16)	0.0439 (4)
C (15)	0.6547 (3)	0.6296 (3)	0.5972 (3)	0.0767 (8)
C (16)	0.6279 (3)	0.7382 (2)	0.9343 (2)	0.0556 (5)
C (17)	0.5977 (3)	0.9711 (3)	0.9845 (2)	0.0592 (5)

Tabelle 2. Bindungslängen [pm] und -winkel [°] für *9c*.

S (1)-C (5)	180.3 (2)	S (1)-C (1)	182.7 (2)
N (1)-C (3)	134.0 (2)	N (1)-C (2)	145.3 (2)
N (1)-H (1B)	81 (2)	N (2)-C (6)	133.4 (2)
N (2)-C (4)	145.3 (2)	N (2)-H (2A)	91 (2)
O (1)-C (8)	137.6 (2)	O (1)-C (7)	142.1 (2)
O (2)-C (6)	122.7 (2)	O (3)-C (14)	119.5 (3)
O (4)-C (14)	131.9 (2)	O (4)-C (15)	145.7 (3)
O (5)-C (3)	122.6 (2)	C (1)-C (16)	152.8 (3)
C (1)-C (17)	153.5 (3)	C (1)-C (2)	155.7 (2)
C (2)-C (14)	153.4 (3)	C (2)-H (2)	94 (2)
C (3)-C (4)	153.5 (2)	C (4)-C (5)	153.5 (2)
C (4)-H (4)	101 (2)	C (5)-H (5A)	101 (3)
C (5)-H (5B)	91 (3)	C (6)-C (7)	150.6 (3)
C (7)-H (7A)	106 (3)	C (7)-H (7B)	91 (2)
C (8)-C (9)	138.6 (3)	C (8)-C (13)	138.6 (3)
C (9)-C (10)	138.5 (3)	C (9)-H (9)	99 (3)
C (10)-C (11)	137.5 (3)	C (10)-H (10)	99 (3)
C (11)-C (12)	138.2 (3)	C (11)-H (11)	92 (3)
C (12)-C (13)	138.0 (3)	C (12)-H (12)	95 (3)
C (13)-H (13)	90 (2)	C (15)-H (15A)	97.0
C (15)-H (15B)	97.0	C (15)-H (15C)	97.0
C (16)-H (16A)	97 (3)	C (16)-H (16B)	100 (3)
C (16)-H (16C)	95 (3)	C (17)-H (17A)	101 (3)
C (17)-H (17B)	97 (3)	C (17)-H (17C)	90 (3)
C (5)-S (1)-C (1)	104.34 (9)	C (3)-N (1)-C (2)	131.54 (15)
C (3)-N (1)-H (1B)	114.6 (16)	C (2)-N (1)-H (1B)	113.5 (16)
C (6)-N (2)-C (4)	122.47 (15)	C (6)-N (2)-H (2A)	118.5 (13)
C (4)-N (2)-H (2A)	118.4 (13)	C (8)-O (1)-C (7)	118.22 (13)

C (14)-O (4)-C (15)	116.6 (2)	C (16)-C (1)-C (17)	108.33 (18)
C (16)-C (1)-C (2)	111.48 (16)	C (17)-C (1)-C (2)	109.11 (16)
C (16)-C (1)-S (1)	104.71 (13)	C (17)-C (1)-S (1)	110.92 (15)
C (2)-C (1)-S (1)	112.18 (11)	N (1)-C (2)-C (14)	110.88 (15)
N (1)-C (2)-C (1)	113.79 (15)	C (14)-C (2)-C (1)	117.59 (14)
N (1)-C (2)-H (2)	104.6 (16)	C (14)-C (2)-H (2)	103.8 (13)
C (1)-C (2)-H (2)	104.6 (12)	O (5)-C (3)-N (1)	120.89 (16)
O (5)-C (3)-C (4)	119.55 (16)	N (1)-C (3)-C (4)	119.56 (15)
N (2)-C (4)-C (3)	106.79 (13)	N (2)-C (4)-C (5)	110.61 (14)
C (3)-C (4)-C (5)	112.60 (14)	N (2)-C (4)-H (4)	110.0 (11)
C (3)-C (4)-H (4)	106.1 (11)	C (5)-C (4)-H (4)	110.6 (11)
C (4)-C (5)-S (1)	115.42 (13)	C (4)-C (5)-H (5A)	111.4 (15)
S (1)-C (5)-H (5A)	110.4 (15)	C (4)-C (5)-H (5B)	111.1 (15)
S (1)-C (5)-H (5B)	102.6 (15)	H (5A)-C (5)-H (5B)	105 (2)
O (2)-C (6)-N (2)	123.19 (17)	O (2)-C (6)-C (7)	119.87 (15)
N (2)-C (6)-C (7)	116.87 (15)	O (1)-C (7)-C (6)	109.24 (14)
O (1)-C (7)-H (7A)	111.0 (13)	C (6)-C (7)-H (7A)	103.9 (14)
O (1)-C (7)-H (7B)	112.3 (13)	C (6)-C (7)-H (7B)	109.0 (13)
H (7A)-C (7)-H (7B)	111.0 (19)	O (1)-C (8)-C (9)	124.53 (16)
O (1)-C (8)-C (13)	115.16 (15)	C (9)-C (8)-C (13)	120.30 (17)
C (8)-C (9)-C (10)	118.87 (18)	C (8)-C (9)-H (9)	121.7 (14)
C (10)-C (9)-H (9)	119.4 (14)	C (11)-C (10)-C (9)	121.26 (18)
C (11)-C (10)-H (10)	120.9 (16)	C (9)-C (10)-H (10)	117.8 (15)
C (10)-C (11)-C (12)	119.32 (18)	C (10)-C (11)-H (11)	123.7 (15)
C (12)-C (11)-H (11)	116.9 (15)	C (13)-C (12)-C (11)	120.40 (18)
C (13)-C (12)-H (12)	121.1 (15)	C (11)-C (12)-H (12)	118.5 (15)
C (12)-C (13)-C (8)	119.80 (18)	C (12)-C (13)-H (13)	119.0 (15)
C (8)-C (13)-H (13)	121.0 (15)	O (3)-C (14)-O (4)	124.3 (2)
O (3)-C (14)-C (2)	123.92 (19)	O (4)-C (14)-C (2)	111.65 (16)
O (4)-C (15)-H (15A)	109.5	O (4)-C (15)-H (15B)	109.5
H (15A)-C (15)-H (15B)	109.5	O (4)-C (15)-H (15C)	109.5
H (15A)-C (15)-H (15C)	109.5	H (15B)-C (15)-H (15C)	109.5
C (1)-C (16)-H (16A)	110.3 (18)	C (1)-C (16)-H (16B)	106.8 (14)

H (16A)-C (16)-H (16B)	112 (2)	C (1)-C (16)-H (16C)	113.1 (14)
H (16A)-C (16)-H (16C)	105 (2)	H (16B)-C (16)-H (16C)	110 (2)
C (1)-C (17)-H (17A)	113.0 (15)	C (1)-C (17)-H (17B)	109.7 (15)
H (17A)-C (17)-H (17B)	112 (2)	C (1)-C (17)-H (17C)	106 (2)
H (17A)-C (17)-H (17C)	105 (3)	H (17B)-C (17)-H (17C)	112 (2)

Tabelle 3. Torsionswinkel [°] für *9c*.

C (5)-S (1)-C (1)-C (16)	−176.65 (14)	C (5)-S (1)-C (1)-C (17)	−60.00 (16)
C (5)-S (1)-C (1)-C (2)	62.29 (15)	C (3)-N (1)-C (2)-C (14)	−70.1 (2)
C (3)-N (1)-C (2)-C (1)	65.2 (2)	C (16)-C (1)-C (2)-N (1)	162.79 (16)
C (17)-C (1)-C (2)-N (1)	43.2 (2)	S (1)-C (1)-C (2)-N (1)	−80.14 (17)
C (16)-C (1)-C (2)-C (14)	−65.15 (19)	C (17)-C (1)-C (2)-C (14)	175.23 (17)
S (1)-C (1)-C (2)-C (14)	51.92 (19)	C (2)-N (1)-C (3)-O (5)	−176.77 (19)
C (2)-N (1)-C (3)-C (4)	2.9 (3)	C (6)-N (2)-C (4)-C (3)	−152.13 (16)
C (6)-N (2)-C (4)-C (5)	85.0 (2)	O (5)-C (3)-C (4)-N (2)	−9.8 (2)
N (1)-C (3)-C (4)-N (2)	170.49 (15)	O (5)-C (3)-C (4)-C (5)	111.79 (19)
N (1)-C (3)-C (4)-C (5)	−67.9 (2)	N (2)-C (4)-C (5)-S (1)	−157.12 (12)
C (3)-C (4)-C (5)-S (1)	83.48 (17)	C (1)-S (1)-C (5)-C (4)	−64.27 (15)
C (4)-N (2)-C (6)-O (2)	−7.5 (3)	C (4)-N (2)-C (6)-C (7)	169.56 (15)
C (8)-O (1)-C (7)-C (6)	−171.30 (15)	O (2)-C (6)-C (7)-O (1)	−164.71 (17)
N (2)-C (6)-C (7)-O (1)	18.1 (2)	C (7)-O (1)-C (8)-C (9)	18.4 (3)
C (7)-O (1)-C (8)-C (13)	−162.82 (17)	O (1)-C (8)-C (9)-C (10)	176.56 (17)
C (13)-C (8)-C (9)-C (10)	−2.1 (3)	C (8)-C (9)-C (10)-C (11)	0.5 (3)
C (9)-C (10)-C (11)-C (12)	1.3 (3)	C (10)-C (11)-C (12)-C (13)	−1.5 (3)
C (11)-C (12)-C (13)-C (8)	−0.1 (3)	O (1)-C (8)-C (13)-C (12)	−176.87 (17)
C (9)-C (8)-C (13)-C (12)	1.9 (3)	C (15)-O (4)-C (14)-O (3)	−2.6 (3)

C (15)-O (4)-C (14)-C (2)	172.85 (17)	N (1)-C (2)-C (14)-O (3)	4.2 (2)
C (1)-C (2)-C (14)-O (3)	−129.19 (19)	N (1)-C (2)-C (14)-O (4)	−171.32 (14)
C (1)-C (2)-C (14)-O (4)	55.3 (2)		

Tabelle 4. Anisotrope Temperaturfaktoren ($\cdot 10^{-20}$ m^2 = Å^2) für *9c*.
Der anisotrope Temperaturfaktorexponent hat die Form:
$-2\pi^2\,[h^2\,a^{*2}\,U_{11} + ... + 2\,h\,k\,a^*\,b^*\,U_{12}]$

Atom	U11	U22	U33	U23	U13	U12
S (1)	0.0357 (2)	0.0409 (2)	0.0457 (2)	0.00741 (18)	0.00720 (15)	0.00230 (17)
N (1)	0.0285 (7)	0.0405 (8)	0.0571 (9)	0.0096 (7)	0.0112 (6)	0.0050 (6)
N (2)	0.0334 (7)	0.0302 (7)	0.0543 (8)	0.0003 (6)	0.0140 (6)	0.0007 (6)
O (1)	0.0583 (8)	0.0306 (6)	0.0637 (8)	−0.0022 (5)	0.0331 (6)	−0.0002 (5)
O (2)	0.0348 (6)	0.0330 (7)	0.0834 (9)	0.0012 (6)	0.0203 (6)	0.0018 (5)
O (3)	0.0767 (9)	0.0677 (9)	0.0512 (7)	−0.0065 (8)	0.0274 (7)	−0.0210 (9)
O (4)	0.0599 (8)	0.0445 (8)	0.0635 (8)	−0.0098 (6)	0.0155 (7)	−0.0026 (7)
O (5)	0.0402 (7)	0.0389 (8)	0.0886 (10)	0.0124 (7)	0.0224 (6)	0.0089 (5)
C (1)	0.0365 (8)	0.0417 (9)	0.0443 (8)	0.0026 (9)	0.0150 (6)	0.0002 (8)
C (2)	0.0288 (8)	0.0414 (10)	0.0471 (9)	0.0050 (7)	0.0106 (6)	−0.0023 (6)
C (3)	0.0340 (8)	0.0398 (10)	0.0463 (9)	0.0060 (7)	0.0128 (7)	0.0039 (7)
C (4)	0.0321 (8)	0.0317 (8)	0.0468 (9)	0.0009 (7)	0.0110 (7)	−0.0008 (6)
C (5)	0.0384 (9)	0.0411 (9)	0.0462 (10)	0.0025 (8)	0.0048 (7)	−0.0056 (8)
C (6)	0.0311 (8)	0.0344 (8)	0.0493 (9)	−0.0030 (7)	0.0075 (7)	−0.0004 (7)
C (7)	0.0354 (9)	0.0325 (8)	0.0577 (11)	−0.0041 (7)	0.0151 (8)	0.0005 (7)
C (8)	0.0354 (8)	0.0328 (8)	0.0472 (9)	−0.0008 (7)	0.0121 (7)	−0.0022 (7)
C (9)	0.0517 (10)	0.0406 (10)	0.0452 (9)	−0.0060 (8)	0.0166 (8)	−0.0039 (8)
C (10)	0.0508 (10)	0.0519 (11)	0.0418 (9)	0.0033 (8)	0.0111 (8)	−0.0068 (9)
C (11)	0.0421 (9)	0.0354 (10)	0.0573 (11)	0.0056 (8)	0.0042 (8)	−0.0021 (8)
C (12)	0.0422 (10)	0.0361 (9)	0.0657 (12)	−0.0051 (8)	0.0178 (9)	0.0024 (7)

C (13)	0.0423 (9)	0.0375 (9)	0.0539 (10)	−0.0017 (8)	0.0212 (8)	0.0009 (7)
C (14)	0.0339 (8)	0.0507 (10)	0.0447 (9)	−0.0037 (8)	0.0061 (7)	−0.0075 (7)
C (15)	0.0643 (14)	0.0748 (17)	0.0904 (18)	−0.0390 (14)	0.0196 (13)	−0.0043 (13)
C (16)	0.0509 (12)	0.0557 (13)	0.0592 (13)	0.0201 (10)	0.0129 (10)	−0.0066 (10)
C (17)	0.0577 (13)	0.0730 (16)	0.0531 (12)	0.0015 (11)	0.0256 (10)	0.0120 (11)

Tabelle 5. H-Atomkoordinaten und isotrope Temperaturfaktoren ($\cdot 10^{-20}$ m^2 = Å^2) für *9c*.

Atom	x	y	z	U(iso)
H(1B)	0.461 (3)	1.079 (2)	0.7375 (19)	0.047 (6)
H(2A)	0.919 (3)	1.295 (2)	0.7528 (18)	0.040 (5)
H (2)	0.457 (3)	0.884 (3)	0.7635 (16)	0.047 (5)
H (4)	0.880 (3)	1.029 (2)	0.7238 (17)	0.037 (5)
H(5A)	0.906 (3)	1.115 (3)	0.964 (2)	0.065 (7)
H(5B)	1.063 (3)	1.059 (2)	0.930 (2)	0.055 (6)
H(7A)	1.151 (3)	1.318 (2)	0.591 (2)	0.058 (6)
H(7B)	1.307 (3)	1.3279 (19)	0.7128 (17)	0.037 (5)
H (9)	1.225 (3)	1.504 (2)	0.534 (2)	0.055 (6)
H (10)	1.255 (3)	1.717 (3)	0.472 (2)	0.064 (7)
H (11)	1.173 (3)	1.895 (3)	0.577 (2)	0.058 (6)
H (12)	1.082 (3)	1.862 (3)	0.740 (2)	0.061 (6)
H (13)	1.052 (3)	1.652 (2)	0.801 (2)	0.045 (5)
H(15A)	0.6422	0.5382	0.6147	0.115
H(15B)	0.7721	0.6455	0.5911	0.115
H(15C)	0.5718	0.6518	0.5235	0.115
H(16A)	0.504 (4)	0.721 (3)	0.909 (2)	0.079 (8)

H(16B)	0.674 (3)	0.729 (2)	1.021 (2)	0.057 (6)
H(16C)	0.680 (3)	0.675 (3)	0.895 (2)	0.057 (7)
H(17A)	0.614 (3)	1.067 (3)	0.968 (2)	0.065 (7)
H(17B)	0.652 (3)	0.949 (2)	1.066 (2)	0.062 (7)
H(17C)	0.481 (5)	0.960 (3)	0.966 (3)	0.083 (9)

Methyl[*(3R,6S)*-2,2-dimethyl-5-oxo-6-(phenoxyacetylamino)-perhydro-1,4-thiazepin-3-carboxylat] (9d)

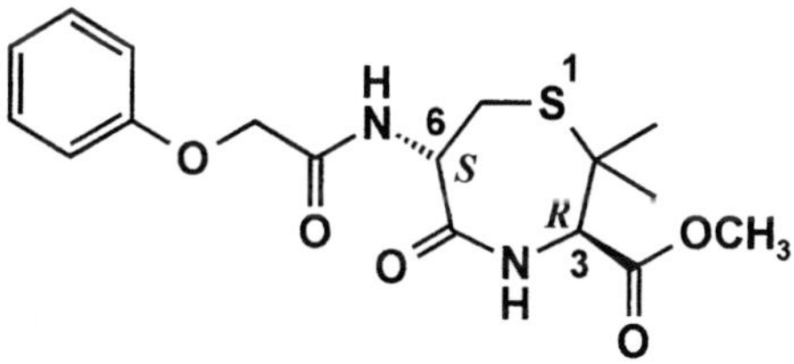

260 mg (0.74 mmol) *(3R,6S)*-2,2-Dimethyl-5-oxo-6-(2-phenoxyacetylamino)-perhydro-1,4-thiazepin-3-carbonsäure (**8i**) werden mit Diazomethan nach AV 6 zur Reaktion gebracht. Das Rohprodukt fällt als Feststoff an und liefert nach Umkristallisation aus Ethanol/*n*-Pentan den reinen Ester **9d**.

Eigenschaften: farblose Kristallnadeln

Ausbeute: 233 mg (86 %)

Schmp.: 129 °C

$[\alpha]_D^{20}$ = + 54.6 (c = 1.00, Methanol)

UV (CH_3OH):

λ_{max} (lg ε) = 275.4 nm (3.447), 269.0 (3.482), 201.0 (4.570)

^{1}H-NMR (400 MHz, $CDCl_3$, int. TMS):

δ (ppm) = 1.44 (3 H, s, 2-CCH_3), 1.47 (3 H, s, 2-CCH'_3), 2.85 - 2.96 (2 H, m, $H_{ax.}$ und $H_{eq.}$ in 7-CH_2S), 3.80 (3 H, s, $COOCH_3$), 4.29 (1 H, br s, 3-C***H***$COOCH_3$), 4.52 (2 H, s, PhOC***H***$_2$), 4.90 (1 H, br s, 6-C***H***NHCOR), 6.68 (1 H, d, $^3J_{NH, 3-H}$ = 7.3 Hz, 3-CHN***H***CO), 6.94 - 7.03 (3 H, m, *ortho*-H und *para*-H in PhO), 7.29 - 7.33 (2 H, m, *meta*-H in PhO), 8.01 (1 H, d, $^3J_{NH, 6-H}$ = 5.9 Hz, 6-CHN***H***COR)

^{13}C-NMR (100.5 MHz, $CDCl_3$, int. TMS):

δ (ppm) = 26.12[181], 27.15 und 27.83 [C in 2-C(***C***$H_3)_2$, 7-CH_2S und C′ in 2-C(***C***$H_3)_2$][182], 44.90 [2-***C***$(CH_3)_2$][183], 52.73 (COO***C***H_3), 56.31 (6-***C***HNHCOR), 65.11 (3-***C***$HCOOCH_3$)[184], 67.43 (PhO***C***H_2), 114.81 (2 C, *ortho*-C in PhO), 122.13 (*para*-C in PhO), 129.77 (2 C, *meta*-C in PhO), 157.28 (*ipso*-C in PhO), 168.02, 169.13 und 173.14[185] (3 × C=O)

---

181 Geringe Intensität

182 Zuordnung durch Vergleich mit DEPT von Verbindung **8a** getroffen

183 Geringe Intensität

184 dto.

185 dto.

IR (KBr):

$\tilde{\nu}$ (cm^{-1}) = 3450, 3300, 2950, 1760, 1680, 1620, 1540, 1510, 1460, 1320, 1300, 1260, 1240, 1140, 1080, 1010, 890, 790, 720, 680, 620

EI-MS (70 eV, 160 °C):

m/z (%) = 366 (54) [M^{+}], 333 (14), 216 (91), 215 (62), 189 (21), 183 (19), 178 (55), 177 (100), 156 (19), 152 (17), 151 (80), 130 (16), 129 (40), 128 (61), 115 (21), 107 (54), 99 (21), 94 (16), 88 (14), 56 (30)

$C_{17}H_{22}N_2O_5S$ (366.44):

ber.:	C 55.72	H 6.05	N 7.64	S 8.75
gef.:	C 55.85	H 5.95	N 7.60	S 8.75

(RS)-6-Acetylamino-5-oxoperhydro-1,4-thiazepin (11)

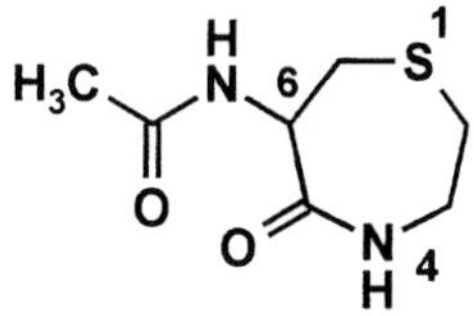

1.29 g (10 mmol) 2-(Acetylamino)acrylsäure (**3c**) und 1.14 g (10 mmol) Cysteamin (**10**) -hydrochlorid werden in 50 ml eines Lösungsmittelgemischs aus 3 Teilen Methanol und 1 Teil Tetrahydrofuran aufgenommen. Nach dem Zutropfen von 1.55 ml (11 mmol) Triethylamin unter Rühren wird die klare

Lösung tropfenweise mit einer Lösung von 2.31 g (11 mmol) N,N'-Dicyclohexylcarbodiimid (DCC) in 12 ml Methanol versetzt. Sofort ist das Ausfallen von Dicyclohexylharnstoff (DCU) zu beobachten. Um eine quantitative Umsetzung zu erzielen, wird 8 h bei RT weitergerührt.

Anschließend wird DCU abfiltriert und das Lösungsmittel im Vakuum abdestilliert. Der feste weiß-gelbe Rückstand wird mit heißem Chloroform extrahiert und die noch heiße Lösung filtriert. Auf ein Waschen mit wäßrigen Lösungen wird wegen der guten Wasserlöslichkeit des Produkts verzichtet.

Nach dem Abdestillieren des Lösungsmittels erhält man das Rohprodukt, welches durch Umkristallisation aus sehr wenig Chloroform gereinigt wird. Dabei läßt sich die Ausbeute an reiner Substanz **11** durch wiederholtes Einengen der Mutterlauge und Abtrennen der auskristallisierten Produktanteile steigern.

Eigenschaften: weiße, kristalline Substanz in Form von Nadeln

Ausbeute: 0.66 g (35 %)

Schmp.: 189 °C

UV (CH_3OH):

λ_{max} (lg ε) = 206.0 nm (3.718)

UV (CF_3CH_2OH):

λ_{max} (lg ε) = 194.0 nm (3.016)

^{1}H-NMR (400 MHz, [D_6]DMSO, int. TMS):

δ (ppm) = 1.89 (3 H, s, CH_3CO), 2.49 - 2.68 (4 H, m, 7-CH_2S und 2-CH_2S)[186], 3.48 - 3.51 (2 H, m, 3-CH_2NHCO), 4.74 -

---

[186] Teilweise durch DMSO-Signal verdeckt

4.79 (1 H, ddd, ^3J = 9.3 Hz, $^3J'$ = 7.0 Hz, $^3J''$ = 2.4 Hz, 6-C***H***NHCOCH$_3$), 7.90 - 7.92 (2 H, m, 3-CH$_2$N***H***CO und 6-CHN***H***COCH$_3$)

^{13}C-NMR (100.5 MHz, [D$_6$]DMSO, δ = 39.50 ppm):

δ (ppm) = 22.44 (***C***H$_3$CO), 30.07 und 30.18 (7-CH$_2$S und 2-CH$_2$S), 43.99 (3-***C***H$_2$NHCO), 54.64 (6-***C***HNHCOCH$_3$), 168.48 (CH$_3$***C***=O), 173.18 (5-***C***=O)

IR (KBr):

$\tilde{\nu}$ (cm^{-1}) = 3300, 3225, 3075, 2900, 1660, 1630, 1540, 1480, 1460, 1410, 1370, 1350, 1290, 1260, 1120, 1100, 1000, 940, 860, 810, 780, 700, 600

EI-MS (70 eV, 170 °C):

m/z (%) = 188 (19) [M$^+$], 130 (14), 129 (100), 104 (7), 100 (11), 90 (7), 85 (17), 83 (10), 44 (8), 43 (40)

HR-MS (C$_7$H$_{12}$N$_2$O$_2$S):

ber.: 188.0619

gem.: 188.0612

(RS)-5-Oxo-6-(2-phenoxyacetylamino)perhydro-1,4-thiazepin (12)

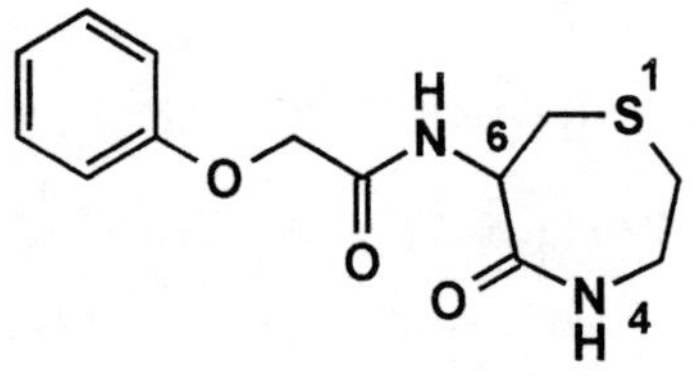

Eine Lösung von 1.18 g (5 mmol) Methyl[2-(2-phenoxyacetylamino)acrylat] (**6b**) in 25 ml Methanol wird im Ultraschallbad unter Argon-Überdruck desoxygeniert. Im Argon-Gegenstrom werden sodann unter Rühren 0.39 g (5 mmol) kristallines Cysteamin (**10**) eingestreut. Nach erneutem Entgasen folgt das Zutropfen von 0.85 ml (6 mmol) vorher desoxygenierten Triethylamins. Die klare Lösung wird schließlich noch einmal entgast und 5 Tage lang bei Raumtemperatur unter Ausschluß von Sauerstoff und Licht in der Argon-Atmosphäre gerührt.

Schließlich wird die Reaktionsmischung filtriert, um gebildete Schwebstoffe zu entfernen, und unter vermindertem Druck entfernt. Das als Rückstand erhaltene gelbliche Öl wird in 30 ml Chloroform gelöst und mit 5%iger HCl (2 $\times$ 20 ml) sowie mit gesättigter NaCl-Lösung (20 ml) gewaschen. Man erhält nach dem Einengen der über Natriumsulfat getrockneten organischen Phase das Rohprodukt wiederum als gelbliches Öl, aus dem sich weiße Kristalle abzuscheiden beginnen. Um eine weitere Aufreinigung zu erzielen, wird der Kristallbrei erneut in wenig Chloroform gelöst und etwa die gleiche Menge *n*-Pentan zugesetzt. Danach wird das Lösungsmittelgemisch am Rotationsverdampfer abdestilliert. Wiederholt man den Vorgang mehrmals, so erhält man einen noch leicht klebrigen, festen, gelblich-weißen Rückstand, der in sehr geringen Mengen heißem Chloroform gelöst und durch die tropfenweise Zugabe von *n*-Pentan bis zum Auftreten einer

Trübung kristallisiert wird. Nach ca. 8 h bei 7 °C werden die weißen Kristalle des Produkts 12 abfiltriert und mit kalter Chloroform/*n*-Pentan-Mischung gewaschen.

Eigenschaften: weißer Feststoff in Form von Kristallnadeln

Ausbeute: 0.36 g (26 %)

Schmp.: 174 °C

UV (CH_3OH):

λ_{max} (lg ε) = 275.4 nm (3.229), 269.0 (3.284), 200.8 (4.433)

^{1}H-NMR (400 MHz, [D_6]DMSO, int. TMS):

δ (ppm) = 2.50 - 2.70 (4 H, m, 7-CH_2S und 2-CH_2S)[187], 3.50 - 3.67 (2 H, m, 3-C***H***$_2$NHCO), 4.57 (2 H, s, PhOC***H***$_2$), 4.80 - 4.84 (1 H, ddd, ^3J = 9.8 Hz, $^3J'$ = 5.6 Hz, $^3J''$ = 2.7 Hz, 6-C***H***NHCOR), 6.96 - 7.00 (3 H, m, *ortho*-H und *para*-H in PhO), 7.29 - 7.34 (2 H, m, *meta*-H in PhO), 8.07 - 8.10 (2 H, m, 3-CH_2N***H***CO und 6-CHN***H***COR)

^{13}C-NMR (100.5 MHz, [D_6]DMSO, δ = 39.50 ppm):

δ (ppm) = 29.89 und 29.98 (7-CH_2S und 2-CH_2S), 44.09 (3-***C***H_2NHCO), 54.47 (6-***C***HNHCOR), 66.85 (PhO***C***H_2), 114.67 (2 C, *ortho*-C in PhO), 121.33 (*para*-C in PhO), 129.47 (2 C, *meta*-C in PhO), 157.37 (*ipso*-C in PhO), 166.73 (PhOCH_2***C***=O), 172.72 (5-***C***=O)

[187] Teilweise durch DMSO-Signal verdeckt

IR (KBr):

$\tilde{\nu}$ (cm^{-1}) = 3400, 3225, 3075, 2950, 1740, 1660, 1600, 1500, 1460, 1443, 1430, 1360, 1300, 1250, 1180, 1080, 1060, 1000, 940, 840, 750, 690

EI-MS (70 eV, 190 °C):

m/z (%) = 280 (36) [M$^+$], 177 (15), 152 (11), 151 (100), 130 (43), 129 (17), 107 (25), 94 (9), 77 (12), 56 (17)

HR-MS ($C_{13}H_{16}N_2O_3S$):

ber.: 280.0882
gem.: 280.0890

N-(*tert.*-Butoxycarbonyl)-L-serin (14a)

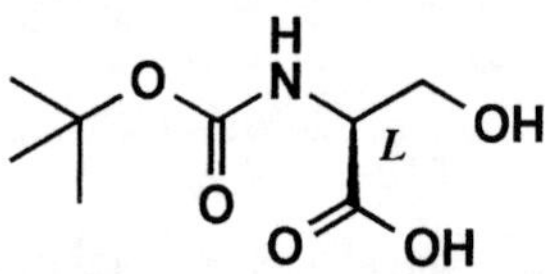

In Abwandlung von Literaturvorschriften[188] werden 10.51 g (100 mmol) L-Serin (**13a**) zusammen mit 24.63 g (100 mmol) 2-(tert.-Butoxycarbonyloxyimino)-2-phenylacetonitril (BOC-ON) in 250 ml einer Mischung aus 1 Teil 1,4-Dioxan und 1 Teil Wasser suspendiert. Unter Rühren setzt man 14.80 ml (107 mmol) Triethylamin zu, so daß der pH-Wert des Reaktionsgemisches bei ca. 7.5 liegt.

188 (a) Itoh, M.; Hagiwara, D.; Kamiya, T. *Bull. Chem. Soc. Japan* **1977**, *50*, 718 - 721
(b) Garner, P.; Park, J. M. *J. Org. Chem.* **1987**, *52*, 2361 - 2364

Nach 20 h ist eine klare, zitronengelbe Lösung entstanden, die in einen Scheidetrichter überführt und mit 200 ml Wasser verdünnt wird. Die trübe Mischung wird mit Ethylacetat gewaschen (3 × 150 ml) und die nun farblose wäßrige Phase mit 1M $KHSO_4$-Lösung auf pH 2 - 3 angesäuert. Danach wird das BOC-geschützte Produkt mit Ethylacetat (3 × 150 ml) extrahiert und das Lösungsmittel nach Trocknung über Na_2SO_4 unter vermindertem Druck entfernt. Es resultiert ein farbloses, zähes Öl von **14a**, welches 8 h lang bei 45 °C im Ölpumpenvakuum von restlichem Ethylacetat befreit wird.

Eigenschaften: klares, farbloses, sehr zähes Öl

Ausbeute: 16.91 g (82 %)

$[\alpha]_D^{20}$ = – 4.7 (*c* = 1.00, Methanol)

^{1}H-NMR (400 MHz, $CDCl_3$, int. TMS):

δ (ppm) = 1.45 [9 H, s, $(CH_3)_3COCO$], 3.83 - 3.87 (1 H, dd, $^2J_{CH,CH'}$ = 11.5 Hz, $^3J_{CH,\,CHNHCOOR}$ = 2.9 Hz, H in C***H***$_2$OH), 4.03 - 4.06 (1 H, dd, $^2J_{CH',\,CH}$ = 11.6 Hz, $^3J_{CH',\,CHNHCOOR}$ = 2.9 Hz, H′ in C***H***$_2$OH), 4.35 (1 H, br s, C***H***NHCOOR), 5.90 (1 H, d, $^3J_{NH,\,CH}$ = 7.0 Hz, NH)

^{13}C-NMR (100.5 MHz, $CDCl_3$, δ = 77.00 ppm):

δ (ppm) = 28.27 [3 C, (***C***H$_3$)$_3$COCO], 55.55 (***C***HNHCOOR), 62.99 (CH_2OH), 80.47 [$(CH_3)_3$***C***OCO], 156.19 [$(CH_3)_3$CO***C***=O], 174.03 (C=OOH)

EI-MS (70 eV, 340 °C):

m/z (%) = 306 (21), 263 (24), 250 (100), 219 (84), 218 (19), 206 (81) [M^{+}+ 1], 205 (14) [M^{+}], 191 (35), 160 (20), 150 (39), 143 (20), 132 (52), 119 (56), 106 (32), 104 (33) [M^{+}– C_4H_9OCO], 88 (25), 87 (38), 75 (33), 74 (37), 60 (46), 59 (39), 57 (64), 56 (30), 44 (52), 43 (26), 42 (23), 41 (32)

HR-MS ($C_8H_{15}NO_5$):

ber.: 205.095023

gem.: 205.094834

N-(*tert.*-Butoxycarbonyl)-D-serin (14b)

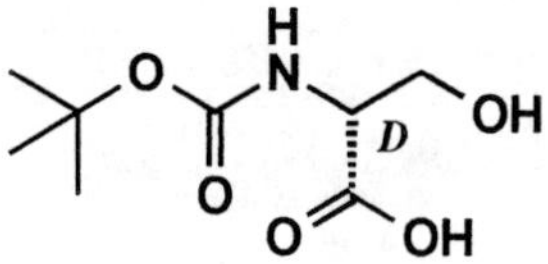

10.51 g (100 mmol) D-Serin (**13b**) werden mit 24.63 g (100 mmol) 2-(tert.-Butoxycarbonyloxyimino)-2-phenylacetonitril (BOC-ON) in 250 ml einer Mischung aus 1 Teil 1,4-Dioxan und 1 Teil Wasser unter Zusatz von 14.80 ml (107 mmol) Triethylamin ebenso wie für das L-Enantiomer **14a** beschrieben, umgesetzt und aufgearbeitet.

Man erhält auf diese Weise **14b** als farbloses, zähes Öl.

Eigenschaften: klares, farbloses, sehr zähes Öl

Ausbeute: 19.11 g (93 %)

$[\alpha]_D^{20}$ = + 1.6 (*c* = 1.00, Methanol)

^{1}H-NMR (500 MHz, $CDCl_3$, int. TMS):

δ (ppm) = 1.37 [9 H, s, $(CH_3)_3COCO$], 3.77 - 3.79 (1 H, d, $^2J_{CH, CH'}$ = 9.4 Hz, H in C***H***$_2$OH), 3.96 - 3.98 (1 H, d, $^2J_{CH', CH}$ = 9.9 Hz, H′ in C***H***$_2$OH), 4.28 (1 H, br s, C***H***NHCOOR), 5.86 (1 H, d, $^3J_{NH, CH}$ = 7.3 Hz, NH)

^{13}C-NMR (125.8 MHz, $CDCl_3$, δ = 77.00 ppm):

δ (ppm) = 28.27 [3 C, $(\boldsymbol{C}H_3)_3COCO$], 55.58 (***C***HNHCOOR), 62.97 (CH_2OH), 80.43 [$(CH_3)_3\boldsymbol{C}OCO$], 156.16 [$(CH_3)_3CO\boldsymbol{C}$=O], 174.04 (C=OOH)

IR (Film, $CHCl_3$):

$\tilde{\nu}$ (cm^{-1}) = 3400, 2981, 1705, 1512, 1395, 1370, 1164, 1062

EI-MS (70 eV, 200 °C):

m/z (%) = 306 (20), 263 (26), 250 (93), 219 (76), 218 (20), 206 (73) [M^++ 1], 205 (13), [M^+], 191 (41), 175 (29), 160 (31), 150 (40), 144 (26), 143 (23), 132 (80), 119 (100), 106 (33), 104 (54) [M^+– C_4H_9OCO], 101 (38), 88 (30), 87 (61), 86 (31), 75 (44), 74 (49), 60 (67), 59 (64), 58 (31), 57 (91), 56 (50), 55 (25), 43 (84), 42 (43), 41 (38), 40 (56), 38 (25)

N-(*tert.*-Butoxycarbonyl)-L-serinmethylester (15a)

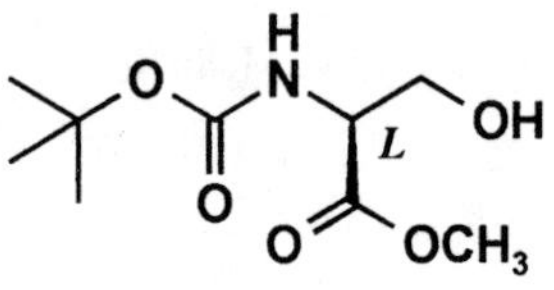

In einer Apparatur, die gegen Überdruck gesichert ist und deren Schliffe mit Teflonmanschetten ausgekleidet sind, wird eine Lösung von ca. 3.7 g (88 mmol) Diazomethan in 100 ml peroxidfreiem Diethylether unter Rühren innerhalb etwa 1 h zu einer auf – 10 bis – 15 °C gekühlten Lösung von 16.42 g (80 mmol) N-(*tert.*-Butoxycarbonyl)-L-serin (**14a**) in 200 ml Ether getropft. Nach dem Ende der Reaktion färbt die etherische Lösung von überschüssigem Diazomethan den Ansatz gelb und die während der Reaktion zu beobachtende Entwicklung von Gasblasen durch den bei der Reaktion entstehenden Stickstoff hört auf. Daraufhin wird der Diazomethan-Überschuß durch den Zusatz von ca. 1 ml Eisessig zerstört und die etherische Lösung im Scheidetrichter mit 5%iger $NaHCO_3$-Lösung (2 × 150 ml) und gesättigter Kochsalzlösung (150 ml) gewaschen. Der Ether wird sodann unter leichtem Erwärmen am Rotationsverdampfer abdestilliert, nachdem er über Na_2SO_4 getrocknet und auf seine Peroxidfreiheit geprüft wurde. Die Aufarbeitung orientiert sich an einer Methode aus der Literatur.[189]

Der BOC-geschützte L-Serinmethylester **15a**, ein farbloses, zähes Öl, wird 8 h lang bei 45 °C im Ölpumpenvakuum gehalten, um restliches Lösungsmittel zu beseitigen.

[189] Garner, P.; Park, J. M. *J. Org. Chem.* **1987**, *52*, 2361 - 2364

Eigenschaften: klares, farbloses, sehr zähes Öl

Ausbeute: 13.54 g (77 %)

^{1}H-NMR (400 MHz, CDCl$_3$, int. TMS):

δ (ppm) = 1.46 [9 H, s, $(CH_3)_3COCO$], 3.79 (3 H, s, $COOCH_3$), 3.86 - 3.92 (1 H, m, H in C*H*$_2$OH), 3.92 - 3.99 (1 H, m, H′ in C*H*$_2$OH), 4.38 (1 H, br s, C*H*NHCOOR), 5.52 (1 H, br s, NH)

^{13}C-NMR (100.5 MHz, CDCl$_3$, int. TMS):

δ (ppm) = 28.31 [3 C, (*C*H$_3$)$_3$COCO], 52.64 (COO*C*H$_3$), 55.74 (*C*HNHCOOR), 63.51 (CH$_2$OH), 80.35 [(CH$_3$)$_3$*C*OCO], 155.80 [(CH$_3$)$_3$CO*C*=O], 171.37 (*C*=OOCH$_3$)

N-(*tert.*-Butoxycarbonyl)-D-serinmethylester (15b)

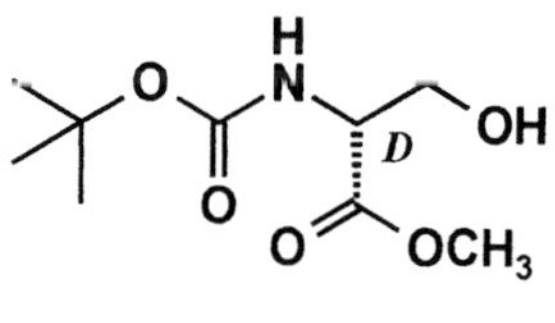

Eine Lösung von 16.42 g (80 mmol) N-(*tert.*-Butoxycarbonyl)-D-serin (**14b**) in 200 ml peroxidfreiem Diethylether wird ebenso wie bei der Darstellung des L-Enantiomers **15a** beschrieben, mit einer Lösung von ca. 3.7 g (88 mmol) Diazomethan in 100 ml des Ethers behandelt.

So erhält man den entsprechenden geschützten D-Serinmethylester **15b** ebenfalls als farbloses, zähes Öl.

Eigenschaften: klares, farbloses, sehr zähes Öl

Ausbeute: 11.63 g (66 %)

$[\alpha]_D^{20}$ = + 17.6 (c = 1.00, Methanol)

^{1}H-NMR (400 MHz, CDCl$_3$, int. TMS):

δ (ppm) = 1.46 [9 H, s, $(CH_3)_3COCO$], 3.78 (3 H, s, $COOCH_3$), 3.86 - 3.92 (1 H, m, H in C*H*$_2$OH), 3.93 - 4.00 (1 H, m, H′ in C*H*$_2$OH), 4.39 (1 H, br s, C*H*NHCOOR), 5.58 (1 H, d, $^3J_{NH, CH}$ = 7.3 Hz, NH)

^{13}C-NMR (100.5 MHz, CDCl$_3$, δ = 77.00 ppm):

δ (ppm) = 28.24 [3 C, (*C*H$_3$)$_3$COCO], 52.56 (COO*C*H$_3$), 55.67 (*C*HNHCOOR), 63.37 (CH$_2$OH), 80.28 [(CH$_3$)$_3$*C*OCO], 155.75 [(CH$_3$)$_3$CO*C*=O], 171.34 (*C*=OOCH$_3$)

IR (Film, CHCl$_3$):

$\tilde{\nu}$ (cm^{-1}) = 3443, 3021, 1701, 1508, 1369, 1166, 1064

EI-MS (70 eV, 180 °C):

m/z (%) = 189 (29), 177 (21), 161 (14) [(M^+– 1) – C_4H_9], 160 (99), 146 (88), 134 (19), 133 (100), 132 (40), 120 (15), 118 (63) [M^+– C_4H_9OCO], 116 (34), 104 (66), 102 (28), 101 (67) [$C_4H_9OCO^+$], 100 (14), 88 (59), 86 (36), 74 (37),

60 (53), 59 (47), 58 (33), 57 (66) [$C_4H_9^+$], 56 (25), 44 (20), 41 (16), 40 (36)

N-(*tert.*-Butoxycarbonyl)-*O*-tosyl-L-serinmethylester (16a)

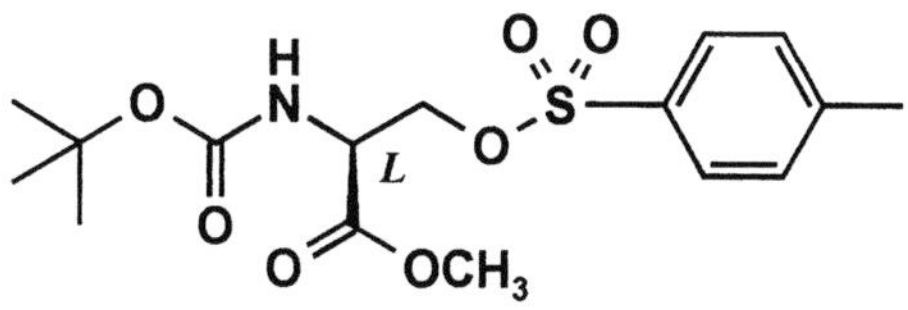

In eine eisgekühlte Lösung von 11.00 g (50 mmol) N-(*tert.*-Butoxycarbonyl)-L-serinmethylester (**15a**) und 9.50 g (50 mmol) p-Toluolsulfonsäurechlorid in 30 ml wasserfreiem Chloroform werden unter Feuchtigkeitsausschluß und unter Rühren 4.05 ml (50 mmol) absolutes Pyridin getropft. Danach läßt man den Ansatz 3 h bei RT weiterrühren.

Die Aufarbeitung beginnt mit dem Überführen des Gemischs in einen Scheidetrichter und der Zugabe von 80 ml eiskalter 20%iger Zitronensäurelösung. Die ausgeschüttelte Chloroform-Phase wird ein weiteres Mal mit 80 ml der Zitronensäurelösung und hernach mit Wasser (3 × 30 ml) gewaschen. Das über Na_2SO_4 getrocknete Lösungsmittel wird unter vermindertem Druck abdestilliert und der das gelbe Öl beinhaltende Rundkolben im Wasserbad bei 45 °C 8 h lang an der Ölpumpe evakuiert. Das Tosylat **16a** hat anfangs als gelbes Öl eine zähflüssige Konsistenz, zeigt aber nach mehrtägiger Lagerung Kristallisationstendenzen. Wegen seiner Instabilität sollte es stets im Kühlschrank aufbewahrt und möglichst bald weiter umgesetzt werden.

Diese Synthesemethode wurde auf der Grundlage einer Lehrbuchvorschrift[190] ausgearbeitet.

Eigenschaften: gelbes, zähes Öl

Ausbeute: 14.67 g (79 %)

$[\alpha]_D^{20}$ = + 6.9 (*c* = 1.00, Methanol)

^{1}H-NMR (400 MHz, $CDCl_3$, int. TMS):

δ (ppm) = 1.42 [9 H, s, $(CH_3)_3COCO$], 2.45 (3 H, s, $PhC\boldsymbol{H}_3$), 3.70 (3 H, s, $COOCH_3$), 4.27 - 4.31 (1 H, dd, $^2J_{CH, CH'}$ = 10.2 Hz, $^3J_{CH, C\boldsymbol{H}NHCOOR}$ = 3.1 Hz, H in $C\boldsymbol{H}_2OSO_2Ph$), 4.38 - 4.41 (1 H, dd, $^2J_{CH', CH}$ = 9.8 Hz, $^3J_{CH', C\boldsymbol{H}NHCOOR}$ = 2.9 Hz, H′ in $C\boldsymbol{H}_2OSO_2Ph$), 4.49 - 4.53 (1 H, m, C***H***NHCOOR), 5.33 (1 H, d, $^3J_{NH, CH}$ = 8.6 Hz, NH), 7.35 - 7.36 (2 H, m, *meta*-H in Tosyl), 7.75 - 7.77 (2 H, m, *ortho*-H in Tosyl)

^{13}C-NMR (100.5 MHz, $CDCl_3$, δ = 77.00 ppm):

δ (ppm) = 21.59 ($Ph\boldsymbol{C}H_3$), 28.16 [3 C, $(\boldsymbol{C}H_3)_3COCO$], 52.82 ($COO\boldsymbol{C}H_3$), 54.39 (***C***HNHCOOR), 69.44 ($\boldsymbol{C}H_2OSO_2Ph$), 80.43 [$(CH_3)_3\boldsymbol{C}OCO$], 127.93 (2 C, *ortho*-C in Tosyl), 129.88 (2 C, *meta*-C in Tosyl), 132.38 (*para*-C in Tosyl), 145.11 (*ipso*-C in Tosyl), 154.91 [$(CH_3)_3CO\boldsymbol{C}{=}O$], 168.92 ($\boldsymbol{C}{=}OOCH_3$)

---

190 Becker, H. G. O. u.a. (Autorenkollektiv) *Organikum*, 16. Aufl., Berlin **1990**, 559

N-(*tert.*-Butoxycarbonyl)-*O*-tosyl-D-serinmethylester (16b)

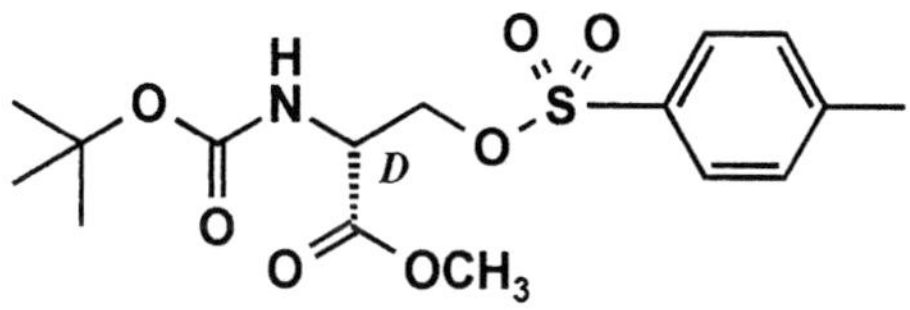

11.00 g (50 mmol) N-(*tert.*-Butoxycarbonyl)-D-serinmethylester (**15b**) und 9.50 g (50 mmol) p-Toluolsulfonsäurechlorid werden in 30 ml wasserfreiem Chloroform durch Zutropfen von 4.05 ml (50 mmol) absolutem Pyridin nach der für das L-Enantiomer **16a** beschriebenen Methode zur Reaktion gebracht. Nach der Aufarbeitung erhält man das D-konfigurierte Tosylat **16b** als gelbes, zähes Öl.

Eigenschaften: gelbes, zähes Öl

Ausbeute: 16.04 g (86 %)

$[\alpha]_D^{20}$ = – 1.5 (c = 1.00, Methanol)

^{1}H-NMR (500 MHz, $CDCl_3$, int. TMS):

δ (ppm) = 1.35 [9 H, s, $(CH_3)_3COCO$], 2.38 (3 H, s, $PhC\boldsymbol{H}_3$), 3.62 (3 H, s, $COOCH_3$), 4.20 - 4.23 (1 H, dd, $^2J_{CH, CH'}$ = 10.1 Hz, $^3J_{CH, C\boldsymbol{H}NHCOOR}$ = 3.0 Hz, H in $C\boldsymbol{H}_2OSO_2Ph$), 4.31 - 4.36 (1 H, dd, $^2J_{CH', CH}$ = 10.8 Hz, $^3J_{CH', C\boldsymbol{H}NHCOOR}$ = 3.0 Hz, H′ in $C\boldsymbol{H}_2OSO_2Ph$), 4.41 - 4.46 (1 H, m, C***H***NHCOOR), 5.27 (1 H, d, $^3J_{NH, CH}$ = 8.0 Hz, NH),

7.27 - 7.29 (2 H, m, *meta*-H in Tosyl), 7.67 - 7.70 (2 H, m, *ortho*-H in Tosyl)

^{13}C-NMR (125.8 MHz, $CDCl_3$, δ = 77.00 ppm):

δ (ppm) = 21.56 (Ph***C***H_3), 28.15 [3 C, (***C***H_3)$_3$COCO], 52.84 (COO***C***H_3), 54.22 (***C***HNHCOOR), 69.45 (***C***H_2OSO_2Ph), 80.43 [(CH_3)$_3$***C***OCO], 127.93 (2 C, *ortho*-C in Tosyl), 129.88 (2 C, *meta*-C in Tosyl), 132.28 (*para*-C in Tosyl), 145.12 (*ipso*-C in Tosyl), 154.90 [(CH_3)$_3$CO***C***=O], 168.92 (***C***=OOCH_3)

EI-MS (70 eV, 250 °C):

m/z (%) = 315 (45) [(M^+– 1) – C_4H_9], 258 (21), 214 (100), 200 (99), 189 (35), 172 (55), 160 (28), 157 (22), 156 (27), 155 (94), 146 (52), 133 (78), 108 (27), 107 (26), 104 (21), 101 (42), 92 (51), 91 (63), 88 (42), 86 (55), 65 (22), 60 (31), 59 (28), 57 (49) [$C_4H_9^+$], 41 (27), 40 (25)

(RS)-6-(*tert.*-Butoxycarbonylamino)-5-oxoperhydro-1,4-thiazepin (17)

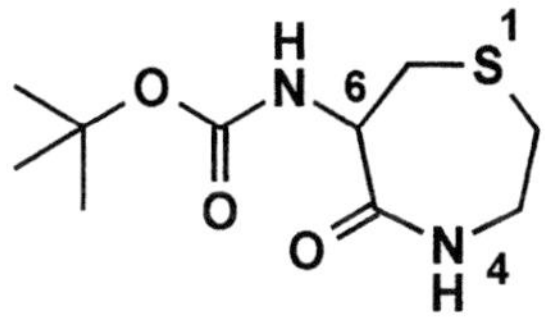

In einer Argonatmosphäre werden 0.23 g (10 mmol) elementares Natrium in 10 ml absolutem Methanol, das vorher ebenfalls unter Argon durch Ultraschallbehandlung sorgfältig desoxygeniert wurde, gelöst. Nach erneutem Entgasen werden in diese Natriummethanolat-Lösung unter Rühren im Argon-Gegenstrom 0.57 g (5 mmol) kristallines Cysteamin (**10**) -hydrochlorid eingestreut. Sobald sich das Hydrochlorid gelöst hat, fällt auch schon Natriumchlorid aus. Nun wird noch einmal entgast, bevor mittels einer Überleitungskanüle eine ebenfalls sorgsam entgaste und wasserfreie Lösung von 1.87 g (5 mmol) N-(*tert.*-Butoxycarbonyl)-O-tosyl-L-serinmethylester (**16a**) oder N-(*tert.*-Butoxycarbonyl)-O-tosyl-D-serinmethylester (**16b**)[191] in 10 ml Methanol in das Reaktionsgemisch überführt wird. Der Ansatz wird 5 Tage lang lichtgeschützt unter Ausschluß von Sauerstoff und Feuchtigkeit in der Inertgasatmosphäre weitergerührt.

Zur Aufarbeitung wird, ohne vorher zu filtrieren, das Lösungsmittel im Vakuum abdestilliert und der feste Rückstand in 30 ml Chloroform und 30 ml 5%iger $NaHCO_3$-Lösung aufgenommen. Die organische Phase wird ein weiteres Mal mit 30 ml 5%iger $NaHCO_3$-Lösung und dann mit Wasser (30 ml) gewaschen. Nach weiteren Waschvorgängen mit 15%iger Zitronensäurelösung (2 × 30 ml) und

---

191 Da es im Verlauf der Reaktion zu einer Racemisierung kommt, ist es gleichgültig, ob das L- oder das D-konfigurierte Tosylat als Edukt eingesetzt wird.

gesättigter Kochsalzlösung (30 ml) wird das Lösungsmittel über Na_2SO_4 getrocknet und am Rotationsverdampfer entfernt. Das Rohprodukt, ein weißer Feststoff, wird aus Ethanol umkristallisiert.

Man erhält **17** in Form farbloser Nadeln, welche, sind sie einmal auskristallisiert, in den gängigen organischen Lösungsmitteln mit Ausnahme von DMSO schwerlöslich sind.

Eigenschaften: farblose Kristallnadeln

Ausbeute: 0.34 g (28 %)

Schmp.: 199 °C

UV (CH_3OH):

λ_{max} (lg ε) = 204.4 nm (3.662)

^{1}H-NMR (400 MHz, [D$_6$]DMSO, δ = 2.50 ppm):

δ (ppm) = 1.38 [9 H, s, $(CH_3)_3C$], 2.47 - 2.68 (4 H, m, 7-CH_2S und 2-CH_2S)[192], 3.46 - 3.50 (2 H, m, 3-C***H***$_2$NHCO), 4.48 - 4.52 (1 H, m, 6-C***H***NHCOOR), 6.48 (1 H, d, $^3J_{NH,\,6\text{-}H}$ = 6.8 Hz, 6-CHN***H***COOR), 7.89 - 7.93 (1 H, m, 3-CH_2N***H***CO)

^{13}C-NMR (100.5 MHz, [D$_6$]DMSO, δ = 39.50 ppm):

δ (ppm) = 28.00 [3 C, (***C***H$_3$)$_3$C], 30.02 (2 C, 7-CH_2S und 2-CH_2S), 43.90 (3-***C***H$_2$NHCO), 55.84 (6-***C***HNHCOOR), 78.34

192 Teilweise durch DMSO-Signal verdeckt

[$(CH_3)_3\mathit{C}OCO$], 154.19 [$(CH_3)_3COC$=O], 173.19 (5-*C*=O)[193]

IR (KBr):

$\tilde{\nu}$ (cm^{-1}) = 3393, 3222, 2980, 1716, 1668, 1485, 1428, 1368, 1356, 1223, 1162, 1055, 793

EI-MS (70 eV, 250 °C):

m/z (%) = 246 (17) [M^+], 192 (10), 191 (19), 190 (100) [(M^++ 1) – C_4H_9], 174 (12), 173 (85), 143 (19), 131 (33), 130 (72), 129 (91), 118 (19), 104 (60), 101 (16), 100 (20), 90 (30), 88 (14), 87 (34), 74 (25), 72 (15), 58 (20), 57 (53) [$C_4H_9^+$], 44 (15), 43 (36), 41 (24)

HR-MS ($C_{10}H_{18}N_2O_3S$):

ber.: 246.1038

gem.: 246.1037

$C_{10}H_{18}N_2O_3S$ (246.33):

ber.: C 48.76 H 7.37 N 11.37 S 13.02

gef.: C 48.66 H 7.30 N 11.29 S 13.13

193 Zuordnungen durch Vergleich mit anderen Cysteamin-Derivaten getroffen

meso-Diethyl(2,5-dibromadipat) (37)

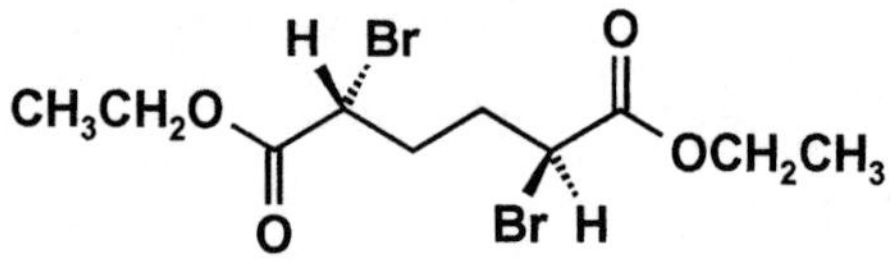

In Anlehnung an die von *Newman*[194] beschriebene Methode werden in einem Dreihalskolben mit aufgesetztem Präzisionstropftrichter unter Rühren 32 ml (0.621 mol) Brom zu 50.0 g (0.273 mol) frisch destilliertem Adipinsäuredichlorid (**35**) getropft. Das Reaktionsgefäß befindet sich dabei in einem auf 75 °C temperierten Ölbad und wird von mehreren Seiten durch Lichtquellen bestrahlt. Die Reaktion erfolgt über einen Zeitraum von 24 h unter Ausschluß von Feuchtigkeit in einer Argon-Atmosphäre. Hierbei muß mittels aufgesetzter Ballons ein Druckausgleich für den in großer Menge entstehenden Bromwasserstoff gewährleistet und die Apparatur mehrfach mit Argon gespült werden. Die Zutropfgeschwindigkeit wird von Zeit zu Zeit einreguliert, so daß eine gleichmäßige Umsetzung stattfindet, deren Verlauf sich am Ausmaß der Gasentwicklung verfolgen läßt.

Nach der vollständigen Zugabe des Broms wird für weitere 2 h unter unverminderter Wärmezufuhr gerührt und die nun schwarz gefärbte Reaktionsmischung nach ihrem Abkühlen vorsichtig mittels Argondruck über eine Umkehrkanüle in 150 ml eisgekühltes absolutes Ethanol überführt. Diese Mischung wird zur fraktionierten Kristallisation 24 h lang bei 7 °C aufbewahrt und dann wieder auf Raumtemperatur gebracht. Nach diesem Vorgang hat sich

[194] Newman, H. *J. Heterocycl. Chem.* **1974**, *11*, 449 - 451

ein fester Kristallkuchen gebildet, der mit Hilfe einer Glasfritte von der eingeschlossenen Flüssigkeit befreit wird. Abweichend von [194] wird das mit Kohlenstoff und teerigem Material stark verunreinigte Produkt zusätzlich einer Reinigung durch Säulenfiltration an Kieselgel (Eluens: Dichlormethan) unterzogen. Nach Abdestillation des Lösungsmittels im Vakuum werden die noch mit braunem Öl behafteten Kristalle aus Ethanol umkristallisiert.

Eigenschaften: farblose Kristallnadeln

Ausbeute: 40.8 g (41%), (Lit.[195]: 29%)

Schmp.: 66 °C (Lit. [195]: 65 - 67 °C)

UV (CH_3OH):

λ_{max} (lg ε) = 199.0 nm (4.541)

^{1}H-NMR (400 MHz, $CDCl_3$, δ = 7.25 ppm):

δ (ppm) = 1.28 (6 H, t, ^3J = 7.1 Hz, 2 × $COOCH_2C\boldsymbol{H}_3$), 1.99 - 2.07 (2 H, m, 2 × H in CH_2CH_2), 2.21 - 2.31 (2 H, m, 2 × H′ in CH_2CH_2), 4.18 - 4.24 (6 H, m, 2 × CHBr und 2 × $COOC\boldsymbol{H}_2CH_3$)

^{1}H-NMR (400 MHz, [D_6]DMSO, int. TMS):

δ (ppm) = 1.20 - 1.24 (2 × 3 H, 2 × t, ^3J = 7.1 Hz, $^3J'$ = 7.1 Hz, 2 × $COOCH_2C\boldsymbol{H}_3$), 1.92 - 2.00 (1 H, m, H in CH_2CH_2), 2.05 - 2.09 (2 H, m, 2 × H′ in CH_2CH_2), 2.14 - 2.23 (1 H, m, H′′ in CH_2CH_2), 4.15 - 4.21 (2 × 2 H, 2 × q, ^3J = 7.1 Hz,

---

195 Newman, H. *J. Heterocycl. Chem.* **1974**, *11*, 449 - 451

$^3J'$ = 7.1 Hz, 2 × COOC$\boldsymbol{H}_2$CH$_3$), 4.61 - 4.66 (2 H, m, 2 × CHBr)

^{13}C-NMR (100.5 MHz, CDCl$_3$, δ = 77.00 ppm):

δ (ppm) = 13.90 (2 C, 2 × COOCH$_2$*C*H$_3$), 32.43 (2 C, CH$_2$CH$_2$), 44.65 (2 C, 2 × CHBr), 62.18 (2 C, 2 × COO*C*H$_2$CH$_3$), 169.10 (2 C, 2 × C=O)

^{13}C-NMR (100.5 MHz, [D$_6$]DMSO, int. TMS):

δ (ppm) = 13.69 (2 C, 2 × COOCH$_2$*C*H$_3$), 31.74 (C in CH$_2$CH$_2$), 31.84 (C′ in CH$_2$CH$_2$), 45.65 (2 C, 2 × CHBr), 61.59 (2 C, 2 × COO*C*H$_2$CH$_3$), 168.86 (2 C, 2 × C=O)

IR (KBr):

$\tilde{\nu}$ (cm^{-1}) = 3450, 3000, 1740, 1480, 1450, 1380, 1360, 1270, 1250, 1170, 1040, 1020, 860, 740

EI-MS (70 eV, 50 °C):

m/z (%) = 360 (2) [M$^+$], 316 (26), 315 (20) [M$^+$– C$_2$H$_5$O], 314 (50) [M$^+$– C$_2$H$_5$OH], 313 (10), 312 (25), 288 (40), 287 (16), 286 (75), 284 (39), 261 (15), 259 (29), 257 (15), 235 (98), 233 (96), 207 (25), 205 (26), 189 (13), 187 (11), 181 (10), 179 (56), 177 (45), 163 (11), 154 (11), 153 (100), 151 (19), 135 (15), 133 (14), 127 (11), 125 (27), 109 (13), 108 (21), 106 (19), 101 (23), 99 (26), 97 (32), 81 (13), 73 (23), 55 (51), 53 (27), 43 (12), 41 (13)

$C_{10}H_{16}Br_2O_4$ (360.04):

ber.:	C 33.36	H 4.48	Br 44.39
gef.:	C 33.31	H 4.41	Br 44.51

Diethyl(2,5-diazidoadipat) (39)

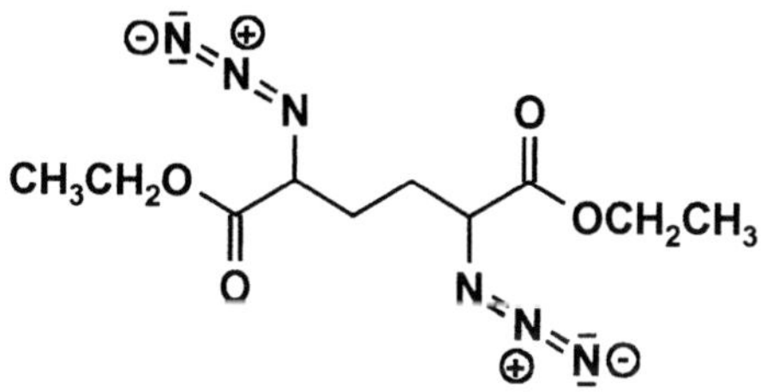

Unter Ausschluß von Feuchtigkeit wird eine Mischung aus 20.00 g (56 mmol) meso-Diethyl(2,5-dibromadipat) (**37**) und 10.00 g (154 mmol) Natriumazid in 70 ml absolutem Ethanol 18 h lang unter Rückfluß erhitzt. Die Umsetzung erfolgt unter einem geringen Inertgas-Überdruck. Nach ihrem Abkühlen wird die Reaktionsmischung in Eiswasser gegossen. Das flüssige, hellgelbe Bisazid **39** wird mit Diethylether extrahiert, der nach Trocknung und Prüfung auf Peroxidfreiheit am Rotavapor wieder abgezogen wird. Etherreste werden durch mehrstündiges Evakuieren an der Ölpumpe entfernt.

Die Synthese des Bisazids erfolgt nach einer aus Literaturvorschriften[196] abgeleiteten, kombinierten Methode. Durch seine Isolierung und Reinigung wird

---

196 (a) Bertho, A.; Maier, J. *Liebigs Ann. Chem.* **1932**, *498*, 50 - 61
(b) Newman, H. *J. Heterocycl. Chem.* **1974**, *11*, 449 - 451

es jedoch anders als in den genannten Vorschriften nicht nur als Zwischenprodukt behandelt.

Eigenschaften: hellgelbes, viskoses Öl

Ausbeute: 14.97 g (95 %)

UV (CH_3OH):

λ_{max} (lg ε) = 269.2 nm (3.362), 198.2 (4.433)

^{1}H-NMR (400 MHz, $CDCl_3$, δ = 7.25 ppm):

δ (ppm) = 1.28 - 1.32 (2 × 3 H, 2 × t, ^3J = 7.1 Hz, $^3J'$ = 7.1 Hz, 2 × $COOCH_2C\boldsymbol{H}_3$), 1.76 - 1.98 (4 H, m, CH_2CH_2), 3.86 - 3.93 (2 H, m, 2 × CHN_3), 4.21 - 4.27 (2 × 2 H, 2 × q, ^3J = 7.1 Hz, $^3J'$ = 7.1 Hz, 2 × $COOC\boldsymbol{H}_2CH_3$)

^{13}C-NMR (100.5 MHz, $CDCl_3$, δ = 77.00 ppm):

δ (ppm) = 14.09 (2 C, 2 × $COOCH_2\boldsymbol{C}H_3$), 27.38 (C in CH_2CH_2), 27.54 (C′ in CH_2CH_2), 61.23 (CHN_3), 61.43 ($C'HN_3$), 62.01 (2 C, 2 × $COO\boldsymbol{C}H_2CH_3$), 169.79 (2 C, 2 × C=O)

IR (Film):

$\tilde{\nu}$ (cm^{-1}) = 2985, 2108, 1743, 1449, 1371, 1260, 1199, 1097, 1024, 953, 859, 775

EI-MS (70 eV, 40 °C):

m/z (%) = 183 (44), 155 (58), 127 (11), 109 (9), 100 (11), 95 (14), 83 (19), 82 (13), 81 (100), 56 (35), 55 (20), 54 (42), 45 (22), 43 (10), 41 (10)

ESI-MS :

m/z (%) = 307 (100) [M + Na]$^+$, 236 (24), 214 (10), 190 (7), 178 (7)

$C_{10}H_{16}N_6O_4$ (284.27):

ber.: C 42.25 H 5.67 N 29.56

gef.: C 42.50 H 5.57 N 29.38

Diethyl(2,5-diaminoadipat)dihydrochlorid (40)

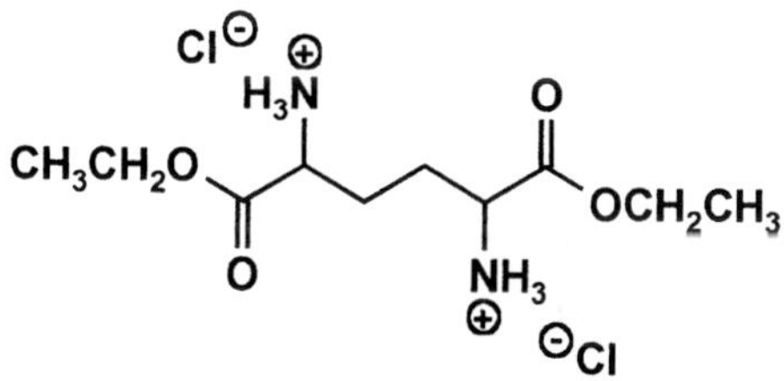

Aus wirtschaftlichen Erwägungen wird die katalytische Hydrierung des Bisazids mit Palladium/Kohlenstoff und nicht wie von *Newman*[197] oder *Bertho* und *Maier*[198] beschrieben, mit reduziertem Platinoxid durchgeführt.

Dazu werden 10.00 g (35 mmol) Diethyl(2,5-diazidoadipat) (**39**) in 200 ml Ethanol gelöst und 15 ml konz. HCl zugesetzt. Diese Mischung wird in einem Schüttelautoklaven nach *Parr* bei einem Wasserstoffdruck von 2.5 bar über 1.50 g Palladium (10%) auf Aktivkohle 5 Tage lang hydriert. Während dieser Zeit

[197] Newman, H. *J. Heterocycl. Chem.* **1974**, *11*, 449 - 451

[198] Bertho, A.; Maier, J. *Liebigs Ann. Chem.* **1932**, *498*, 50 - 61

wird die Apparatur regelmäßig immer wieder kurz evakuiert und von neuem mit Wasserstoff befüllt, da eine Druckabnahme bei der Reaktion von H_2 infolge des dafür entstehenden Stickstoffs nicht zu verzeichnen ist und insofern keine Kontrollmöglichkeit für den Fortgang der Reaktion geboten wird. Die Aufarbeitung erfolgt nach einem elaborierten und, im Vergleich zu dem in [197] dargelegten, differenzierteren Verfahren.

Aus dem Reaktionsgemisch hat sich eine beträchtliche Menge eines weißen kristallinen Niederschlags abgeschieden, welcher nun zusammen mit dem Katalysator einen Bodensatz bildet. Dieser wird über eine Glasfritte abfiltriert, mit Ethanol gewaschen und beiseite gestellt. Das Filtrat, eine klare, gelbe Lösung, wird unter vermindertem Druck vom Lösungsmittel befreit und der Rückstand, bestehend aus einem gelben Öl mit einem sehr großen Anteil an weißer kristalliner Substanz, unter Erwärmen in einer kleinen Menge Ethanol gelöst und 8 h bei 0 °C aufbewahrt. Der ausgefallene weiße Feststoff wird mittels Filtration gesammelt und intensiv mit kaltem Ethanol gewaschen, um noch anhaftendes gelbes Öl zu entfernen. Dieser Kristallisationsvorgang wird zwei weitere Male nach dem Einengen der Mutterlauge wiederholt. Die gesammelten Niederschläge stellen die Fraktion 1 des Produkts **40** dar.

Der vorher beiseite gestellte Bodensatz des Reaktionsansatzes, dessen kristalliner Produktanteil bei RT in Alkohol schwerlöslich ist, wird nun mit heißem Ethanol digeriert. Die noch heiße Mischung wird zur Abtrennung des verbrauchten Katalysators Pd/C zuerst über Blaubandfilter und anschließend über Kieselgur filtriert. Aus dem Durchgang, einer klaren, leicht gelben Lösung, wird der Alkohol im Vakuum entfernt und der feste Rückstand aus Ethanol umkristallisiert, wodurch man eine weitere Fraktion der Substanz **40** in Form von weißen Kristallen isoliert (Fraktion 2).

Die beiden gewonnenen Fraktionen unterscheiden sich zwar in ihren Schmelzpunkten und in ihrer unterschiedlichen Löslichkeit in Ethanol, ihre analytischen Daten sprechen jedoch für das Vorliegen von Modifikationen ein und derselben Substanz mit geringfügigen Unterschieden in der Molekülsymmetrie. Für die weitere Umsetzung findet Fraktion 2 Verwendung.

Fraktion 1:

Eigenschaften: weißer, kristalliner Feststoff

Ausbeute: 3.72 g (35 %)[199]

Schmp.: 201 °C (Zers.)

^{1}H-NMR (400 MHz, D_2O, ext. TMS):

δ (ppm) = 1.27 (6 H, t, ^3J = 7.1 Hz, 2 × $COOCH_2C\boldsymbol{H}_3$), 1.98 - 2.24 (4 H, m, CH_2CH_2), 4.16 - 4.20 (2 H, m, 2 × $C\boldsymbol{H}NH_3^+$), 4.30 (4 H, q, ^3J = 7.1 Hz, 2 × $COOC\boldsymbol{H}_2CH_3$)

^{13}C-NMR (100.5 MHz, D_2O, ext. TMS):

δ (ppm) = 13.79 (2 C, 2 × $COOCH_2\boldsymbol{C}H_3$), 26.27 (2 C, CH_2CH_2), 52.78 (2 C, 2 × $CHNH_3^+$), 64.45 (2 C, 2 × $COOCH_2CH_3$), 169.75 (2 C, 2 × C=O)

IR (KBr):

$\tilde{\nu}$ (cm^{-1}) = 3447, 2864, 2633, 2033, 1739, 1591, 1517, 1474, 1450, 1410, 1386, 1316, 1296, 1250, 1164, 1065, 1018, 859, 746

199 Zur Berechnung der Gesamtausbeute ist auch Fraktion 2 zu berücksichtigen; s.u.

EI-MS (70 eV, 180 °C):

m/z (%) = 232 (19) [M^{+}– 2 × HCl], 186 (40), 143 (61), 142 (100), 114 (23), 96 (38), 74 (12), 68 (44), 58 (11), 56 (15), 43 (16), 38 (16), 36 (22)

HR-MS ($C_{10}H_{20}N_2O_4$)[200]:

ber.: 232.142307

gem.: 232.141235

Fraktion 2:

Eigenschaften: weißer, kristalliner Feststoff

Ausbeute: 3.50 g (33 %)[201]

Schmp.: 224 °C (Zers.)

UV (CH_3OH):

λ_{max} (lg ε) = 199.0 nm (4.460)

^{1}H-NMR (400 MHz, D_2O, ext. TMS):

δ (ppm) = 1.46 (6 H, t, ^3J = 7.1 Hz, 2 × $COOCH_2C\boldsymbol{H}_3$), 2.24 - 2.36 (4 H, m, CH_2CH_2), 4.33 - 4.40 (2 H, m, 2 × $C\boldsymbol{H}NH_3^+$), 4.45 - 4.53 (4 H, m, 2 × $COOC\boldsymbol{H}_2CH_3$)

200 Massenfeinbestimmung nicht auf das Dihydrochlorid berechnet

201 Die Gesamtausbeute für Fraktion 1 und 2 beträgt also 68% (Lit. [197]: 47%)

^{13}C-NMR (100.5 MHz, D_2O, ext. TMS):

δ (ppm) = 13.78 (2 C, 2 × $COOCH_2\mathit{C}H_3$), 26.29 (2 C, CH_2CH_2), 52.77 (2 C, 2 × $CHNH_3^+$), 64.44 (2 C, 2 × $COO\mathit{C}H_2CH_3$), 169.76 (2 C, 2 × C=O)

IR (KBr):

$\tilde{\nu}$ (cm^{-1}) = 3454, 2839, 2033, 1736, 1590, 1518, 1474, 1449, 1412, 1391, 1366, 1350, 1301, 1252, 1156, 1121, 1056, 1019, 863, 803, 745, 654

EI-MS (70 eV, 240 °C):

m/z (%) = 232 (15) [M^{+}– 2 × HCl], 186 (29), 143 (46), 142 (100), 114 (15), 96 (27), 68 (42), 56 (10), 43 (11), 38 (11), 36 (18)

HR-MS ($C_{10}H_{20}N_2O_4$)[202]:

ber.: 232.142307

gem.: 232.141808

$C_{10}H_{22}Cl_2N_2O_4$ (305.20):

ber.:	C 39.35	H 7.27	N 9.18	Cl 23.23
gef.:	C 39.38	H 7.09	N 9.38	Cl 23.30

202 Massenfeinbestimmung nicht auf das Dihydrochlorid berechnet

Ethyl(5-amino-6-oxopiperidin-2-carboxylat) (41)

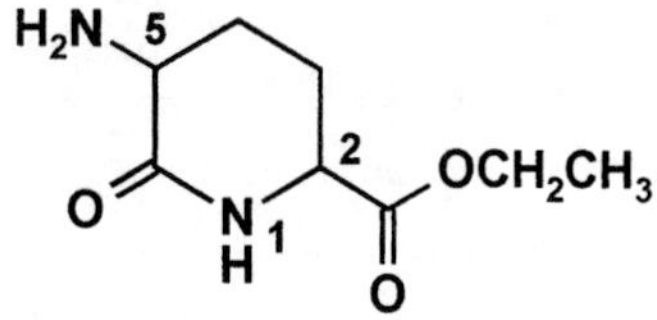

Entsprechend der Vorschrift von *Kemp* und *McNamara*[203] werden 1.53 g (5 mmol) Diethyl(2,5-diaminoadipat)dihydrochlorid (**40**) in 50 ml einer Mischung von 1 Teil Wasser und 1 Teil Ethanol gelöst und 1.22 g (5.3 mmol) Silber(I)oxid zugesetzt. Nach 20 min. Rühren wird das Gemisch durch Kieselgur filtriert und das Lösungsmittel im Vakuum abdestilliert. Nach ca. 15 min. des Lagerns über Blaugel im Vakuum-Exsikkator bilden sich in dem farblosen, glasigen, zähflüssigen Rückstand erste Kristallisationsherde. Zum vollständigen Lösungsmittelentzug wird der rotierende Kolben mit dem Rohprodukt anschließend 3 h lang unter Ölpumpenvakuum bei 50 °C im Wasserbad belassen. Danach wird die Substanz in 5 ml Ethanol gelöst und über eine kurze Säule filtriert, die mit 8.5 g neutralem, in Ethanol vorgequollenem Aluminiumoxid befüllt ist. Als Eluens dient Ethanol (20 ml). Die aufgefangene klare, farblose Lösung wird zur Trockene eingeengt. Übrig bleibt das Aminolactam **41** als harter, weißer Feststoff von analytischer Reinheit.

Eigenschaften: weißer, kristalliner Feststoff

Ausbeute: 0.70 g (75 %)

Schmp.: 108 °C

[203] Kemp, D. S.; McNamara, P. E. *J. Org. Chem.* **1984**, *49*, 2286 - 2288

UV (CH_3OH):

λ_{max} (lg ε) = 205.4 nm (3.573)

UV-VIS (CF_3CH_2OH):

λ_{max} (lg ε) = 196.0 nm (2.848)

^{1}H-NMR (400 MHz, [D$_6$]DMSO, int. TMS):

δ (ppm) = 1.21 (3 H, t, ^3J = 7.1 Hz, COOCH$_2$C***H***$_3$), 1.47 - 1.57 (1 H, m, H in CH$_2$CH$_2$), 1.63 - 1.72 (1 H, m, H′ in CH$_2$CH$_2$), 1.89 - 1.96 (1 H, m, H′′ in CH$_2$CH$_2$), 2.10 - 2.17 (1 H, m, H′′′ in CH$_2$CH$_2$), 3.07 - 3.11 (1 H, dd, $^3J_{5\text{-H},4\text{-H}}$ = 9.7 Hz, $^3J_{5\text{-H},4\text{-H}'}$ = 5.7 Hz, 5-C***H***NH$_2$), 4.00 - 4.06 (1 H, ddd, ^3J = 9.1 Hz, ^3J = 5.7 Hz, ^3J = 1.7 Hz, 2-C***H***COOCH$_2$CH$_3$), 4.08 - 4.16 (2 H, m, COOC***H***$_2$CH$_3$), 7.46 (1 H, s, H in NH$_2$)

^{13}C-NMR (100.5 MHz, [D$_6$]DMSO, int. TMS):

δ (ppm) = 13.93 (COOCH$_2$***C***H$_3$), 23.96 und 28.15 (4-CH$_2$ und 3-CH$_2$), 50.47 und 54.35 (5-CHNH$_2$ und 2-***C***HCOOCH$_2$CH$_3$), 60.63 (COO***C***H$_2$CH$_3$), 171.74 und 173.34 (2 × C=O)

IR (KBr):

$\tilde{\nu}$ (cm^{-1}) = 3350, 3300, 3200, 3050, 2900, 1720, 1670, 1610, 1500, 1430, 1380, 1300, 1290, 1220, 1180, 1120, 1060, 1000, 960, 900, 800, 760, 710

EI-MS (70 eV, 105 °C):

m/z (%) = 187 (10) [M^{+}+ 1], 186 (100) [M^{+}], 141 (9), 113 (27), 86 (5), 85 (35), 84 (7), 68 (58), 58 (17), 57 (5), 56 (53), 43 (53)

HR-MS ($C_8H_{14}N_2O_3$):

ber.: 186.1004

gem.: 186.0998

$C_8H_{14}N_2O_3$ (186.21):

ber.: C 51.60 H 7.58 N 15.04

gef.: C 51.28 H 7.33 N 15.05

Ethyl[6-oxo-5-(2-phenylacetylamino)piperidin-2-carboxylat] (43)

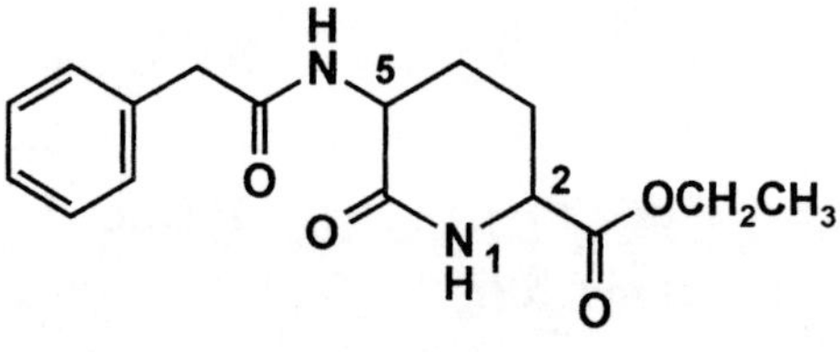

Eine eisgekühlte Lösung von 300 mg (1.61 mmol) Ethyl(5-amino-6-oxopiperidin-2-carboxylat) (**41**) und 220 mg (1.62 mmol) aus *n*-Hexan frisch umkristallisierte 2-Phenylessigsäure (**42**) in 20 ml Dichlormethan wird tropfenweise unter Rühren mit 335 mg (1.62 mmol) aufgeschmolzenem N,N'-Dicyclohexylcarbodiimid (DCC) versetzt. Nach ca. 2 min. beginnt Dicyclohexylharnstoff (DCU) auszufallen. Nach 8 h bei RT wird der Niederschlag abfiltriert. Die klare, farblose

Lösung wird mit 5%iger $NaHCO_3$-Lösung (2 × 10 ml) und anschließend intensiv mit 10%iger Essigsäurelösung (5 × 10 ml) gewaschen. Hierauf läßt man die organische Lösung 2 h lang mit 10 ml der Essigsäure rühren, um restliches, nicht abreagiertes und noch vorhandenes DCC in DCU zu überführen. Nach Abtrennen der wäßrigen Phase wird die Dichlormethan-Lösung 2 Tage lang bei 0 °C stehengelassen und schließlich ausgefallenes DCU in der Kälte abfiltriert.

Nach Trocknung über Na_2SO_4 und Filtration wird das Lösungsmittel abgezogen und der feste, weiße Rückstand aus wenig Ethanol umkristallisiert. Kristallines **43** fällt in Form farbloser kleiner Schuppen aus und wird nach dem Abfiltrieren mit wenig kaltem Ethanol gewaschen.

Eigenschaften: farblose, schuppenförmige Kristalle

Ausbeute: 421 mg (86 %)

Schmp.: 144 °C

UV (CH_3OH):

λ_{max} (lg ε) = 206.0 nm (4.071)

UV-VIS (CF_3CH_2OH):

λ_{max} (lg ε) = 193.0 nm (3.160)

^{1}H-NMR (400 MHz, $CDCl_3$, int. TMS):

δ (ppm) = 1.29 (3 H, t, ^3J = 7.1 Hz, $COOCH_2C\boldsymbol{H}_3$), 1.56 - 1.67 (1 H, m, H in CH_2CH_2), 1.80 - 1.90 (1 H, m, H′ in CH_2CH_2), 2.30 - 2.37 (1 H, m, H′′ in CH_2CH_2), 2.49 - 2.55 (1 H, m, H′′′ in CH_2CH_2), 3.59 (2 H, s, $PhC\boldsymbol{H}_2$), 4.05 - 4.09 (1 H, dd, $^3J_{5\text{-H}/2\text{-H},\,4\text{-H}/3\text{-H}}$ = 11.2 Hz, $^3J_{5\text{-H}/2\text{-H},\,4\text{-H}'/3\text{-H}'}$ = 5.1 Hz, 5-C***H***NHCOR oder 2-

C*H*COOCH$_2$CH$_3$), 4.15 - 4.26 (3 H, m, 2-C*H*COOCH$_2$CH$_3$ oder 5-C*H*NHCOR und COOC*H*$_2$CH$_3$), 6.48 (1 H, s, 5-CHN*H*COR oder 2-CHN*H*CO), 6.54 (1 H, d, $^3J_{NH,\ 2\text{-}H\ /\ 5\text{-}H}$ = 5.7 Hz, 2-CHN*H*CO oder 5-CHN*H*COR), 7.24 - 7.35 (5 H, m, Ph)

^{13}C-NMR (100.5 MHz, CDCl$_3$, δ = 77.00 ppm):

δ (ppm) = 14.03 (COOCH$_2$*C*H$_3$), 24.55 und 26.90 (4-CH$_2$ und 3-CH$_2$), 43.43 (Ph*C*H$_2$), 50.54 und 54.76 (5-*C*HNHCOR und 2-*C*HCOOCH$_2$CH$_3$), 61.92 (COO*C*H$_2$CH$_3$), 127.13 (*para*-C in PhCH$_2$), 128.79 (2 C, 2 × *ortho*-C oder 2 × *meta*-C in PhCH$_2$) und 129.30 (2 C, 2 × *ortho*- / 2 × *meta*-C in PhCH$_2$), 134.67 (*ipso*-C in PhCH$_2$), 170.26, 170.34 und 171.36 (3 × C=O)

IR (KBr):

$\tilde{\nu}$ (cm^{-1}) = 3288, 2935, 1744, 1696, 1672, 1647, 1626, 1556, 1499, 1476, 1453, 1407, 1310, 1260, 1228, 1210, 1153, 1039, 797, 756, 717

EI-MS (70 eV, 240 °C):

m/z (%) = 305 (17) [M$^+$+ 1], 304 (85) [M$^+$], 231 (19), 225 (41), 224 (100), 214 (11), 213 (90), 186 (14), 185 (21), 144 (13), 143 (96), 142 (28), 139 (12), 118 (17), 113 (17), 100 (34), 99 (81), 98 (62), 91 (19), 83 (17), 82 (10), 70 (31), 61 (43), 57 (15), 56 (55), 55 (12), 43 (15)

$C_{16}H_{20}N_2O_4$ (304.34):

ber.: C 63.14 H 6.62 N 9.20

gef.: C 63.20 H 6.78 N 8.99

Ethyl[6-oxo-5-(2-phenoxyacetylamino)piperidin-2-carboxylat] (44)

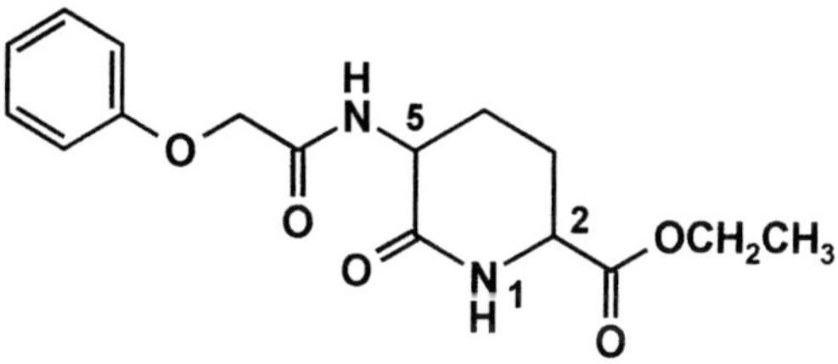

300 mg (1.61 mmol) Ethyl(5-amino-6-oxopiperidin-2-carboxylat) (**41**) werden ebenso wie für Substanz **43** beschrieben, mit 246 mg (1.62 mmol) 2-Phenoxyessigsäure (**19**) in 20 ml Dichlormethan unter Zugabe von 335 mg (1.62 mmol) N,N'-Dicyclohexylcarbodiimid (DCC) umgesetzt. Nach der Aufarbeitung und Umkristallisation aus Ethanol gelangt man zu dem weißen kristallinen Produkt **44**.

Eigenschaften: weißer, kristalliner Feststoff

Ausbeute: 480 mg (93 %)

Schmp.: 139 °C

UV (CH_3OH):

λ_{max} (lg ε) = 275.6 nm (3.406), 269.0 (3.448), 201.8 (4.504)

^{1}H-NMR (400 MHz, $CDCl_3$, int. TMS):

δ (ppm) = 1.21 (3 H, t, ^3J = 7.1 Hz, $COOCH_2C\boldsymbol{H}_3$), 1.49 - 1.59 (1 H, m, H in CH_2CH_2), 1.79 - 1.91 (1 H, m, H′ in CH_2CH_2), 2.07 - 2.24 (1 H, m, H′′ in CH_2CH_2), 2.30 - 2.44 (1 H, m, H′′′ in CH_2CH_2), 4.04 - 4.09 (1 H, m, 5-C***H***NHCOR oder 2-C***H***$COOCH_2CH_3$), 4.13 - 4.19 (2 H, m, $COOC\boldsymbol{H}_2CH_3$), 4.36 - 4.45 (3 H, m, 2-C***H***$COOCH_2CH_3$ oder 5-C***H***NHCOR und $PhOC\boldsymbol{H}_2$), 6.62 (1 H, s, 5-CHN***H***COR oder 2-CHN***H***CO), 6.84 - 6.96 (3 H, m, *ortho*-H und *para*-H in PhO), 7.20 - 7.25 (2 H, m, *meta*-H in PhO), 7.52 (1 H, d, $^3J_{NH,\,2\text{-}H\,/\,5\text{-}H}$ = 6.4 Hz, 2-CHN***H***CO oder 5-CHN***H***COR)

^{13}C-NMR (100.5 MHz, $CDCl_3$, δ = 77.00 ppm):

δ (ppm) = 14.05 ($COOCH_2\boldsymbol{C}H_3$), 23.90 und 24.84 (4-CH_2 und 3-CH_2), 49.53 und 53.40 (5-***C***HNHCOR und 2-***C***$HCOOCH_2CH_3$), 62.04 ($COO\boldsymbol{C}H_2CH_3$), 67.24 ($PhO\boldsymbol{C}H_2$), 114.74 (2 C, *ortho*-C in PhO), 121.94 (*para*-C in PhO), 129.60 (2 C, *meta*-C in PhO), 157.19 (*ipso*-C in PhO), 168.48, 170.49 und 171.17 (3 × C=O)

IR (KBr):

$\tilde{\nu}$ (cm^{-1}) = 3350, 3200, 2950, 1740, 1680, 1600, 1520, 1500, 1430, 1350, 1300, 1250, 1220, 1180, 1150, 1080, 1050, 1020, 750, 690

EI-MS (70 eV, 230 °C):

m/z (%) = 321 (19) [M^{+}+ 1], 320 (93) [M^{+}], 265 (17), 247 (55), 228 (11), 227 (84), 214 (10), 213 (88), 185 (22), 172 (11), 171 (100), 142 (17), 139 (21), 111 (13), 107 (16), 97 (10), 68 (25)

HR-MS ($C_{16}H_{20}N_2O_5$):

ber.: 320.137222

gem.: 320.135201

(S)-2-Phenyl-4,5-dihydrothiazol-4-carbonsäure (46a)

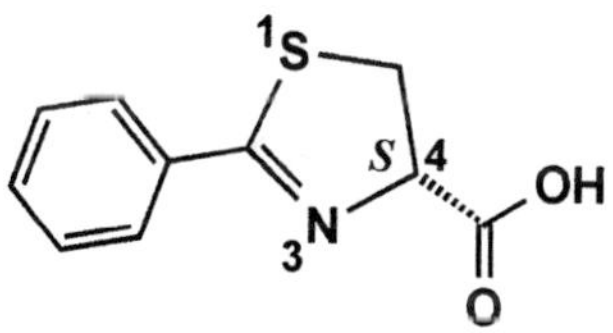

Den Angaben in AV 7 folgend und unter Beachtung der besonderen Kautelen, werden 6.50 g (35 mmol) Ethylbenzimidat (**45**) -hydrochlorid und 5.52 g (35 mmol) D-Cystein (**7c**) -hydrochlorid in 90 ml wasserfreiem Methanol verteilt. Der Zusatz an trockenem Triethylamin beträgt 9.70 ml (70 mmol). Am Ende bleibt ein gelber Feststoff von analytisch reinem Produkt **46a**.

Eigenschaften: gelber Feststoff

Ausbeute: 2.07 g (29 %)

Schmp.: 109 °C

$[\alpha]_D^{20}$ = – 12.0 (*c* = 1.00, Methanol)

UV (CH_3OH):

λ_{max} (lg ε) = 242.2 nm (4.169), 205.0 (4.369)

^{1}H-NMR (400 MHz, $CDCl_3$, int. TMS):

δ (ppm) = 3.59 - 3.70 (2 H, 2 × dd, 5-CH_2S), 5.30 - 5.35 (1 H, m, 4-C***H***COOH), 7.32 - 7.45 (3 H, m, *ortho*-H und *para*-H in PhCNS), 7.74 - 7.78 (2 H, m, *meta*-H in PhCNS), 10.53 (1 H, s, COOH)[204]

^{13}C-NMR (100.5 MHz, $CDCl_3$, δ = 77.00 ppm):

δ (ppm) = 35.01 (5-CH_2S), 77.46 (4-***C***HCOOH), 128.63 (4 C, *ortho*-C und *meta*-C in PhCNS), 131.85 (*ipso*-C in PhCNS), 132.20 (*para*-C in PhCNS), 173.53 (2 C, 2-CNS und C=O)

IR (KBr):

$\tilde{\nu}$ (cm^{-1}) = 3435, 2963, 1726, 1597, 1572, 1493, 1448, 1319, 1225, 1180, 1051, 801, 769, 687

EI-MS (70 eV, 220 °C):

m/z (%) = 207 (44) [M^+], 205 (15), 165 (13), 164 (59), 163 (84), 162 (100), 161 (19), 122 (16), 121 (58), 106 (26), 105

---

204 Zu Kopplungskonstanten vgl. *R*-Enantiomer (**46c**)

(50), 104 (51), 103 (26), 86 (37), 77 (36), 60 (18), 59 (37), 58 (21)

HR-MS ($C_{10}H_9NO_2S$):

ber.: 207.035400

gem.: 207.031799

(S)-5,5-Dimethyl-2-phenyl-4,5-dihydrothiazol-4-carbonsäure (46b)

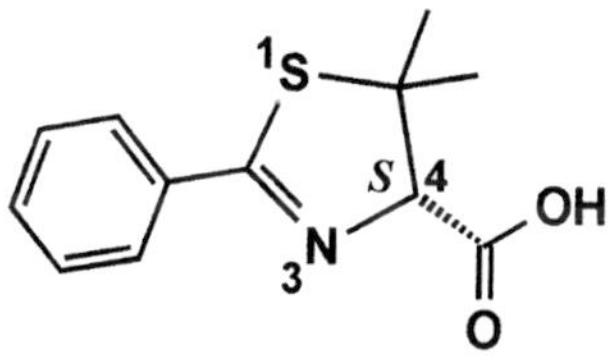

Wie in AV 7 beschrieben und analog den Ausführungen von *Vanderhaeghe* und *Thomis*[205], werden unter den entsprechenden Vorkehrungen 6.50 g (35 mmol) Ethylbenzimidat (**45**) -hydrochlorid und 5.22 (35 mmol) D-Penicillamin (**7a**) unter Zusatz von 4.85 ml (35 mmol) trockenem Triethylamin in 90 ml absolutem Methanol umgesetzt. Nach Umkristallisation des Rückstandes aus *tert.*-Butylmethylether erhält man das kristalline Produkt **46b**.

Eigenschaften:	Feststoff in Form von farblosen Kristallnadeln
Ausbeute:	5.26 g (64 %)
Schmp.:	125 °C (Lit. [205]: 123 - 125 °C)

205 Vanderhaeghe, H.; Thomis, J. *J. Med. Chem.* **1975**, *18*, 486 - 490

$[\alpha]_D^{20}$ = + 51.6 (c = 1.00, Methanol)

UV (CH_3OH):

λ_{max} (lg ε) = 243.6 nm (4.214), 204.0 (4.437)

^{1}H-NMR (400 MHz, [D_6]DMSO, int. TMS):

δ (ppm) = 1.45 (3 H, s, 5-CCH_3), 1.72 (3 H, s, 5-CCH'_3), 4.85 (1 H, s, 4-C***H***COOH), 7.47 - 7.57 (3 H, m, *ortho*-H und *para*-H in PhCNS), 7.75 - 7.78 (2 H, m, *meta*-H in PhCNS)

^{13}C-NMR (100.5 MHz, [D_6]DMSO, δ = 39.50 ppm):

δ (ppm) = 25.58 [1 C, C in 5-$C(CH_3)_2$], 28.54 [1 C, C′ in 5-$C(CH_3)_2$], 60.31 [5-***C***$(CH_3)_2$], 85.79 (4-***C***HCOOH), 127.74 (2 C, 2 × *ortho*-C oder 2 × *meta*-C in PhCNS) und 128.63 (2 C, 2 × *ortho*- / 2 × *meta*-C in PhCNS), 131.55 (*para*-C in PhCNS), 132.80 (*ipso*-C in PhCNS), 167.50 und 169.95 (2-CNS und C=O)

IR (KBr):

$\tilde{\nu}$ (cm^{-1}) = 3000, 2750, 2650, 2550, 1760, 1620, 1600, 1480, 1350, 1310, 1250, 1070, 1010, 980, 800, 750, 720, 690, 650

EI-MS (70 eV, 130 °C):

m/z (%) = 235 (14) [M^+], 192 (10), 191 (47), 190 (100), 177 (8), 176 (65), 162 (8), 161 (67), 133 (28), 121 (27), 106 (42), 105 (28), 104 (17), 99 (12), 87 (57), 77 (7), 75 (7)

HR-MS ($C_{12}H_{13}NO_2S$):

ber.: 235.0667

gem.: 235.0660

$C_{12}H_{13}NO_2S$ (235.31):

ber.: C 61.25 H 5.57 N 5.95 S 13.63

gef.: C 61.02 H 5.70 N 6.15 S 13.59

(R)-2-Phenyl-4,5-dihydrothiazol-4-carbonsäure (46c)

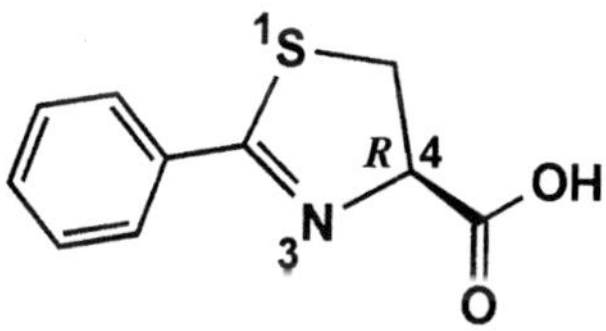

Ähnlich wie beim Enantiomer **46a** werden nach AV 7 unter Ausschluß von Sauerstoff und Feuchtigkeit 6.50 g (35 mmol) Ethylbenzimidat (**45**) -hydrochlorid und 6.15 g (35 mmol) L-Cystein (**7d**) -hydrochloridmonohydrat in 90 ml wasserfreiem Methanol zur Reaktion gebracht. Dazu ist die Zugabe von 9.70 ml (70 mmol) trockenem Triethylamin nötig, und man erhält schließlich analytisch reines Produkt **46c**.

Eigenschaften: gelber Feststoff

Ausbeute: 2.38 g (33 %)

Schmp.: 109 °C

$[\alpha]_D^{20}$ = – 1.8 (*c* = 1.00, Methanol)

UV (CH_3OH):

λ_{max} (lg ε) = 242.6 nm (4.141), 206.0 (4.256)

^{1}H-NMR (400 MHz, $CDCl_3$, int. TMS):

δ (ppm) = 3.59 - 3.64 (1 H, dd, $^2J_{5\text{-H, 5-H'}}$ = 11.4 Hz, $^3J_{5\text{-H, 4-H}}$ = 9.7 Hz, H in 5-CH_2S), 3.64 - 3.69 (1 H, dd, $^2J_{5\text{-H', 5-H}}$ = 11.4 Hz, $^3J_{5\text{-H', 4-H}}$ = 8.6 Hz, H′ in 5-CH_2S), 5.30 - 5.34 (1 H, dd, $^3J_{4\text{-H, 5-H}}$ = 9.6 Hz, $^3J_{4\text{-H, 5-H'}}$ = 8.5 Hz, 4-C***H***COOH), 7.31 - 7.45 (3 H, m, *ortho*-H und *para*-H in PhCNS), 7.74 - 7.78 (2 H, m, *meta*-H in PhCNS), 10.65 (1 H, s, COOH)

^{13}C-NMR (100.5 MHz, $CDCl_3$, δ = 77.00 ppm):

δ (ppm) = 35.01 (5-CH_2S), 77.32 (4-*C*HCOOH)[206], 128.63 (4 C, *ortho*-C und *meta*-C in PhCNS), 131.81 (*ipso*-C in PhCNS), 132.21 (*para*-C in PhCNS), 173.52 und 173.63 (2-CNS und C=O)

IR (KBr):

$\tilde{\nu}$ (cm^{-1}) = 3419, 2935, 1723, 1591, 1570, 1495, 1451, 1319, 1231, 1184, 1052, 788, 769, 686

---

[206] Vom Chloroform-Signal überlagert

EI-MS (70 eV, 160 °C):

m/z (%) = 207 (49) [M^+], 205 (12), 165 (15), 164 (62), 163 (85), 162 (100), 161 (17), 122 (17), 121 (58), 106 (29), 105 (50), 104 (51), 103 (27), 86 (37), 77 (36), 60 (10), 59 (37), 58 (21)

HR-MS ($C_{10}H_9NO_2S$):

ber.: 207.035400

gem.: 207.033964

(R)-5,5-Dimethyl-2-phenyl-4,5-dihydrothiazol-4-carbonsäure (46d)

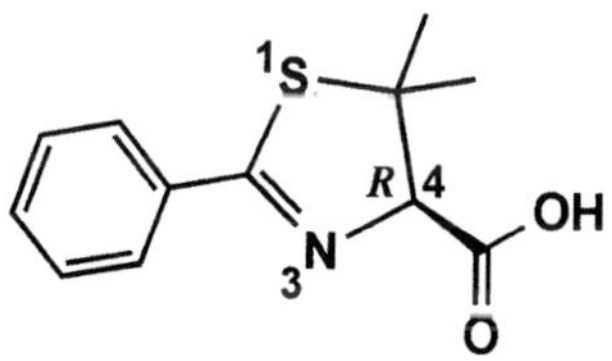

Nach Maßgabe von AV 7 und unter Einhaltung der dort beschriebenen Bedingungen reagieren analog der Synthese des Enantiomers **46b** 6.50 g (35 mmol) Ethylbenzimidat (**45**) -hydrochlorid und 5.22 (35 mmol) L-Penicillamin (**7b**) vermittels 4.85 ml (35 mmol) trockenen Triethylamins in 90 ml absolutem Methanol. Das Rohprodukt von **46d** wird aus *tert.*-Butylmethylether umkristallisiert.

Eigenschaften: Feststoff in Form von farblosen Kristallnadeln

Ausbeute: 5.59 g (68 %)

Schmp.: 125 °C

$[\alpha]_D^{20}$ = – 51.8 (c = 1.00, Methanol)

UV (CH_3OH):

λ_{max} (lg ε) = 243.8 nm (4.207), 203.6 (4.457)

^{1}H-NMR (400 MHz, [D_6]DMSO, δ = 2.50 ppm):

δ (ppm) = 1.43 (3 H, s, 5-CCH_3), 1.71 (3 H, s, 5-CCH'_3), 4.85 (1 H, s, 4-C***H***COOH), 7.46 - 7.57 (3 H, m, *ortho*-H und *para*-H in PhCNS), 7.75 - 7.77 (2 H, m, *meta*-H in PhCNS)

^{13}C-NMR (100.5 MHz, [D_6]DMSO, δ = 39.50 ppm):

δ (ppm) = 25.65 [1 C, C in 5-$C(CH_3)_2$], 28.53 [1 C, C′ in 5-$C(CH_3)_2$], 60.35 [5-***C***$(CH_3)_2$], 85.77 (4-***C***HCOOH), 127.78 (2 C, 2 × *ortho*-C oder 2 × *meta*-C in PhCNS) und 128.71 (2 C, 2 × *ortho*- / 2 × *meta*-C in PhCNS), 131.64 (*para*-C in PhCNS), 132.79 (*ipso*-C in PhCNS), 167.47 und 170.05 (2-CNS und C=O)

IR (KBr):

$\tilde{\nu}$ (cm^{-1}) = 2975, 2710, 2600, 2525, 1740, 1600, 1580, 1460, 1320, 1290, 1230, 1050, 990, 970, 780, 740, 700, 680, 630

EI-MS (70 eV, 100 °C):

m/z (%) = 235 (16) [M$^+$], 192 (12), 191 (61), 190 (100), 177 (11), 176 (85), 162 (7), 161 (60), 133 (31), 121 (31), 106 (40), 105 (31), 104 (17), 99 (11), 87 (54), 77 (9)

$C_{12}H_{13}NO_2S$ (235.31):

ber.:	C 61.25	H 5.57	N 5.95	S 13.63
gef.:	C 61.42	H 5.50	N 6.20	S 13.62

Methyl[*(S)*-5,5-dimethyl-2-phenyl-4,5-dihydrothiazol-4-carboxylat] (47a)

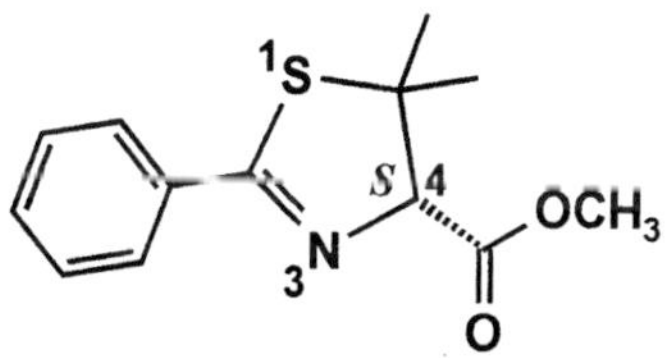

In einer Apparatur mit Überdrucksicherung und teflonverkleideten Schliffen wird eine Lösung von ca. 0.40 g (9.51 mmol) Diazomethan in 30 ml peroxidfreiem Diethylether unter Rühren binnen etwa 1 h zu einer auf 0 °C gekühlten Suspension von 2.00 g (8.50 mmol) *(S)*-5,5-Dimethyl-2-phenyl-4,5-dihydrothiazol-4-carbonsäure (**46b**) in 70 ml Diethylether getropft. Im Laufe der Veresterung löst sich die Carbonsäure vollständig auf, und es ist eine heftige Stickstoffentwicklung zu beobachten. Am Ende ist die etherische Lösung einerseits durch überschüssiges Diazomethan gelb gefärbt und zum anderen auch durch den entstandenen Methylester. So tritt auch keine merkliche Entfärbung bei der Zerstörung des Diazomethan-Überschusses durch den Zusatz von ca. 1 ml

Eisessig auf. Die etherische Lösung wird nun mit 5%iger $NaHCO_3$-Lösung (2 × 50 ml) und gesättigter NaCl-Lösung (50 ml) gewaschen und das Lösungsmittel nach Trocknung über Na_2SO_4 und dem Test auf Peroxidfreiheit unter leichtem Erwärmen abgezogen.

Das gelbe Öl des Methylesters **47a** wird 8 h lang bei 45 °C im Ölpumpenvakuum von Etherresten befreit.

Eigenschaften: klares, gelbes, niederviskoses Öl

Ausbeute: 1.58 g (75 %)

$[\alpha]_D^{20}$ = + 12.2 (c = 1.00, Methanol)

UV (CH_3OH):

λ_{max} (lg ε) = 244.2 nm (4.181), 202.6 (4.462)

^{1}H-NMR (400 MHz, $CDCl_3$, δ = 7.25 ppm):

δ (ppm) = 1.43 (3 H, s, 5-CCH_3), 1.76 (3 H, s, 5-CCH'_3), 3.80 (3 H, s, $COOCH_3$), 4.84 (1 H, s, 4-C***H***$COOCH_3$), 7.36 - 7.47 (3 H, m, *ortho*-H und *para*-H in PhCNS), 7.81 - 7.83 (2 H, m, *meta*-H in PhCNS)

^{13}C-NMR (100.5 MHz, $CDCl_3$, δ = 77.00 ppm):

δ (ppm) = 25.93 [1 C, C in 5-C(***C***H_3)$_2$], 28.39 [1 C, C′ in 5-C(***C***H_3)$_2$], 52.13 (COO***C***H_3), 60.58 [5-***C***(CH_3)$_2$], 86.11 (4-***C***$HCOOCH_3$), 128.31 (2 C, 2 × *ortho*-C oder 2 × *meta*-C in PhCNS) und 128.37 (2 C, 2 × *ortho*- / 2 × *meta*-C in PhCNS), 131.53 (*para*-C in PhCNS), 133.15

(*ipso*-C in PhCNS), 169.93 und 170.30 (2-CNS und C=O)

IR (Film):

$\tilde{\nu}$ (cm^{-1}) = 2950, 1750, 1723, 1598, 1578, 1443, 1320, 1280, 1240, 1200, 1170, 1078, 1060, 1020, 1000, 943, 765, 690, 610

EI-MS (70 eV, 30 °C):

m/z (%) = 249 (13) [M$^+$], 192 (5), 191 (13), 190 (100), 175 (20), 157 (5), 121 (10), 120 (6), 113 (7), 105 (31), 87 (41), 77 (5)

HR-MS ($C_{13}H_{15}NO_2S$):

ber.: 249.0824

gem.: 249.0824

$C_{13}H_{15}NO_2S$ (249.33):

ber.: C 62.62 H 6.06 S 12.86

gef.: C 62.56 H 6.01 S 12.88

Methyl[(*R*)-5,5-dimethyl-2-phenyl-4,5-dihydrothiazol-4-carboxylat] (47b)

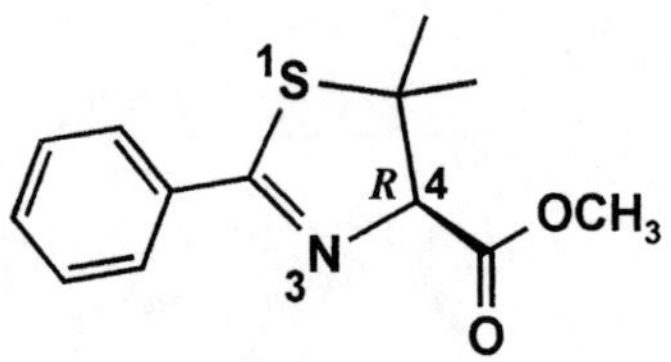

Ebenso wie für das *S*-Enantiomer bei der Synthese von **47a** geschildert, wird eine Suspension von 2.00 g (8.50 mmol) *(R)*-5,5-Dimethyl-2-phenyl-4,5-dihydrothiazol-4-carbonsäure (**46d**) in 70 ml peroxidfreiem Diethylether mit einer Lösung von ca. 0.40 g (9.51 mmol) Diazomethan in 30 ml Ether behandelt.

Der *R*-konfigurierte Methylester **47b** stellt wie sein Enantiomer ein gelbes Öl dar, aus dem restlicher Ether im Vakuum entfernt werden muß.

Eigenschaften: klares, gelbes, niederviskoses Öl

Ausbeute: 1.66 g (78 %)

$[\alpha]_D^{20}$ = – 18.3 (c = 1.00, Methanol)

UV (CH_3OH):

λ_{max} (lg ε) = 243.6 nm (4.173), 204.4 (4.408)

^{1}H-NMR (400 MHz, $CDCl_3$, δ = 7.25 ppm):

δ (ppm) = 1.43 (3 H, s, 5-CCH_3), 1.76 (3 H, s, 5-CCH'_3), 3.80 (3 H, s, $COOCH_3$), 4.84 (1 H, s, 4-C***H***$COOCH_3$), 7.36 -

7.47 (3 H, m, *ortho*-H und *para*-H in PhCNS), 7.77 - 7.83 (2 H, m, *meta*-H in PhCNS)

^{13}C-NMR (100.5 MHz, $CDCl_3$, δ = 77.00 ppm):

δ (ppm) = 25.93 [1 C, C in 5-C(*C*H_3)$_2$], 28.40 [1 C, C′ in 5-C(*C*H_3)$_2$], 52.12 (COO*C*H_3), 60.59 [5-***C***(CH_3)$_2$], 86.12 (4-***C***HCOOCH_3), 128.33 (4 C, *ortho*-C und *meta*-C in PhCNS), 131.53 (*para*-C in PhCNS), 133.16 (*ipso*-C in PhCNS), 169.93 und 170.29 (2-CNS und C=O)

IR (Film):

$\tilde{\nu}$ (cm^{-1}) = 2950, 1750, 1730, 1600, 1580, 1450, 1330, 1280, 1240, 1200, 1180, 1080, 1060, 1025, 1000, 945, 760, 690, 610

EI-MS (70 eV, 100 °C):

m/z (%) = 250 (20) [M^++ 1], 249 (87) [M^+], 193 (14), 192 (38), 191 (71), 190 (100), 176 (20), 175 (74), 147 (24), 146 (20), 132 (15), 121 (38), 120 (34), 117 (11), 113 (34), 106 (14), 105 (53), 104 (18), 88 (13), 87 (48), 77 (18), 59 (15), 53 (16)

HR-MS ($C_{13}H_{15}NO_2S$):

ber.: 249.082351

gem.: 249.081146

$C_{13}H_{15}NO_2S$ (249.33):

ber.: C 62.62 H 6.06 S 12.86

gef.: C 62.55 H 6.13 S 12.89

3-[(*S*)-3-Benzyloxycarbonyl-5-oxo-1,3-oxazolidin-4-yl]-propansäure (51)

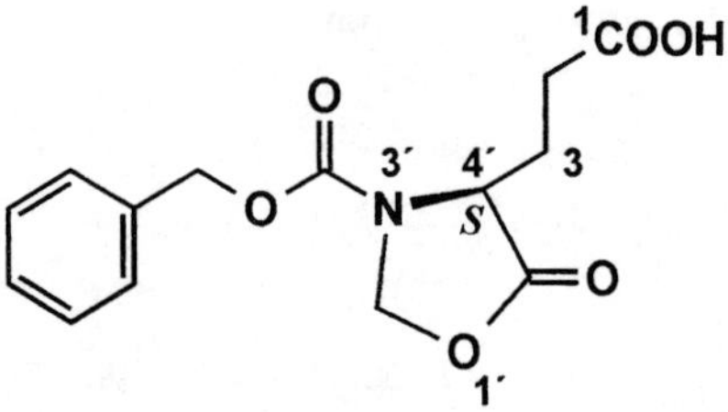

Nach einer modifizierten Vorschrift von *Scholtz* und *Bartlett*[207] werden 15.00 g (53 mmol) N-Benzyloxycarbonyl-L-glutaminsäure (**50**), 3.20 g (ca. 106 mmol) Paraformaldehyd und 0.61 g (3.2 mmol) p-Toluolsulfonsäurehydrat 40 min. lang an einem Wasserabscheider in 400 ml Toluol refluxiert, das destilliert und über Molekularsieb 3 Å vorgetrocknet wurde. Nachdem sich der größte Teil der zu erwartenden Menge an Reaktionswasser (ca. 1 ml) abgeschieden hat, werden der abgekühlten Lösung 60 ml Ethylacetat zugesetzt und die organische Phase mit 0.3 M wäßriger K_2CO_3-Lösung (10 ml) sowie mit Wasser (3 × 10 ml) gewaschen.

Nach dem Trocknen des Lösungsmittels über $MgSO_4$ wird dieses unter vermindertem Druck entfernt und man erhält **51** als farbloses, hochviskoses Öl, das 10 h lang im Ölpumpenvakuum und bei einer Temperatur von 45 °C im Wasserbad gehalten wird, um eingeschlossenes Toluol zu entfernen.

Eigenschaften: klares, farbloses, sehr zähes Öl

Ausbeute: 14.26 g (91 %)

---

[207] Scholtz, J. M.; Bartlett, P. A. *Synthesis* **1989**, 542 - 544

$[\alpha]_D^{20}$ = + 47.6 (*c* = 1.00, Methanol)

UV (CH_3OH):

λ_{max} (lg ε) = 268.4 nm (3.736), 200.4 (4.493)

^{1}H-NMR (400 MHz, $CDCl_3$, int. TMS):

δ (ppm) = 2.13 - 2.25 (1 H, m, H in 3-C***H***$_2$CH$_2$COOH), 2.25 - 2.40 (1 H, m, H′ in 3-C***H***$_2$CH$_2$COOH), 2.40 - 2.57 (2 H, m, 2-C***H***$_2$COOH)[208], 4.38 - 4.42 (1 H, dd, $^3J_{4'\text{-H, 3-H}} = {}^3J_{4'\text{-H, 3-H}'}$ = 5.5 Hz, 4′-CH), 5.18 (2 H, s, PhC***H***$_2$), 5.22 (1 H, d, *J* = 4.2 Hz, H in 2′-CH$_2$), 5.53 (1 H, br s, H′ in 2′-CH$_2$), 7.36 (5 H, s, Ph)

^{13}C-NMR (100.5 MHz, $CDCl_3$, δ = 77.00 ppm):

δ (ppm) = 25.69 (3-*C*H$_2$CH$_2$COOH), 29.06 (2-*C*H$_2$COOH), 53.89 (4′-CH), 68.21 (Ph*C*H$_2$), 77.83 (2′-CH$_2$), 128.32 (2 C, 2 × *ortho*-C oder 2 × *meta*-C in PhCH$_2$) und 128.67 (3 C, *para*-C und 2 × *ortho*- / 2 × *meta*-C in PhCH$_2$), 135.13 (*ipso*-C in PhCH$_2$), 153.06 (PhCH$_2$O-*C*O-NRR′), 171.63 (5′-C=O), 177.50 (COOH)

IR (Film, $CHCl_3$):

$\tilde{\nu}$ (cm^{-1}) = 3000, 1800, 1720, 1500, 1420, 1360, 1160, 1130, 1050, 920

[208] Zuordnungen durch CH-COSY bestätigt

EI-MS (70 eV, 200 °C):

m/z (%) = 293 (14) [M$^+$], 275 (23), 204 (15), 192 (17), 158 (92), 155 (16), 142 (18), 141 (20), 140 (100), 130 (20), 114 (18), 109 (15), 108 (82), 107 (79), 105 (16), 104 (42), 102 (16), 92 (64), 91 (94), 90 (21), 85 (15), 84 (45), 79 (48), 77 (23), 65 (24)

HR-MS ($C_{14}H_{15}NO_6$):

ber.: 293.089937

gem.: 293.089232

Benzyl[*(S)*-4-(2-formylethyl)-5-oxo-1,3-oxazolidin-3-carboxylat] (53)

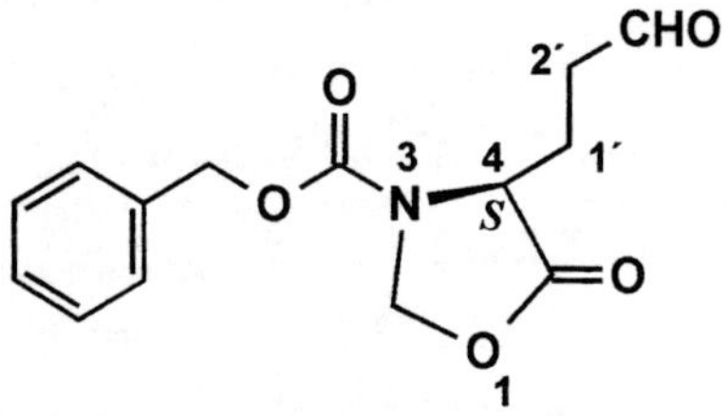

Nach einer Vorschrift von *Etzkorn et al.*[209] werden zu einer Lösung von 13.78 g (47 mmol) 3-[(S)-3-Benzyloxycarbonyl-5-oxo-1,3-oxazolidin-4-yl]-propansäure (**51**) in 135 ml absolutem Dichlormethan, die eine katalytische Menge von 0.15 ml DMF enthält, unter Argonbegasung und unter Feuchtigkeitsausschluß 8.20 ml (94 mmol) Oxalylchlorid zugetropft. Die Zugabe wird über einen

[209] Etzkorn, F. A.; Guo, T.; Lipton, M. A.; Goldberg, S. D.; Bartlett, P. A. *J. Am. Chem. Soc.* **1994**, *116*, 10412 - 10425

Zeitraum von 14 h verteilt und die Reaktion bei RT durchgeführt. Danach wird das Lösungsmittel ebenfalls unter Argon und ohne den Ansatz der Luftfeuchtigkeit auszusetzen, abdestilliert.

Durch eine Überleitungskanüle werden 400 ml wasserfreies Ethylacetat eingeleitet, worin sich das rohe, auskristallisierte Säurechlorid wieder auflöst. Unter Rühren werden dieser auf 0 °C gekühlten Lösung aus einem Präzisionstropftrichter, der wie die gesamte übrige Apparatur unter Argon-Überdruck steht, über eine Zeitspanne von 1½ h 12.64 ml (47 mmol) Tributylzinnhydrid zugetropft. Hernach wird die Kühlung abgestellt und man läßt die Reaktionslösung 14 h weiterrühren, wobei sie allmählich RT annimmt. Anschließend wird sie mit Wasser (2 × 250 ml) und gesättigter Kochsalzlösung (250 ml) gewaschen sowie das Lösungsmittel über $MgSO_4$ getrocknet und am Rotationsverdampfer abgezogen. Das erhaltene dunkelgelbe Öl wird in 350 ml Acetonitril gelöst und diese Lösung mit Petrolether (5 × 120 ml) gewaschen. Nach etwa 3 h Trocknen über Molekularsieb 3 Å und Abdestillieren des Acetonitrils erhält man den Aldehyd **53** als zähflüssiges, gelbes Öl.

Eigenschaften: klares, dunkelgelbes, sehr zähes, reizendes Öl

Ausbeute: 12.85 g (99 %)

$[\alpha]_D^{20}$ = + 74.4 (c = 1.00, Methanol)

UV (CH_3OH):

λ_{max} (lg ε) = 200.8 nm (4.447)

^{1}H-NMR (400 MHz, $CDCl_3$, int. TMS):

δ (ppm) = 2.12 - 2.42 (2 H, m, 2 × H in CH_2CH_2CHO) und 2.42 - 2.71 (2 H, m, 2 × H′ in CH_2CH_2CHO), 4.32 (1 H, t, ^3J =

6.1 Hz, 4-CH), 5.13 - 5.25 (3 H, m, PhC***H***$_2$ und H in 2-CH$_2$), 5.53 (1 H, br s, H′ in 2-CH$_2$), 7.37 (5 H, s, Ph), 9.71 (1 H, br s, CHO)

^{13}C-NMR (100.5 MHz, CDCl$_3$, δ = 77.00 ppm):

δ (ppm) = 23.35 (1′-***C***H$_2$CH$_2$CHO), 38.80 (2′-***C***H$_2$CHO), 53.85 (4-CH), 68.15 (Ph***C***H$_2$), 77.73 (2-CH$_2$), 128.35 (2 C, 2 × *ortho*-C oder 2 × *meta*-C in PhCH$_2$) und 128.69 (3 C, *para*-C und 2 × *ortho*-/ 2 × *meta*-C in PhCH$_2$), 135.15 (*ipso*-C in PhCH$_2$), 152.97 (PhCH$_2$O-***C***O-NRR′), 171.61 (5′-C=O), 199.85 (CHO)

IR (Film, CHCl$_3$):

$\tilde{\nu}$ (cm^{-1}) = 3040, 2950, 2925, 1800, 1720, 1420, 1360, 1160, 1130, 1050

EI-MS (70 eV, 30 °C):

m/z (%) = 277 (1) [M$^+$], 276 (2) [M$^+$– 1], 272 (19), 270 (39), 268 (100), 266 (84), 264 (45), 190 (21), 141 (21), 91 (28), 90 (70)

HR-MS ($C_{14}H_{15}NO_5$):

ber.: 277.095023

gem.: 277.092438

D-Cysteinmethylester (54) -hydrochlorid

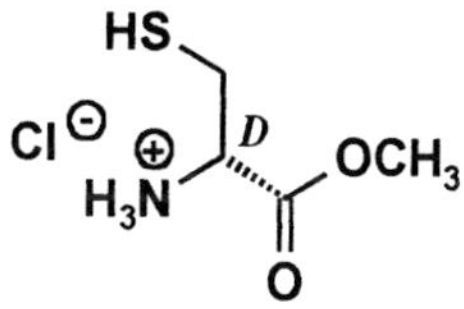

3.94 g (25 mmol) D-Cystein (**7c**) -hydrochlorid werden nach AV 3 verestert und aus 2-Propanol umkristallisiert. Nach Vakuumtrocknung erhält man das Hydrochlorid des kristallinen Methylesters **54**.

Eigenschaften: farblose Kristallnadeln

Ausbeute: 2.98 g (68 %)

Schmp.: 141 °C

$[\alpha]_D^{20}$ = + 2.6 (c = 1.00, Methanol)

^{1}H-NMR (400 MHz, D_2O, HOD: δ = 4.65 ppm):

δ (ppm) = 3.10 - 3.13 (2 H, m, C***H***$_2$SH), 3.82 (3 H, s, $COOCH_3$), 4.38 - 4.41 (1 H, m, C***H***$COOCH_3$)

^{13}C-NMR (100.5 MHz, D_2O, ext. TMS):

δ (ppm) = 24.06 (CH_2SH), 54.20 und 54.81 (COO*C*H_3 und *C*H$COOCH_3$), 169.11 (C=O)

IR (KBr):

$\tilde{\nu}$ (cm^{-1}) = 2975, 2825, 2625, 1740, 1580, 1510, 1440, 1330, 1240, 1210, 1140, 1070, 1000, 920, 860, 770

EI-MS (70 eV, 190 °C):

m/z (%) = 135 (6) [M$^+$– HCl], 89 (21), 88 (100), 78 (13), 77 (12), 76 (94), 75 (20), 74 (11), 60 (14), 59 (53), 43 (28), 42 (18), 38 (15), 36 (31), 33 (27)

HR-MS ($C_4H_9NO_2S$)[210]:

ber.: 135.035400

gem.: 135.036009

$C_4H_{10}ClNO_2S$ (171.65):

ber.: C 27.99 H 5.87 S 18.68

gef.: C 27.68 H 5.85 S 18.90

[210] Massenfeinbestimmung nicht auf das Hydrochlorid berechnet

(S)-2,2,5,5-Tetramethylthiazolidin-4-carbonsäurehydrochlorid (58)

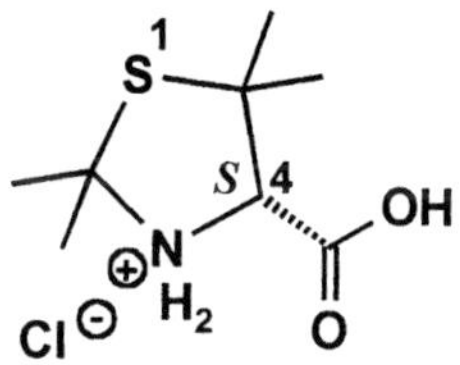

Für die Synthese des (racemischen) Penicillaminacetonids findet sich bei *Skiles et al.*[211] eine Vorschrift.

In einer Inertgasatmosphäre wird eine Suspension von 50.00 g (335 mmol) D-Penicillamin (**7a**) in 500 ml Aceton unter Zusatz von 15 ml konz. HCl 4 h lang unter Rückfluß und starkem Rühren erhitzt. Im Laufe der Umsetzung kommt es zu einer Änderung der Kristallform des im Ansatz befindlichen Feststoffs, so daß das anfangs nur mit Mühe zu rührende Gemisch später immer lockerer wird. Nach dem Erhitzen läßt man über Nacht unter Argon langsam abkühlen. Das kristalline Produkt **58** wird abfiltriert, mit kaltem Aceton gewaschen und im Vakuum getrocknet.

Eigenschaften:	weißer, kristalliner Feststoff
Ausbeute:	64.22 g (85 %)
Schmp.:	195 °C (Zers.; Lit. [211] /Racemat: 200 - 204 °C; 199 °C[212])

---

211 Skiles, J. W.; Suh, J. T.; Williams, B. E.; Menard, P. R.; Barthon, J. N.; Loev, B.; Jones, H.; Neiss, E. S.; Schwab, A.; Mann, W. S.; Khandwala, A.; Wolf, P. S.; Weinryb, I. *J. Med. Chem.* **1986**, *29*, 784 - 796

212 King, F. E.; Clark-Lewis, J. W.; Smith, G. R.; Wade, R. *J. Chem. Soc.* **1959**, *81*, 2264 - 2266

$[\alpha]_D^{20}$ = + 108.9 (c = 1.00, Methanol)

^{1}H-NMR (400 MHz, [D$_6$]DMSO, δ = 2.50 ppm):

δ (ppm) = 1.32 (3 H, s, CH_3), 1.60 (3 H, s, CH_3'), 1.62 (3 H, s, CH_3''), 1.66 (3 H, s, CH_3'''), 4.24 (1 H, s, 4-C***H***COOH)

^{13}C-NMR (125.8 MHz, [D$_6$]DMSO, δ = 39.50 ppm):

δ (ppm) = 27.59 (CH_3), 29.05 (CH_3'), 29.72 (CH_3''), 31.99 (CH_3'''), 57.10 [5-***C***(CH_3)$_2$][213], 70.54 und 70.79 [4-***C***HCOOH und 2-***C***(CH_3)$_2$], 168.64 (C=O)

IR (KBr):

$\tilde{\nu}$ (cm^{-1}) = 3425, 3175, 2975, 2925, 2700, 2550, 2500, 2400, 2300, 1750, 1570, 1460, 1380, 1280, 1220, 1180, 1160, 1120, 970, 760, 700, 590

EI-MS (70 eV, 220 °C):

m/z (%) = 191 (11) [(M^++ 1) – Cl], 190 (22) [M^+– Cl], 189 (100) [M^+– HCl], 174 (79), 156 (29), 130 (14), 128 (18), 116 (19), 115 (78), 114 (42), 112 (18), 110 (24), 98 (11), 97 (58), 96 (10), 87 (27), 75 (26), 70 (39), 69 (49), 59 (32), 58 (25), 42 (23), 41 (13), 36 (13)

---

213 Geringe Intensität

HR-MS ($C_8H_{15}NO_2S$)[214]:

ber.: 189.082351

gem.: 189.080967

Methyl[(*S*)-2,2,5,5-tetramethylthiazolidin-4-carboxylat]-hydrochlorid (59)

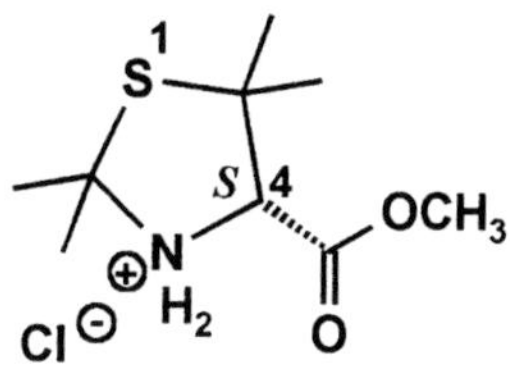

Die Synthese wird analog der des D-Penicillaminacetonids (s. Substanz **58**) und unter Beachtung der dort angeführten Bedingungen durchgeführt.

Es werden 10.00 g (50 mmol) D-Penicillaminmethylester (**4a**) -hydrochlorid in 75 ml Aceton und 2.3 ml konz. HCl eingesetzt. Im vorliegenden Falle löst sich die Substanz ebenso wie das entstehende Produkt vollständig im sauren Accton, so daß die mechanische Verteilung zwar leichter zu bewerkstelligen ist als unter der Synthese von **58** beschrieben, das Vorgehen bei der Isolierung des Produkts jedoch modifiziert werden muß. Demzufolge wird das Lösungsmittel nach dem Erkalten des Reaktionsansatzes unter reduziertem Druck abgezogen und der feste, gelbliche Rückstand aus *tert.*-Butanol umkristallisiert. Kristallines **59** wird durch Filtration gesammelt und nach dem Waschen mit *tert.*-Butylmethylether im Vakuum getrocknet.

214 Massenfeinbestimmung nicht auf das Hydrochlorid berechnet

Eigenschaften: weißer, kristalliner Feststoff

Ausbeute: 8.88 g (74 %)

Schmp.: 155 °C

$[\alpha]_D^{20}$ = + 71.7 (c = 1.00, Methanol)

^{1}H-NMR (400 MHz, [D$_6$]DMSO, δ = 2.50 ppm):

δ (ppm) = 1.38 (3 H, s, CH_3), 1.63 (3 H, s, CH_3'), 1.77 (3 H, s, CH_3''), 1.78 (3 H, s, CH_3'''), 3.81 (3 H, s, COOC***H***$_3$), 4.78 (1 H, s, 4-C***H***COOCH$_3$)

^{13}C-NMR (100.5 MHz, [D$_6$]DMSO, δ = 39.50 ppm):

δ (ppm) = 27.59 (CH_3), 28.20 (CH_3'), 29.15 (CH_3''), 30.52 (CH_3'''), 52.77 (COO***C***H$_3$), 53.87 [5-***C***(CH$_3$)$_2$][215], 68.28 und 69.58 [4-***C***HCOOCH$_3$ und 2-***C***(CH$_3$)$_2$], 166.01 (C=O)

IR (KBr):

$\tilde{\nu}$ (cm^{-1}) = 3400, 2900, 2600, 2450, 2350, 1750, 1590, 1460, 1380, 1320, 1280, 1240, 1160, 1120, 1060

EI-MS (70 eV, 200 °C):

m/z (%) = 205 (10) [(M^++ 1) – Cl], 204 (22) [M^+– Cl], 203 (100) [M^+– HCl], 189 (36), 188 (78), 174 (14), 170 (32), 144 (46), 130 (26), 129 (81), 128 (65), 114 (18), 110 (25), 98 (13), 97 (57), 87 (33), 75 (25), 74 (23), 73 (14), 70 (35),

215 Geringe Intensität

69 (46), 68 (15), 59 (22), 58 (22), 42 (15), 41 (14), 38 (13), 36 (20)

HR-MS ($C_9H_{17}NO_2S$)[216]:

ber.: 203.098001

gem.: 203.100327

N-Benzyloxycarbonyl-L-glutaminsäure-5-methylester (64)

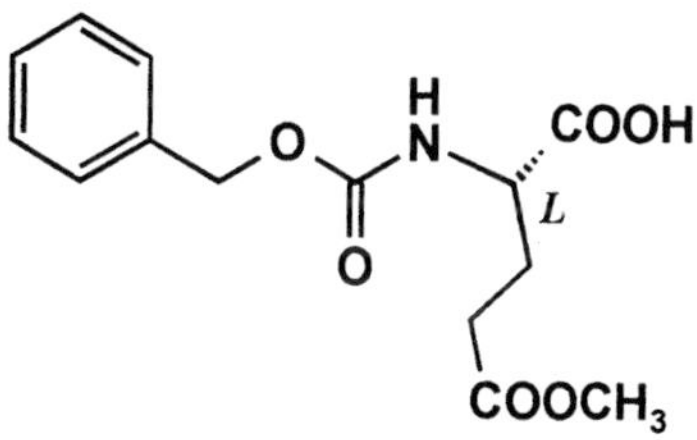

Die vorliegende Synthesevorschrift wurde in Abwandlung einer Methode von *Pellicciari et al.*[217] zum Schützen von L-Asparaginsäure ausgearbeitet.

In eine eisgekühlte Lösung von 12.1 g (75 mmol) L-Glutaminsäure-5-methylester (**63**) und 6.30 g (75 mmol) festem $NaHCO_3$ in 130 ml Wasser werden über einen Zeitraum von ca. 1 h gleichzeitig zum einen 16.90 ml (118 mmol) Benzylchlorformiat (**22**) und zum anderen 125 ml gesättigte wäßrige $NaHCO_3$-Lösung zugetropft. Danach wird noch 8 h intensiv bei RT gerührt. Nach Ansäuern mit 2 M HCl auf pH 2 wird das trübe Reaktionsgemisch mit Diethylether (4 × 40 ml) extrahiert. Die vereinigten Etherauszüge werden über $MgSO_4$ getrocknet und das Lösungsmittel abgezogen.

---

216 Massenfeinbestimmung nicht auf das Hydrochlorid berechnet

217 Pellicciari, R.; Natalini, B.; Ursini, A. *Gazz. Chim. Ital.* **1986**, *116*, 607 - 608

Das verbleibende klare, farblose Öl (**64**) wird säulenchromatographisch an Kieselgel gereinigt, wobei Dichlormethan/Methanol (bis 2% Vol.) als Eluens dient (R_f des Produkts in CH_2Cl_2/MeOH 2%: 0.89).

Eigenschaften: klares, farbloses, hochviskoses Öl

Ausbeute: 18.53 g (84 %)

$[\alpha]_D^{20}$ = – 18.8 (*c* = 1.00, Methanol)

^{1}H-NMR (400 MHz, CDCl$_3$, int. TMS):

δ (ppm) = 1.95 - 2.08 (1 H, m, H in 3-C***H***$_2$CH$_2$COOCH$_3$), 2.17 - 2.30 (1 H, m, H′ in 3-C***H***$_2$CH$_2$COOCH$_3$), 2.35 - 2.52 (2 H, m, 4-C***H***$_2$COOCH$_3$)[218], 3.64 (3 H, s, COOCH$_3$), 4.40 - 4.44 (1 H, ddd, $^3J_{2\text{-H, NH}} = {}^3J_{2\text{-H, 3-H}} = 7.9$ Hz, $^3J_{2\text{-H, 3-H}'} = 4.9$ Hz, 2-CH), 5.10 (2 H, s, PhC***H***$_2$), 5.65 (1 H, d, $^3J_{\text{NH, 2-H}} = 8.1$ Hz, NH), 7.33 (5 H, s, Ph)

^{13}C-NMR (100.5 MHz, CDCl$_3$, δ = 77.00 ppm):

δ (ppm) = 27.28 (3-***C***H$_2$CH$_2$COOCH$_3$), 29.99 (4-***C***H$_2$COOCH$_3$), 51.87 (COO***C***H$_3$), 53.17 (2-CH), 67.17 (Ph***C***H$_2$), 128.05 (2 C, 2 × *ortho*-C oder 2 × *meta*-C in PhCH$_2$) und 128.49 (3 C, *para*-C und 2 × *ortho*-/ 2 × *meta*-C in PhCH$_2$), 135.99 (*ipso*-C in PhCH$_2$), 156.21 (PhCH$_2$O-***C***O-NHR), 173.50 (5-***C***OOCH$_3$), 175.22 (1-COOH)

[218] Zuordnung durch Vergleich mit CH-COSY von **51**

IR (Film, $CHCl_3$):

$\tilde{\nu}$ (cm^{-1}) = 3350, 3050, 2950, 1740, 1530, 1460, 1180, 1070

EI-MS (70 eV, 30 °C):

m/z (%) = 250 (12) [(M^+– 1) – CO_2], 206 (16), 180 (9), 151 (12), 126 (9), 108 (28), 107 (32), 92 (18), 91 (100), 79 (18)

D-Homocystein (75)

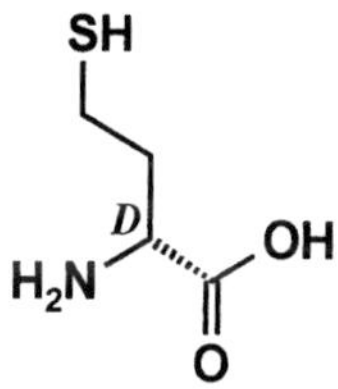

Die durch Luftoxidation stark zur Dimerisierung neigende schwefelhaltige Aminosäure wird nach *Grue-Sørensen et al.*[219] bzw. nach einer allgemeinen Methode[220] dargestellt.

12.10 g (81 mmol) D-Methionin (**74**) werden im Inertgasstrom in 240 ml flüssigem Ammoniak gelöst. In mehreren kleinen Portionen werden 7.40 g (32 mmol) elementares Natrium zugegeben. Ab dem Zeitpunkt des Bestehenbleibens der blauen Färbung der Ammoniaklösung werden ca. 26.5 g (183 mmol) wasserfreies Ammoniumiodid in kleinen Portionen zugesetzt, bis die

219 Grue-Sørensen, G.; Kelstrup, E.; Kjær, A.; Madsen, J. Ø. *J. Chem. Soc. Perkin Trans. I*, **1984**, 1091 - 1097

220 Müller E. (Hrsg.) *Houben-Weyl, Methoden der organischen Chemie*, Bd. 9, Stuttgart **1955**, 28

Farbe gerade wieder verschwindet. Nach dem Abziehen des Ammoniaks wird der weiße, feste Rückstand in 30 ml desoxygeniertem Wasser aufgenommen und der pH-Wert der Lösung durch Zugabe von ca. 24 ml ebenfalls sauerstofffreier konz. Jodwasserstoffsäure auf 6 - 6.5 eingestellt. Nach Filtration über eine Umkehrfritte unter Inertgasatmosphäre werden 600 ml entgastes Ethanol zugesetzt und das Gemisch zur vollständigen Auskristallisation von **75** 3 Tage unter Inertgas stehengelassen. Unter Ausschluß von Sauerstoff wird die kristalline Substanz abfiltriert und im Vakuum getrocknet.

Eigenschaften: weißer, kristalliner Feststoff

Ausbeute: 6.65 g (61 %)

Schmp.: 226 °C

^{1}H-NMR (100 MHz, D_2O, H_2O: δ = 4.71 ppm, bez. auf TMS):

δ (ppm) = 2.17 - 2.39 (2 H, m, C***H***$_2$CH$_2$SH), 2.73 - 2.89 (2 H, m, CH$_2$C***H***$_2$SH), 4.01 (1 H, t, $^{3}J_{\mathrm{C}\boldsymbol{H}\mathrm{COOH,\ CHH'}}$ = 6.3 Hz, C***H***COOH)

^{13}C-NMR (25 MHz, D_2O, ext. Dioxan: δ = 69.0 ppm):

δ (ppm) = 22.29 (1 C, C in CH$_2$CH$_2$SH), 37.01 (1 C, C′ in CH$_2$CH$_2$SH), 56.22 (***C***HCOOH), 176.42 (C=O)

IR (KBr):

$\tilde{\nu}$ (cm^{-1}) = 3434, 3039, 1584, 1512, 1411, 1350, 1324, 1157

EI-MS (70 eV, 380 °C):

m/z (%) = 135 (2) [M^+], 133 (25), 128 (14), 117 (66), 102 (16), 101 (24), 100 (11), 90 (100), 89 (16), 88 (56), 75 (24), 74 (41), 73 (14), 61 (23), 57 (18), 56 (62), 55 (14), 47 (15), 44 (57), 34 (14)

HR-MS ($C_4H_9NO_2S$):

ber.: 135.035400

gem.: 135.041031

D-Homocystin (76)

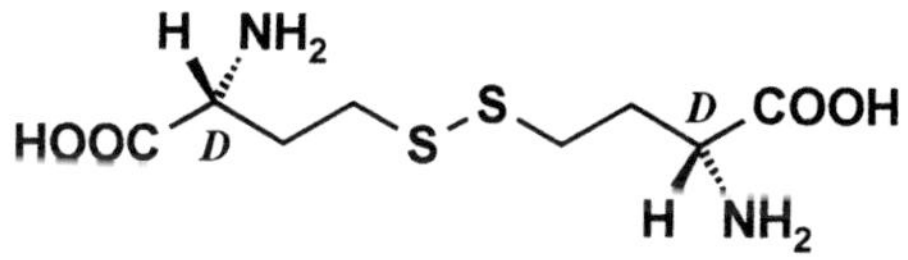

Das Disulfid wurde zum alleinigen Zweck der NMR-spektroskopischen Untersuchung in der Probenlösung generiert und nicht isoliert.

40 mg (ca. 0.3 mmol) D-Homocystein (**75**) werden zusammen mit 30 mg (ca. 0.7 mmol) NaOD in D_2O zu 2.0 ml gelöst. In diese Lösung wird in einem Mikroreagenzglas 7 h lang Sauerstoff eingeleitet. Danach werden ca. 0.8 ml der Lösung für die NMR-Spektroskopie verwendet.

^{1}H-NMR (400 MHz, D_2O[221], ext. TMS):

δ (ppm) = 1.87 - 1.96 (2 H, m, 2 × H in C***H***$_2$CH$_2$S-SCH$_2$C***H***$_2$), 2.00 - 2.09 (2 H, m, 2 × H′ in C***H***$_2$CH$_2$S-SCH$_2$C***H***$_2$), 2.79 (4 H, t, ^3J = 7.6 Hz, CH$_2$C***H***$_2$S-SC***H***$_2$CH$_2$), 3.34 - 3.37 (2 H, dd, $^3J_{C\boldsymbol{H}COO,\,C\boldsymbol{H}H'}$ = 7.3 Hz, $^3J_{C\boldsymbol{H}COO,\,CH\boldsymbol{H'}}$ = 5.7 Hz, 2 × C***H***COO$^-$)

^{13}C-NMR (100.5 MHz, D_2O[222], ext. TMS):

δ (ppm) = 37.27 (2 C, 2 × C in CH$_2$CH$_2$S-SCH$_2$CH$_2$), 37.49 (2 C, 2 × C′ in CH$_2$CH$_2$S-SCH$_2$CH$_2$), 57.97 (2 C, 2 × *C*HCOO$^-$), 185.35 (2 C, 2 × C=O)

D-Homocysteinmethylesterhydrochlorid (77)

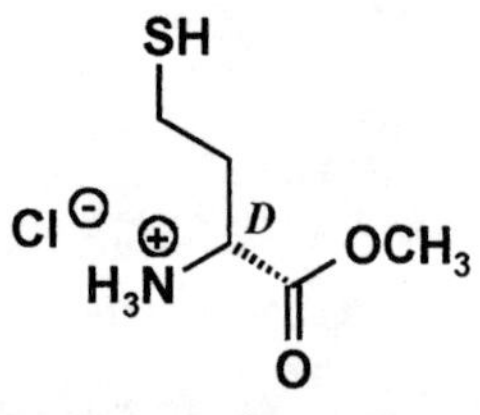

2.70 g (20 mmol) D-Homocystein (**75**) werden unter Ausschluß von Sauerstoff in 20 ml wasserfreiem, entgastem Methanol unter Rühren und Eiskühlung tropfenweise mit einer Lösung von 1.60 ml (22 mmol) Thionylchlorid in 4 ml Chloroform versetzt. Diese Lösung wird 2 Tage bei 0 °C aufbewahrt. Nach dieser Zeit werden die flüssigen Komponenten im Vakuum abdestilliert und der

221 Unter Zusatz von 1.5% (m/V) NaOD-Lösung

222 dto.

Rückstand von **77** im Hochvakuum getrocknet, wodurch ein Xerogel erhalten wird. Dieses hat eine für die weitere Umsetzung ausreichende Reinheit.

Die hier angewandte Methode der Veresterung wurde in modifizierter Form von *Brenner* und *Huber*[223] für Methionin und andere Aminosäuren beschrieben.

Eigenschaften: gelblich-weißer Feststoff von leicht klebriger Konsistenz

Ausbeute: 2.84 g (77 %)

^{1}H-NMR (400 MHz, D_2O, ext. TMS):

δ (ppm) = 2.32 - 2.49 (2 H, m, C***H***$_2$CH$_2$SH), 2.84 - 2.90 (2 H, m, CH$_2$C***H***$_2$SH), 3.86 (3 H, s, COOCH$_3$), 4.31 (1 H, t, $^{3}J_{C\boldsymbol{H}COOR,\ CHH'}$ = 6.5 Hz, C***H***COOCH$_3$)

^{13}C-NMR (100.5 MHz, D_2O, ext. TMS):

δ (ppm) = 31.81 (1 C, C in CH$_2$CH$_2$SH), 35.00 (1 C, C′ in CH$_2$CH$_2$SH), 54.32 und 56.58 (COO*C*H$_3$ und *C*HCOOCH$_3$), 173.08 (C=O)

223 Brenner, M.; Huber, W. *Helv. Chim. Acta* **1953**, *36*, 1109 - 1115

D-Homocysteinthiolactonhydrochlorid (78)

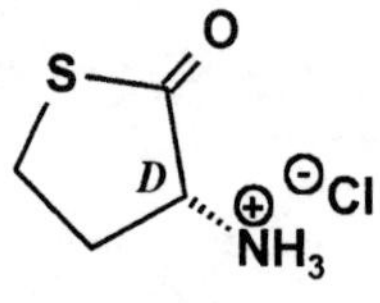

Die vorliegende Synthesevorschrift folgt einer von *Schöberl* und *Täuber*[224] für das racemische Thiolacton publizierten Methode, die allgemein auch für die Darstellung von Thiolen aus Disulfiden Anwendung findet.[225]

5.00 g (37 mmol, berechnet auf D-Homocystein) einer Charge von D-Homocystein (**75**), welche durch Oxidation an der Luft bereits teilweise in dimeres D-Homocystin übergegangen ist, werden in 20 ml Wasser verteilt und mit 30 ml konz. HCl sowie mit 3.00 g (25 mmol) Zinnstaub versetzt. Die Mischung wird 24 h lang in einer mit einem Überdruckventil verschlossenen Apparatur bei einer Temperatur von 80 °C gerührt. Anschließend wird mit 2.5 l Wasser verdünnt und 10 min. lang Schwefelwasserstoff eingeleitet. Zur vollständigen Ausfällung des Zinnsulfids läßt man die Lösung über Nacht abreagieren. Der braune schlammige Niederschlag wird mittels Blaubandfilter abgetrennt und die jetzt klare, farblose wäßrige Lösung zur Trockene eingeengt. Der gelblich-weiße feste Rückstand von **78** wird durch Umkristallisation aus Ethanol gereinigt.

---

224 Schöberl, A.; Täuber, G. *Liebigs Ann. Chem.* **1956**, *599*, 23 - 37

225 Müller E. (Hrsg.) *Houben-Weyl, Methoden der organischen Chemie*, Bd. 9, Stuttgart **1955**, 23

Eigenschaften: weißer, kristalliner Feststoff

Ausbeute: 3.35 g (59 %)

Schmp.: 198 °C (Zers.; Lit.[226]/Racemat: 200 °C, Zers.)

Thioltitration: 4.9% Thiol, entspr. 95.1% Thiolacton

$[\alpha]_D^{20}$ = – 2.5 (c = 1.00, Methanol)

^{1}H-NMR (400 MHz, D_2O, HOD: δ = 4.65 ppm):

δ (ppm) = 2.28 - 2.39 (1 H, m, H in C***H***$_2$S), 2.86 - 2.93 (1 H, m, H′ in C***H***$_2$S), 3.50 - 3.62 (2 H, m, C***H***$_2$CH$_2$S), 4.36 - 4.41 (1 H, m, C***H***NH$_3^+$)

^{13}C-NMR (100.5 MHz, D_2O, ext. TMS):

δ (ppm) = 28.41 (1 C, C in CH$_2$CH$_2$S), 29.45 (1 C, C′ in CH$_2$CH$_2$S), 58.74 (CHNH$_3^+$), 206.43 (C=O)

IR (KBr):

$\tilde{\nu}$ (cm^{-1}) = 3360, 2900, 2600, 1700, 1590, 1490, 1430, 1220, 1120, 1100, 1020, 980, 970, 900, 720, 620

EI-MS (70 eV, 120 °C):

m/z (%) = 89 (100) [(M$^+$– HCl – CO], 61 (32), 56 (69), 43 (69), 42 (22), 38 (15), 36 (34)

---

226 Schöberl, A.; Täuber, G. *Liebigs Ann. Chem.* **1956**, *599*, 23 - 37

C_4H_8ClNOS (153.63):

ber.:	C 31.27	H 5.25	N 9.12	S 20.87
gef.:	C 31.10	H 5.35	N 9.25	S 20.68

Diethyl[2-acetylamino-2-(8-bromoctyl)malonat] (82)

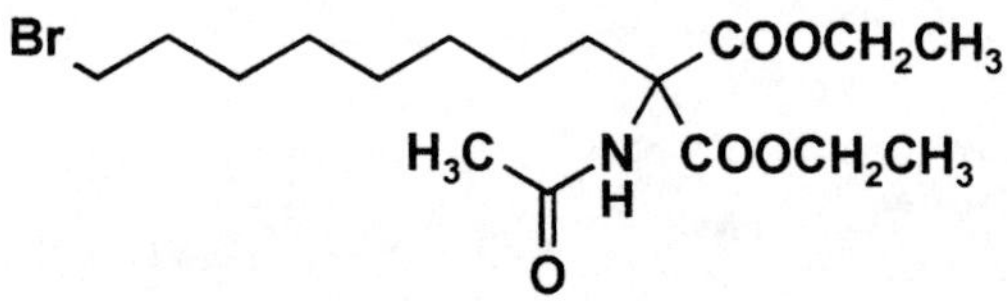

Nach *Filler et al.*[227] wird unter Ausschluß von Feuchtigkeit eine Lösung von 20.00 g (92 mmol) Diethylacetamidomalonat (**79**) in 200 ml absolutem Ethanol mit einer Lösung von 2.50 g (109 mmol) Natrium in 40 ml Ethanol versetzt und dieser Ansatz 4 h lang unter Rückfluß erhitzt. Im Anschluß daran wird die Lösung auf etwa ein Drittel ihres Volumens eingeengt und mit 200 ml trockenem Diethylether versetzt. Das ausgefallene Natriumdiethylacetamidomalonat (**80**) wird mittels einer tarierten Umkehrfritte vom Lösungsmittel getrennt und der gelbliche Feststoff im Vakuum getrocknet. Man erhält 18.46 g (84%) des für die weitere Umsetzung nach *Birkofer* und *Morgenroth*[228] benötigten Edukts.

An keiner Stelle im Arbeitsablauf wird der Ansatz der Luftfeuchtigkeit ausgesetzt, so auch nicht beim nun folgenden Herauslösen des Natriumsalzes aus der Fritte mit 100 ml trockenem DMF. Diese Lösung wird mit 5 Äquivalenten (105.00 g, 386 mmol) 1,8-Dibromoctan (**81**) unter Feuchtigkeitsausschluß

---

[227] Filler, R.; Ayyangar, N. R.; Gustowski, W.; Kang, H. H. *J. Org. Chem.* **1969**, *34*, 534 - 538

[228] Birkofer, L.; Morgenroth, K. *Chem. Ber.* **1963**, *96*, 1909 - 1915

refluxiert und danach das Lösungsmittel sowie das überschüssige 1,8-Dibromoctan in zwei Fraktionen im Vakuum (ca. 1 - 1.5 mm Hg) abdestilliert. Der erhaltene Brei aus Natriumbromid und öliger organischer Substanz wird in 150 ml *tert.*-Butylmethylether und 100 ml Wasser aufgenommen, ausgeschüttelt und die Phasen getrennt. Das Waschen der Etherphase mit je 100 ml Wasser wird so oft wiederholt, bis letzteres bromidfrei ist. Nach Trocknen und Abziehen des Ethers bleibt ein gelbes Öl von **82**, das durch zwei Umfällungen aus Benzol/*n*-Pentan gereinigt und im Ölpumpenvakuum von Lösungsmittelresten befreit wird. Damit ist es für die weitere Umsetzung tauglich.

Eigenschaften: gelbes, viskoses Öl

Ausbeute: 8.40 g (27 %)

^{1}H-NMR (400 MHz, $CDCl_3$, int. TMS):

δ (ppm) = 1.24 - 1.43, 1.63 - 1.68 und 1.79 - 1.89 [20 H, 3 × m, $(C\boldsymbol{H}_2)_7CH_2Br$ und 2 × $COOCH_2C\boldsymbol{H}_3$], 2.03 (3 H, s, CH_3CO), 3.39 - 3.43 (2 H, m, CH_2Br), 4.13 - 4.27 (4 H, m, 2 × $COOC\boldsymbol{H}_2CH_3$)

Diethyl[2-acetylamino-2-(6-bromhexyl)malonat] (84)

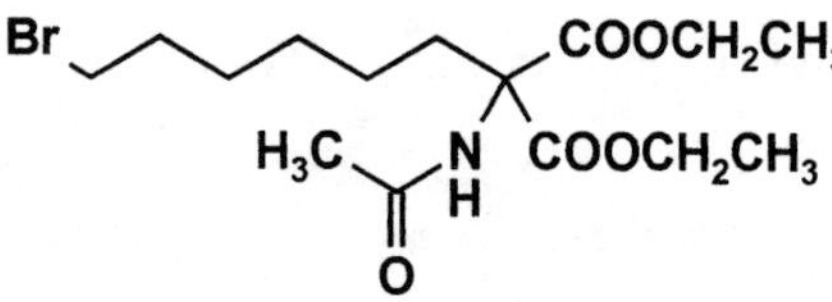

Die folgende Synthesemethode basiert auf dem von *Zhu et al.*[229] vorgestellten Verfahren zur Alkylierung von Diethylacetamidomalonat.

Unter Eiskühlung wird eine Mischung von 21.72 g (0.10 mol) Diethylacetamidomalonat (**79**), 122.00 g (0.50 mol) 1,6-Dibromhexan (**83**) und 11.22 g (0.10 mol) Kalium-*tert.*-butylat vorsichtig in kleinen Portionen mit 2.54 g (5 mmol) des Phasentransferkatalysators Tributylhexadecylphosphoniumbromid versetzt, wobei sofort nach dessen Zugabe eine heftige, exotherme Reaktion zu verzeichnen ist. Die inhomogene Mischung wird 4 h lang mit Ultraschall behandelt und weitere 4 h bei 70 °C intensiv gerührt. Nach dem Abkühlen wird sie mit 250 ml *tert.*-Butylmethylether aufgegossen und nach dem Umschütteln filtriert. Die gelbe TBME-Lösung wird mit gesättigter NaCl-Lösung (150 ml) und mit Wasser (2 × 150 ml) gewaschen. Zwischen und nach den Ausschüttelungsgängen mit Wasser ist für die Phasentrennung jeweils etwa 1 Tag abzuwarten.

Nach Trocknen und Entfernen des Ethers unter vermindertem Druck wird überschüssiges 1,6-Dibromhexan (**83**) im Vakuum abdestilliert (ca. 0.3 mm Hg) und man gelangt zu einem gelben Öl von **84**, das einen für die weitere Umsetzung genügend hohen Reinheitsgrad aufweist.

---

229 Zhu, J.; Galons, H.; Pigeon, P.; Loupy, A. *Synth. Commun.* **1995**, *25*, 215 - 218

Eigenschaften: gelbes, viskoses Öl

Ausbeute: 11.2 g (29 %)

^{1}H-NMR (400 MHz, CDCl$_3$, int. TMS):

δ (ppm) = 1.24 - 1.68 und 1.79 - 1.90 [10 H, 2 × m, (C$\boldsymbol{H}_2$)$_5$CH$_2$Br], 1.26 (6 H, t, ^{3}J = 7.0 Hz, 2 × COOCH$_2$C$\boldsymbol{H}_3$), 2.04 (3 H, s, CH$_3$CO), 3.37 - 3.46 (2 H, m, CH$_2$Br), 4.24 (4 H, q, ^{3}J = 7.2 Hz, 2 × COOC$\boldsymbol{H}_2$CH$_3$)

2-Amino-10-(benzylsulfanyl)decansäure (86)

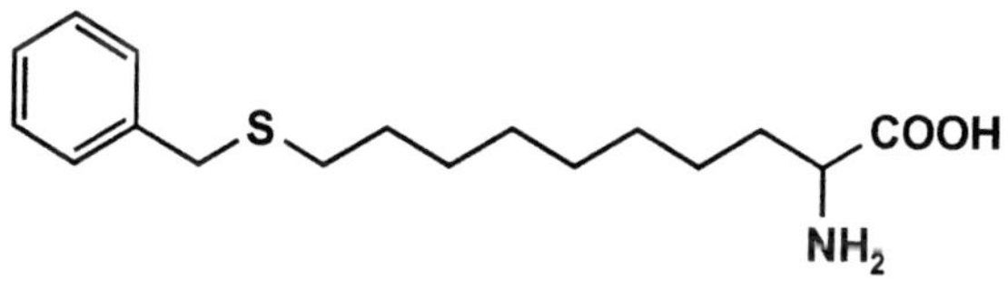

Nach *Birkofer* und *Morgenroth*[230] gestaltet sich die Synthese der α-Amino-ω-benzylmercaptocarbonsäure wie folgt:

Unter wasserfreien Bedingungen werden 0.46 g (20 mmol) elementares Natrium in 8 ml absolutem Methanol gelöst und mit 2.37 ml (20 mmol) Benzylmercaptan (**85**) versetzt. Nach Zusatz einer Lösung von 8.17 g (20 mmol) (Diethyl[2-acetylamino-2-(8-bromoctyl)malonat] (**82**) in 10 ml Methanol wird 2 h lang in Inertgasatmosphäre unter Rückfluß erhitzt. Danach wird das Lösungsmittel abgezogen, der Rückstand in 50 ml 2 M KOH-Lösung aufgenommen und wieder 2 h lang refluxiert. Ist die Reaktionsmischung abgekühlt, so wird mit Diethylether (60 ml) gewaschen und die abgetrennte Wasserphase mit 60 ml konz. HCl

230 Birkofer, L.; Morgenroth, K. *Chem. Ber.* **1963**, *96*, 1909 - 1915

gemischt. Mit der Säure wird nochmals 2 h lang unter Rückfluß zum Sieden erhitzt. Hierauf wird der Ansatz einige Stunden auf 0 °C gekühlt, die ausgefallene Substanz abfiltriert und unter Zusatz von 5 ml konz. HCl mit 20 ml Methanol in der Siedehitze digeriert. Die Suspension wird im heißen Zustand filtriert und die geringen Mengen an Filtrationsrückstand verworfen, da dieser nur aus anorganischem Material besteht. Die erkaltete saure methanolische Lösung scheidet in sehr geringen Mengen eine kristalline, weiß-graue Substanz in Form kleiner Plättchen ab, die durch Filtration gesammelt wird und sich als das N-Acetylderivat **88** der Aminosäure erweist (s. dort).

Der klare, gelb gefärbte Durchgang wird zum Sieden erhitzt, mit ca. 10 ml Wasser versetzt und das gewünschte Produkt **86** nach dem Erkalten durch Neutralisation mit konz. Ammoniaklösung als blaßgelber Niederschlag gefällt.

Eigenschaften: blaßgelbes, feines Pulver

Ausbeute: 614 mg (10 %)

Schmp.: 220 °C (Zers.)

^{1}H-NMR (400 MHz, D_2O[231], ext. TMS):

δ (ppm) = 0.98, 1.22 und 1.42 [14 H, 3 × br s, $(CH_2)_7CH_2S$], 2.06 (2 H, br s, $CH_2C\boldsymbol{H}_2S$), 2.95 [1 H, br s, $C\boldsymbol{H}(NH_2)COO^-$], 3.29 (2 H, s, $PhC\boldsymbol{H}_2S$), 6.77 - 6.93 (5 H, m, Ph)

^{13}C-NMR (100.5 MHz, D_2O[232], ext. TMS):

δ (ppm) = 28.86, 31.65, 32.04, 32.10, 32.32, 32.42, 34.26, 38.98 (2 C), 59.21 [$\boldsymbol{C}H(NH_2)COO^-$], 129.49 (*para*-C in $PhCH_2$),

231 Unter Zusatz von 40 % Vol. konz. NaOD-Lösung

232 dto.

131.06 (2 C, 2 × *ortho*-C oder 2 × *meta*-C in $PhCH_2$) und 131.46 (2 C, 2 × *ortho*-/ 2 × *meta*-C in $PhCH_2$), 141.30 (*ipso*-C in $PhCH_2$), 185.37 (C=O)

IR (KBr):

$\tilde{\nu}$ (cm^{-1}) = 3425, 2900, 2850, 1570, 1500, 1400, 1340, 1060, 700

EI-MS (70 eV, 270 °C):

m/z (%) = 309 (30) [M^+], 266 (11), 265 (35), 264 (99), 220 (13), 219 (29), 218 (100), 200 (32), 187 (31), 174 (33), 172 (52), 143 (12), 142 (58), 140 (16), 92 (16), 91 (99), 56 (13)

HR-MS ($C_{17}H_{27}NO_2S$):

ber.: 309.176251

gem.: 309.174797

2-Amino-8-(benzylsulfanyl)octansäure (87)

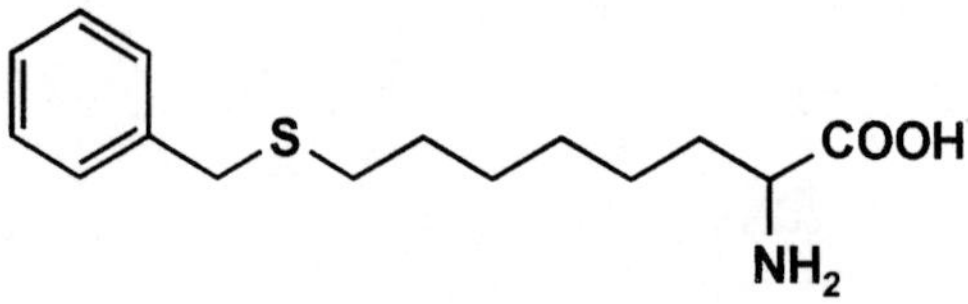

Die Synthese richtet sich nach der Vorschrift zur Gewinnung von 2-Amino-10-(benzylsulfanyl)decansäure (**86**), mit dem Unterschied, daß hier kein N-acetyliertes Nebenprodukt entsteht.

So erhält man aus 7.61 g (20 mmol) Diethyl[2-acetylamino-2-(6-bromhexyl)malonat] (**84**) und 2.37 ml (20 mmol) Benzylmercaptan (**85**) unter Zusatz von 0.69 g (30 mmol) elementarem Natrium **87** als beigen, feinkristallinen Feststoff.

Eigenschaften:	beiges, feines Pulver
Ausbeute:	844 mg (15 %)
Schmp.:	216 °C (Zers.)

^{1}H-NMR (400 MHz, [D$_6$]Aceton[233], int. TMS):

δ (ppm) = 1.32 - 1.65 [10 H, m, (C$\boldsymbol{H}_2$)$_5$CH$_2$S], 2.43 (2 H, t, ^3J = 7.4 Hz, CH$_2$C$\boldsymbol{H}_2$S), 3.73 (2 H, s, PhC$\boldsymbol{H}_2$S), 4.17 [1 H, t, ^3J = 6.2 Hz, C$\boldsymbol{H}$(NH$_3^+$)COOH], 7.22 - 7.36 (5 H, m, Ph)

233 Unter Zusatz von wenig 6%iger DCl-Lösung

^{13}C-NMR (100.5 MHz, [D_6]Aceton[234], int. TMS):

δ (ppm) = 25.36, 29.03, 29.31, 30.76, 31.80, 36.44, 53.59 [*C*H(NH_3^+)COOH], 127.52 (*para*-C in $PhCH_2$), 129.13 (2 C, 2 × *ortho*-C oder 2 × *meta*-C in $PhCH_2$) und 129.66 (2 C, 2 × *ortho*-/ 2 × *meta*-C in $PhCH_2$), 139.82 (*ipso*-C in $PhCH_2$), 171.46 (C=O)[235]

IR (KBr):

$\tilde{\nu}$ (cm^{-1}) = 3444, 2936, 2852, 1649, 1584, 1495, 1420, 1339, 1101, 1069, 699

EI-MS (70 eV, 280 °C):

m/z (%) = 281 (15) [M^+], 237 (22), 236 (92), 192 (17), 191 (32), 190 (100), 173 (24), 172 (19), 159 (15), 156 (30), 146 (64), 144 (55), 129 (12), 127 (23), 114 (27), 112 (18), 110 (11), 92 (23), 91 (57), 88 (12), 75 (16), 74 (13), 56 (13), 44 (10)

HR-MS ($C_{15}H_{23}NO_2S$):

ber.: 281.144951

gem.: 281.139786

---

234 Unter Zusatz von wenig 6%iger DCl-Lösung

235 Ein Kohlenstoffatom wird vom Septett des Lösungsmittels bei 29.96 ppm überlagert

2-Acetylamino-10-(benzylsulfanyl)decansäure (88)

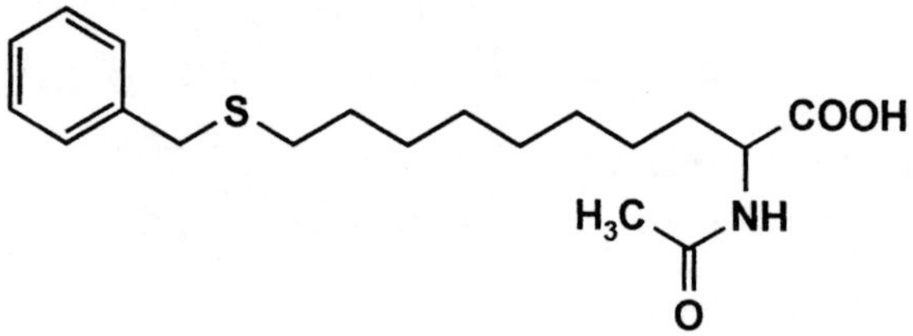

Die Substanz **88** scheidet sich bei der Aufarbeitung des von 8.17 g (20 mmol) (Diethyl[2-acetylamino-2-(8-bromoctyl)malonat] (**82**) ausgehenden Ansatzes zur Synthese von 2-Amino-10-(benzylsulfanyl)decansäure (**86**) entsprechend den an dortiger Stelle gemachten Ausführungen aus saurer methanolischer Lösung ab. Man erhält dieses aufgrund unvollständiger Desacetylierung in geringen Mengen anfallende Nebenprodukt als weiß-grauen Feststoff in plättchenförmigen Kristallen, die im Hochvakuum getrocknet werden.

Eigenschaften: weiß-graue, plättchenförmige Kristalle

Menge: 232 mg (ca. 3 %)

^{1}H-NMR (400 MHz, [D$_6$]DMSO, δ = 2.50 ppm):

δ (ppm) = 1.13 - 1.28, 1.39 - 1.47 und 1.54 - 1.61 [14 H, 3 × m, $(C\boldsymbol{H}_2)_7CH_2S$], 1.83 (3 H, s, CH_3CO), 2.34 (2 H, t, ^3J = 7.3 Hz, $CH_2C\boldsymbol{H}_2S$), 3.66 (2 H, s, $PhC\boldsymbol{H}_2S$), 4.07 - 4.11 (1 H, dd, ^3J = 8.9 Hz, $^3J'$ = 5.2 Hz, $C\boldsymbol{H}NHCOCH_3$), 7.20 - 7.30 (5 H, m, Ph)

^{13}C-NMR (100.5 MHz, [D$_6$]DMSO, δ = 39.50 ppm):

δ (ppm) = 22.67, 25.55, 28.36, 28.67, 28.84, 28.95, 28.97, 31.06, 32.01, 35.57, 52.78 [*C*H(NH$_2$)COOH], 127.06 (*para*-C in PhCH$_2$), 128.66 (2 C, 2 × *ortho*-C oder 2 × *meta*-C in PhCH$_2$) und 129.05 (2 C, 2 × *ortho*-/ 2 × *meta*-C in PhCH$_2$), 139.08 (*ipso*-C in PhCH$_2$), 170.21 und 174.59 (2 × C=O)

11-(2-Aminoethylsulfanyl)undecansäure (91)

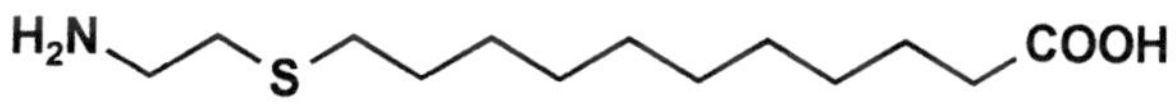

Sämtliche für diesen Reaktionsansatz nötigen Arbeiten werden unter Ausschluß von Feuchtigkeit und Luftsauerstoff durchgeführt. Nach jeder Zugabe wird der Ansatz durch Ultraschallbehandlung im Argonstrom desoxygeniert.

1.01 g (44 mmol) elementares Natrium werden in 30 ml sauerstofffreiem, absolutem Methanol gelöst und die Lösung 15 min. im Argonstrom entgast. Hierauf werden im Inertgas-Gegenstrom 2.51 g (22 mmol) kristallines Cysteamin (**10**) -hydrochlorid eingestreut, welches unter Bildung eines NaCl-Niederschlags in Lösung geht. Ebenfalls unter Inertbegasung werden 5.85 g (22 mmol) frisch aus *n*-Hexan umkristallisierte 11-Bromundecansäure (**89**) in fester Form zugesetzt. Nach 5stündigem Erhitzen unter Rückfluß wird abgekühlt und der ausgefallene Niederschlag (**91**) abfiltriert sowie zuerst mit kaltem Wasser halogenidfrei und schließlich mit Aceton gewaschen.

Eigenschaften: weißer, kristalliner Feststoff

Ausbeute: 3.53 g (61 %)

Schmp.: 173 °C

^{1}H-NMR (400 MHz, D$_2$O[236], HOD: δ = 4.65 ppm):

δ (ppm) = 1.27 - 1.37 (12 H, m, H in 3-CH$_2$ bis 10-CH$_2$) und 1.45 - 1.58 (4 H, m, H′ in 3-CH$_2$ bis 10-CH$_2$), 2.10 (2 H, t, ^3J = 7.7 Hz, CH$_2$COO$^-$), 2.50 (2 H, t, ^3J = 7.3 Hz, CH$_2$S), 2.58 (2 H, t, ^3J = 6.5 Hz, CH′$_2$S), 2.73 (2 H, t, ^3J = 6.7 Hz, C***H***$_2$NH$_2$)

^{13}C-NMR (100.5 MHz, D$_2$O[237], ext. TMS):

δ (ppm) = 26.66, 29.12, 29.52, 29.71, 29.82, 29.87, 29.91, 29.98, 31.95, 35.35, 38.30, 40.61, 183.51 (C=O)

IR (KBr):

$\tilde{\nu}$ (cm^{-1}) = 3450, 2900, 2850, 1620, 1520, 1510, 1470, 1420, 1400, 1340, 1300, 1240, 900, 720

EI-MS (70 eV, 200 °C):

m/z (%) = 261 (6) [M$^+$], 244 (17), 233 (14), 232 (100), 199 (26), 185 (16), 98 (10), 92 (12), 91 (10), 83 (11), 69 (15), 61 (10), 55 (14), 45 (48), 44 (13), 43 (13)

---

236 Unter Zusatz eines Tropfens NaOD-Lösung

237 dto.

HR-MS ($C_{13}H_{27}NO_2S$):

ber.: 261.176251

gem.: 261.170494

8-(2-Aminoethylsulfanyl)octansäure (92)

Der Synthesevorschrift für die um zwei Kohlenstoffatome längere homologe Carbonsäure **91** folgend, erhält man aus 2.27 g (20 mmol) Cysteamin (**10**)-hydrochlorid und 4.46 g (20 mmol) 8-Bromoctansäure (**90**) unter Zugabe von 0.92 g (40 mmol) Natrium **92** als Niederschlag, der jedoch in Wasser und Aceton mäßig löslich ist und auch zu einem guten Teil im Reaktionsmedium Methanol gelöst bleibt. Daher wird er nur spärlich mit Wasser und Aceton gewaschen sowie seine Mutterlauge des öfteren eingeengt und kühlgestellt (0°C), um das Produkt möglichst vollständig zur Kristallisation zu bewegen.

Eigenschaften: weißer, kristalliner Feststoff

Ausbeute: 2.21 g (50 %)

Schmp.: 104 °C

^{1}H-NMR (400 MHz, D$_2$O[238], ext. TMS):

δ (ppm) = 1.22 - 1.35 (6 H, m, H in 3-CH_2 bis 7-CH_2) und 1.48 - 1.55 (4 H, m, H′ in 3-CH_2 bis 7-CH_2), 2.30 (2 H, t, ^3J = 7.4 Hz, CH_2COOH), 2.52 (2 H, t, ^3J = 7.3 Hz, CH_2S), 2.77 (2 H, t, ^3J = 6.7 Hz, CH'_2S), 3.14 (2 H, t, ^3J = 6.8 Hz, $C\boldsymbol{H}_2NH_2$)

^{13}C-NMR (100.5 MHz, D$_2$O[239], ext. TMS):

δ (ppm) = 24.61, 28.07, 28.25, 28.46, 28.60, 28.95, 31.27, 34.19, 38.95, 179.25 (C=O)

IR (KBr):

$\tilde{\nu}$ (cm^{-1}) = 2900, 2850, 1640, 1560, 1500, 1460, 1430, 1390, 1330, 1250, 1160, 1090, 940, 780, 660

EI-MS (70 eV, 160 °C):

m/z (%) = 219 (6) [M$^+$], 202 (12), 191 (11), 190 (100), 157 (22), 143 (13), 125 (17), 124 (16), 96 (13), 83 (12), 82 (12), 61 (21), 55 (18), 44 (11), 43 (14)

HR-MS ($C_{10}H_{21}NO_2S$):

ber.: 219.129301

gem.: 219.126655

---

238 Unter Zusatz von verd. DCl

239 dto.

1-Thia-4-azacyclopentadecan-5-on (93)

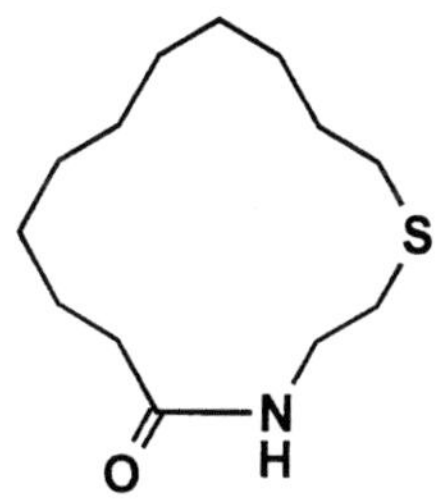

1.00 g (3.8 mmol) 11-(2-Aminoethylsulfanyl)undecansäure (**91**) werden unter Erwärmen in 25 ml Benzylalkohol gelöst und mit 0.81 g (4.2 mmol) N′-(3-Dimethylaminopropyl)-N-ethylcarbodiimid (EDC, **49**) versetzt. Nach 24 h wird der Alkohol im Vakuum abdestilliert, der schlammige Rückstand in 25 ml Dichlormethan aufgenommen und mit 5%iger HCl (2 × 10 ml) sowie Wasser (10 ml) gewaschen. Nach dem Abziehen des Dichlormethans verbleibt eine gelbliche, gallertige Substanz, die Kristallisationsherde aufweist und, wie die Analytik zeigt, offenbar aus dem mit großen Anteilen Benzylalkohol gequollenen Rohprodukt von **93** besteht.

Eigenschaften: gelbliche Gallerte

EI-MS (70 eV, 90 °C):

m/z (%) = 243 (6) [M^+], 213 (3), 198 (6), 197 (26), 167 (2), 91 (100) [$C_6H_5CH_2^+$][240]

[240] Vom Benzylalkohol (Verunreinigung)

HR-MS ($C_{13}H_{25}NOS$):

ber.: 243.165686

gem.: 243.162346

11-[2-(*tert.*-Butoxycarbonylamino)ethylsulfanyl]undecansäure (94)

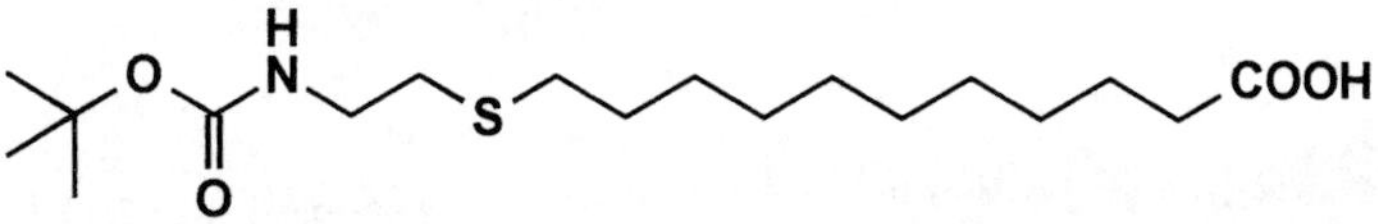

1.00 g (3.8 mmol) 11-(2-Aminoethylsulfanyl)undecansäure (**91**) werden mit 0.95 g (3.9 mmol) 2-(tert.-Butoxycarbonyloxyimino)-2-phenylacetonitril (BOC-ON) in 10 ml einer Mischung aus 1 Teil 1,4-Dioxan und 1 Teil Wasser suspendiert. Unter Rühren setzt man 0.60 ml (4.3 mmol) Triethylamin zu.

Die Reaktion, deren Fortgang anhand des Aufklarens der Suspension verfolgt werden kann, verläuft sehr schleppend. Innerhalb von ca. 3 Tagen hat sie sich zu einer klaren, gelben Lösung gewandelt und wird mit 10 ml Wasser verdünnt. Nach dem Waschen mit Ethylacetat (3 × 20 ml) wird die wäßrige Phase mit 1M $KHSO_4$-Lösung auf pH 2 - 3 angesäuert. Die Extraktion der sauren Lösung mit Ethylacetat (3 × 20 ml) liefert nach Trocknen und Abziehen des Lösungsmittels **94** als farblosen, niedrig schmelzenden Feststoff. Dieser wird im Hochvakuum getrocknet.

Eigenschaften: farbloser Feststoff

Ausbeute: 0.52 g (38 %)

Schmp.: 47 °C

^{1}H-NMR (400 MHz, $CDCl_3$, δ = 7.25 ppm):

δ (ppm) = 1.23 - 1.38 (12 H, m, H in 3-CH_2 bis 10-CH_2), 1.42 [9 H, s, $(CH_3)_3$COCO], 1.50 - 1.63 (4 H, m, H′ in 3-CH_2 bis 10-CH_2), 2.31 (2 H, t, ^3J = 7.5 Hz, C***H***$_2$COOH), 2.48 (2 H, t, ^3J = 7.4 Hz, CH_2S), 2.61 (2 H, t[241], ^3J = 6.4 Hz, CH′$_2$S), 3.29 (2 H, t[242], ^3J = 5.9 Hz, C***H***$_2$NHCOOR), 4.96 (1 H, br s, NH)

^{13}C-NMR (100.5 MHz, $CDCl_3$, δ = 77.00 ppm):

δ (ppm) = 24.65, 28.35 - 29.60 [10 C, (***C***H$_3$)$_3$COCO und 7 × CH_2], 31.77, 32.18, 34.00, 39.67, 79.45 [$(CH_3)_3$***C***OCO], 155.85 [$(CH_3)_3$CO***C***=O], 179.24 (C=OOH)

IR (KBr):

$\tilde{\nu}$ (cm^{-1}) = 3350, 2900, 2850, 1720, 1690, 1520, 1460, 1410, 1360, 1260, 1160, 1040, 940, 860, 720, 630

EI-MS (70 eV, 160 °C):

m/z (%) = 260 (8) [$M^{+\cdot}$– C_4H_9OCO], 245 (22), 244 (100), 232 (35), 231 (14), 216 (10), 215 (48), 199 (17), 185 (11), 115 (13), 104 (14), 101 (16) [$C_4H_9OCO^+$], 87 (16), 86 (10), 83 (14), 81 (11), 69 (18), 61 (17), 60 (14), 59 (19), 57 (40), 56 (12), 55 (19), 45 (18), 43 (11), 41 (20)

---

241 Geringe Auflösung

242 dto.

ESI-MS:

m/z (%) = 793 (10), 777 (47) , 761 (13) [(2 M + K)$^+$], 745 (25) [(2 M + Na)$^+$], 546 (14), 400 (81) [(M + K)$^+$], 384 (100) [(M + Na)$^+$], 362 (12) [(M + H)$^+$], 306 (13), 262 (29)

12 Auswertung der Lactam-Hydrolysestudien

Allgemeine Vorbemerkungen

Alle Hydrolysen wurden, soweit nicht anders angegeben, bei einer Temperatur von 30 °C im Lösungsmittel D_2O unter Zusatz der angegebenen Menge NaOH durchgeführt. Zeitangaben beziehen sich auf die Reaktionszeit zwischen der Zugabe von NaOH-Lösung zur vorbereiteten Lösung des Lactams und der Messung des ^{1}H-NMR-Spektrums. Die Konzentrationsangaben (in mol · l^{-1}) bezeichnen die Endkonzentrationen im Reaktionsgefäß. Teils wurde auf Experimente zurückgegriffen, die bereits vorher im Arbeitskreis[243] durchgeführt worden sind; in diesen Fällen erfolgte jedoch die Auswertung ab initio neu, indem die Spektren - wie bei allen anderen Experimenten auch - mit dem Programm Win.Nuts der Firma Acorn NMR[244] bearbeitet und integriert wurden. Daraus resultierten Graphiken mit guten Korrelationskoeffizienten r^2 der linearen Regressionen und entsprechende Werte für die Reaktionsgeschwindigkeitskonstanten k_2 und lg k_2.

[243] Dix, D. *Dissertation*, Marburg **1996**, 59

[244] Win.Nuts, NMR Data Processing Program, Version 2D 5.083, © Acorn NMR Inc. Fremont, CA, USA

Die in den Tabellen verwendeten Parameter haben folgende Bedeutungen:

$[A]_0$ Konzentration des Lactams vor Zugabe der NaOH-Lösung

$[A]_t$ Konzentration des Lactams zum Zeitpunkt der Messung

$[B]_0$ Anfangskonzentration an OH^-

$[B]_t$ Konzentration an OH^- zum Zeitpunkt der Messung

$\int(A)_t$ Höhenintegral des ausgewählten Lactam-Signals in dem zum Zeitpunkt t gemessenen ^{1}H-NMR-Spektrum[245]

$\int(C)_t$ Integral des entsprechenden Carboxylat-Signals[246]

Ferner werden folgende Abkürzungen verwendet:

t Zeit in Stunden (h), Minuten (min.) oder Sekunden (s)

T Temperatur in °C (Celsius) oder K (Kelvin) nach Maßgabe

m Geradensteigung

k Geschwindigkeitskonstante einer Reaktion erster bzw. pseudo-erster Ordnung

k_2 Geschwindigkeitskonstante einer Reaktion zweiter Ordnung

lg dekadischer Logarithmus

ln natürlicher Logarithmus

r^2 Korrelationskoeffizient der linearen Regression

---

245 Im Falle des β-Propiolactams ist das um das Integral des dimeren Nebenprodukts korrigierte Integral angegeben

246 dto.

Hydrolyse der Vergleichssubstanz

N-Methylacetamid (98)

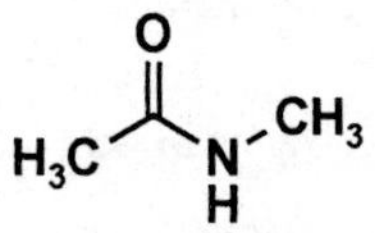

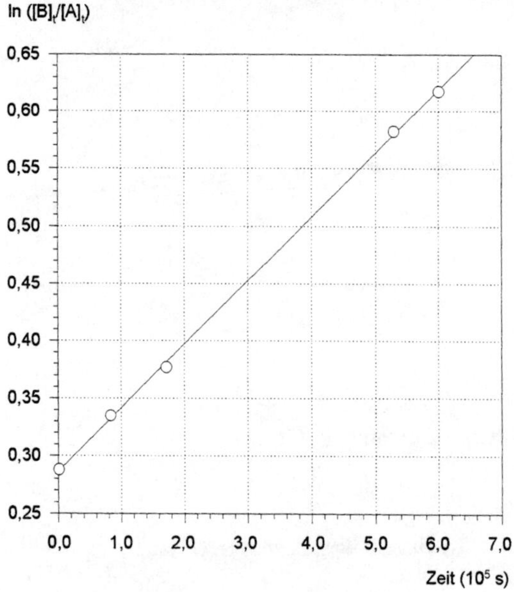

*Abb. 12.1 Graphische Darstellung der Hydrolyse von N-Methylacetamid (**98**)*

Das acyclische Amid diente als Vergleichssubstanz für die Hydrolysestudien.

Einwaage an Amid: 22.0 mg $[A]_0 = 0.5\ mol \cdot l^{-1}$

Zeit (10^5 s)	$\int(A)_t$	$\int(C)_t$	$[A]_t$ ($mol \cdot l^{-1}$)	$[B]_t$ ($mol \cdot l^{-1}$)	ln ($[B]_t/[A]_t$)
0.01	3.00	0.00	0.50	0.67	0.29
0.83	3.00	0.58	0.42	0.59	0.33
1.72	3.00	1.12	0.36	0.53	0.38
5.29	3.00	4.11	0.21	0.38	0.58
6.00	3.00	4.69	0.20	0.36	0.62

*Tab. 12.1 Hydrolyse von N-Methylacetamid (**98**), Werte*

m (s^{-1})	k_2 ($l \cdot mol^{-1} \cdot s^{-1}$)	lg k_2	r^2
$5.54 \cdot 10^{-7}$	$3.32 \cdot 10^{-6}$	- 5.48	1.000

Tab. 12.2 Auswertung der Graphik

Hydrolyse des 4-Ring-Lactams bei verschiedenen Temperaturen

β-Propiolactam (2-Azetidinon) (34)

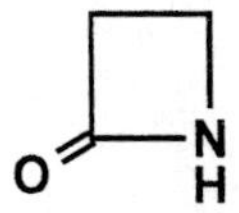

Das viergliedrige Lactam, dem wegen der Analogie zum β-Lactam-Ring der Penicilline und Cephalosporine besonderes Interesse galt, wurde hinsichtlich seiner hydrolytischen Stabilität bei vier verschiedenen Temperaturen untersucht. Diese sind beim jeweiligen Experiment angeführt. Es ist jeweils das um das Integral des dimeren Nebenprodukts korrigierte Integral angegeben.

1. Hydrolyse bei 30 °C:

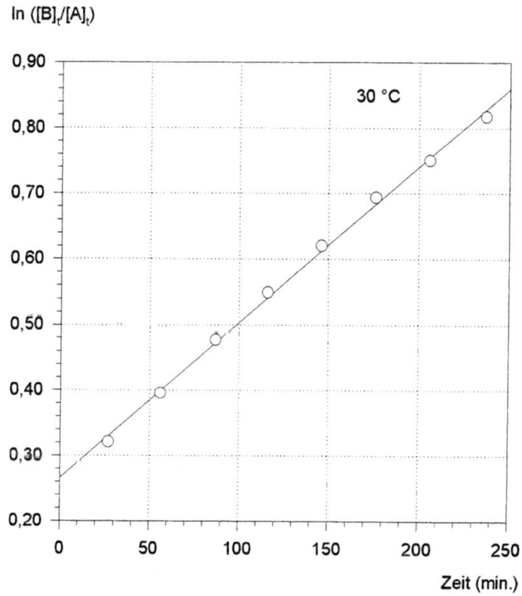

Abb. 12.2 Graphische Darstellung der Hydrolyse von β-Propiolactam ***(34)*** *bei 30 °C*

Einwaage an Lactam: 21.4 mg $[A]_0 = 0.5\ mol \cdot l^{-1}$

Zeit (min.)	$\int(A)_t$	$\int(C)_t$	$[A]_t$ (mol · l^{-1})	$[B]_t$ (mol · l^{-1})	ln ($[B]_t/[A]_t$)
27.00	2.01	0.27	0.44	0.61	0.32
56.00	2.05	0.93	0.34	0.51	0.39
87.00	2.14	1.78	0.27	0.44	0.48
116.00	2.25	2.69	0.23	0.39	0.55
146.00	2.38	3.76	0.19	0.36	0.62
176.00	2.55	5.11	0.17	0.33	0.69
206.00	2.74	6.45	0.15	0.32	0.75
237.00	2.96	8.27	0.13	0.30	0.82

*Tab. 12.3 Hydrolyse von β-Propiolactam (**34**), Werte*

m (s^{-1})	k_2 (l · mol^{-1} · s^{-1})	lg k_2	r^2
$3.96 \cdot 10^{-5}$	$2.37 \cdot 10^{-4}$	- 3.62	0.998

Tab. 12.4 Auswertung der Graphik

2. Hydrolyse bei 20 °C:

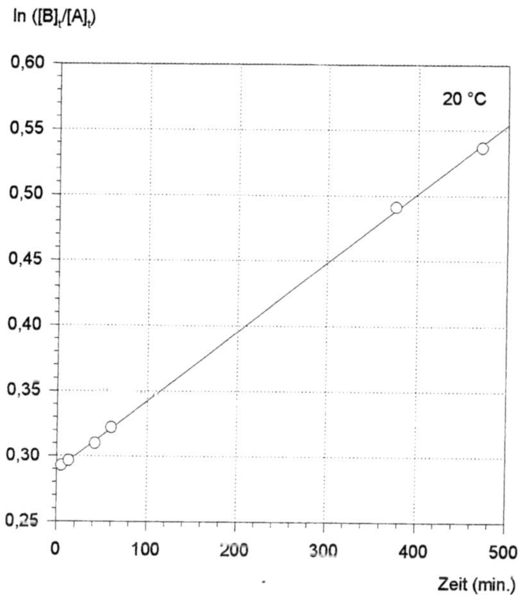

Abb. 12.3 Graphische Darstellung der Hydrolyse von β-Propiolactam (**34**) *bei 20 °C*

Einwaage an Lactam: 21.4 mg $[A]_0 = 0.5\ mol \cdot l^{-1}$

Zeit (min.)	$\int(A)_t$	$\int(C)_t$	$[A]_t$ (mol · l^{-1})	$[B]_t$ (mol · l^{-1})	ln ($[B]_t/[A]_t$)
5.00	2.00	0.04	0.49	0.66	0.29
13.00	2.00	0.07	0.48	0.65	0.30
42.00	2.00	0.18	0.46	0.63	0.31
60.00	2.00	0.28	0.44	0.61	0.32
376.00	2.45	2.21	0.26	0.43	0.49
471.00	2.45	2.77	0.23	0.40	0.54

*Tab. 12.5 Hydrolyse von β-Propiolactam (**34**) bei 20 °C, Werte*

m (s^{-1})	k_2 (l · mol^{-1} · s^{-1})	lg k_2	r^2
$8.81 \cdot 10^{-6}$	$5.29 \cdot 10^{-5}$	- 4.28	1.000

Tab. 12.6 Auswertung der Graphik (Hydrolyse bei 20 °C)

3. Hydrolyse bei 25 °C:

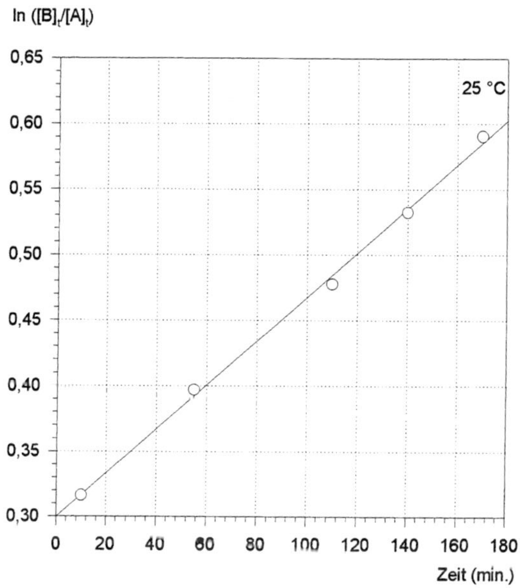

*Abb. 12.4 Graphische Darstellung der Hydrolyse von β-Propiolactam (**34**) bei 25 °C*

Einwaage an Lactam: 21.4 mg $[A]_0 = 0.5$ mol · l^{-1}

Zeit (min.)	$\int(A)_t$	$\int(C)_t$	$[A]_t$ (mol · l^{-1})	$[B]_t$ (mol · l^{-1})	ln ($[B]_t/[A]_t$)
10.00	2.00	0.23	0.45	0.62	0.32
55.00	2.06	0.95	0.34	0.51	0.40
110.00	2.15	1.80	0.27	0.44	0.48
140.00	2.23	2.47	0.24	0.40	0.53
170.00	2.34	3.31	0.21	0.37	0.59

*Tab. 12.7 Hydrolyse von β-Propiolactam (**34**) bei 25 °C, Werte*

m (s^{-1})	k_2 ($l \cdot mol^{-1} \cdot s^{-1}$)	lg k_2	r^2
$2.80 \cdot 10^{-5}$	$1.68 \cdot 10^{-4}$	- 3.77	0.998

Tab. 12.8 Auswertung der Graphik (Hydrolyse bei 25 °C)

4. Hydrolyse bei 37 °C:

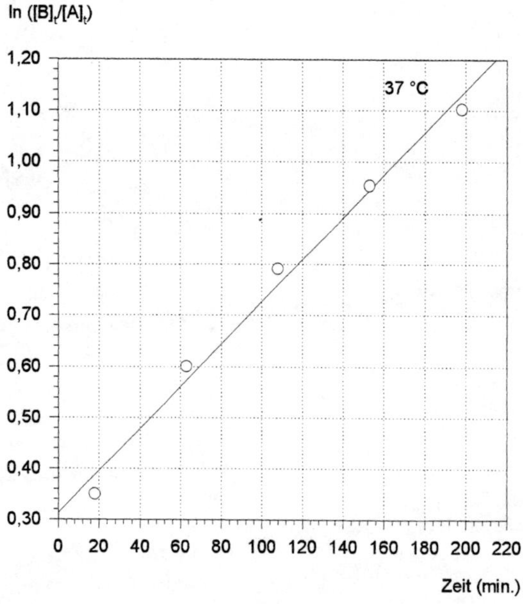

Abb. 12.5 Graphische Darstellung der Hydrolyse von β-Propiolactam ***(34)*** *bei 37 °C*

Einwaage an Lactam: 21.4 mg $[A]_0 = 0.5\ mol \cdot l^{-1}$

Zeit (min.)	∫(A)$_t$	∫(C)$_t$	$[A]_t$ (mol · l^{-1})	$[B]_t$ (mol · l^{-1})	ln ($[B]_t/[A]_t$)
18.00	2.03	0.52	0.40	0.56	0.35
63.00	2.28	3.35	0.20	0.37	0.60
108.00	2.66	6.96	0.14	0.30	0.79
153.00	3.27	12.39	0.10	0.27	0.95
198.00	4.25	21.39	0.08	0.25	1.10

*Tab. 12.9 Hydrolyse von β-Propiolactam (**34**) bei 37 °C, Werte*

m (s^{-1})	k_2 (l · mol^{-1} · s^{-1})	lg k_2	r^2
$6.88 \cdot 10^{-5}$	$4.13 \cdot 10^{-4}$	- 3.38	0.988

Tab. 12.10 Auswertung der Graphik (Hydrolyse bei 37 °C)

Auswertung der Hydrolysestudien zum 5- bis 9-Ring-Lactam nach neuer Methode

Die im Arbeitskreis bereits früher durchgeführten Studien zur Hydrolysegeschwindigkeit der 5- bis 9-gliedrigen Lactame[247] wurden von neuem ausgewertet.

247 Dix, D. *Dissertation*, Marburg **1996**, 59

γ-Butyrolactam (99)

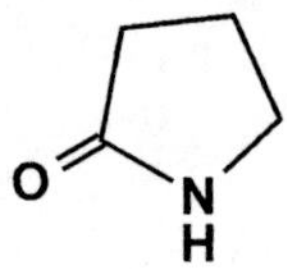

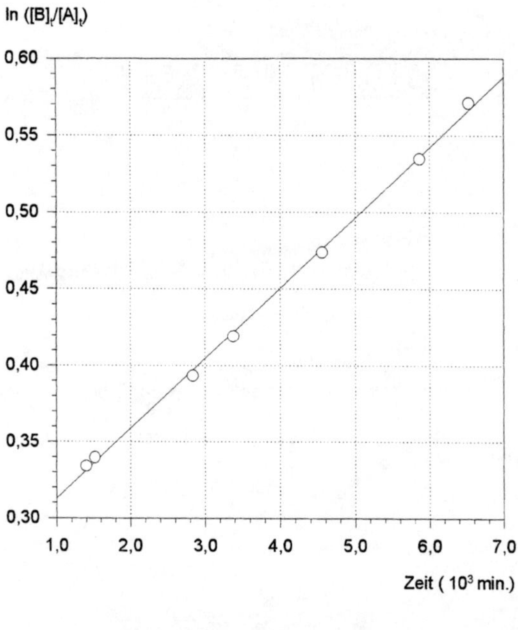

*Abb. 12.6 Graphische Darstellung der Hydrolyse von γ-Butyrolactam (**99**)*

Einwaage an Lactam[248]: 25.5 mg $[A]_0 = 0.5$ mol · l^{-1}

Zeit (10^3 min.)	$\int(A)_t$	$\int(C)_t$	$[A]_t$ (mol · l^{-1})	$[B]_t$ (mol · l^{-1})	ln ($[B]_t/[A]_t$)
1.40	1.58	0.30	0.42	0.59	0.33
1.52	1.55	0.33	0.41	0.58	0.34
2.83	1.28	0.57	0.35	0.51	0.39
3.38	1.21	0.68	0.32	0.49	0.42
4.56	1.04	0.85	0.28	0.44	0.47
5.87	0.91	1.02	0.24	0.40	0.53
6.53	0.84	1.10	0.22	0.38	0.57

*Tab. 12.11 Hydrolyse von γ-Butyrolactam (**99**), Werte*

m (s^{-1})	k_2 (l · mol^{-1} · s^{-1})	lg k_2	r^2
$7.64 \cdot 10^{-7}$	$5.59 \cdot 10^{-6}$	- 5.34	0.999

Tab. 12.12 Auswertung der Graphik

[248] Durchführung des Experiments: s. Dix, D. *Dissertation*, Marburg **1996**; die Auswertung erfolgte jedoch nach der hier beschriebenen neuentwickelten Methode

δ-Valerolactam (33)

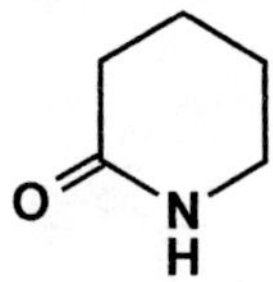

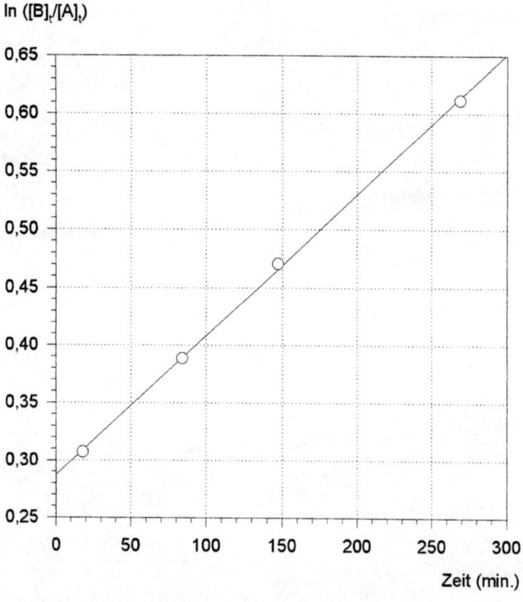

*Abb. 12.7 Graphische Darstellung der Hydrolyse von δ-Valerolactam (**33**)*

Einwaage an Lactam[249]: 30.0 mg $[A]_0 = 0.5$ mol · l^{-1}

Zeit (min.)	$\int(A)_t$	$\int(C)_t$	$[A]_t$ (mol · l^{-1})	$[B]_t$ (mol · l^{-1})	ln ($[B]_t/[A]_t$)
18.00	1.90	0.15	0.46	0.63	0.31
84.00	1.89	0.80	0.35	0.52	0.39
147.00	1.92	1.54	0.28	0.44	0.47
269.00	1.91	2.92	0.20	0.36	0.61

*Tab. 12.13 Hydrolyse von δ-Valerolactam (**33**), Werte*

m (s^{-1})	k_2 (l · mol^{-1} · s^{-1})	lg k_2	r^2
$2.02 \cdot 10^{-5}$	$1.21 \cdot 10^{-4}$	- 3.92	0.999

Tab. 12.14 Auswertung der Graphik

---

[249] Durchführung des Experiments: s. Dix, D. *Dissertation*, Marburg **1996**; die Auswertung erfolgte jedoch nach der hier beschriebenen neuentwickelten Methode

ε-Caprolactam (100)

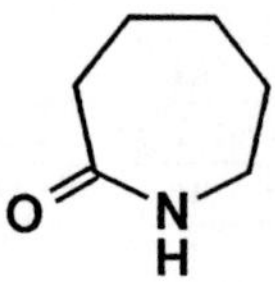

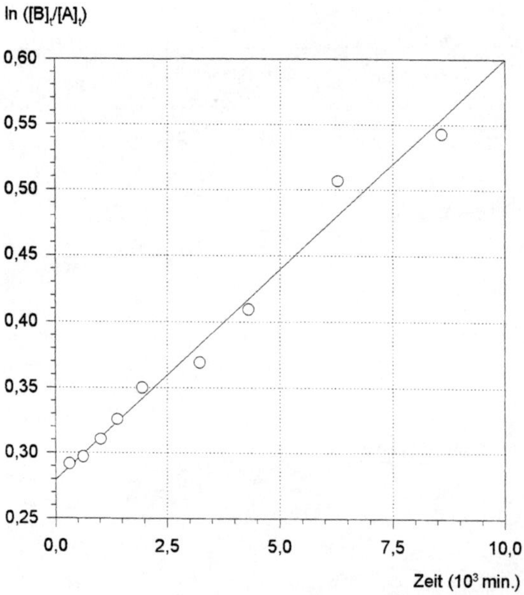

*Abb. 12.8 Graphische Darstellung der Hydrolyse von ε-Caprolactam (**100**)*

Einwaage an Lactam[250]: 34.0 mg $[A]_0 = 0.5\ mol \cdot l^{-1}$

Zeit (10^3 min.)	$\int(A)_t$	$\int(C)_t$	$[A]_t$ ($mol \cdot l^{-1}$)	$[B]_t$ ($mol \cdot l^{-1}$)	ln ($[B]_t/[A]_t$)
0.32	1.93	0.03	0.49	0.66	0.29
0.63	1.90	0.07	0.48	0.65	0.30
1.02	1.85	0.17	0.46	0.62	0.31
1.40	1.81	0.28	0.43	0.60	0.33
1.95	1.76	0.45	0.40	0.56	0.35
3.22	1.71	0.58	0.37	0.54	0.37
4.31	1.62	0.84	0.33	0.50	0.41
6.27	1.41	1.38	0.25	0.42	0.51
8.59	1.35	1.57	0.23	0.40	0.54

*Tab. 12.15 Hydrolyse von ε-Caprolactam (**100**), Werte*

m (s^{-1})	k_2 ($l \cdot mol^{-1} \cdot s^{-1}$)	lg k_2	r^2
$5.34 \cdot 10^{-7}$	$3.21 \cdot 10^{-6}$	- 5.49	0.983

Tab. 12.16 Auswertung der Graphik

250 Durchführung des Experiments: s. Dix, D. *Dissertation*, Marburg **1996**; die Auswertung erfolgte jedoch nach der hier beschriebenen neuentwickelten Methode

ω-Oenantholactam (101)

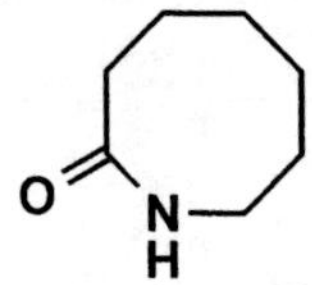

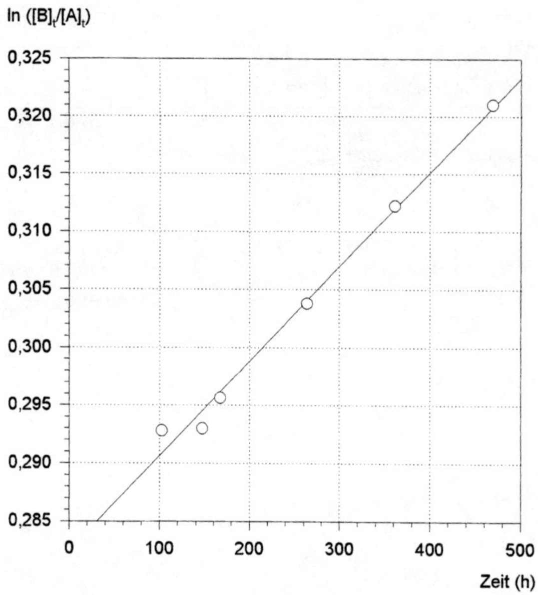

*Abb. 12.9 Graphische Darstellung der Hydrolyse von ω-Oenantholactam (**101**)*

Einwaage an Lactam[251]: 38.1 mg $[A]_0 = 0.5$ mol · l^{-1}

Zeit (h)	∫(A)$_t$	∫(C)$_t$	$[A]_t$ (mol · l^{-1})	$[B]_t$ (mol · l^{-1})	ln ($[B]_t/[A]_t$)
102.50	1.95	0.04	$4.90 \cdot 10^{-1}$	$6.57 \cdot 10^{-1}$	$2.93 \cdot 10^{-1}$
147.75	1.88	0.04	$4.90 \cdot 10^{-1}$	$6.56 \cdot 10^{-1}$	$2.93 \cdot 10^{-1}$
168.00	1.88	0.06	$4.85 \cdot 10^{-1}$	$6.51 \cdot 10^{-1}$	$2.96 \cdot 10^{-1}$
264.00	1.85	0.12	$4.69 \cdot 10^{-1}$	$6.36 \cdot 10^{-1}$	$3.04 \cdot 10^{-1}$
361.50	1.81	0.18	$4.55 \cdot 10^{-1}$	$6.21 \cdot 10^{-1}$	$3.12 \cdot 10^{-1}$
469.25	1.77	0.24	$4.40 \cdot 10^{-1}$	$6.07 \cdot 10^{-1}$	$3.21 \cdot 10^{-1}$

*Tab. 12.17 Hydrolyse von ω-Oenantholactam (**101**), Werte*

m (s^{-1})	k_2 (l · mol^{-1} · s^{-1})	lg k_2	r^2
$2.27 \cdot 10^{-8}$	$1.36 \cdot 10^{-7}$	- 6.87	0.990

Tab. 12.18 Auswertung der Graphik

251 Durchführung des Experiments: s. Dix, D. *Dissertation*, Marburg **1996**; die Auswertung erfolgte jedoch nach der hier beschriebenen neuentwickelten Methode

ω-Capryllactam (102)

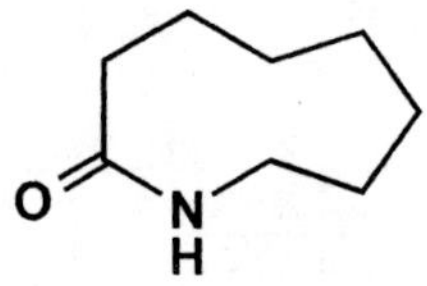

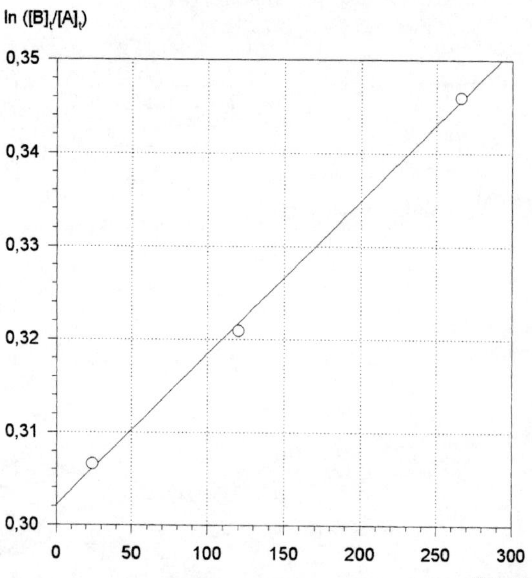

*Abb. 12.10 Graphische Darstellung der Hydrolyse von ω-Capryllactam (**102**)*

Einwaage an Lactam[252]: 42.3 mg $[A]_0 = 0.5\ mol \cdot l^{-1}$

Zeit (h)	$\int(A)_t$	$\int(C)_t$	$[A]_t\ (mol \cdot l^{-1})$	$[B]_t\ (mol \cdot l^{-1})$	$\ln([B]_t/[A]_t)$
24.00	1.44	0.11	$4.65 \cdot 10^{-1}$	$6.31 \cdot 10^{-1}$	$3.07 \cdot 10^{-1}$
120.00	1.48	0.20	$4.40 \cdot 10^{-1}$	$6.07 \cdot 10^{-1}$	$3.21 \cdot 10^{-1}$
266.00	2.00	0.48	$4.03 \cdot 10^{-1}$	$5.70 \cdot 10^{-1}$	$3.46 \cdot 10^{-1}$

*Tab. 12.19 Hydrolyse von ω-Caprylactam (**102**), Werte*

$m\ (s^{-1})$	$k_2\ (l \cdot mol^{-1} \cdot s^{-1})$	$\lg k_2$	r^2
$4.54 \cdot 10^{-8}$	$2.72 \cdot 10^{-7}$	- 6.57	0.999

Tab. 12.20 Auswertung der Graphik

252 Durchführung des Experiments: s. Dix, D. *Dissertation*, Marburg **1996**; die Auswertung erfolgte jedoch nach der hier beschriebenen neuentwickelten Methode

Untersuchungen zur Hydrolysegeschwindigkeit in Puffern

Benzylpenicillin (20) -Kalium

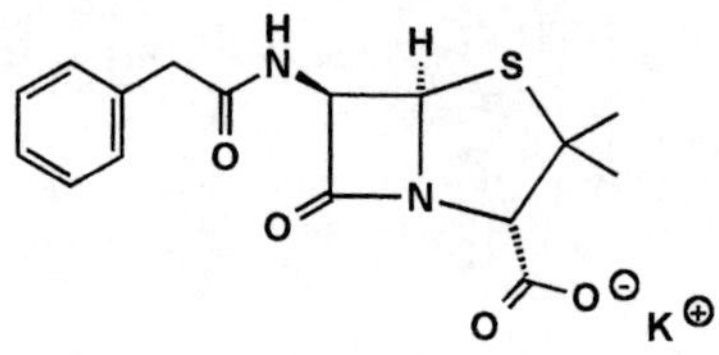

1. Hydrolyse bei pH 7.5:

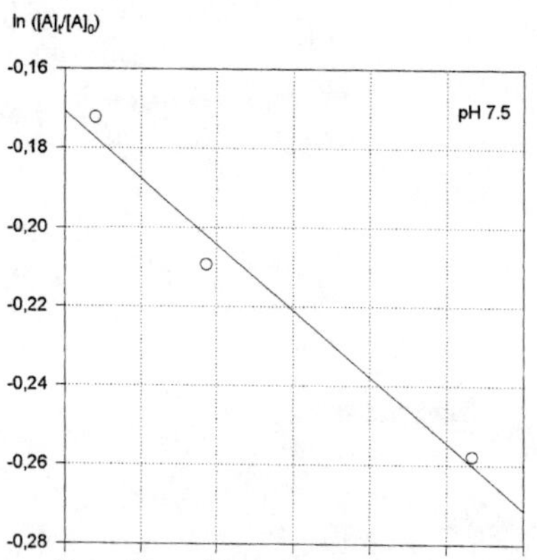

Abb. 12.11 Graphische Darstellung der Hydrolyse von Benzylpenicillin ***(20)*** *- Kalium in »Phosphat-Pufferlösung pH 7,5 (0,33 M) R« DAB 9*[253]

[253] Hartke, K.; Mutschler, E. (Hrsg.) *Deutsches Arzneibuch*, 9. Ausg., Bd. 1, Kommentar, Stuttgart **1986**, 606

Einwaage an Substanz: 28.2 mg $[A]_0 = 0.13\ mol \cdot l^{-1}$

Zeit (h)	$\int(A)_t$	$\int(C)_t$	$[A]_t$ ($mol \cdot l^{-1}$)	$\ln([A]_t/[A]_0)$
22.00	3.03	0.57	$1.06 \cdot 10^{-1}$	- 0.17
29.33	3.09	0.72	$1.02 \cdot 10^{-1}$	- 0.21
46.65	3.16	0.93	$9.75 \cdot 10^{-2}$	- 0.26

*Tab. 12.21 Hydrolyse von Benzylpenicillin **(20)** -Kalium bei pH 7.5, Werte*

m (s^{-1})	k (s^{-1})	lg k	r^2
$- 9.31 \cdot 10^{-7}$	$9.31 \cdot 10^{-7}$	- 6.03	0.977

Tab. 12.22 Auswertung der Graphik

2. Hydrolyse bei pH 12:

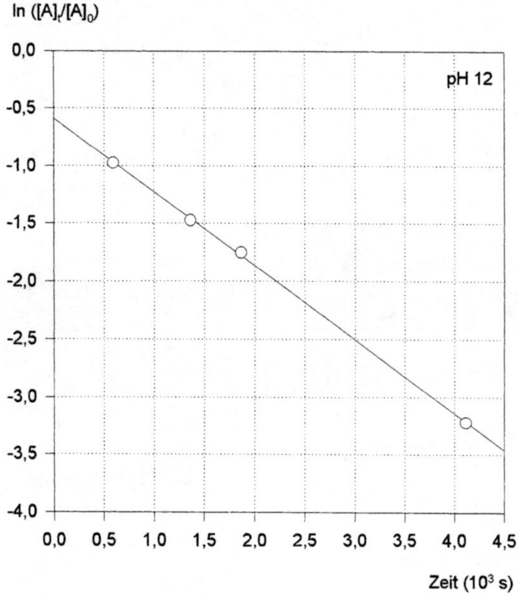

Abb. 12.12 Graphische Darstellung der Hydrolyse von Benzylpenicillin ***(20)*** *- Kalium in Phosphat-Pufferlösung pH 12*

Einwaage an Substanz: 22.4 mg $[A]_0 = 0.10\ mol \cdot l^{-1}$

Zeit (10^3 s)	$\int(A)_t$	$\int(C)_t$	$[A]_t$ ($mol \cdot l^{-1}$)	ln ($[A]_t/[A]_0$)
0.59	1.00	1.65	$3.78 \cdot 10^{-2}$	- 0.97
1.36	1.00	3.37	$2.29 \cdot 10^{-2}$	- 1.47
1.86	1.00	4.77	$1.74 \cdot 10^{-2}$	- 1.75
4.11	1.00	24.08	$4.00 \cdot 10^{-3}$	- 3.22

*Tab. 12.23 Hydrolyse von Benzylpenicillin **(20)** -Kalium bei pH 12, Werte*

m (s^{-1})	k (s^{-1})	lg k	r^2
$- 6.38 \cdot 10^{-4}$	$6.38 \cdot 10^{-4}$	- 3.20	1.000

Tab. 12.24 Auswertung der Graphik

β-Propiolactam (2-Azetidinon) (34)

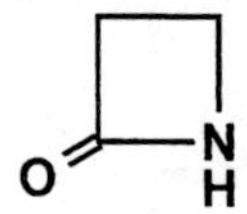

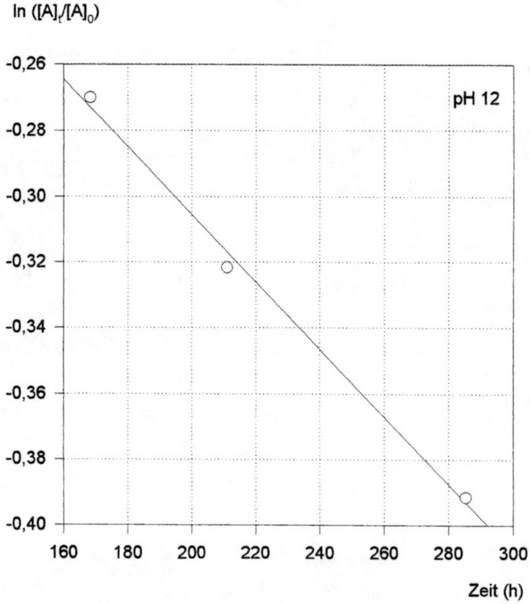

*Abb. 12.13 Graphische Darstellung der Hydrolyse von β-Propiolactam (**34**) in Phosphat-Pufferlösung pH 12*

Einwaage an Lactam: 21.4 mg $[A]_0 = 0.5\ mol \cdot l^{-1}$

Zeit (h)	$\int(A)_t$	$\int(C)_t$	$[A]_t\ (mol \cdot l^{-1})$	$\ln([A]_t/[A]_0)$
168.28	2.00	0.62	0.38	- 0.27
211.12	2.03	0.77	0.36	- 0.32
285.33	1.92	0.92	0.34	- 0.39

*Tab. 12.25 Hydrolyse von β-Propiolactam (**34**) bei pH 12, Werte*

$m\ (s^{-1})$	$k\ (s^{-1})$	$\lg k$	r^2
$-2.85 \cdot 10^{-7}$	$2.85 \cdot 10^{-7}$	- 6.54	0.996

Tab. 12.26 Auswertung der Graphik

δ-Valerolactam (33)

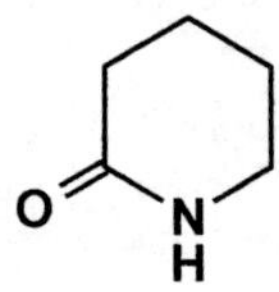

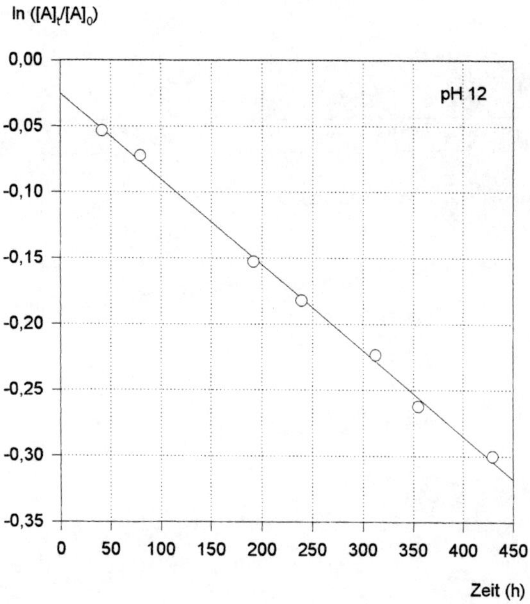

*Abb. 12.14 Graphische Darstellung der Hydrolyse von δ-Valerolactam (**33**) in Phosphat-Pufferlösung pH 12*

Einwaage an Lactam: 29.7 mg $[A]_0 = 0.5\ mol \cdot l^{-1}$

Zeit (h)	$\int(A)_t$	$\int(C)_t$	$[A]_t\ (mol \cdot l^{-1})$	$\ln([A]_t/[A]_0)$
41.52	2.00	0.11	0.47	- 0.05
79.40	2.00	0.15	0.47	- 0.07
191.47	2.00	0.33	0.43	- 0.15
239.00	2.00	0.40	0.42	- 0.18
312.43	2.00	0.50	0.40	- 0.22
354.95	2.00	0.60	0.38	- 0.26
429.18	2.00	0.70	0.37	- 0.30

*Tab. 12.27 Hydrolyse von δ-Valerolactam (**33**) bei pH 12, Werte*

$m\ (s^{-1})$	$k\ (s^{-1})$	$\lg k$	r^2
$-1.80 \cdot 10^{-7}$	$1.80 \cdot 10^{-7}$	- 6.74	0.998

Tab. 12.28 Auswertung der Graphik

13 Literaturverzeichnis

- Adams, R.; Shriner, R. L. *J. Am. Chem. Soc.* **1923**, 2171 - 2179
- Arakawa, Y.; Goto, T.; Kawase, K.; Yoshifuji, S. *Chem. Pharm. Bull.* **1995**, *43*, 535 - 536
- Arnstein, H. R. V.; Clubb, M. E. *Biochem. J.* **1958**, *68*, 528 - 535
- Atkins, P. W. *Physikalische Chemie*, 2. Aufl., Hrsg. Höpfer A., Weinheim **1996**, 821, 828
- Baldwin, J. E.; Lynch, G. P.; Pitlik, J. *J. Antibiot.* **1991**, *44*, 1 - 24, 1
- Becker, H. G. O. u.a. (Autorenkollektiv) *Organikum*, 16. Aufl., Berlin **1990**, 559
- Ben-Ishai, D.; Berger, A. *J. Org. Chem.* **1952**, *17*, 1564 - 1570
- Bertho, A.; Maier, J. *Liebigs Ann. Chem.* **1932**, *498*, 50 - 61
- Birkofer, L.; Morgenroth, K. *Chem. Ber.* **1963**, *96*, 1909 - 1915
- Bodanszky, M. *Practice of Peptide Synthesis*, Springer Verlag, Berlin **1984**, 143
- Bodanszky, M. *Principles of Peptide Synthesis*, Springer Verlag, Berlin **1984**, 36
- Böttger, E. C. u.a., nach Vorträgen *Dtsch. Apoth. Ztg.* **1996**, *136*, 2480 - 2482
- Brenner, M.; Huber, W. *Helv. Chim. Acta* **1953**, *36*, 1109 - 1115
- Brown, H. C.; Fletcher, R. S.; Johannesen, R. B. *J. Am. Chem. Soc.* **1951**, *73*, 212 - 221
- Brown, H.C.; Ichikawa, K. *Tetrahedron* **1957**, *13*, 221 - 230
- Carpino, L. A. *J. Am. Chem. Soc.* **1993**, *115*, 4397 - 4398
- Carpino, L. A.; El-Faham, A.; Minor, C. A.; Albericio, F. *J. Chem. Soc. Chem. Commun.* **1994**, 201 - 203
- Degerbeck, F.; Fransson, B.; Grehn, L.; Ragnarsson, U. *J. Chem. Soc. Perkin Trans. I* **1992**, 245 - 253
- Dix, D. *Dissertation*, Marburg **1996**, 59
- Dmuchovsky, B.; Vineyard, B. D.; Zienty, F. B. *J. Am. Chem. Soc.* **1964**, *86*, 2874 - 2877
- Du Vigneaud, V.; Carpenter, F. H. *The Chemistry of Penicillin*; Clarke, H. T.; Johnson, J. R.; Sir Robinson, R. (Hrsg.); Princeton, New Jersey **1949**, 1004

- Ehrlich, A.; Rothemund, S.; Brudel, M.; Beyermann, M.; Carpino, L. A.; Bienert, M. *Tetrahedron Lett.* **1993**, *34*, 4781 - 4784
- Etzkorn, F. A.; Guo, T.; Lipton, M. A.; Goldberg, S. D.; Bartlett, P. A. *J. Am. Chem. Soc.* **1994**, *116*, 10412 - 10425
- Filler, R.; Ayyangar, N. R.; Gustowski, W.; Kang, H. H. *J. Org. Chem.* **1969**, *34*, 534 - 538
- Frère, J.-M.; Kelly J. A.; Klein, D.; Ghuysen, J.-M. *Biochem. J.* **1982**, *203*, 223 - 234
- Garner, P.; Park, J. M. *J. Org. Chem.* **1987**, *52*, 2361 - 2364
- Grue-Sørensen, G.; Kelstrup, E.; Kjær, A.; Madsen, J. Ø. *J. Chem. Soc. Perkin Trans. I*, **1984**, 1091 - 1097
- Guha, P. C.; Sankaran, D. K. *Org. Synth. Coll. Vol. III* **1955**, 623 - 625
- Hartke, K.; Mutschler, E. (Hrsg.) *Deutsches Arzneibuch*, 9. Ausg., Bd. 1, Kommentar, Stuttgart **1986**, 606
- Hiemstra, H.; Wynberg, H. *J. Am. Chem. Soc.* **1981**, *103*, 417 - 430
- Huisgen, R. *Angew. Chem.* **1957**, *69*, 341 - 359
- Imming, P. *Habilitationsschrift*, Marburg **1994**, 23
- Itoh, M.; Hagiwara, D.; Kamiya, T. *Bull. Chem. Soc. Japan* **1977**, *50*, 718 - 721
- Kemp, D. S.; McNamara, P. E. *J. Org. Chem.* **1984**, *49*, 2286 - 2288
- King, F. E.; Clark-Lewis, J. W.; Smith, G. R.; Wade, R. *J. Chem. Soc.* **1959**, *81*, 2264 - 2266
- Le Sueur, H. R. *J. Chem. Soc.* **1909**, *95*, 273 - 279
- Leonard, N. J.; Ning, R. Y. *J. Org. Chem.* **1966**, *31*, 3928 - 3935
- Leonard, N. J.; Wilson, G. E. *J. Am. Chem. Soc.* **1964**, *86*, 5307 - 5316
- Little, R. D.; Masjedizadeh, M. R.; Wallquist, O.; McLoughlin, J. I. *J. Org. Rcts.* **1995**, *47*, 315 - 552, 316
- Marchand-Brynaert, J.; Mougenot, P.; Combret, Y.; Belotti, D.; Guillot, N.; Ghosez, L. *Farmaco* **1995**, *50*, 455 - 469
- Moscowitz, A. *Tetrahedron* **1961**, *13*, 48 - 56

- Müller E. (Hrsg.) *Houben-Weyl, Methoden der organischen Chemie*, Bd. 9, Stuttgart **1955**, 23, 28
- Mutschler, E. *Arzneimittelwirkungen, Lehrbuch der Pharmakologie und Toxikologie*, 6. Aufl., Stuttgart **1991**, 578
- Nagai, U; Sato, K.; Nakamura, R.; Kato, R. *Tetrahedron* **1993**, *49*, 3577 - 3592
- Newman, H. *J. Heterocycl. Chem.* **1974**, *11*, 449 - 451
- Onishi, H. R.; Pelak B. A.; Gerckens, L. S.; Silver, L. L.; Kahan, F. M.; Chen, M.-H.; Patchett, A. A.; Galloway, S. M.; Hyland, S. A.; Anderson, M. S.; Raetz, C. R. H. *Science* **1996**, *274*, 980 - 982
- Pellicciari, R.; Natalini, B.; Ursini, A. *Gazz. Chim. Ital.* **1986**, *116*, 607 - 608
- Pfeiffer, P.; Epler, H. *Liebigs Ann. Chem.* **1940**, *545*, 263 - 286
- Rowley, D. *J. Bacteriol.* **1968**, *95*, 1647 - 1650
- Sato, K.; Nagai, U *J. Chem Soc. Perkin Trans. I* **1986**, 1231 - 1234
- Schöberl, A.; Täuber, G. *Liebigs Ann. Chem.* **1956**, *599*, 23 - 37
- Scholtz, J. M.; Bartlett, P. A. *Synthesis* **1989**, 542 - 544
- Shao, H.; Lee, C-W.; Zhu, Q.; Gantzel, P.; Goodman, M. *Angew. Chem.* **1996**, *108*, 88 - 90
- Sheehan, J. C.; Bolhofer, W. A. *J. Am. Chem. Soc.* **1950**, *72*, 2469 - 2472
- Skiles, J. W.; Suh, J. T.; Williams, B. E.; Menard, P. R.; Barthon, J. N.; Loev, B.; Jones, H.; Neiss, E. S.; Schwab, A.; Mann, W. S.; Khandwala, A.; Wolf, P. S.; Weinryb, I. *J. Med. Chem.* **1986**, *29*, 784 - 796
- Snatzke, G. *Angew. Chem.* **1968**, *1*, 15 - 26
- Sörensen, S. P. L.; Andersen, A. C. *Hoppe-Seyler's Z. Physiol. Chem.* **1908**, *56*, 250 - 304, 269
- Stephen, H.; Weizmann, C. *J. Chem. Soc.* **1913**, *103*, 269 - 276
- Still, W. C.; Kahn, M.; Mitra, A. *J. Org. Chem.* **1978**, *43*, 2923 - 2925
- Sturm, P. A.; Henry, D. W. *J. Med. Chem.* **1974**, *17*, 481 - 487
- Todd, D.; Cornell, R. J.; Wester, R. T.; Wittstruck, T. *J. Chem. Soc. (C)* **1969**, 408 - 410

- Vaara, M. *Science* **1996**, *274*, 939 - 940
- Vanderhaeghe, H.; Thomis, J. *J. Med. Chem.* **1975**, *18*, 486 - 490
- Watson, H. A.; O'Neill, B. T. *J. Org. Chem.* **1990**, *55*, 2950 - 2952
- Wenner, W. *Org. Synth. Coll. Vol. IV* **1963**, 760 - 763
- Wieland, T.; Ohnacker, G.; Ziegler, W. *Chem. Ber.* **1957**, *90*, 194 - 201
- Wolfe, S.; Bowers, R. J.; Hasan, S. K.; Kazmaier, P. M. *Can. J. Chem.* **1981**, *59*, 406 - 421
- Woodward, R. B.; Olofson, R. A.; Mayer, H. *J. Am. Chem. Soc.* **1961**, *83*, 1010 - 1012
- Wynberg, H. *Top. Stereochem.* **1986**, *16*, 87 - 129
- Zhu, J.; Galons, H.; Pigeon, P.; Loupy, A. *Synth. Commun.* **1995**, *25*, 215 - 218

Lebenslauf

21.03.1967	Geboren in Memmingen
1973 - 1978	Besuch der Grund- u. Hauptschule im Wohnort Boos
1978 - 1987	Besuch des mathematisch-naturwissenschaftlichen Zweiges am *Bernhard-Strigel-Gymnasium*, Memmingen
26.06.1987	Abschluß mit der Allgemeinen Hochschulreife
01.10.1987- 31.12.1988	Ableistung des 15-monatigen Grundwehrdienstes
01.10.1988	Beginn des Pharmaziestudiums an der *Ludwig-Maximilians-Universität*, München
22.03.1991	Ablegen des Ersten Abschnitts der Pharmazeutischen Prüfung
10.05.1993	Ablegen des Zweiten Abschnitts der Pharmazeutischen Prüfung
12.05.1993- 12.11.1993	Praktische Ausbildung des Dritten Studienabschnitts in der Abteilung 'Analytische Forschung und Entwicklung Pharma' bei der *Sandoz Pharma AG*, Basel
15.11.1993- 15.05.1994	Praktische Ausbildung des Dritten Studienabschnitts in der *Fugger-Apotheke*, Babenhausen
11.07.1994	Ablegen des Dritten Abschnitts der Pharmazeutischen Prüfung
18.07.1994	Aufnahme der Promotion am Institut für Pharmazeutische Chemie der *Philipps-Universität*, Marburg, im Arbeitskreis Priv.-Doz. Dr. P. Imming
09.08.1994	Approbation als Apotheker
01.11.1994- 31.07.1995	Befristete Anstellungen als Wissenschaftliche Hilfskraft am o.a. Institut; Betreuung der Praktika 'Instrumentelle Pharmazeutische Analytik' und 'Quantitative Anorganische Analytik'
Seit 01.08.1995	Wissenschaftlicher Mitarbeiter am o.a. Institut; Betreuung des Praktikums 'Pharmazeutische Chemie II (Arzneibuchuntersuchungen)'